터널 설계

국내 Infra Tunnel 공사에서도 이제는 TBM을 이용한 터널의 기계화 시공이 일반화할 것으로 보인다. 1984년에 도입된 TBM 공법의 국내 적용이 어려웠던 요인은 TBM Engineer, TBM Operator 등 인적 자원의 부족을 꼽을 수 있다. 기존의 발파공법에 안주하려는 업계의 보수적인 기술력과 새 공법의 도입을 꺼리는 관 주도의 발주방법도 지적할 수 있다. 기본적으로 TBM 공사는 토목, 터널, 기계, 전기, IT, System 및 재료공학 등이 복합된 Fusion Technology로서 토공보다는 Plant 공사에 가까운 융합기술이다.

터널설계

Modern Tunnel Design Technology

지왕률 저

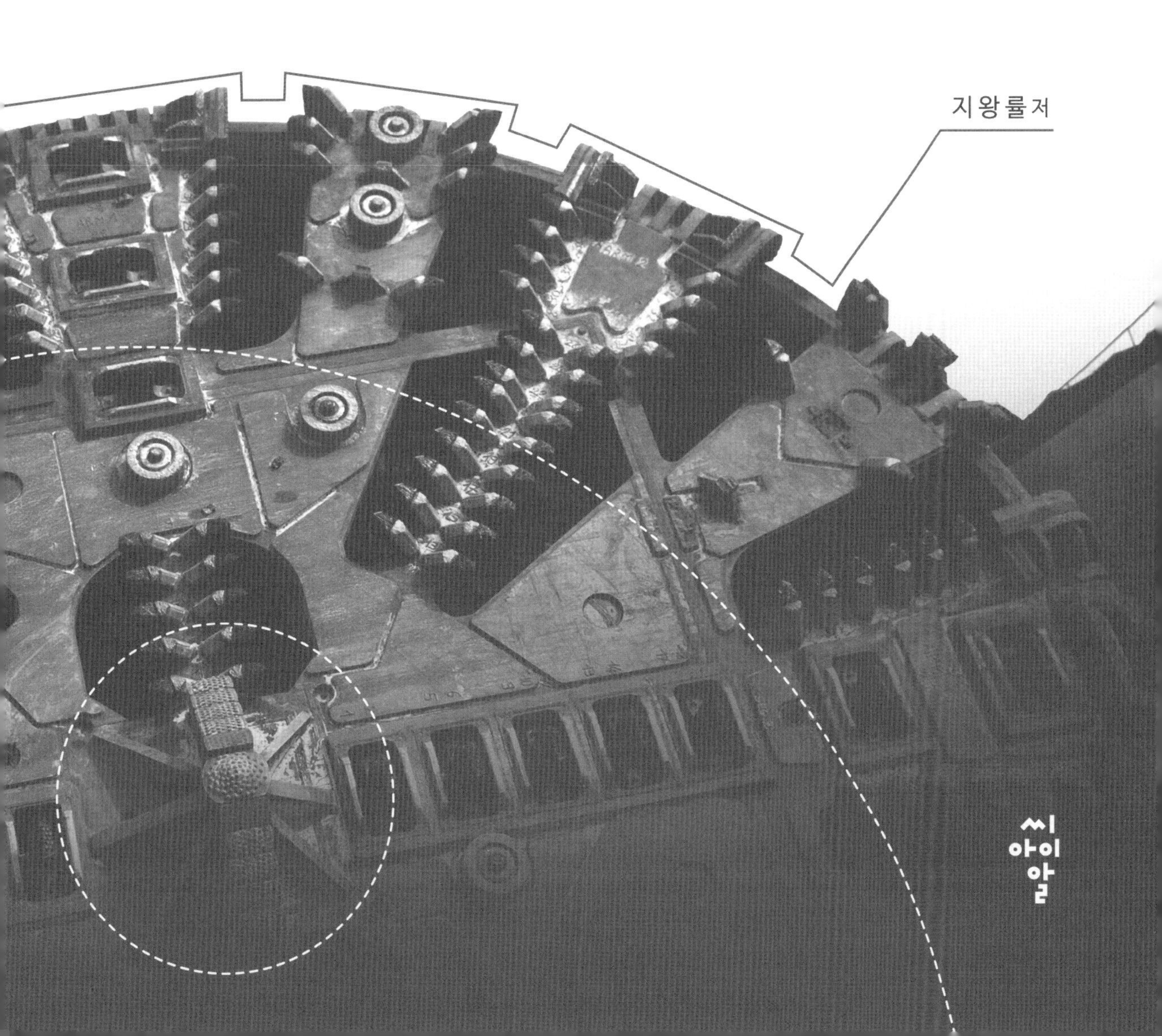

씨아이알

영원한 땅굴쟁이 Warren!

아직도 코로나 바이러스가 극성인 2020년 8월을 맞이하여, 처음 직장생활을 전문직으로 시작했던 1980년 4월 초로 돌아가 보면, 당시 대학졸업 후 대학 선배인 강상수 박사님 소개로 서울 가리봉동에 위치한 자원개발연구소 위촉연구원이었다. 더구나 그때 필자는 호주 시드니의 UNSW 대학교 유학을 준비 중이던, 25살의 Junior Rock Mechanics Engineer로서 꿈 많던 청년이었다. 이후 1980년 11월 당시 새로이 확대 개편된 한국동력자원연구소 1기 공채시험에 합격하여 정규직 연구원이 되었다. 당시 독일 Aachen 공대에서 귀국하신 암반굴착 기계공학의 전문가 이경운 박사님 밑에서 운 좋게도 암반공학 영어 원서와 독일어 원서를 받아 보곤 했고, 암반굴착공학의 새로운 학문에 눈을 뜨기 시작하였다.

당시 암반공학연구실에는 연구 리더로서 신희순 박사님, 암반공학회장을 역임하신, 연구실장 이경운 박사님(동자연 연구원장 역임), 전임 학회장 한공창 박사님 그리고 운동을 좋아한 박철환 박사 그리고 잘생긴 김민규 박사, 영어를 잘하시던 김복윤 박사님들이 추후 합류했다. 또한 다른 연구실이었으나, 몇 년 전에 며느리를 본 지금 지자연의 선우춘 박사가 공채 1기 입사동기였다. 입소 후 2년간 독일 정부 초청장학생으로 RWTH Aachen 공대에서 암반공학, 광산기계굴착공학 등에 입문하게 되었다. White Collar로서 금연을 강요하신, 당시 나비넥타이 정장 차림의 보수적이신 동독 출신 지도교수 Professor Tar, 박사과정 중이었던 전 지자연의 권광수 박사님, 추후 건설기술연구원 원장을 역임하신 토목과 이승우 박사님 등 훌륭한 선배 및 동료들을 만났던 기억이 새롭다.

귀국 후 그 당시 포니2를 몰고 다니며 드물게도 자가용족이었던 필자는 연구소 야구부 일원으로 야구장비 운반 담당을 맡았고, 야구부 활동에서도 암반공학연구실이 중심이 되지 않았나 생각한다. 그 당시 주장은 지자연의 박철환 박사, 감독은 암반공학회장을 역임한 정소걸 박사님으로 모두 야구에 대한 열정이 대단했던 것 같다. 우리들 성적도 팀워크도 좋았고, 팀원들이 화려했다. 수원대학교 박연준 교수가 1루수, 전 SK건설 김호영 박사가 중견수, 대학동기 고 김인기 박사가 좌익수 지금 보니, 베스트 나인이 모두 박사학위 수여자가 되었다. 필자는 중학교 때 야구를 해본 덕분에 주전 투수에, 4번 타자를 맡았고, 내 배터리는 전임 암반공학회장인 연구소 후배, 송원경 박사가 맡아서 우리 둘의 궁합이 아주 좋았다. 1987년 봄 대덕연구단지 종합체육대회에서 필자가 선발로 거의 완투하여 한국전자연구소를 결승에서 꺾고 호주로 떠나기 전에 우승했던 일이 바로 어제 일처럼 새롭다.

1986년 강력한 체력으로 Rocky라는 별명으로 유명한, 호주 UNSW 대학교 학장 Roxborough 교수와의 서울 워커힐 국제학회에서의 만남이 호주로 박사학위를 공부하러 간 계기가 되었다. 당시 스코틀랜드 New Castle Upon Tyne 출신 Roxborough 교수와 절친 및 전 동자연 부소장이셨던 전 학회장 김인기 박사님의 추천을 받고 Rock Cutting Technology에 입문하여 TBM Engineer로서 터널의 기계화 시공에 입문하게 되었다. 이후 Roxborough 교수의 배려로 Australian Commonwealth Research Award, 4년간 호주 연방 정부 전액 장학생이 되어 학문에 더 집중할 수 있었다. 1988년 당시에 필자는 터널의 기계굴착 실무 분야에 대해서 정말 아는 것이 미천했는데 40여 년이 지난 지금 TBM Engineer로서 국내외적으로 Professional 대접을 받게 되었고, 전공을 살려 호주를 포함한 전 세계 4개 대륙에서 30여 건의 터널 프로젝트를 수행했다. 특히 Malaysia에서 5년간 세계적 규모의 Bakun River Diversion Tunnelling Project의 Designer로 활동했을 때가 나이 40으로 내 인생의 전성기가 아니었나 싶다. 지금도 국내외 각종 강연과 자문, 프로젝트 PM으로서 활동하고 있으니, 터널을 지나칠 때마다 솔직히 경이롭고 감사한 마음을 갖게 된다. 터널의 설계, 시공, 감리, 사업관리, 강의 및 연구 경력, 특히 미국 콜로라도 CSM 공대에서의 5년간 터널강의 경험, 건설기술연구원에서 배규진·장수호 박사팀과 함께했던 터널 기계화 시공연구단 등 산학연을 오고 간 지난 40년 쉬지 않고 뛰어온 일상이 너무나도 즐겁고 감사하기만 하였다.

Mega EPB TBM for A1 highway between Bologna and Florence

부모님께 물려받은 어학 능력에 건강함, 부지런함, 지속적이고, 끈질긴 승부 근성과 집중력 등으로 지난 40년간 100여 편의 논문을 쓰면서도, 늘 필자 본인이 100% 써야 했다. 어떤 기술 자문회의도 내용을 다 100% 숙지하고, 도움이 될 자문보고서를 쓰고자 노력했던 기억이 새롭다. 사실 명예나 지위보다도 이 땅의 진정한 100% 영혼이 자유스러운 Professional Engineer로서 살고자 노력하였다. 그 결과 오늘날 국내외에서 실무 터널전문가로 조금 알려지지 않았나 겸허하게 생각해본다.

내 영어 이름은 Warren이다. 호주말로 토끼굴이란 뜻이다. 나와는 너무도 친숙하며,

외국 친구들은 모두 그렇게 부른다. 동력자원연구소에서 1985년에 만난 아내는 아직도 화날 때 나를 못된 '땅굴쟁이 Warren'이라 칭한다.

그러나 필자는 제대로 된 나만의 터널 설계 교재, TBM 공법 교재, 영문 전공서적 작성 등 앞으로 할 일이 많이 남아 있으며, 기술적으로는 아직도 많이 부족한 상태이다. 이론 위주였던 암반공학회의 외연 확장을 위하여 영입된 건설업계 전문가 그룹이 학회의 중요한 축을 맡게 되면서, 암반공학회는 2차의 도약기를 맞고 있다. 최상열 회장님, 김주화 회장님, 김기선 초대 발전위원장님, 전 학회 부회장, 김재권 기술사회 회장님들의 사랑과 배려에 또한 깊이 감사하고 있다. 또한 터널 실무 Engineer가 주관이 된 터널학회의 활동, 그중에서 거의 5년간 터널의 기계화 시공 심포지엄을 주관했던 일들, 함께했던 선후배 Engineer 모두에게 감사의 말씀을 전한다.

필자가 Global Tunnelling Engineer로서 경력을 갖추기까지는 많은 지도교수 및 선배 기술자들의 지도와 도움이 있었음을 잊지 않고 있다. 어려운 시절에 이 땅의 암반공학을 전수하신 이정인 교수님, 이희근 교수님께도 학문적으로 큰 영향을 받았던 것도 학회 활동을 통해서였다. 터널학회의 정형식 교수님, 유태성 박사님께도 터널의 설계 시공에 대해서 많은 기술적 영향을 받은 바 있다.

미국과 사우디아라비아, 호주, 유럽, 동남아 등에서는 Engineer는 존경받는 직업군이다. 근래 필자 사무실이 있던 Saudi Jeddah에서 만난 사우디 고급 기술자들은 Engineer라는 명함을 자랑스럽게 건네곤 하였다. 사실 Professional Engineer를 육성하는 데 엄청난 비용이 투자되며 선진국에서는 그 기술력을 전수하기 위한 노력을 기울이고 있는 현실을 국내 업계나 학계도 인식해야 할 것이다.

작년에는 칠레 Santiago와 아르헨티나 Buenos Aires에서 토목직 공무원들을 대상으로 특별 Tunnel Seminar를 하고 이어서 그다음 달에는 워싱턴에 위치한 세계적인 IDB Bank에 TBM 터널 관련 세미나 발표했다. 물론 남미 Infra Tunnel 사업과 관련된 일이지만, 나를 기억하는 그들과 전문적인 Technical Meeting을 한다는 또 다른 새로운 설렘을 갖게 되었고, 새로운 터널시장을 여는 기폭제가 되었다.

기술전수의 의무감(일종의 재능기부)을 갖고 시작한 교육행사도 국내에서도 건설기술교육원의 터널의 기계화 시공 강연, 일반대학교 등 파트타임 강연도 언 25년이 넘어간다.

암반공학을 전공하여 터널의 굴착공학, TBM을 이용한 터널의 기계화 시공도 앞으로 무궁무진한 기술발전이 예상되며, 엄청난 속도로 기술발전이 이뤄지고 있다. 전 세계 Infra Tunnel의 80% 이상이 TBM을 이용한 기계화 시공으로 굴착되고 있어, 특히 국내 TBM 공법 적용에 많은 연구와 투자가 요구된다. 앞으로 암반공학을 기초로 한, 많은 젊은 TBM Engineer가 배출되어 전 세계 Infra Tunnel 사업에 참여하게 되길 바라며, 국내 시공사가 TBM PQ가 부족하여 해외공사 입찰에 참여하지 못하는 불상사가 사라지길 기대하고 있다.

오늘 이 순간도 필자는 꿈이 있는 땅굴쟁이로서 늘 새로운 땅굴꿈을 꾸고 살며, 아직도 땅굴을 파고 있는 건강함을 주신 부모님께 감사드린다. 끝으로 이젠 조금씩 멀어져 간, 과거 화려했던 시절의 국내외 친구, 동료, 선배, 후배 모두가 건강하고, 아주 멋진 암반공학도로서 행복한 황혼기 보내시길 바란다. 또한 이 부족한 Technical Hand Book 출간에 도움을 준 나의 짝 Helena(오정혜), 두 딸 주희, 민희, 사위 정민, 성준, 손주 도안, 올 여름에 갓 태어난 둘째 손주 서인과 편집을 도와준 후배 James(유정현), 본 집필을 격려해준 양대영 대표를 비롯한 GTS-Korea 임직원 여러분 등 사랑하는 모든 벗들에게 감사의 뜻을 전한다.

Glückauf! 안전제일 터널 시공! Safety First in Tunnel

2020년 8월 충남 아산 고택에서

Warren Jee

GTS-Korea(Global Tunnel Specialist) Co., Ltd.

회장 지왕률(Tunnel Project PM)

차 례

CHAPTER 04 발파공법(Drill & Blast) 터널 설계

CHAPTER 05 발파공법(Drill & Blast) 터널 설계 실무

CHAPTER 06 경암지반의 TBM 터널굴착공법

APPENDIX 부 록

CHAPTER 01
서 론

CHAPTER 01

서 론

1.1 터널의 설계기술 현황

현실적으로 터널 설계나 시공을 전문으로 가르치는 대학은 전 세계 어디에도 없다. 국토의 효율적인 활용계획과 지하철 등 대도시에서의 필수적인 Infra-structure의 설계 및 시공이 어느 때보다 필요하고, 절실한 현재 미국 등 선진국에서도 관련 기술자들의 부족으로 프로젝트마다 큰 어려움을 겪고 있다. 터널기술을 배우고자 하여도 이를 커리큘럼화한 대학이 미국 내에도 거의 없는 실정이다. 약간의 이론적 배경만을 대학에서 배우고는 대부분의 경우 주먹구구식으로 선배를 통한 귀동냥 등으로 터널기술이 전수되고 있는 것이 현실이다. 이로 인해 현장의 터널기술을 서술화하는 터널기술 서적의 필요성을 느끼게 되었다. 터널 현장의 시공기술자들은 전문적인 이론적 배경이 부족하여 기술전수가 어려우며, 대학의 교수진은 터널 막장 등의 현장근무 경력 등이 부족하여 실질적인 기술전수가 어렵다. 연구소의 연구원들은 엔지니어링에 대한 감각과 경험이 일천하고, 터널 설계를 맡고 있는 설계 엔지니어링사의 기술자도 전문적으로 교육받은 경험이 일천하며, 근무 조건이 사실 누구를 가르치거나 기술서적을 쓸 만한 시간 또한 터무니없이 부족한 형편이다. 터널기술 자체도 객관적인 이론 등에 근거하기보다는 현장 경험에 의거한 감각적인 면에 의해 주도되어, 터널기술 발전에 해가 되는 계기가 된 것 같다.

국내 터널 공사 중 수많은 잘잘못에 의해 손해본 공사비와 공정, 품질관리 등에서도 잘못 시행된 것을 밝히기보다는 잘된 사례만을 발표하여, 진실로 터널기술 발전이 전혀 이뤄지지 못한 업적 위주의, 수주 위주의, 공사비 위주의 한건주의 시공관행이 터널기술 발전의 큰 저해가 되었음을 터널을 사랑하는 모든 기술자들이 뼈저리게 느끼고 있는 것이 사실이다.

최근 발주된 수많은 터널 프로젝트들 대부분이 세계적으로 점점 사라져 가는 Drill & Blast 위주의 터널 설계로, 향후 및 현재 세계적인 기술 추세인 TBM 등 기계화 시공에 대한 Engineering 교육도 필요할 것으로 예측된다. 국내 Intra Tunnel 공사에서 TBM 공법의 적용이 어려웠던 것은 우선은 TBM Engineer 등 인적 자원이 부족하였고, 기존의 발파공법을 유지하려는 기득권 시공사들과 새로운 공법 도입을 꺼리는 관 주도의 발주관행을 지적하지 않을 수 없다. TBM 공사는 토목, 터널, 기계, 전기, 재료공학 등이 어우러진 Fusion Technology로서 발파공법이 토공인 것과 달리 Plant 공사임을 간과해서는 안 된다.

CHAPTER 02

터널의 설계 계획

CHAPTER 02

터널의 설계 계획

2.1 터널의 단면설계 및 선형계획

굴착에 따른 주변 지반의 최대응력이 지반강도의 허용치 이내에 들 수 있고, 합리적인 단면 형태를 택하여 지반 본래의 강도를 최대로 유지할 수 있는 적절한 지보공을 적기에 설치하도록 하여 지반의 굴착에 따른 역학적 거동을 충분히 활용할 수 있도록 설계해야 한다.

2.1.1 터널 설계 시 고려사항

1) 터널의 내공치수

선형의 설계 기준 참조

2) 단면형상의 결정

터널 단면의 형상은 다음에 열거하는 사항을 고려하여 결정한다.

① 터널 사용목적에 의한 건축한계

② 터널의 내부 설비

③ 지하수위 및 수압처리 방식

④ 토피와 지반의 강도

⑤ 터널의 내부 하중과 내부복공 콘크리트의 재질 및 강도

⑥ 굴착공법과 굴착 단면적

2.1.2 고속주행 가능한 터널 단면의 설계

고속철도 차량의 운행은 터널 단면의 설계에 중요한 영향을 미친다. 일반적으로 200km/h 이상의 속도로 터널 내부에 차량이 운행되면 소위 Piston Effect라는 공기역학적 압력장애가 발생한다. 이러한 압력변화가 승객들에게 이명감(ear-discomfort)을 주게 되며, 갱구부에서는 저주파에 따른 미기압상태가 발생하여, 갱구부 주변에 환경적 피해를 입히기도 한다. 또한 터널 단면이 너무 여유가 없으면 공기저항이 심하여 열차 운행 시 큰 에너지 손실이 발생하기도 한다.

현대의 고속철도 터널은 점차 장대화되고 있으며, 터널 건설 비용, 열차 승차감 등을 고려하여 터널 단면의 최적화가 요구되고, 점차 터널 단면의 확장이 이루어지고 있는 실정이다.

2.1.3 세계적인 주요 장대 고속철도 터널의 단면설계 현황

1) 유로터널의 단면설계

1993년 개통된 영국과 유럽을 연결하는 유로터널은 해수면 110m 아래의 암반층에 터널연장 50km(해저면 38km)의 3개 터널로 굴착되어 있다. 그림 2.1과 같이 터널은 2개의 본선터널과 이 두 터널 사이에 위치한 서비스 터널로 구성되어 있고, 본선터널과 서비스 터널은 횡갱(cross-passage)으로 연결되어 있다. 본선터널은 내경 ϕ7.6m로 TGV 고

속전철이 단층 및 이층열차로 운행이 가능하도록 설계되어 있어, 고속주행이 가능하다. 이 때 발생하는 공기로 인한 주행저항을 완화하기 위하여 직경 2.0m의 압력방산덕트(pressure dischargeable duct)가 250m 간격으로 설치되어 고속주행을 가능하게 하고 있다.

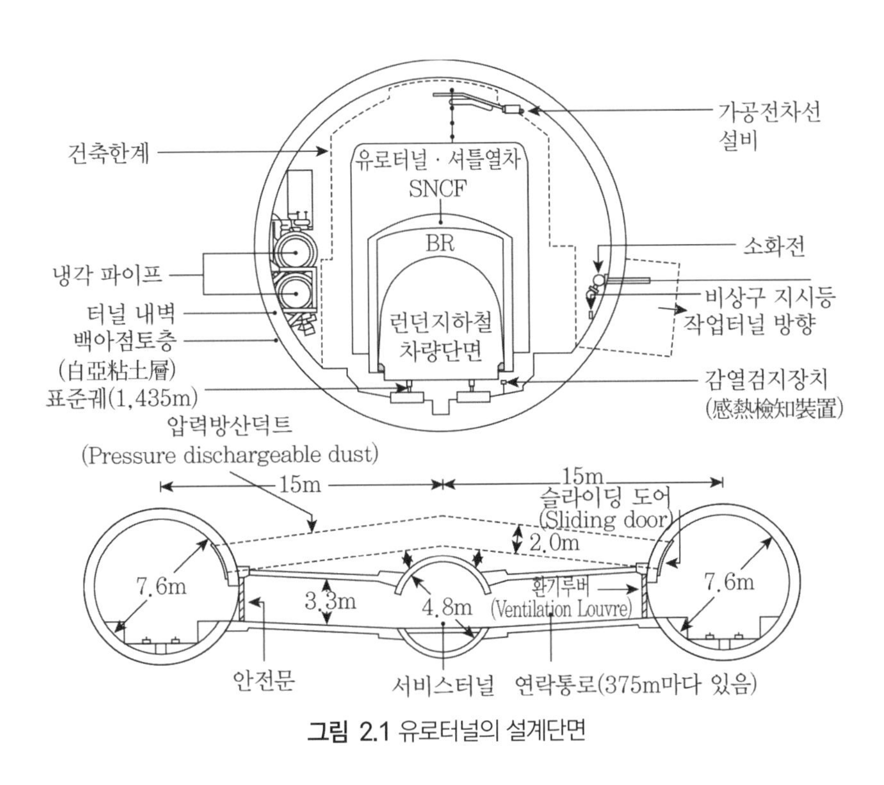

그림 2.1 유로터널의 설계단면

터널 단면의 크기는 최근에 설계되는 각국의 고속전철 터널의 단면보다 적으나, 공기압완화통로, 횡갱, 서비스 터널을 고려한다면, 전체적으로 소요단면적이 적지 않음을 알 수 있다.

2) 경부선 KTX 터널의 단면설계

본선터널을 복선터널시스템으로 선정하여 전반적으로 장대터널의 방재기준이 미흡한 편이나, 단면을 최대한 크게 고려하여 터널내공단면 107m^{2}으로 선정하였다. 이는 설계최고속도 350km/h상에서 압력변동 허용기준을 만족하는 단면으로, 본선에서 열차가

교행할 경우 경제성, 안전성, 승차감이 크도록 고려하였다. 또한 노선특성, 설계조건, 차량특성, 승차감 기준 등이 고려된 단면이다. 표 2.1에 KTX의 터널 내 압력변동 기준을 나타내었다. 표 2.2에는 세계 주요 고속철도 터널내공단면 설계현황을 나타내었고, 그림 2.2에는 KTX 고속철도 터널 단면을 나타내었다.

표 2.1 KTX 터널 내 압력변동 기준

(밀폐도=5sec인 경우)

항목	열차 내부 압력변동허용치	열차 외부 압력변동허용치
Normal case	800pa/3s	2,700pa/3a
Extreme case	1,250pa/3s	4,300pa/3s

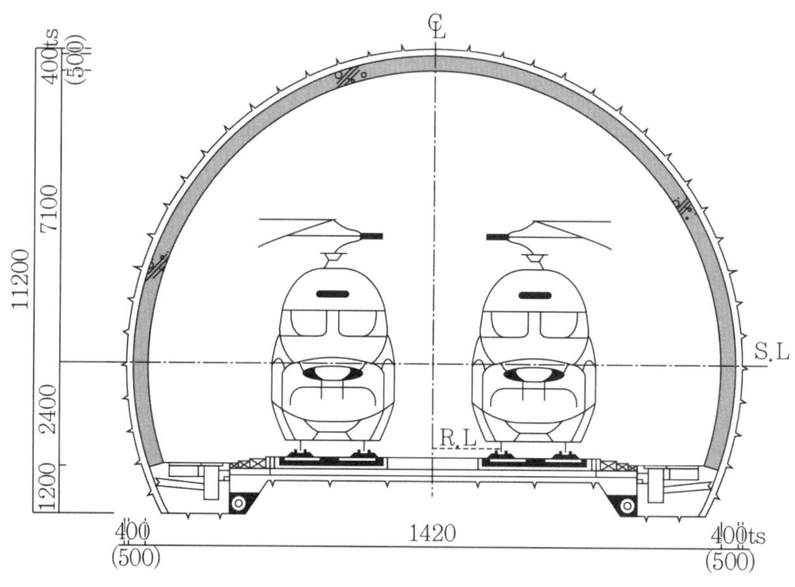

그림 2.2 KTX 경부고속철도 터널 단면

표 2.2 각종 고속철도터널 단면설계 현황

구분		연장(km)	총연장 비율(%)	내공단면적(m^2)	허용속도(km/h)
TGV	대서양선	16.0	6	66.0	220
				71.0	220
				90.0	270
	북부선	1.1	0.4	100.0	300
ICE	하노버↔잘츠부르크	122.0	37	82.0	270
	만하임↔슈트트가르트	31.0	31	82.0	270
신간선	동해도선	69.0	13	60.4	220
	산양선	281.0	51	60.4	220
	북부선	116.0	24	82.0	240
	상월선	106.0	39	82.0	240
이탈리아(로마↔피렌체)		237.0	8	66.0	250
스페인		15.8	3	71.1	250
대만		62.0	15	100.0	300

3) 스페인 고속전철터널의 단면설계 현황

최근 건설한 스페인의 Guadarrama 터널은 스페인 마드리드와 세고비아 사이의 국립공원 Guadarrama산을 관통하는 총연장 28.4km의 단선병렬고속전철 터널로 설계속도는 350km/h로 계획되었다. 2002년부터 굴착을 시작하여 근래에 터널관통이 끝나 2007년부터 열차운행을 개시하고 있다. 터널굴착은 TBM 4대로 양방향으로 굴착하였으며, 최대 약 982m/월의 굴진율을 보인 바 있다.

터널 단면은 유로터널과 달리 서비스 터널이 없는 대신 본선터널의 내경은 ϕ8.5m이고, TBM의 외경은 ϕ9.6m로 대단면 장대터널을 이루고 있다. 그림 2.3은 Guadarrama 터널의 단면설계를 나타내고 있다.

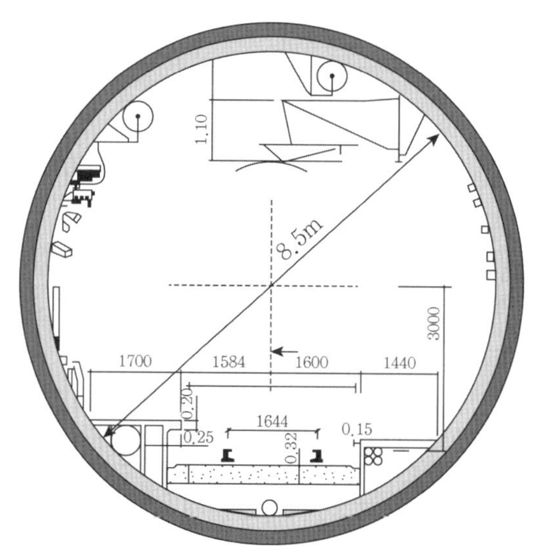

그림 2.3 Guadarrama 터널의 단면설계

2.2 장대터널의 시스템 설계

최근 연이은 지하철터널, 도로터널, 도심지의 전력구 터널 및 철도터널의 화재로 안전사고가 발생하고 있는바 터널의 안전운행을 위하여 기존의 복선터널 시스템과 단선병렬 시스템에 대한 상호보완 연구가 필요하다. 안전 측면에서 보면, 단선병렬터널(Twin Tube Tunnel)이 더 안전하며, 유럽의 경우 신규 Infra 터널 프로젝트는 단선병렬터널로 설계되고 있다. 그러나 대단면 복선터널보다 단면이 작고, 보상 범위 증가로 인한 공사비가 증대되는 단점이 있다. 단선병렬터널을 두 개의 복선터널로 굴착할 수 있다면 유리하겠지만 공사비 면에서는 불가능한 일이다. 단선복선터널 시스템은 터널 단면은 크나, 구난 및 피난거리가 길어지고, 단선병렬터널 시스템은 터널 단면이 작으나, 구난 및 피난거리가 짧아진다. 표 2.3은 각각 복선터널과 단선터널 개념도를 나타낸 그림이다.

표 2.3 복선터널과 단선터널 개념도

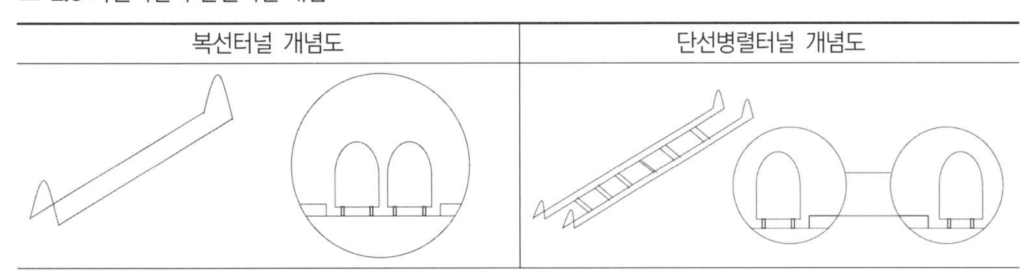

복선터널 개념도	단선병렬터널 개념도

고속철도터널의 단면은 단선병렬터널의 경우 공기저항, 방재 등을 고려하여 내경이 ϕ8.5~9.0m로 점차 증대되고 있고, 터널 시스템도 대단면 복선터널에서 단선병렬터널 설계로 점차 터널의 안전에 무게를 둔 설계가 선진국 등에서 진행되고 있다.

우리나라의 경우도 KTX 터널의 복선대단면설계가 잘 시행된 바 있으나 화재, 방재, 구난, 승객대피 등을 고려하면 연장이 긴 장대터널의 경우 단선병렬터널 시스템으로 설계하는 것이 적정 설계방식이라 판단된다.

CHAPTER 03

터널 설계를 위한 지반공학적 지반조사

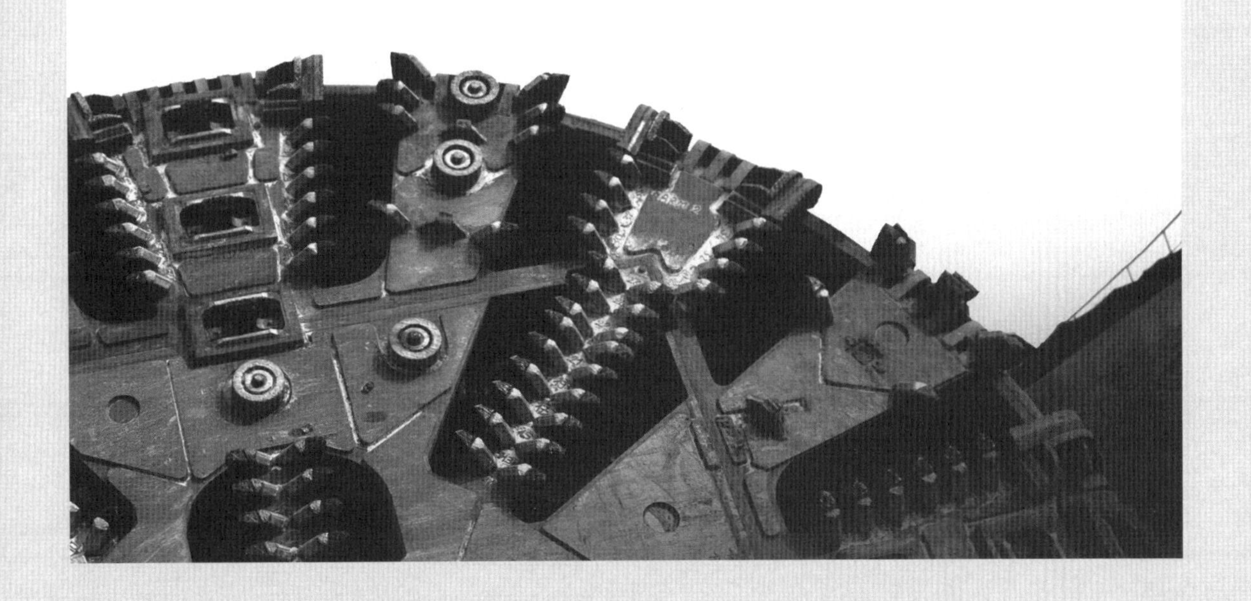

CHAPTER 03

터널 설계를 위한 지반공학적 지반조사

3.1 지반조사, 설계, 시공간의 상호 개념

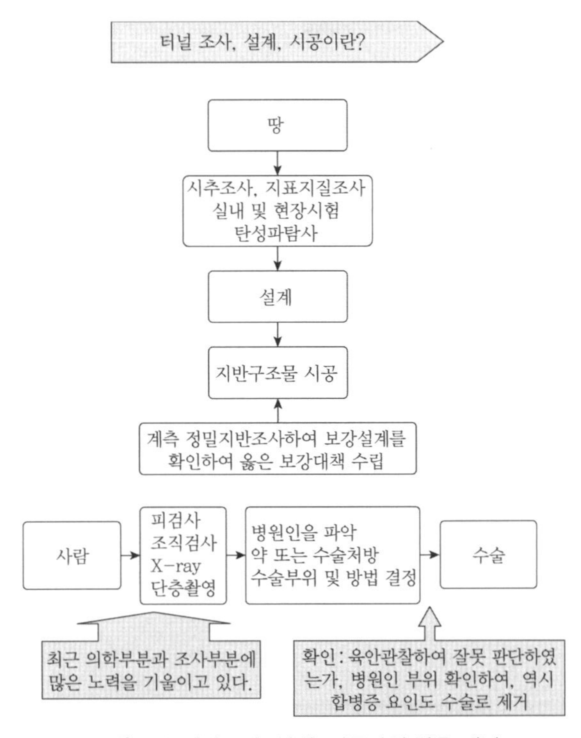

그림 3.1 지반조사, 설계, 시공간의 상호 개념

3.2 암석의 지질학적인 분류 및 그 공학적 특성

암석은 성인에 따라 화성암(igneous rock), 퇴적암(sedimentary rock), 변성암(metamorphic rock)으로 나뉜다. 표 3.1에는 암석의 성인에 따른 분류를 나타내었고, 그림 3.2는 한국지질자원연구원에서 제공한 한국지체구조도를 나타내었다.

표 3.1 암석의 성인에 따른 분류

화성암	변성암
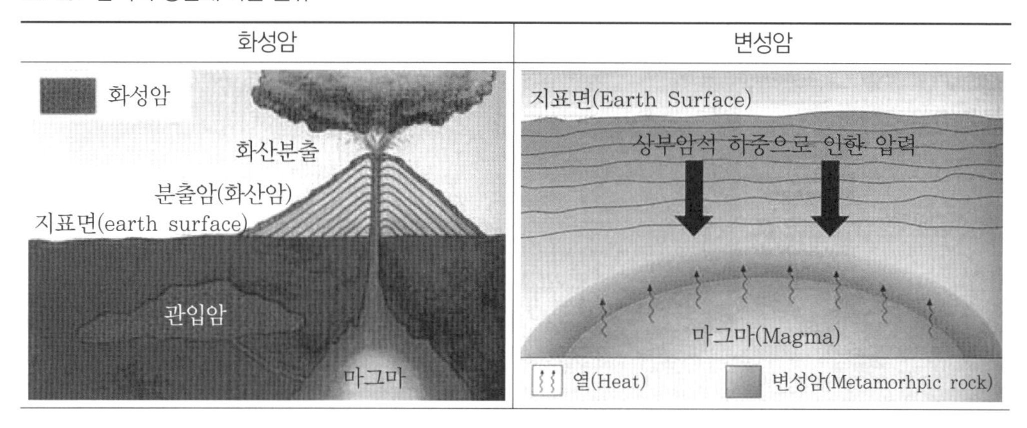	

퇴적암
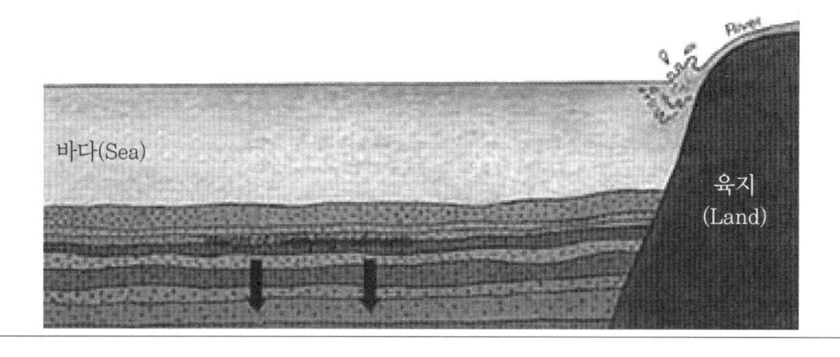

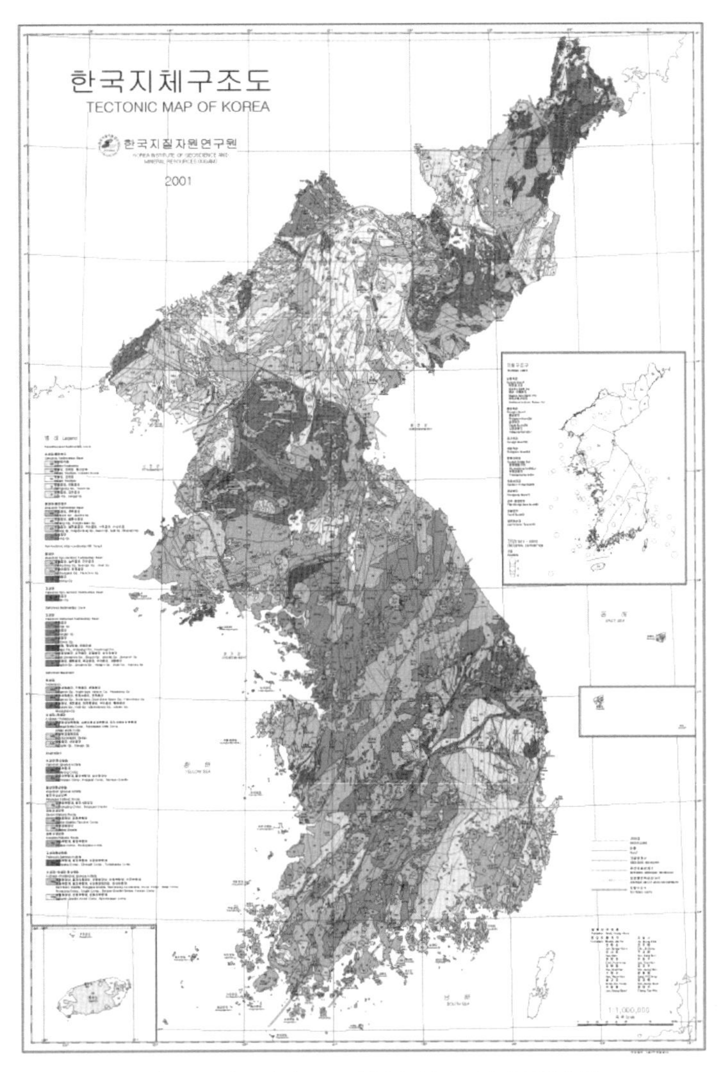

그림 3.2 한국지체구조도(출처: 한국지질자원연구원)

3.3 지반의 탄성파 탐사

탄성파 탐사는 원칙적으로 굴절법에 의하여 종파(P Wave)의 도달시간을 측정하여 행한다. 탐사측선의 위치, 길이, 수, 분할측선길이, 측점간격 및 기진점의 위치는 터널의 길이 및 토피, 지형, 지질, 환경조건을 충분히 고려하여 선정해야 한다. 해석은 지표답사, 보링조사, 암석시험 등 다른 지질조사결과를 충분히 이용하여 행해야 한다.

지구물리학적인 수단에 의하여 지하의 암석, 지층에 대한 측정자료를 얻어 이로부터 지질상태를 판단하는 방법을 물리탐사라 부른다. 터널조사에는 주로 탄성파 탐사와 전기탐사의 방법이 이용되며, 드물게는 자기탐사의 방법이 이용되는 수도 있다. 탄성파 탐사에는 굴절법과 반사법의 2종류가 있으나, 터널의 조사에는 일반적으로 굴절법에 의한 종파측정이 행해진다.

탄성파 탐사는 지층의 동탄성적 성질의 차이에 의하여 지진파의 전달속도가 다른 것을 이용하여 지하의 제반암층을 속도에 따라 판별하는 것이다. 동시에 탄성파 전달속도가 많은 경우에 지층의 물리적 강도에 비례하므로, 탄성파속도로부터 지층의 고결정도, 균열정도, 풍화정도, 변질정도 등을 추정하여 지층의 토목지질상의 강도를 수치적으로 나타낼 수 있다. 이 때문에 터널의 지질조사에서는 탄성파 탐사가 실시되는 일이 매우 많고, 그 해석법이나 탄성파속도와 지질상황과의 관계 등에 대하여 많은 연구가 진행되고 있다. 그러나 이 조사법은 다음에 열거하는 지질조건에서는 실정과 다른 정보가 얻어지는 경우가 있으므로, 조사의 실시에서는 다른 조사법과 병용하는 등 신중한 고려가 필요하다.

- 화산이류, 미고결 모래자갈층 등 암질의 변화가 특히 현저한 지역
- 열수변질대에서 점토화대와 규화대가 혼합되어 있는 지역
- 사문암 지대와 같이 탄성파속도가 반드시 암반의 성질과 일치하지 않는 지역

측선길이는 터널의 피토, 길이, 지형, 암반의 깊이 등에 따라 다르나, 보통 1측선 길이는 예상 측정심도의 7배 이상 필요하며 최대 1,500m 정도로 한다. 터널의 연장이 이보다 긴 경우에는 적당히 분할하여 측정한다.

표 3.2 탄성파 탐사 장비

탄성파 탐사 장비 세트	탄성파 수신장치(Geophone)

3.4 현장 지반조사시험

3.4.1 표준관입시험

미고결층(표토 및 풍화대층)에서 시료를 채취함과 동시에 간접지지력을 구하기 위하여 매 1.5m 구간마다, 혹은 지층이 변할 때마다 한국공업규격(KSF-2318)의 규정에 의하여 표준관입시험을 실시한다.

시험방법은 Split Spoon을 Boring Rod의 하단에 붙여서 Boring Hole 바닥에 내리고 표준함마(63.5kg)를 낙하고 76cm에서 자유낙하시켜서 15cm씩 3단계 45cm를 관입하는 데 필요한 타격횟수를 각각 측정하고 2단계와 3단계 30cm를 관입하는 데 필요한 타격횟수를 N치로 한다. 또 30cm 관입에 50회 이상의 타격을 요할 때는 50회까지 실시하고, 이때의 관입심도를 기재하며 Sampler에 회수된 시료는 채취심도와 상태를 표기하며 시료병에 담아 손상 또는 손실되지 않도록 시료상자에 넣어 보관한다.

3.4.2 지하수위 측정

시추조사 완료 후 24시간 이상 경과한 후에 공내 지하수위를 측정하며, 시추조사가 완료된 모든 시추공에 대하여 공 붕괴를 방지하기 위하여 P.V.C PIPE를 공 바닥까지 설치한다. 이물질의 공내 유입을 막기 위해 P.V.C 상단을 밀봉한 후 보도블록 등으로 덮고 그 위에 페인트로 공의 위치를 표시하고 별도로 측정지점 위치도면을 작성한다. 또한 계절별 강수량 등에 의한 변화를 확인하기 위하여 3, 4회에 걸쳐 계절별 공내 지하수위를 측정한다.

3.4.3 공내재하시험

본 시험은 조사지역 암반에서의 정하중 조건에 대한 변형 특성을 규명하기 위하여 현장정탄성계수를 산출하는 시험으로서 시추공 내에서 시추공의 공벽면을 직접 가압하여 공벽면의 변형량을 측정하는 방법이다. 지하철 지반조사에서는 시추공의 심도와 암반상태에 따라 개착구간은 정거장 구간의 지지층에 한해서 공당 2회(경암 1회, 그 외 암층 1회), 터널구간은 터널 하부, 크라운부와 S.L선부 주변에 암종별로 공당 3회(경암 1회, 연암 1회, 풍화암 1회)를 원칙으로 실시하며 기기의 정착이 가능한, 암질이 대체로 양호한 구간에서 실시한다. 공내재하시험은 재하면적이 작기 때문에 국부적인 틈 등의 영향을 받아 암반의 대표적인 변형 특성과 다른 결과를 얻는 경우가 있기 때문에 시험 위치의 선정에 주의해야 한다.

일반적으로 시험에 사용하는 장비는 CANADA ROCTEST사 제품인 PROBEX R-2로서 PROBE의 최대용량 4,350psi의 유압펌프, 압력계, READ-OUT BOX 및 측정된 압력과 변형량 자료를 자동 처리하는 PROGRAM이 입력된 휴대용 NOTEBOOK 컴퓨터 및 기타 부대장비 등이 포함된다. 지반조사 시에는 시추조사와 병행하여 시험을 실시하며 시험방법 및 순서는 다음과 같다(그림 3.3, 그림 3.4).

① 시험에 앞서 Calibration Ring(구경측정 눈금)을 사용하여 기기오차를 보정한다. 전선과 유압관을 펌프와 Readout, Probe에 연결하고 System 작동 여부를 확인한다.

② 수축된 Probe를 시험공 내에 삽입하여 시험위치에 설치한다. 이때 코어를 관찰하여 대규모 Crack이나 서로 다른 형태의 암석이 길이방향으로 인접한 곳에 걸쳐서 설치되지 않도록 한다.

③ 유압펌프를 작동하여 압력을 단계적으로 증가시킨다. 압력증가는 연질암일 때의 경우는 250psi, 경암일 경우는 500psi 정도로 증가하면 좋으며, 이때 압력 단계를 보통 8~10단계 정도로 하면 충분하다.

④ 각 압력 단계마다 압력을 일정하게 유지하며 이때의 Readout 지시 값을 기록(컴퓨터에 입력)한다. 변형이 미리 정해둔 범위 내에서 일정할 때까지 계속한다.

⑤ 측정이 끝난 후 Probe를 완전히 수축시킨 후 시공 공내에서 Probe를 인양한다.

현장시험 결과 얻어진 측정값을 사용하여 압력의 변화에 따른 Probe 내의 부피변화 상태를 나타내는 압력-부피 변화량 곡선을 작성하며, 탄성계수를 산출하는 공식은 다음과 같다.

$$E_r = 2(1+\nu)\times(V_0 + V_m)\times\frac{1}{\dfrac{V}{P_b} - C}$$

여기서, E_r: 정탄성계수(kg/cm^2)

ν: 암석의 Poisson's ratio(암석실내시험치를 적용)

V_0: Nominal initial volume(1,950cc)

V_m: Mean additional volume(0.5×($V_1 + V_2$))

V: 부피 변화량($V_1 + V_2$)cc

V_1 =압력 P_1일 때의 부피

V_2 =압력 P_2일 때의 부피

P_b: 압력 변화량$(P_1 - P_2)$kg/cm²

C: Volume correction factor(cm³/kgf/cm²)

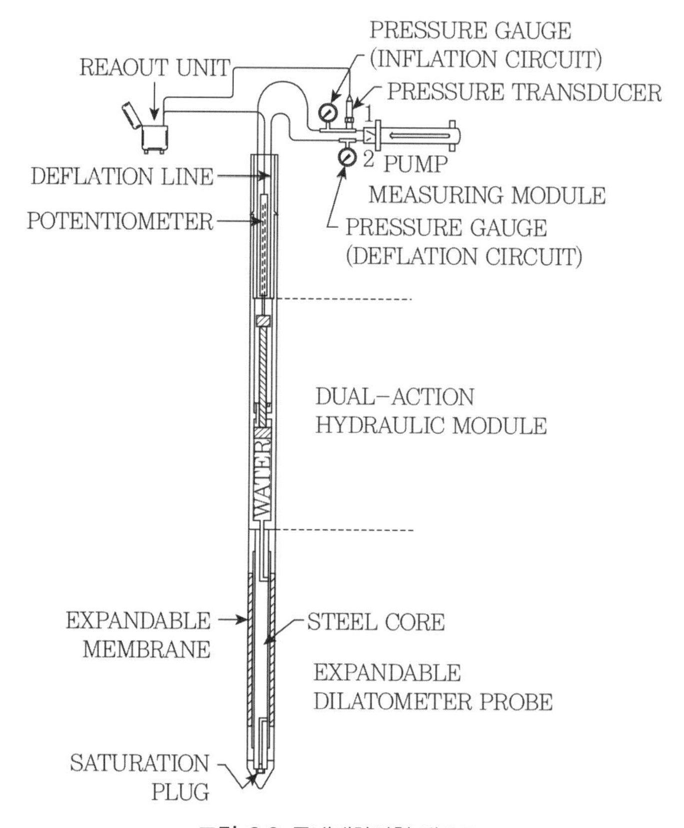

그림 3.3 공내재하시험 개요도

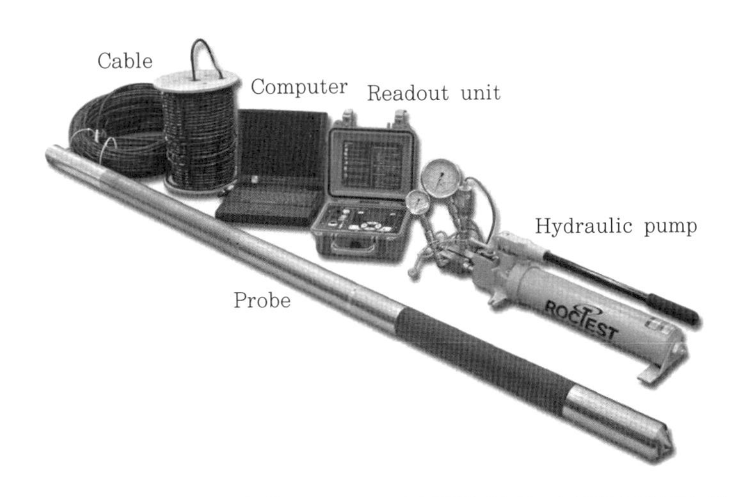

그림 3.4 공내재하시험장치(CANADA ROCTEST사 Model PROBEX R-2)

3.4.4 현장투수시험

1) 투수시험

일반적으로 지반의 투수성을 판단하는 시험에는 그 적용대상에 따라 현장투수시험과 수압시험이 있으며, 토사층이나 풍화대층과 같은 미고결층의 투수성을 판단하기 위해서는 현장투수시험을 사용한다. 현장투수시험은 크게 양수시험과 주수시험으로 나눌 수 있다. 양수시험은 양수정과 양수정 주위에 적정 간격으로 관측정을 굴착하고 양수정에서 대수층으로부터 지하수를 퍼올려 양수량과 주위의 관측정에서 수위 저하량을 측정하고 양수종료 후의 수위회복량을 측정하여 투수성을 구하는 방법이다. 주수시험은 시험공에 물을 주입하여 시험구간을 통하여 주입되는 수량을 측정하여 투수성을 구하는 방법이다. 양수시험은 많은 지장물로 인해 시가지 구간에서는 그 적용이 곤란하며 주수시험은 양수시험에 비하여 시험장비가 간단하고 손쉽게 시행할 수 있다는 장점이 있다.

주수시험은 크게 수위강하법(변수위법)과 정수위법으로 나눌 수 있으며 지반조사 시에는 수위강하법과 정수위법을 모두 사용한다(그림 3.5).

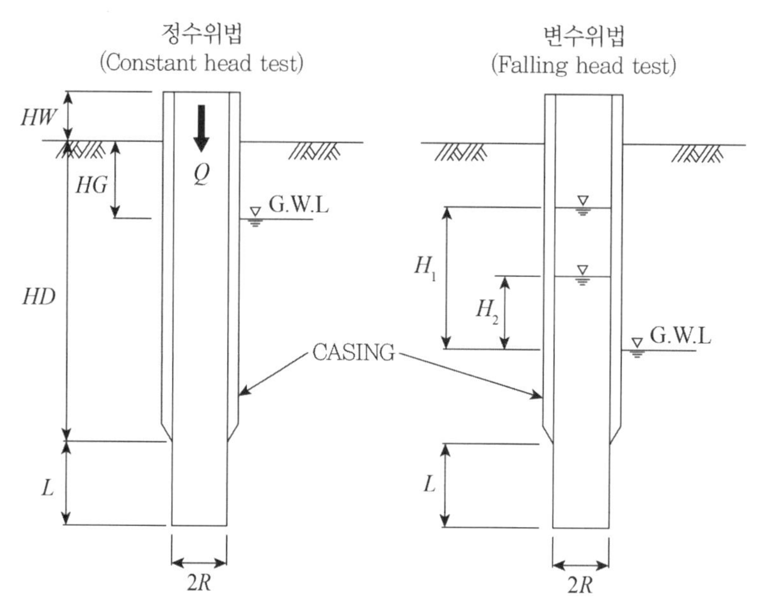

그림 3.5 주수시험(정수위법 및 수위강하법)의 개요

정수위법

정수위법은 시험공내에 수두를 일정하게 유지시키며 일정 시간 동안 유입되는 수량을 측정하여 지반의 투수계수를 산출해내는 방법으로서 이때 사용되는 공식은 다음과 같다.

가. 자유면 지하수 하부

$$K = \frac{Q}{2\pi L(HG + HW)} \ln\left[\frac{L}{2R} + \sqrt{1 + \left(\frac{L}{2R}\right)^2}\right]$$

나. 자유면 지하수 상단

$$K = \frac{Q}{2\pi L(HD + HW)} \ln\left[\frac{L}{2R} + \sqrt{1 + \left(\frac{L}{2R}\right)^2}\right]$$

여기서, K: 투수계수(cm/sec)

L: 시험구간(cm)

HG: 지표로부터 지하수위(cm)

HW: 지표부터 케이싱 내 수두높이(cm)

HD: 지표하 케이싱 심도(cm)

R: 케이싱반경(cm)

Q: 유입량(cm^3)

변수위법(수위강하법)

변수위법은 시추공을 이용하여 시험구간의 상당까지 Casing을 삽입하고, Casing의 상부에서 물을 주입하여 경과한 시간에 따라 공내의 수위변화를 측정하여 투수계수를 산출하는 방법으로서 이때 적용되는 공식은 다음과 같다.

$$K = \frac{R^2}{2\ L\ (t_2 - t_1)} \ln\left(\frac{L}{R}\right) \ln\left(\frac{H_1}{H_2}\right)$$

K: 투수계수(cm/sec) L: 시험구간(cm)

t_1, t_2: 수위강하 시간(sec) R: 공의 반경(cm)

H_1: t_1 때의 Casing 상단에서의 수위와 지하수위의 차이(cm)

H_2: t_2 때의 Casing 상단에서의 수위와 지하수위의 차이(cm)

2) 수압시험

수압시험은 암반의 투수성을 평가하기 위하여 시추공에 물을 주입하는 시험방법이다. 즉 투수시험에서 압입법에 해당하는 것으로서 $P-Q$ 곡선을 작성하여 주입압력(P)

과 주입량(Q)의 관계로 Lugeon치를 구해서 암반의 투수성을 구하는 시험방법이다.

본 시험은 사용하는 Packer의 개수에 따라 Single Packer와 Double Packer로 분류되며, Single Packer법은 시험구간의 상단에 Packer를 설치하고, Packer의 설치위치에서 시험공 바닥까지의 투수도를 측정하는 방법이고, Double Packer법은 시험을 실시하고자 하는 구간의 상하단에 Packer를 설치하여 상하부 Packer 사이의 투수도를 측정하는 방법이다. 시험은 주로 터널이 예상되는 암반굴착 단면 계획고를 고려하여 실시하며, 시험구간은 지반 상태를 고려하여 5m 정도로 한다.

현장 조사에서는 누수의 오차가 적은 Single Packer를 보통 실시하며 압력은 9단계(2－4－6－8－10－8－6－4－2kg/cm^2)로 변화시켜가면서 각 단계마다 5분간의 가압시간을 유지하면서 주입량을 측정한다.

Lugeon치는 공경이 NX(ϕ76.0mm)인 경우 주입압력 10kg/cm^{2}하에서 시행하며, 공 길이 1m당 주입량이 1L/min일 때를 1Lugeon(약 1.3×10^{-5}cm/sec)이라 하고, Lugeon치를 구할 때 적용되는 공식은 다음과 같다.

$$Lu = \frac{10 \cdot Q}{P \cdot L}$$

여기서, Lu: Lugeon

Q: 주입량(L/min)

P: 적용압력(보정압력, kg/cm^2)

L: 시험 구간장(m)

3.5 실내시험

3.5.1 암석시험

시추코어 중 대표적인 시료를 추출 암석의 공학적 특성을 파악하기 위하여(그림 3.6) 본시험을 실시하며 비중, 흡수율, 일축압축강도, 인장강도, 전단강도, 탄성계수, 포아송비 및 내부마찰각 등을 구하여 지하철 통과 예상구간 등 구조물 설치와 관련하여 암층의 공학적 특성을 규명한다. 시험은 I.S.R.M(International Society for Rock Mechanics) 시험 규정에 의거하여 실시하며 각 시험방법을 요약하면 다음과 같다.

1) 단축압축강도시험(Uniaxial Compressive Strength Test)

단축압축강도의 측정에는 160톤 용량의 MTS 315 System 등 Universal Tester를 사용하여 시험편의 축방향으로 압축력을 가한 후 파괴될 때의 하중을 측정한다(그림 3.6). 파괴하중을 Pkg, 압축력을 받는 단면적을 Acm^{2}라 할 때, 단축압축강도 Sc(kg/cm^2)는 다음 식으로 산정한다.

$$Sc = P/A(\mathrm{kg/cm^2})$$

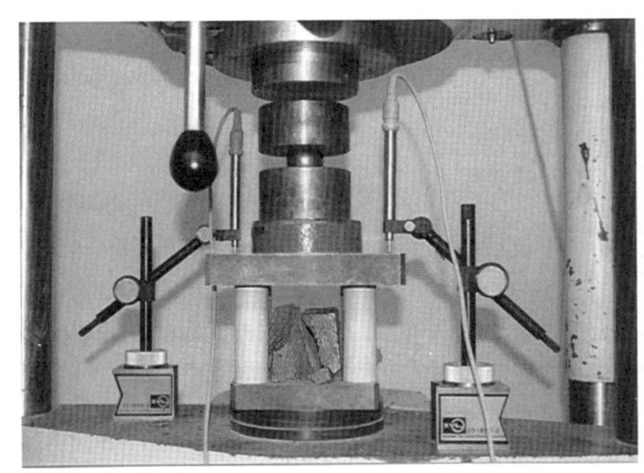

그림 3.6 단축압축강도시험

단축압축강도시험에서 압축응력에 대한 종축변형특성을 조사하기 위해 다이얼게이지 변위측정기(Dialgauge Transducer)를 사용하여 측정하며, 횡축변형특성은 시험편 표면에 저항력의 크기가 120Ω인 Strain Gauge(KFC-5-11, Kyowa)를 접착제(Strain Gauge Cement)로 부착시켜 측정한다. 이들을 Dynamic Strain Amplifier(Kyowa, DPM-G)에 연결하고 이를 A/D Converter에 의한 Computer 전상처리에 의해 시험편이 파괴된 후까지 응력－종변형곡선과 응력－횡변형곡선을 기록하게 된다. 한편 응력에 따른 탄성계수는 다음 식을 이용하여 구한다.

Young's modulus$(E) = \sigma / \varepsilon A$

Poisson's ratio$(\upsilon) = -\varepsilon L / \varepsilon A$

여기서, σ: 하중에 의한 압축응력

εA: 시험편의 종방향 변형률

εL: 시험편의 횡방향 변형률

실험에서 가압속도는 분당 0.2mm로 시험편에 하중을 가하여 3분 내외에서 시험을 종료하며 위의 두 탄성계수는 단축압축강도의 60% 내외(최소 40%, 최대 80%)의 응력수준에서 구한 탄성계수이다.

그림 3.7 MTS 315 System, Universal Rock Test Machine

2) 인장강도시험(Tensile Strength Test)

암석의 역학적 특성 중에서 가장 중요한 성질이 단축압축강도와 인장강도이다. 암석이나 유리와 같은 취성재료는 두 강도의 크기가 서로 다르며 그 비율도 일정하지 않아 두 가지 시험이 별도로 각각 수행되어야 한다.

암석의 인장강도는 시료의 성형이 어려워 직접 인장강도시험을 수행하지 않고 간접인장강도시험 중에서 압열인장시험(Brazilian Test)으로 구하는 것이 일반적이며, 국제암반공학회에서도 이를 표준화하고 있다. 압열인장시험에서 시험편은 길이가 직경의 1/2가 되게 하고 압축강도용 시편과 같이 성형한다. 이를 직경방향으로 파괴를 유도하여 탄성학적으로 해석하여 인장강도를 얻을 수 있다. 이때 파괴하중을 P(kg)이라 하고 시험편의 직경과 길이를 각각 D 및 L(단위 cm)이라 할 때, 인장강도 St(kg/cm^2)는 다음 식으로 구한다.

$$St = \frac{2 \cdot P}{\pi DL} (\text{kg/cm}^2)$$

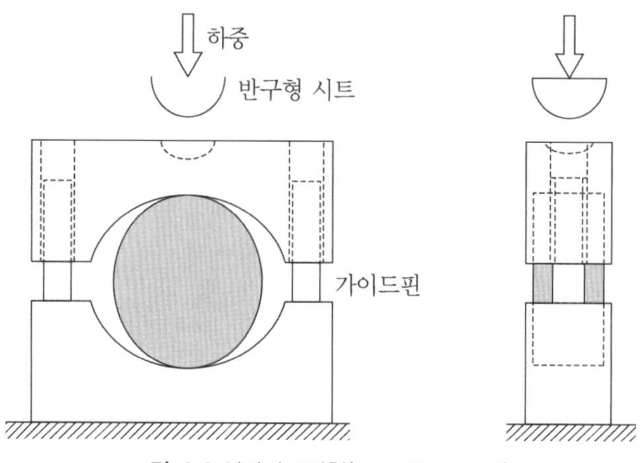

그림 3.8 인장강도시험(Brazilian Test)

3) 삼축압축강도시험(Triaxial Compressive Strength Test)

지하에 위치하고 있는 암반은 여러 방향으로부터 복합적인 응력을 받고 있어 현지 암반의 파괴 양상은 매우 복잡하다. 특히 지하 심부에 있는 암석은 최대응력이 수직방향으로 작용하므로 이에 직각되는 수평의 두 응력은 암반을 구속하여 암석의 파괴를 저지하는 듯이 작용한다. 이렇게 복잡한 파괴형태를 실험실에서 규명할 수 있는 방법이 삼축압축강도시험이다. 즉 현장조건과 같이 구속하고 있는 수평력을 가하기 위하여 삼축가압실(triaxial chamber) 내에 암석시료를 넣고 유압으로 일정한 하중(봉압)을 가한 후 단축압축에서와 같이 수직으로 하중을 가하여 파괴강도를 얻는다.

이때 봉압의 크기는 다른 여러 방법(공경변위법, 수압파쇄법 등)을 통하여 현지 암반의 응력상태를 해석한 후 암반이 주로 천부에 위치하고 있으므로 50kg/cm^2, 100kg/cm^2, 150kg/cm^{2}로 결정한다. 일반적으로 지하철공사가 이뤄지는 심도는 지표하 50m 이내이므로 작용하는 수평방향의 지압은 시험의 봉압 범위를 넘지 않을 것이다. 또한 삼축압축강도는 단축압축강도와는 달리 그 자체 값이 최종목표가 아니고 모아파괴포락선을 얻는 데 궁극적 목표가 있으므로 봉압의 크기는 중요시되지 않는다.

4) 탄성파속도 측정

본 시험은 시험편을 탄성파가 통과하는 데 소요된 시간을 측정하여 탄성파인 P파와 S파의 전파속도를 구하는 비파괴시험이다. 여기에 사용된 측정기계는 Sonic Measuring Equipment(Sonic Viewer Model−5217A, OYO Co., Japan)로 크게 3부분, 즉 Pulse Generator, Transducer Heads, Oscilloscope로 구성되어 있다(그림 3.9). 시험편을 발신기(Pulse Generator)에 연결된 송신자와 수신자(Transmitting and Receiving Transducer) 사이에 끼우고 적당히 가압하여 탄성파가 송신자로부터 시험편을 거쳐 수신자에 이르는 데 소요된 시간을 Oscilloscope상의 파형으로부터 10∼6초 단위로 계측하여 시험편의 길이를 소요된 시간으로 나눔으로서 탄성파속도를 결정한다.

시험에서 얻어진 두 탄성파의 전파속도(V_p 및 V_s)로부터 동탄성계수 E_d, 동포아송비 υ_d를 구하는 식은 다음과 같다.

$$E_d = \frac{\rho \cdot V_s^2}{g}\left[\frac{3\left(\frac{V_p}{V_s}\right)^2 - 4}{\left(\frac{V_p}{V_s}\right)^2 - 1}\right]$$

$$\upsilon_d = \frac{1}{2}\left[\frac{\left(\frac{V_p}{V_s}\right)^2 - 2}{\left(\frac{V_p}{V_s}\right)^2 - 1}\right]$$

여기서, ρ: 밀도, g: 중력가속도

동탄성계수 및 동포아송비는 암석의 동적성질을 나타내는 계수이고, 암반분류 시 암석등급분류 자료로도 쓰이고, 내진설계 등 동적구조 해석 시 물성자료로 활용된다.

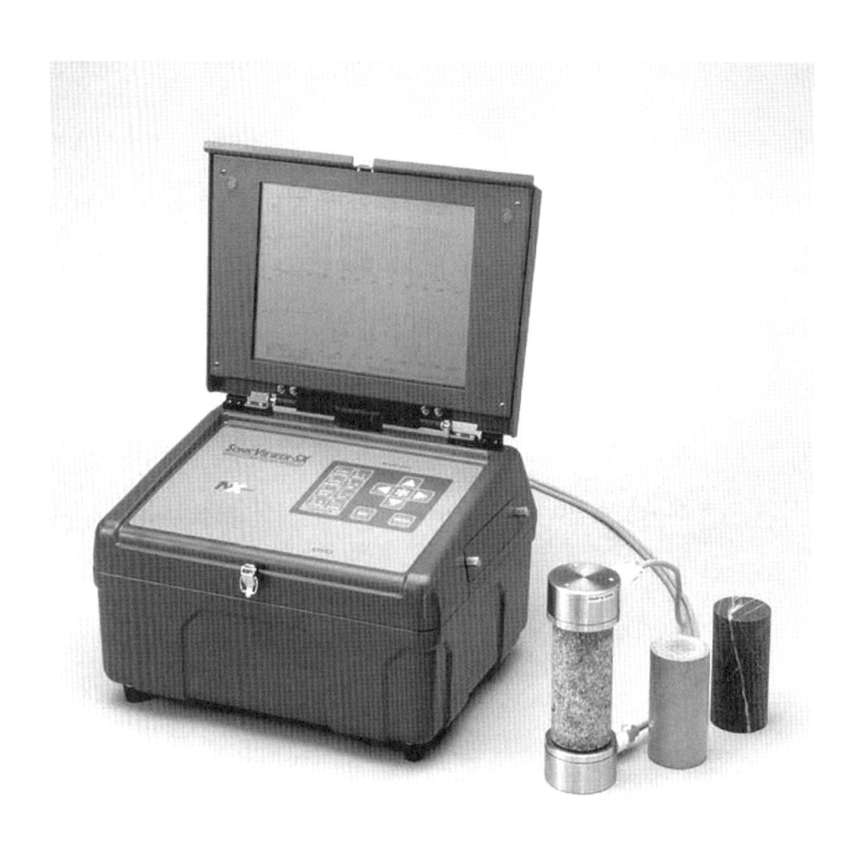

그림 3.9 Sonic Viewer-SX(OYO Co., Japan)

CHAPTER 04

발파공법(Drill & Blast) 터널 설계

CHAPTER

04

발파공법(Drill & Blast) 터널 설계

4.1 터널의 표준지보패턴 및 굴착공법의 선정

설계기준에 근거하여 암반분류를 통해 정해진 표준지보패턴을 적용한다. 표준지보패턴을 과거의 경험과 현재의 시공성을 고려하여 결정한다.

4.2 터널 설계방법

터널지보공의 설계는 원칙적으로 굴착과정 및 지보재의 특성을 고려한 수치 해석결과에 의하되 유사조건에서의 설계사례를 적용할 수 있다.

4.2.1 유사조건에서의 설계사례 적용

유사조건에서의 지보패턴을 적용하는 경우에는 그 설계조건 및 설계 수행방법의 타당성 등을 충분히 검토하고 해당 원지반의 조건에 적용성을 검토한 후 적용해야 한다.

1) 구간 적용례

구간 적용례를 들면 본구간은 서울시 지하철 6호선 6-6공구 마포구 공덕동에서 용산구 이태원동 사이로서 총연장 3.780km이며, 정거장 3군데를 제외한 전 구간이 터널구간으로서 본선 연장은 3.120km이다. 터널내공단면은 서울시 지하철 건설본부에서 제시한 본선 표준단면을 참고로 하여, 막장의 지반상태와 터널천반부 및 상부의 지반상태 시공성을 고려하여 암종별 5종의 표준지보패턴으로 구분 설정하였고, 하천하부를 통과할 때 누수량, 압밀침하로 인한 지표침하 등의 지하수의 영향을 고려하여 비배수형(완전방수형)으로 설계하였다.

2) 단면형상

단면형상에서 구조적 안정성만을 고려하면 원형 또는 란(卵)형이 가장 우수하다. 방수형의 경우 란(卵)형으로 하면 터널구조를 하나의 Ring으로 형성시켜 응력적으로 안정시킬 수 있다. Shotcrete면의 응력분포를 균등하게 하여 휨모멘트의 발생을 피할 수 있어 좋다.

표 4.1 서울시 지하철 6호선 터널 설계용 지반분류

암반 분류	지질조사에 의한 분류기준	지질조사에 의한 분류기준	RMR값
풍화토층	TCR=0% N<100회/30cm RQD=0% σ_c<10kg/m² JS<5cm	암반이 이완되거나 극히 불량하며 불연속면의 영향과 낮은 암반강도로, 결합력을 상실한 풍화잔류토	<RMR20
풍화암층	TCR<30% N≥100회/30cm RQD<10% σ_c<100kg/cm² JS<30cm	풍화가 상당히 발달한 지반으로 불연속면이 존재하고 이완대가 발달한 곳 시추 시 코아형성이 어려움	20<RMR<30
연암층	TCR≥30% σ_c<250kg/cm² RQD<25% JS<100cm	풍화가 절리를 따라 발달하고 있으며, 불연속면이 존재하고 지하수의 영향이 현저한 연약암반	30<RMR<40

σ_c: 단축압축강도, JS: 절리간격

표 4.1 서울시 지하철 6호선 터널 설계용 지반분류(계속)

암반 분류	지질조사에 의한 분류기준	지질조사에 의한 분류기준	RMR값
보통암층	TCR≥60% σ_c≥250kg/cm^2 RQD≥25% JS<200cm	불연속면이 거의 없으며 간격도 크고, 이완대가 적어서 절리의 영향을 무시할 수 있음. 강도는 상대적으로 낮아서 탄성적이지 못한 풍화가 심하지 않은 보편적인 암반	40<RMR<50
경암층	TCR≥80% σ_c≥500kg/cm^2 RQD≥50% JS<300cm	암반상태가 좋은 것으로 불연속면이 존재하나 현저하지 않고 이완대가 부분적으로 있으나, 변형이 적고 강도가 높은 암반으로 풍화의 영향이 거의 없는 탄성적 암반	50<RMR<80
극경암층	TCR≥80% σ_c≥1000kg/cm^2 RQD≥80% JS<300cm	암반상태가 극히 좋고 신선한 상태로, 불연속면이 거의 없이 Massive한 상태로 나오며, 이완대가 거의 없고, 변형도 거의 없음. 강도가 강해서 발파 시 어려움이 있는 무지보가 가능한 암반	80<RMR<100

σ_c: 단축압축강도, JS: 절리간격

단점으로는 소요내공보다 큰 단면 굴착해야 하므로 경제성이 적다. 대수대 지층으로 지표함몰이 예상되는 지역은 방수형 터널로 구조적 안정을 위주로 卵형 단면이 좋다. 응력해석결과 원형과 난형은 이완영역이 유사하게 나오며 시공성을 고려하여 일반적으로 도심지 설계구간, Drill & Blast 터널에서는 난형을 채택한다.

4.2.2 수치 해석방법의 적용

터널 설계 시 터널거동의 해석은 계산방법, 계산상의 가정, 계산에 사용하는 물성치 등을 충분히 검토하고 유사조건에서의 설계적용 실례를 참고하여 종합적으로 판단해야 한다.

1) 터널 해석 전산 프로그램의 요구조건

터널거동해석을 위한 전산 프로그램은 다음과 같은 요건을 모두 갖춘 것이어야 한다.

① 해석 프로그램은 국내외에서 사용된 실적이 있어 그 객관성이 입증되었거나 공인기관에 의하여 터널 거동해석에 적합하다고 인정된 프로그램

② 굴착 단계에 따른 지반 및 지보재의 변형 및 응력의 변화를 계산하여 터널 설계에 반영할 수 있는 프로그램

③ 지반의 소성거동을 해석할 수 있는 탄소성 또는 점탄소성 프로그램

2) 수치 해석

① 해석영역은 터널굴착에 따른 영향을 파악할 수 있도록 충분히 설정해야 한다.

② 실내시험결과를 지반 특성치로 이용할 경우에는 절리의 상태 등을 고려, 시험 결과치를 평가하여 사용해야 한다.

③ 2-D, 3-D 해석이 가능하여 접촉부 등 취약 부분도 해석 가능할 것이다.

4.2.3 표준지보패턴의 설계

표준지보패턴의 설계는 지반분류기준에 의해 지반을 분류하고 설계적용조건을 충분히 검토하여 실시한다. 지하철 터널에서의 암반분류는 조사, 설계, 시공 및 감리 전 과정에 걸쳐 암반공학적 특성에 근거하여 터널의 안정성을 평가하는 데 매우 중요한 수단이다.

1) 설계 단계에서의 암반분류

① 시추조사 결과를 기준으로 공학적 특성에 따른 정량적 암반 분류를 시도한다.

② 대체로 RMR이나 Q-SYSTEM을 이용하여 정량적 분류를 시도하고 이 분류를 기준으로 수치해석에 필요한 PARAMETER를 설정한다.

③ 이때 지질의 구조적 특성과 지하수문제 등을 간과하기 쉽다.

2) 지하수 처리방법에 따른 지보형태

지하수를 처리하는 방법에 따라 터널은 크게 배수형과 방수형으로 나누어진다. 방수형 터널이란 터널주변의 지하수가 터널 내부로 전혀 유입될 수 없도록 차단한 경우를 이른다. 이때 작용하는 수압은 주로 철근콘크리트 라이닝에 의해서 차단된다. 배수형 터널이란 터널 주변의 지하수를 인위적으로 배수시키는 터널로서 터널과 측벽까지 방수막을 설치하여 지하수의 유입을 차단하고 유도하여 터널바닥의 축방향 배수관이나 중앙 배수관을 통해서 배수시키도록 설계 시공한다. 이 배수형 터널에서는 콘크리트 라이닝에 수압이 작용하지 않는 것으로 간주한다.

우선 설계 시 고려해야 할 사항으로는 지하수의 누수량－양수량, 투수계수, 압밀침하도, 상부암반조건, 토질조건, 지하수위 등에 의한 지하수압과 시공성 및 경제성을 고려해야 한다. 방수형과 배수형의 조건을 규명하기가 단순하지 않으나, 다음과 같은 경우를 검토하여 분류한다.

- 연평균 지하수위 및 최고·최저 지하수위 조사
- 지하수의 유동저해(대수대: 간극수)
- 투수계수
- 과거 시공 시 지하수의 양수량
- 터널 길이방향 단위 미터당 지하수량 관측치
- 지하수위에서 갱도천정부까지 심도에 따른 지하수압
- 갱도천정부 상부 암층의 두께
- 지표침하 최대 허용량(세립토층이 내재된 경우)
- 상부 구조물 및 주변 건물의 영향
- 토질 조건: 대수층(충적층) 유무, 깊이, 두께

비배수형(완전 방수형) 터널의 특징

방수형 터널은 터널 주위의 지하수를 배수시키지 않기 때문에 공사 중 일시 변화되었던 지하수위는 곧바로 복원된다. 따라서 터널구조물은 터널주변의 지하수위에 해당하는 정수압을 견디도록 설계되어야 한다. 작용수압에 가장 유리한 단면은 원형이며 수압이 클 경우에는 철근보강이 필요하다. 방수형 터널의 장점으로는 지하철의 내구연한 동안 양수를 위한 유지관리비의 절감과 지하수위에 영향을 미치지 않으므로 이와 관련된 지반침하나 건물피해에 대한 사전 예방이 되며 터널구조체, 내부시설물, 운행차량 등을 습기에 의한 부식으로부터 예방할 수 있다. 단점으로는 단면형상의 제한으로 굴착 시 불필요한 공간이 형성되며 시공 시 고도의 방수공이 요구되고 보수가 어렵다. 철근조립 공사가 까다롭고 복잡하여 부실시공의 원인이 된다. 대단면 터널이나 심도가 깊으면 구조체가 막중해져 비경제적이다.

표 4.2 방수형, 배수형 터널의 비교

비교항목	완전 방수	배수형 방수
개요	터널 전 주변에 방수대를 형성시켜 지하수 유입을 차단하는 형식	터널아치부 및 측벽부에만 방수대를 설치하고 숏크리트층을 통과한 지하수를 방수층을 통해 터널 내부의 배수구조로 유도처리하여 내부복공 콘크리트에 수압이 작용하지 않도록 하는 형식
터널구조형태	원형 또는 원형에 가까운 난형	마제형
내부복공 설계 시 고려하중	• 하중 및 수압 • 내부복공 콘크리트 자중	• 하중 및 일부 수압 • 내부복공 콘크리트자중
유지관리	• 청결하며 유지관리비가 적다. • 누수 시 보수가 어렵다.	• 유지관리비가 많다. • 누수 시 보수가 비교적 용이하다.
주변 환경에 미치는 영향	• 건설 후 침하가 거의 없다. • 지하수의 방향과 교체되면, 지하수 유동저해가 클 수 있다.	• 점성토 지반에서 장기침하가 우려된다. • 사질토 지반에서 지하수와 함께 세립토가 유출되어 침하를 유발시킨다. • 지하수 유도관이 막혀서 내부복공 콘크리트의 측벽의 수압을 작용시켜 복공파괴를 초래하기도 한다. • 지속적인 배수로 지하수면이 낮아지고 이로 인해 터널 상부 주변지역에 지표침하가 우려된다.

표 4.2 방수형, 배수형 터널의 비교(계속)

비교항목	완전 방수	배수형 방수
시공성	• 시공실적이 적다. • 토피가 깊은 터널일 경우 지하수압이 커져 내부복공 두께가 커질 뿐아니라 철근 배근이 요망된다. • 완전한 시공에 기술적 뒷받침을 요한다.	• 시공실적이 많다. • 내부복공은 무근 콘크리트 구조로도 가능하다.
시공비	인버트의 굴착량이 많아 공사비가 많다.	• 완전 방수보다 공사비가 적다. • 유지보수비가 많이 든다.

시공 시 주의점을 정리해보면, 방수 Sheet는 복공 타설 중에 큰 인장력이 가해져 파손의 원인이 되기 때문에 적절한 강도를 지닌 재질과 정착방식의 Sheet를 채택할 필요가 있다. 터널의 배수가 불량하면 반복의 열차하중에 의해 분니가 발생하고 노반 변상의 원인이 된다. 완전 방수형 터널의 경우도 시공 중에는 배수를 시키는 경우도 있다. 이 경우는 터널의 최하부에 일시적인 배수공을 설치한다.

4.3 Conventional(NATM) 터널 지보공의 종류

지보공의 각 부재의 설계는 터널형상이나 각각의 지보기능을 각 지층의 지질조건, 지형조건 및 주변 여건을 고려한 후에 과거의 설계 예(서울시 6호선 설계 시, 5호선 및 2, 3, 4호선 참조)나 계측결과를 참고하여 적절한 지보패턴을 선정할 수 있다. 도심 지하철 터널의 경우 막장자립도와 시공 사이클이 가장 중요하다. 따라서 지보공 설계 시에는 터널 주변 지반의 지보기능을 유효하게 활용하도록, 지반특성에 맞는 시공순서 및 방법, 단면폐합의 시기 및 방법 등을 종합적으로 검토해야 한다.

4.3.1 Shotcrete(뿜어 붙이기 콘크리트)

도심지터널은 터널천정부에서 지표까지 지반의 심도가 얕고, 지표상에 구조물이, 지중에는 매설물 등이 존재하고 있어, 지표면 침하를 적극 억제해야 한다. 또한 지반이 연약한 풍화토나 풍화암이 걸리는 경우, 막장의 자립시간을 연장하고 굴착 후 지보공 시공까지 막장을 안전하게 유지시키며 지반의 이완을 억제시켜야 한다. 이러한 경우 Shotcrete는 조기에 막장에 접근하여 즉시 막장의 안정성을 가져올 수 있는 중요한 지보 부재이다. Shotcrete의 설계는 사용목적, 지반조건, 시공성, 단면의 크기 등을 고려하여 배합, 강도, 두께를 결정한다.

Shotcrete의 배합은 필요한 강도가 나오고 부착성 및 시공성이 좋은 것을 사용하고, 28일 지난 후 압축강도가 210kg/cm^2 이상인 것으로 하며 탄성계수 등의 물성치는 같은 강도의 콘크리트 값을 적용한다.

Shotcrete의 기능은 굴착 직후에 지하 공동면에 부착시켜 지반의 강도저하를 방지하는 가장 유효한 재료이며 또한 임의의 형상에 대해서도 시공 가능한 장점이 있다.

4.3.2 Wire Mesh(용접철망)

Shotcrete에 넣은 Wire Mesh의 역할은 기본적으로 Shotcrete의 보강 및 건조수축방지이며 2차적으로는 Shotcrete의 부착효과를 증가시키고, Shotcrete의 타설압력에 의한 굴착면의 손상을 방지하는 효과를 가지고 있다. 또한 갱도 지보재로서 파쇄된 주위 암석으로부터 안전한 작업공간을 유지하는 역할을 한다.

서울시의 풍화암 및 풍화토 구간에서는 Shotcrete의 부착효과를 높이고, 타설압력에 의한 굴착면의 손상을 방지하기 위해서 1차로 $\phi 5 \times 100 \times 100$mm의 Wire Mesh를 사용하고 모든 지반에 대해서는 Shotcrete의 강도를 높이고 자중에 의한 붕락방지를 위해서 2차로 $\phi 5 \times 100 \times 100$mm의 Wire Mesh를 사용한다. Wire Mesh는 갱도의 안전성을 높이며 연결식 Wire Mesh를 적용할 경우 인장강도가 높아 지보의 지지능력을 증대시킬 수 있다.

Wire Mesh는 형태에서 여러모로 발전되어 재료에 따라 인장강도 500~650N/mm^{2}에 6~8mm 직경의 것 등 용도 및 연결 방식에 따라 여러 가지로 다양하고 Shotcrete 보강용으로는 Weld Mesh를 사용한다. 최근에 이르러 서구에서는 Wire Mesh 대신 Steel Fiber를 사용하여 싸이클 타임을 줄이기도 한다.

4.3.3 Rock Bolt(록볼트)

Rock Bolt는 주변 지반의 지보기능을 유효하게 활용하기 위한 주요 부재이다. 일반적으로 터널 상부에는 인장대, 측벽부에는 압축대가 형성된다. 이러한 경우 록볼트를 압축대에 타설하므로서 지반과 숏크리트를 일체화시켜 아치대를 형성시키는 효과가 있다. 록볼트의 설계방법은 지반조건을 고려하고, 과거의 시공실적을 참조하여, 수치해석을 통해 적절한 설계로 한다.

Rock Bolt는 주요 지보재로서 Shotcrete 타설 후 시공되는 것으로 그 작용효과는 지반상태에 따라 달라진다. 즉 암반변위가 작은 경암지반에서는 변위가 암반 중에 존재하는 Joint에 따라 발생하려고 하므로 암괴가 붕락하지 않도록 암괴를 잡아주는 역할을 한다. 변형이 비교적 큰 연약지반에서는 볼트를 갱도천반에 조직적(system bolt)으로 설치하여 Ground Rock Arch를 형성하게 하여 암반 자체의 지지대를 이루게 되어 Bolt에 마찰력이 증가하여 갱도를 견고하게 지지하게 된다. 암반은 일축압축상태에서 삼축압축상태로 변화되므로 구조적으로 안정된 상태로 된다.

4.3.4 강재지보(STEEL RIB)

NATM 공법에서의 Steel Rib는 기본적으로는 Shotcrete가 경화할 때까지의 보강재이기 때문에 암반이 좋은 경암 이상에서는 설치할 필요가 없으나, 단면형상을 유지하여 선형을 맞추고 라이닝 타설기구를 설치하기 위해서 10m 간격으로 설치한다. Steel Rib은 대형은 필요가 없고 H Beam을 사용하면 충분하다. Steel Rib의 주된 용도는 Shotcrete를 설치하기 전 막장을 유지하고, 지반의 이완, 지표면의 침하를 방지하며 Shotcrete가 경화될 때까지 막장을 자립시키고 선형을 맞추는 목적도 겸한다. Steel Rib은 보강재이지만 지보효과를 극대화하기 위해서 Shotcrete와 밀착하도록 시공하는 것이 유리하다.

강재지보공의 재질은 SS41을 원칙으로 하며 가공은 냉간 가공형상을 우선으로 하며 부득이 현장 제작품을 쓸 경우는 철판을 절단하여 용접하는 것으로 한다.

강지보공은 지반조건에 적합하도록 부재의 크기나 설치간격 등을 결정해야 되며 다른 지보재와 더불어 지보기능의 효율성을 높여야 한다.

4.3.5 삼각지보재(Steel Lattice Girder)

H형강 Steel Rib가 강지보공으로 널리 쓰이고 있으나, 중량이 무거워 설치가 어렵고, 설치 소요시간이 길어 터널 막장의 조기 안정성 유지에는 문제가 있고, 숏크리트 타설 시 Steel Rib 배면에 공극의 형성으로 굴착면과 완전한 밀착이 어려우며, 이에 따라, 지하수의 유입을 제어할 수 없는 문제점 등이 나타난다. 이에 대한 대안으로 벌써 유럽에서는 삼각지보재(lattice girder)를 사용하기 시작하였다. 삼각지보재는 주강봉을 삼각형의 형태로 배치시켜 연결 철근으로 용접한 형태로 다양한 단면 모델이 있고, 지압 등 하중이 큰 경우에는 Double Bar로 된 것을 사용할 수 있다. 삼각지보재는 다른 지보재와 마찬가지로 표준패턴을 사용하며, 별도의 구조계산은 하지 않는다. 그러나 지반조건이 불량하거나 과도한 지압이 예상되는 구간은 지압력에 대한 구조 계산을 수행한다.

4.3.6 강섬유 숏크리트(Steel Fiber Shotcrete)

강섬유보강 숏크리트는 콘크리트의 인성, 즉 항복 후에도 내하능력을 유지하면서 변형하는 성질을 증가시키기 위하여 직경 0.5mm, 길이 30mm 정도의 강섬유를 80kg/m^3 정도 콘크리트 내에 혼입한 것으로, 노르웨이 등에서는 기존의 Wire Mesh Shotcrete를 대체하여 널리 사용되고 있다. 작업이 간편해져서 사이클 타임을 감소시켜 공정상의 장점과 숏크리트 리바운드율이 떨어져 자재 사용 효율이 커지나, 단가가 비싼 것이 흠이다. 단가가 비싸다 보니 시공 시 설계물량이 제대로 반입이 안 되는 경우도 간혹 발생하여 시공 감리의 역할이 주요하다.

4.3.7 섬유 숏크리트(Fiber Glass Shotcrete)

상세내용은 9.7.1절 FRC 참조

4.3.8 박편 숏크리트(Thin Sprayed Lining)

액체형 Shotcrete로 고결 시 방수 효율 좋아 방수포, 부직포 설치 작업을 줄일 수 있어 공기와 공사비 면에서 장점이 있다.

CHAPTER 05

발파공법(Drill & Blast) 터널 설계 실무

CHAPTER 05

발파공법(Drill & Blast) 터널 설계 실무

5.1 바쿤 가배수로 터널

말레이시아 사라왁(Sarawak)주의 대규모 수력발전 댐 프로젝트의 일부인 바쿤 가배수로 터널(Bakun River Diversion Tunnel Project)은 내공 12m(굴착직경 13.0m, 13.4m), 길이 1400m인 콘크리트 라이닝 터널 3개(총연장 4,314.6m)로 계획되었다. 터널의 위치는 보르네오섬 북부에 있으며 그림 5.1과 같다.

수압을 줄여주는 플러그(plug)는 경사암(RMT I)인 지역에 설치되며 굴착직경이 15.3m으로 넓어진다. 또한 절대 공기가 부족하여 공사용 보조터널(adit tunnel)을 설계하였다. 가배수로 터널과 보조터널의 교차지역에서 가배수로 터널은 동시에 6개의 막장(tunnel face)을 가진다.

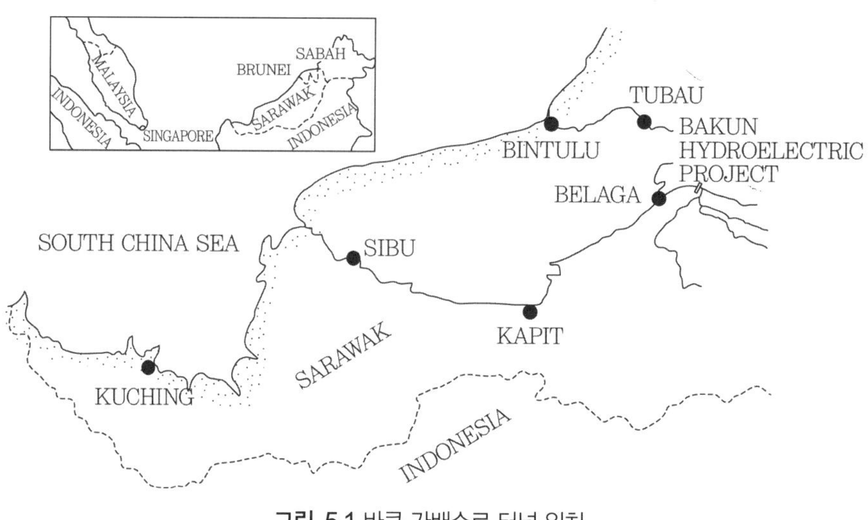

그림 5.1 바쿤 가배수로 터널 위치

5.2 설계이론

여러 가지 암반 종류에 따라 설계 시에 사용한 암반계수는 표 5.1과 같다. 터널 안정성에 대한 초기응력상태의 영향을 조사하기 위하여 표 5.1에서 보는 바와 같이 토압비 $K_{o,x}/K_{o,y}$ =0.3/0.3과 0.5/0.5 두 가지 조합에 대하여 적용하였다.

표 5.1 터널 안정성 해석에서 사용된 수평응력상태

응력	상재하중: 200m K_o=0.3	상재하중: 200m K_o=0.5	상재하중: 100m K_o=0.3	상재하중: 100m K_o=0.5
수직응력[MPa]	5.20	5.20	2.60	2.60
평면 내 응력[MPa]	1.56	2.60	0.78	1.30
평면 외 응력[MPa]	1.56	2.60	0.78	1.30

굴착과정에 따라 응력상태에 미치는 영향은 두 개의 다른 굴착형태, 즉 반단면 굴착(roof excavation)과 전단면 굴착(full excavation)으로 고려하였다.

터널벽면의 암반지보

바쿤 프로젝트에서는 터널벽면을 평면쐐기파괴가 일어난다고 가정하였다. 쐐기의 안전율은 다음과 같이 계산된다.

$$S.F. = \frac{c \cdot A + (W \cdot \cos\beta + n \cdot RB \cdot \cos\alpha) \cdot \tan\phi}{W \cdot \sin\beta - n \cdot RB \cdot \sin\alpha}$$

$$\alpha = \delta + \theta = 90 - \beta + \theta$$

여기서, $S.F.$: 안전율

RB: 록볼트의 지지력, [MN]

n: 단위폭 1m에 대한 록볼트의 수

W: 쐐기의 중량, [MN]

β: 활동면의 경사, [°]

δ: 각도[°], 다음과 같이 정의된다. $\delta = 90 - \beta$

α: 볼트의 설치각과 활동면의 수직방향이 이루는 각, [°]

ϕ: 활동면의 마찰각, [°]

c: 활동면의 점착력, [°]

A: 활동면의 면적, [m^2]

필요한 록볼트의 수는 위 식으로부터 다음과 같이 변형하여 계산할 수 있다.

$$n \geq \frac{W \cdot (SF \cdot \sin\beta - \cos\beta \cdot \tan\phi) - c \cdot A}{RB \cdot (\cos\alpha \cdot \tan\phi + SF \cdot \sin\alpha)}$$

n값은 1m의 단위 폭을 가진 쐐기의 총 높이와 선택한 안전율에 대하여 쐐기를 안정

화시키기 위하여 필요한 록볼트의 수를 표시한다.

터널크라운부의 암반지보

흔히 큰 지하구조물에서 암반상태가 좋지 않으면 조직적인 암반지보(systematic rock support)가 필요하다. 모든 지보형태들을 조사하고 파괴방지를 위하여 가장 불리한 지반 및 하중 조건에 대하여 필요한 지보패턴을 설계하였다. 지보에서 모든 형태의 거동은 같다고 가정하였다. 쐐기들에 의한 파괴형태는 크라운으로부터 숏크리트를 통하여 떨어지려는 현상이기 때문에 전단강도를 고려하지 말아야 한다. 이러한 파괴거동에 대하여 조직적인 록볼트 지보가 사용된다. 여기서 약한 암반에서 과응력이 일어나며 입방체의 쐐기를 볼트로 지지해야 한다고 가정하였다. 쐐기의 전 중량은 정의된 안전율에 대하여 록볼트와 숏크리트에 의하여 각각 분리되어 지지되어야만 한다는 원칙이 크라운부에서 암반지보를 구하기 위하여 사용되었다. 유한요소나 경계요소해석 결과를 사용할 때, 첫 단계는 지지해야 할 소성영역의 깊이를 결정하는 것이며, 그 계산은 전단계수를 가지고 수행하였다.

$$\phi_{cal} = \tan^{-1}(\tan\phi / \eta_{\tan\phi}) \qquad c_{cal} = c/\eta_c$$

단위면적(m^2)당 필요한 록볼트의 수는 다음과 같이 계산하였다.

$$n \geq \frac{\eta_{RB} \cdot w \cdot d \cdot A_{RB}}{RB} \qquad A_n = \frac{1}{n}$$

여기서, n: 단위면적(m^2)당 필요한 록볼트의 수, [−]

RB: 록볼트의 지지력, [MN]

η_{RB}: 록볼트에서 적용한 안전율, [−]

w: 암반의 단위중량, [MN/m^3]

d: 크라운부에서 소성영역의 깊이, [m]

A_n: 한 개의 록볼트가 지지하는 크라운부 면적, [m^2]

A_{RB}: 한 개의 록볼트가 지지하는 크라운부 단위면적, [=1m^2]

다음 단계는 필요한 숏크리트 두께를 결정하는 것이다. 기준은 면적 A_n과 깊이 d에 의하여 결정된 중량이 A_n의 구멍 주위에 걸쳐 숏크리트를 통해 전단이 일어나야 한다. 숏크리트에 대하여 가정한 파괴형태는 숏크리트를 통한 쐐기의 펀칭이고, 필요한 숏크리트 두께는 다음과 같이 결정하였다.

$$d_{SC} = \frac{\eta_{SC} \cdot w \cdot d \cdot A_n}{\tau_{per} \cdot 4 \cdot J_1}$$

여기서, d_{SC}: 숏크리트 두께, [m]

η_{SC}: 숏크리트에서 적용한 안전율, [−]

w: 암반의 단위중량, [MN/m^3]

d: 크라운부에서 소성영역의 깊이, [m]

A_n: 한 개의 록볼트가 지지하는 크라운부 면적, [m^2]

τ_{per}: 숏크리트의 전단강도, [MN/m^2]

J_1: 선택된 록볼트 격자에 따라 가정한 입방체 쐐기의 길이, [m]

불연속에 의한 크라운부의 쐐기가 안정성에 중요하다면 암반지보의 평가는 위에서 주어진 방법과 매우 유사하다. 주어진 불연속계에 따라 면적 A_n은 다음과 같은 함수이다.

$$A_n = f(g_{roof},\ d/dd,\ h_{apex})$$

여기서, g_{roof}: 크라운부의 형상

d/dd: 불연속면의 경사와 경사방향

h_{apex}: 쐐기의 높이

필요한 록볼트의 수는 다음과 같고

$$n_w \geq \frac{\eta_{RB} \cdot w \cdot V}{RB}$$

숏크리트의 두께는 다음과 같이 결정되었다.

$$d_{SC} \geq \frac{\eta_{SC} \cdot w \cdot V}{\tau_{per} \cdot (J_1 + J_2 + J_3)}$$

여기서, n_w: 주어진 쐐기에 대하여 필요한 록볼트의 수, [−]

d_{SC}: 숏크리트 두께, [m]

η_{RB}: 록볼트에서 적용한 안전율, [−]

η_{SC}: 숏크리트에서 적용한 안전율, [−]

w: 암반의 단위중량, [MN/m^3]

τ_{per}: 숏크리트의 전단강도, [MN/m^2]

J_i: 3개의 불연속면에 대한 입방체 쐐기의 주변길이, [m]

벽면에서 필요한 숏크리트 두께를 주어진 숏크리트 강도 τ_{per}와 숏크리트에 작용하는 실제 암반압력의 가정에서 추정하는 것은 어려우며, 단지 몇 cm의 숏크리트 두께가 필요하다고 계산될 것이다. 그러므로 벽면에 대한 숏크리트 두께는 이미 시공된 유사한 프로젝트의 경험에 주로 의존하고 굴착진행 동안 내공변위나 지중변위 측정결과를 고려하여 조절되어야 한다.

록볼트 지보의 지지력은 다음 식과 같이 계산되었다.

$$S_B = f_{PL} \cdot \left[(TL_1 + TL_2 + TL_3 + TL_4) \cdot d_{SC} \cdot \tau_{per,SC} \cdot f_{WM} + \frac{A_{WF}}{A_{BG}} F_{RB} \right]$$

여기서, S_B: 지보의 지지력, [MN]

f_{PL}: 정점부에 대한 감소계수, 이 영역은 숏크리트에 대한 집중하중과 유사하게 작용한다. f_{PL}은 2/3를 취하였다.

$T_{L1} - T_{L4}$: 계산된 크라운부 쐐기의 주변길이, [m] 쐐기해석에서 $T_{L4}=0$, BEM이나 FEM에서 $T_{L1} - T_{L4}$는 $1m^2$을 표시한다.

d_{SC}: 선택된 숏크리트 두께, [m]

$\tau_{per,SC}$: 숏크리트의 허용전단강도, [MN/m^2]

f_{WM}: 와이어매쉬가 사용될 때 숏크리트 전단강도의 증가(와이어 매쉬의 겹당 $\tau_{per,SC}$의 10% 증가가 허용됨)

A_{WF}: 계산된 크라운부 쐐기의 표면적, [m^2]

A_{BG}: 크라운부 지보에 대하여 선택된 록볼트 격자의 면적, [m^2]

F_{RB}: 록볼트의 지지력, [MN]

안전율

터널에 대한 암반지보를 설계할 때, 다음과 같은 불확실성 때문에 안전율이 필요하다.

- 시공 후 숏크리트에서 생기는 불확실성(두께 차이, 숏크리트 타설 시 작업자의 숙련도 차이, 리바운드에 의한 숏크리트의 밀도 차이와 강도 차이 등)
- 록볼트에서 몰탈, 몰탈에서 암반으로 전달되는 힘이 보링구멍에서 일정하다고 확인할 수 없기 때문에 생기는 록볼트 지지력의 불확실성
- 터널굴착에 의한 과응력 영역과 발생 가능한 쐐기를 결정할 때 생기는 수치해석에서의 불확실성
- 실제 조건에 관한 암반지보모델의 유용성에 대한 불확실성

위와 같은 불확실성 때문에 다음과 같이 두 가지 종류의 안전율을 사용하였다.

- 숏크리트와 록볼트에 대한 물성을 정의하기 위한 안전율
- 지질적인 계수와 수치해석과 실제와의 차이에 의한 불확실성에 대비한 안전율
- 첫 번째 안전율은 국제적인 표준에 의한 재료의 허용강도에 대한 것이다. 예를 들면 독일 DIN 1045에는 철근에 대한 허용인장응력뿐 아니라 숏크리트/콘크리트에 대한 허용전단강도가 정의되어 있다. 이들 허용응력은 재료물성과 관련된 모든 불확실성을 고려하고 있다.
- 두 번째 안전율은 다음 두 가지 방법으로 고려될 수 있다.
- 전단계수에 대하여 부분적인 안전율을 사용하고 전단강도를 내부마찰각에 대하여는 $\eta_{\tan\phi}=1.1-1.3$, 점착력에 대하여는 $\eta_c=1.5-2.0$으로 감소시킨다. 그러면 계산

된 지지되어야 할 소성영역이 수치해석의 입력데이타에서 사용된 강도감소계수보다 커지기 때문에 안전율 η_{RB}와 η_{SC}는 적어도 1.0(1.0 이상)이 된다. 과응력 영역의 정확한 결정이 필요하다.

• 유한요소해석에서는 부분안전율($\eta_{\tan\phi}=\eta_c=1.0$) 없이 전단계수를 사용하고, 위 식들에서는 안전율 $\eta_{RB}>1$과 $\eta_{SC}>1$을 적용한다. 이 경우 역시 과응력 영역의 정확한 결정이 필요하다.

두 가지 방법 모두 과응력 영역이 대부분 나비형태이기 때문에 유한요소 해석결과를 직접 사용하는 것은 불가능하다. 그러므로 발파 후 지지되어야 할 소성영역이 터널 표면에 가까운 이완영역이거나 크라운부에서 인장응력을 가진 영역일 경우에도 손 계산에 의하여 결정되어야 한다.

바쿤 가배수로 터널에서는 쐐기해석뿐 아니라 BEM이나 FEM 해석결과로부터 $\eta_{\tan\phi}=1.3$, $\eta_c=1.5$, 쐐기안정해석에서는 $\eta_{\tan\phi}=1.1$, $\eta_c=2.0$의 전단감소계수를 고려하여 과응력 영역은 결정하였다. 터널 중심선에서 0～±90° 영역에서의 안전율 η_{RB}는 시공에 대하여 유용하도록 주어지며 다음과 같이 구할 수 있다.

$$\eta_{RS}=\eta_{RB}+\eta_{SC}\geq\frac{S_B}{W_{RM}}$$

여기서, η_{RS}: 시공을 위한 암반지보의 전체 안전율

η_{RB}: 시공을 위한 록볼트 패턴의 안전율

η_{SC}: 시공을 위한 숏크리트의 안전율

S_B: 단위면적(m^2)당 선택된 암반지보의 지지력, [MN]

W_{RM}: 단위면적(m^2)당 지지될 암반중량, [MN]

보다 조밀한 격자를 가진 록볼트가 있는 영역에서 볼트는 암반에 대하여 균일한 분포를 보장하기 위하여 엇갈림 배치로 설치하였다. 또한 과응력 영역은 필요한 격자가 너무 조밀해지기 때문에 록볼트만으로 안정화시킬 수 없다. 그러므로 록볼트, 숏크리트 그리고 와이어매쉬의 조합으로 암반을 안정화시켜야 한다. 크라운부에서 안전율은 록볼트에 대하여 $\eta_{RB} \geq 0.5$, 숏크리트에 대하여 $\eta_{SC} \geq 1.5$을 각각 사용하였다. 따라서 시공을 위한 암반지보의 전체 안전율은 다음과 같이 주어진다.

$$\eta_{RS} = \eta_{RB} + \eta_{SC} \geq 2.0$$

이때 숏크리트의 최소두께는 50mm이다.

5.3 설계적용

가배수로 터널에 대한 안정해석과 암반지보패턴은 모두 4개의 암반 종류와 상재하중을 고려하여 결정하였다. 터널에 대한 암반지보패턴은 물성들을 변화시키면서 유한요소법와 쐐기안정해석을 실시하고 두 가지 결과 중 불리한 측으로 결정하였다. 이러한 해석을 통하여 가배수로 터널의 안정성은 굴착진행에 따른 응력-변형률 거동에 의하여 지배된다는 것을 알았다.

5.3.1 유한요소해석(FEM)

가배수로 터널의 암반지보패턴을 결정하기 위하여 유한요소해석에서는 다음과 같은 조건들을 사용하였다.

- 굴착조건: 반단면굴착과 전단면굴착
- 초기응력상태: $k_{o,x}/k_{o,y}$ =0.3/0.3과 $k_{o,x}/k_{o,y}$ =0.5/0.5
- 암반조건: RMT I부터 IV
- 상재하중: 100m와 200m
- 안전율: $\eta_{\tan\phi}/\eta_c$ =1.3/1.5와 $\eta_{\tan\phi}/\eta_c$ =1.1/2.0

이상의 조건들을 조합하여 해석한 결과가 표 5.2에 주어져 있다.

표 5.2 바쿤 가배수로 터널에 대한 유한요소해석 결과

유한요소 해석	굴착방법	소성영역 d[m]	안전율 $\eta_{\tan\phi}/\eta_c$	초기응력 $k_{o,x}/k_{o,y}$	계산된 변위 크라운 벽면 바닥면 [mm]/[mm]/[mm]	최대응력 최대 σ_1 UCSROCK UCS/σ_1 [MPa]/[MPa]/MPa		
RMT I 상재하중 200m	전단면 굴착	–	1.1/2.0	0.5/0.5	5/0/5	10-12	200	16.7 (벽면)
RMT II 상재하중 200m	반단면 굴착	1.5	1.1/2.0	0.3/0.3	8/2/10	15-18 크라운부 끝	100 바닥면	5.6 1.단계
RMT III 상재하중 100m	반단면 굴착	1.5	1.3/1.5	0.3/0.3	6/2/6	8 크라운부 끝	60 바닥면	7.5 1.단계
RMT III 상재하중 200m	전단면 & 반단면 굴착	2.5	1.3/1.5	0.3/0.3 0.5/0.5	12/8/12 12/8/12	12 크라운부 끝	60 바닥면	5.0 1.단계
RMT IV 상재하중 100m	전단면 & 반단면 굴착	3.0	1.3/1.5	0.3/0.3 0.5/0.5	20/20/20 20/20/20	9 크라운부 끝	35 바닥면	3.9 1.단계
RMT IV 상재하중 200m	전단면 & 반단면 굴착	4.0	1.3/1.5	0.3/0.3 0.5/0.5	25/5/25 60/100/25	18 크라운부 끝	35 바닥면	1.9 1.단계

이상의 해석결과로부터 지보패턴을 결정할 때 다음과 같은 사항을 고려하였다.

- 보강되어야 할 암반의 주요 중량인 소성영역의 깊이
- 균열이 크라운부의 쐐기에서 발생될 수 있기 때문에 상부 반단면 굴착 후 크라운부의 인장응력
- 계산된 변형, 변형이 크게 발생하여 암반과 숏크리트에 균열을 일으키게 되면 안정성에 문제를 일으킬 수 있다.
- 주인장응력분포 $\sigma_{1,\max}$. 터널의 단면형상에 따라 암반에 과응력이 발생하면 응력집중에 의하여 파괴가 일어날 수 있다.

암반강도 단축압축강도와 주인장응력 σ_1을 비교하면 암반의 지지능력을 알 수 있다. RMT I과 II는 안정성에 문제가 없지만, RMT IV는 $UCS_{ROCK}/\sigma_{1,\max}$의 값이 매우 미소하므로 RMT IV는 안정성에 문제를 일으킬 수 있다.

크라운부의 록볼트

표 4.2에서 보는 바와 같이 터널 주위의 소성영역 발생 깊이에 따라 록볼트 격자를 결정하였다. 이때 록볼트의 지지력은 150kN, 안전율은 $\eta_{RB}=0.5$, 암반의 단위중량은 0.026MN/m^{3}을 적용하였다. 선택된 록볼트 격자는 계산결과보다 약간 조밀한 값을 선택하므로, 안전율 $\eta_{RB,given}$은 다음과 같이 계산되었다.

$$\eta_{RB,given} = \frac{A_n}{A_{n,chosen}}$$

여기서, $\eta_{RB,given}$: 선택된 록볼트 격자에 대한 안전율

$A_{n,chosen}$: 선택된 록볼트 격자($A_{n,chosen} \le A_n$), [m²]

암반 종류 RMT와 소성영역의 깊이에 따라 각 암반지보형태 RST에서 결정된 록볼트 격자가 표 5.3에 주어져 있다.

표 5.3 터널 중심선에서 ±60°인 크라운부에 대한 록볼트 격자

RST [-]	RMT [-]	상재하중 [m]	소성영역 d[m]	록볼트 격자 A_n[m²]	록볼트 격자 $A_{n,chosen}$[m²]	$\eta_{RB,given}$ [-]
A	I	200	–	–	SB[1]	–
B	II	200	1.5	7.69	6.25	1.23
C	III	100	1.5	7.69	6.25	1.23
D	III	200	2.5	4.62	4.00	1.16
E	IV	100	3.0	3.85	3.06	1.26
F	IV	200	4.0	2.88	2.25	1.28

1) 평균 25m²의 격자로 가정한 spot bolting

크라운부의 숏크리트

숏크리트 두께를 결정하는 기본개념은 소성영역의 깊이 d인 과응력을 받은 암반은 숏크리트를 통하여 전단이 일어난다는 것이다. 더구나 록볼트가 정사각형의 중앙에 놓여 있고 사면체인 쐐기의 중량이 암반 깊이 박혀 있는 록볼트에 전달된다면 숏크리트에서 추가적인 저항능력이 필요하다. 필요한 숏크리트 두께는 다음과 같이 결정하였다.

$$d_{SC} \ge \frac{w \cdot d \cdot A_{n,chosen}}{4 \cdot \tau_{per} \cdot \sqrt{A_{n,chosen}}} = \frac{w \cdot d \cdot \sqrt{A_{n,chosen}}}{4 \cdot \tau_{per}}$$

여기서, d_{sc}: 필요한 숏크리트 두께, [m]

w: 암반의 단위중량, 여기서는 0.026MN/m³

d: 크라운부의 소성영역 깊이, [m] (표 5.2)

$A_{n,chosen}$: 선택된 록볼트 격자(표 5.3), [m^2]

τ_{per}: 숏크리트의 허용전단강도, 0.35MN/m^2

선택된 숏크리트 두께의 안전율은 다음과 같이 정의하였다.

$$\eta_{SC,given} = \frac{d_{SC,chosen}}{d_{SC}} \geq \eta_{SC}$$

여기서, $\eta_{SC,given}$: 숏크리트의 안전율, [−]

η_{SC}: 숏크리트에 대하여 적용한 소요안전율, [−]

$d_{SC,chosen}$: 선택한 숏크리트 두께, [m]

d_{SC}: 안전율 $\eta_{SC}=1.0$일 때 필요한 숏크리트 두께, [m]

암반 종류 RMT와 소성영역의 깊이에 따라 각 암반지보형태 RST에서 결정된 숏크리트 두께가 표 5.4에 주어져 있다.

표 5.4 터널 중심선에서 ±60°인 크라운부에 대한 숏크리트 두께

RST	RMT	상재하중 [m]	소성영역 d[m]	록볼트 격자 $A_{n,chosen}$[m^2]	필요한 숏크리트[m]	선택한 숏크리트[m]	$\eta_{SC,given}$
A	I	200	–	SB[1]	–	0.05[2]	–
B	II	200	1.5	6.25	0.07	0.10	1.43
C	III	100	1.5	6.25	0.07	0.10	1.43
D	III	200	2.5	4.00	0.09	0.15	1.67
E	IV	100	3.0	3.06	0.10	0.15	1.50
F	IV	200	4.0	2.25	0.11	0.20	1.82

1) 평균 25m^{2}의 격자로 가정한 spot bolting

2) 셰일/이암이 있을 경우, 암반의 분리를 방지하기 위하여

벽면의 록볼트

크라운부(중심선에서 ±60°)의 파괴형태는 암반이 블록식으로 떨어진다고 가정하고, 벽면(중심선에서 ±60°~±135°)의 파괴형태는 활동쐐기형으로 가정하였다. 소성재료로 이루어진 암반에서 쐐기는 불연속면에 따라 주어진 각 β로 활동이 일어나거나, 소성이 일어난 암반 내에서 활동이 일어날 수 있다. 이때 각 β는 가장 작은 안전율을 가진 쐐기를 나타낸다.

쐐기의 중량은 선택된 각 β, 소성영역의 깊이 d, 록볼트의 경사각 a의 함수이다. 각 β 이하에서 활동하는 암반의 중량은 다음과 같이 구할 수 있다.

$$W = A_1 \cdot w + A_2 \cdot w + A_3 \cdot w$$

이때

$$A_1 = \left[(R_u + d)^2 - R_u^2 \right] \cdot \frac{\pi}{180} \cdot \lambda$$

$$A_2 = \left[(R_l + d)^2 - R_l^2 \right] \cdot \frac{\pi}{180} \cdot \gamma$$

$$A_3 = \frac{(R_l + d)^2 - R_l^2}{2} \cdot \frac{\pi}{180} \cdot (\epsilon - \gamma)$$

여기서, R_u, R_l: 상부굴착반경 6.5m와 하부굴착반경 13.0m

λ, ε, γ: 각도, $\lambda = 30°$, $\varepsilon = 25°$, $\gamma =$ 변화

d: 소성영역 깊이

활동은 각 $(\varepsilon - \gamma)$로 제한된 활동면의 암반 내에서 일어날 것이다. 마찰력과 점착력

이 작용하고 안정성해석에서 고려될 수 있는 활동면의 길이 ℓ과 면적 A는 다음과 같이 결정된다.

$$A = \ell \cdot 1\text{m} = \frac{\epsilon - \gamma}{2} \cdot \frac{\pi}{180} \cdot [R_l + d + R_i] \cdot 1\text{m}$$

필요한 록볼트 격자는 터널 단위길이당 쐐기표면의 총길이에 따라 다음과 같이 결정될 수 있다.

$$A_n = \frac{\eta_{RB}}{n} \cdot \frac{\pi}{180} \cdot [\lambda \cdot R_u + \epsilon \cdot R_l]$$

여기서, n: 쐐기를 안정화시키기 위하여 필요한 록볼트의 수, [−]

η_{RB}: 록볼트에 적용한 안전율, [−]

A_n: 한 개의 록볼트가 지지하는 벽면적, [m^2]

소성영역의 깊이에 따라 각 암반지보형태 RST에서 결정된 록볼트 격자가 표 5.5에 주어져 있다.

표 5.5 터널 중심선에서 ±60°부터 ±135° 사이의 벽면에 대한 록볼트 격자

RST	내부마찰각/점착력 [°/MPa]	소성영역 d[m]	각도 γ(°)	각도 β(°)	미끄러짐길이 (m)	쐐기중량 (MN)	볼트격자 (m^2)	$\eta_{RB,given}$
A	−	−	−	−	−	−	SB[1]	−
B	35/0.13	1.5	11	48.1	3.36	0.63	16.00	1.90
C	30/0.10	1.5	10	50.1	3.60	0.62	9.00	1.73
D	30/0.10	2.5	5	48.5	4.97	1.01	6.25	1.59
E	25/0.10	3.0	2	49.5	4.47	1.19	4.00	1.55
F	25/0.10	4.0	0	46.5	6.54	1.61	2.56	1.69

1) 평균 $25m^2$의 격자로 가정한 spot bolting

벽면의 숏크리트

벽면(중심선에서 ±60°~±135°)의 숏크리트 두께는 벽면 쐐기의 수평압력을 계수 $e_{a,h} \approx 0.33$일 때의 주동토압과 유사하다고 가정하고 다음 식으로부터 계산하였다.

$$d_{SC} \geq \frac{w \cdot d \cdot \sqrt{A_{n,chosen}}}{4 \cdot \tau_{per}} \cdot e_{a,h}$$

암반 종류 RMT와 소성영역의 깊이에 따라 각 암반지보형태 RST에서 결정된 숏크리트 두께가 표 5.6에 주어져 있다.

표 5.6 터널 중심선에서 ±60°부터 ±135° 사이의 벽면에 대한 숏크리트 두께

RST	RMT	상재하중 [m]	소성영역 d[m]	록볼트 격자 $A_{n,chosen}$[m²]	필요한 숏크리트[m]	선택한 숏크리트[m]	$\eta_{SC,given}$
A	I	200	–	SB	–	0.05[1]	–
B	II	200	1.5	16.00	0.037	0.05[2]	1.43
C	III	100	1.5	9.00	0.028	0.05[2]	1.43
D	III	200	2.5	6.25	0.038	0.10	1.67
E	IV	100	3.0	4.00	0.037	0.10	1.50
F	IV	200	4.0	2.56	0.039	0.15	1.82

1) 필요할 경우만 타설, 현장에서 결정한다.
2) 두께가 0.10m까지 증가될 수 있다. 현장에서 결정한다.

5.3.2 쐐기해석(Rock Wedge Analysis)

필요한 암반지보를 결정할 때 굴착에 의하여 응력이 조절되는지 불연속계와 쐐기의 기하학적 형태에 의하여 조절되는지를 알기 위하여 유한요소해석 이외에 프로그램 UNWEDGE를 사용하여 쐐기해석을 추가로 수행하였다. 쐐기안정해석을 위하여 다음과 같은 변수들을 사용하였다.

- 가배수로 터널은 두 개의 방위각 317°와 272°를 갖는다.
- 각각 다른 크기의 쐐기를 3개 가진다. 하나는 주어진 불연속계의 경사와 경사방향에 의하여 가장 큰 쐐기이다. J_2(i, ii)의 길이편차가 5.0m와 2.5m이다.
- 여러 개의 전단계수를 가진 암반 종류 RMT I부터 IV까지 변화한다.
- 쐐기해석결과는 다음과 같음을 알 수 있다.
- 방위각 317°인 터널은 272°인 터널에 비해 크라운부에서 더 큰 쐐기를 가진다.
- 크라운부에서 쐐기중량은 암반 종류 RMT와 관계없다. 크라운부 쐐기의 파괴형태는 활동이 아니라 붕락이다.
- 벽면에서 쐐기가 일어날 가능성은 매우 낮다.

표 5.7 방위각 317°인 가배수로 터널에 대한 쐐기안정해석 결과

길이[m]				면적	체적	높이	Z-길이	중량	중량/면적
J_1	J_2, i	J_3	ΣJ_i	[m²]	[m³]	[m]	[m]	[MN]	[MN/m²]
3.11	2.50	3.12	8.73	2.11	0.31	0.61	2.38	0.008	0.004
6.22	5.00	6.24	17.46	8.45	2.47	1.22	4.76	0.064	0.008
8.47	6.80	8.51	23.78	15.65	6.23	1.66	6.46	0.162	0.010

표 5.8 방위각 272°인 가배수로 터널에 대한 쐐기안정해석 결과

길이[m]				면적	체적	높이	Z-길이	중량	중량/면적
J_1	J_2, i	J_3	ΣJ_i	[m²]	[m³]	[m]	[m]	[MN]	[MN/m²]
1.85	2.50	1.55	5.90	0.77	0.08	0.36	1.10	0.002	0.003
3.70	5.00	3.10	11.80	3.08	0.66	0.73	2.21	0.017	0.006
5.37	7.26	4.51	17.14	6.48	2.02	1.06	3.21	0.053	0.008

필요한 록볼트의 수와 숏크리트 두께는 다음과 같이 계산하였다.

$$n_w \geq \frac{\eta_{RB} \cdot w \cdot V}{RB} = \frac{\eta_{RB} \cdot W}{RB}$$

$$d_{SC} \geq \frac{\eta_{SC} \cdot w \cdot V}{\tau_{per} \cdot (J_1 + J_2 + J_3)} = \frac{\eta_{SC} \cdot W}{\tau_{per} \cdot \sum J_i}$$

여기서, n_w: 주어진 쐐기에 대하여 필요한 록볼트의 수, [−]

d_{SC}: 필요한 숏크리트 두께, [m]

τ_{per}: 숏크리트의 허용인장강도, 여기서는 τ_{per} =0.35MPa

RB: 록볼트의 지지력, 여기서는 150kN

η_{RB}: 록볼트에 적용된 안전율, 여기서는 1.0

η_{SC}: 숏크리트에 적용된 안전율, 여기서는 1.0

W: 쐐기체적

$\sum J_i$: 모든 불연속면 길이의 합[m]

숏크리트와 록볼트의 수를 결정한 후 록볼트와 숏크리트에 대한 실제 안전율은 다음과 같이 계산될 수 있다.

$$\eta_{RB,given} = \frac{n_{w,chosen}}{n_w} \geq \eta_{RB} \qquad \eta_{SC,given} = \frac{d_{SC,chosen}}{d_{SC}} \geq \eta_{SC}$$

여기서, $\eta_{RB,given}$: 선택된 록볼트 격자에 대한 안전율, [−]

$\eta_{SC,given}$: 선택된 숏크리트 두께에 대한 안전율, [−]

$n_{w,chosen}$: 선택된 록볼트의 수, [−]

$d_{SC,chosen}$: 선택된 록볼트의 두께, [m]

표 5.9에는 선택된 록볼트 격자와 숏크리트 두께에 대하여 안전율이 주어져 있다. 터널의 안정성에 영향을 주는 것은 쐐기의 기하학적 형상이 아니라 굴착과정에 의하여 응력상태를 조절해야 한다는 것을 표에서 알 수 있다.

표 5.9 쐐기안정해석에 의한 소요 숏크리트와 록볼트

번호 [-]	방위각 [o]	$\sum J_i$ [m]	중량 [ton]	최소 소요		선택		안전율	
				d_{SC}[m]	n_w[-]	d_{SC}[m]	n_w[-]	$\eta_{SC,given}$[-]	$\eta_{RB,given}$[-]
1	317	8.73	0.81	0.003	0.05	>0.05	1	>1.5	>1.5
2	317	17.46	6.42	0.010	0.43	>0.05	1	>1.5	2.3
3	317	23.78	16.20	0.020	1.08	>0.05	2	>1.5	1.9
1	272	5.90	0.21	0.001	0.05	>0.05	1	>1.5	>1.5
2	272	11.80	1.72	0.005	0.43	>0.05	1	>1.5	>1.5
3	272	17.14	5.25	0.009	1.08	>0.05	1	>1.5	>1.5

5.3.3 지보패턴 정리

표 5.10과 5.11에는 가배수로 터널에 대한 지보패턴이 주어져 있다. 가장 나쁜 암반 조건에 대하여는 과응력을 받는 암반의 아치 내부에 응력분포를 향상시키기 위하여 6m 록볼트를 일정 비율 설치하였다. 6m 볼트는 터널 내부를 향하여 변형하려는 암반을 구속하기 위하여 엇갈리게 배치하였다. 터널의 변형이 증가할 때 철근을 사용하여 인성과 휨강도를 높이기 위하여 와이어매쉬나 SFRS가 필요하다. RMT I과 II는 양호한 암반이므로 변형이 작게 발생하여(표 5.2) 보강이 필요 없음을 알 수 있다.

표 5.10 터널 중심선에서 ±60°인 크라운부의 암반지보

RST	RMT	상재하중[m]	숏크리트[m]	와이어매쉬	록볼트 격자[m^2]	길이/백분율[m/%][5]
A	I	all	0.05[4]		SB[1]	4/100
B	II	all	0.10	1[3]	6.25	4/100
C	III	≤100	0.10	1	6.25	4/100
D	III	>100	0.15	1	4.00	6/20 4/80
E	IV[2]	≤100	0.15	1	3.06	6/30 4/70
F	IV[2]	>100	0.20	2	2.25	6/40 4/60

1) 평균 25m^2의 격자로 가정한 spot bolting
2) 내공변위측정결과에 따라 인버트의 폐합 여부를 결정한다.
3) 와이어매쉬가 필요 없다. 현장에서 결정한다.
4) 상재하중이 ≤100m이면, 숏크리트 대신 와이어매쉬만으로 충분하다.
5) 록볼트는 엇갈리게 배치하여 설치한다.

표 5.11 터널 중심선에서 ±60°부터 ±135° 사이의 벽면에 대한 암반지보

RST	RMT	상재하중[m]	숏크리트[m]	와이어매쉬	록볼트 격자[m^2]	길이/백분율[m/%][3]
A	I	all	–	–	SB[1]	4/100
B	II	all	0.05	–	16.00	4/100
C	III	≤100	0.05	–	9.00	4/100
D	III	>100	0.10	1	6.25	4/100
E	IV[2]	≤100	0.10	1	4.00	6/10 4/90
F	IV[2]	>100	0.15	1	2.56	6/20 4/80

1) 평균 25m^{2}의 격자로 가정한 spot bolting
2) 내공변위측정결과에 따라 인버트의 폐합 여부를 결정한다.
3) 록볼트는 엇갈리게 배치하여 설치한다.

계산결과로부터 표 5.12부터 표 5.14에 가배수로 터널에 대한 록볼트 수가 주어져 있다. 4m와 6m 록볼트의 예상 수량은 각각 12,860개, 818개이다. BOQ에는 4m와 6m 록볼트가 각각 16,530개, 1,300개로 주어져 있다. 표에서 보는 바와 같이 BOQ에 더 많은 물량이 주어져 있는 것은 다음과 같이 예상치 못한 지질조건에 대한 예비 물량이다.

- 지보패턴이 RMT IV일 경우 인버트의 폐합이 필요할 때
- 암반조건이 나쁜 지역이 많아질 때
- 터널 중심선에서 크라운부 보강을 ±60°에서 ±90°로 변경하였을 때
- RMTI 지역이 적어질 때

그러나 대규모의 신선한 경사암인 경우 암반의 강도는 UCSRM 60~80MPa로 예상되므로 콘크리트의 강도를 35MPa로 고려할 때 콘크리트 라이닝을 설치하지 않아도 될 것으로 생각한다.

표 5.12 RMT와 RST에 따라 터널 중심선에서 ±60°인 크라운부 록볼트

RST [-]	RMT [-]	터널 길이 [m]	면적/볼트 [m²/ -]	면적/터널 [m²/m]	총면적 [m²]	볼트 총수 [-]	4m 볼트 수 [-]	6m 볼트 수 [-]
A	I	1603	25.00	13.60	21804	872	872	–
B	II	1469	6.25	13.60	19978	3196	3196	–
C	III	323	6.25	13.60	4393	703	703	–
D	III	608	4.00	13.60	8569	2067	1654	413
E	IVa	74	3.06	13.60	969	317	222	95
F	IVb	74	2.25	13.60	969	431	259	172
					Sum:	7586	6906	680

표 5.13 RMT와 RST에 따라 터널 중심선에서 ±60°부터 ±135° 사이 벽면 록볼트

RST [-]	RMT [-]	터널 길이 [m]	면적/볼트 [m²/ -]	면적/터널 [m²/m]	총면적 [m²]	볼트 총수 [-]	4m 볼트 수 [-]	6m 볼트 수 [-]
A	I	1603	25.00	18.1	29014	1161	1161	
B	II	1496	16.00	18.1	26589	1662	1662	
C	III	323	9.00	18.1	5846	650	650	
D	III	608	6.25	18.1	11005	1761	1761	
E	IVa	74	4.00	18.1	1339	335	302	33
F	IVb	74	2.56	18.1	1339	523	418	105
					Sum:	6092	5954	138

표 5.14 계산된 소요록볼트 수와 BOQ에 주어진 150kN 록볼트 수의 비교(스웰렉스 볼트 수는 1.5배)

항목	볼트	4m 록볼트 총수	록볼트
BOQ에 주어진 록볼트	17830	16530	1300
표 5.12와 13의 소요록볼트	13678	12860	818
차이	4152	3670	482
(%)	(23)	(22)	(37)

터널 라이닝에 대한 지반반력계수

터널 라이닝의 안정성 해석에서 암반에서 터널 라이닝으로 전달되는 하중의 크기를 정의하기 위하여 지반반력계수(subgrade reaction modulus)가 필요하다. 터널반경방향 지

반반력계수 $K_{S,R}$와 터널접선방향 지반반력계수 $K_{S,T}$는 다음과 같이 정의하였다.

$$K_{S,R} = C_R \frac{E_D}{R_O} \qquad K_{S,T} = C_T \cdot K_{S,R}$$

여기서, $K_{S,R}$: 터널반경방향 지반반력계수

$K_{S,T}$: 터널접선방향 지반반력계수

E_D: 암반의 변형계수

R_O: 가배수로 터널의 반경

C_R: 계수, 문헌에 의하면 0.5~1.2, 여기서는 0.67 채택

C_T: 계수, 문헌에 의하면 0.0~0.5, 여기서는 0.40 채택

표 5.15 RMT에 따른 지반반력계수

항목 \ RST	Abb.	단위	A	B	C	D	E	F
암반 종류	RMT	–	I	II	III		IV	
변형계수	ED	MPa	12000	8000	6000		2500	
터널반경계수(반경)	Ro	m	6.5	6.5	6.5		6.5	
지반반력계수(반경방향)	CR	–	0.67	0.67	0.67		0.67	
	$K_{S,R}$	MN/m^3	1236.9	824.6	618.5		257.7	
지반반력계수(접선방향)	CT	–	0.40	0.40	0.40		0.40	
	KS,T	MN/m^3	494.8	329.8	247.4		103.1	
상재하중	OB	m	200	200	≤100	200	≤100	200
총터널길이		%	15	47	21	11	3	3
과응력 영역깊이	d	m	1.0	1.5	1.5	2.5	3.0	4.0
수직중량	pV	MPa	0.026	0.039	0.039	0.065	0.078	0.104
수평중량	pH	MPa	0.013	0.020	0.020	0.033	0.039	0.052

5.4 공사용 보조터널(Construction Adit)

절대공기가 부족하여 공사용 작업구로 사용하기 위하여 보조터널을 굴착하였다. 시공 시 보조터널에서 3개의 가배수로 터널에 대하여 6개의 막장면을 가진다. 보조터널의 75m까지 셰일/이암에 위치하고 그 이후부터 끝까지는 경사암에 위치한다. 암반은 셰일/이암에 대하여 암반 종류 RMT III과 IV, 경사암에 대하여 RMT I으로 결정하였다. 안정성 해석 결과는 다음과 같았다.

- 점 12m부터 28m까지의 입구지역은 암반 종류 RMT IV인 풍화된 셰일/이암에 위치하고 있다. 상재하중은 10m 미만이다. 이 지역에서는 굴착 후 암반아치효과가 나타나지 않고 암반중량이 지보재에 전달되기 때문에 굴착과정이 매우 어렵다.
- 시점 28m부터 75m까지의 암반은 암반 종류 RMT III과 IV이고 상재하중은 10m에서 50m이다. 이 정도의 깊이에서 암반의 응력－변형율 거동은 상당히 깊은 곳에서의 굴착으로 생각할 수 있다. 일반적으로 토사두께가 터널반경의 1～2배이면 암반아치효과와 암반의 자체저항능력을 갖는 것으로 생각할 수 있다.
- 시점 75m에서 287m까지 보조터널의 나머지 부분은 암반 종류 RMT I과 II인 경사암이다. 가배수로 터널과 교차하는 지역에서 상재하중은 45m에서 100m까지 변화한다.

암반지보를 결정하기 위하여 두 가지 해석을 실시하였다. 시점 28m 이상은 깊은 터널로 설계하였다. 주어진 셰일/이암과 경사암 암반은 경암에 속하지 않기 때문에, 보조터널 주위의 응력상태를 조사하기 위하여 유한요소해석을 실시하였다. 보조터널의 입구는 암반의 자체저항능력을 기대할 수 없기 때문에 전상재하중이 보강 숏크리트와 강지보에 의하여 지지되는 것으로 설계하였다.

5.4.1 유한요소해석과 암반지보

경사암에 위치한 보조터널

경사암에 대하여 유한요소 해석 시 다음과 같이 가장 불리한 경우에 대하여 가정하였다.

- 굴착조건: 전단면굴착
- 초기응력상태: $k_{o,x}/k_{o,y}$ =0.3/0.3과 $k_{o,x}/k_{o,y}$ =0.5/0.5
- 암반조건: RMT II
- 토피두께: 100m
- 안전율: $\eta_{\tan\phi}/\eta_c$ =1.3/1.5

유한요소해석결과 계산된 최대 주응력은 σ_1 =7.5MPa로 암반의 UCSRM≈60MPa보다 매우 작은 값을 나타내었으며, 터널 주위에 소성영역도 발생하지 않았다. 일반적으로 응력집중이 일어나는 벽면에서 바닥면 사이의 영역에서도 과응력이 발생하지 않았다. 계산된 변위 역시 2.5mm로 매우 작게 발생하였다.

교차부에서는 가배수 터널의 굴착지름이 크기 때문에 크라운부와 벽면에 다음과 규칙적인 암반지보를 설치한다.

- 저항능력 150kN인 4m 록볼트를 $6m^2$에 1개씩 설치
- 1층의 와이어매쉬를 가진 100mm 숏크리트

셰일/이암에 위치한 보조터널

셰일/이암에 대하여 유한요소해석 시 다음과 같이 가장 불리한 경우에 대하여 가정하였다.

- 굴착조건: 전단면굴착
- 초기응력상태: $k_{o,x}/k_{o,y}=0.3/0.3$과 $k_{o,x}/k_{o,y}=0.5/0.5$
- 암반조건: RMT IV
- 토피두께: 50m
- 안전율: $\eta_{\tan\phi}/\eta_c=1.3/1.5$

유한요소해석결과 계산된 최대 주응력은 굴착면을 따라 $\sigma_1=2.0$MPa로 암반의 UCSRM ≈ 5~10MPa보다 작은 값으로 나타났으며, 터널 주위에 약 1.25m의 소성영역이 발생하였으나 응력집중에 대하여 충분히 지지할 수 있을 것으로 판단되었다. 계산된 변위는 50.0mm로 보조터널의 폭이 8m인 점을 고려할 때 1/160의 비율을 나타내므로 적절한 값으로 판단되었다.

암반지보는 앞 장에서 기술한 바와 같은 방법으로 결정하였다. 계산된 소성영역의 깊이 1.25m에 따라 록볼트는 저항능력 150kN, 길이 4m로 결정하였으며, 숏크리트는 1층의 와이어매쉬를 가지고 두께 100mm로 결정하였다.

5.4.2 쐐기해석

유한요소해석 이외에 프로그램 UNWEDGE를 이용하여 쐐기해석법을 추가로 수행하였다. 보조터널은 두 개의 방위각 317°와 60°를 갖는다.

방위각 60°는 보조터널에 거의 수평한 절리 J_1에 대하여 $dd/d=150/55$를 갖는다. 이 절리는 큰 전단계수를 갖는 경사암에 위치한다. 쐐기해석에 의하여 감소된 전단계수를 가진 안전율이 2.72로 계산되었지만 J_1에서 활동이 일어날 수 있다. 크라운부에서 가장 큰 쐐기는 7.3ton으로 계산되었으며, 이 쐐기는 최소한 저항력 10ton, 길이 4m인 록볼트로 spot bolting하면 충분하다.

갱구지역의 안정성

갱구지역은 Station 12m에서 Station 28m까지이다. 여기서 토사두께는 약 10m이고 수직응력은 σ_V=0.026×10=0.26MPa이다. 숏크리트 라이닝에 작용될 수 있는 최대지보압력은 외압을 받는 얇은 원통형 실린더 이론에 의하여 다음과 같이 계산될 수 있다(Hoek & Brown, Underground Excavation in Rock).

$$p_{sc,\max} = UCS_{SC} \cdot \frac{t_c}{\gamma_a} \cdot f_{geo} = 17.5 \cdot \frac{0.15}{4.075} \cdot 0.5 = 0.32 \geq 0.26\text{MPa}$$

여기서, $p_{sc,\max}$: 최대 지보압력

USC_{SC}: 숏크리트 강도, 여기서는 17.5MPa

t_c: 숏크리트 두께, 여기서 150mm

γ_a: 평균터널반경, 여기서 4.075m

f_{geo}: 형상의 영향

위의 계산 이외에 안정성 해석을 실시하였다. 보조터널은 탄성적으로 지지된 부재를 가진 프레임으로 단순화하여 다음과 같은 조건으로 해석하였다.

- 지반반력계수: $k_{S,R}$=250MN/m^3
- 지지조건: 중심선에서 ±45의 크라운부는 탄성지지 자유단
- 수직응력: σ_V=0.26MPa
- 수평응력: $\sigma_H = 0.5 \times \sigma_V = 0.13$=MPa
- 숏크리트 탄성계수: E_{SC}=15000MPa
- 하중조건: σ_V, σ_V와 $\frac{1}{2}\sigma_H$, σ_V와 σ_H

해석결과 터널의 안정성은 수평응력은 고려하지 않고 수직응력만 고려할 경우에 의하여 결정된다. 최대변형은 크라운에서 15mm로써, 이는 지름과의 비로써 비교하였을 때 15/8000=1/533이다.

최대 휨모멘트는 일반적인 터널과 마찬가지로 터널의 S.L.에서 계산되었다. 발생한 휨모멘트에 대하여 균열이 발생하지 않기 위해서는 적어도 300mm 두께의 숏크리트가 요구된다. 300mm보다 얇은 숏크리트에 대하여는 균열이 발생하기 때문에 숏크리트에 소성절점들이 발생하므로 프레임을 휨에 대하여 자유인 트러스 부재로 구성된 것으로 변형시킨다. 그러면 벽면에서의 최대응력은

$$\sigma_{SC,\max} = \frac{N}{A} = \frac{1.33}{0.15 \times 1.0} = 8.87\text{MPa}$$

숏크리트의 강도를 UCS_{B25}=17.5MPa이라 하면 안전율은 아래와 같다.

$$SF = \frac{UCS_{B25}}{\sigma_{SC,\max}} = \frac{17.5}{8.87} = 1.97$$

따라서 2겹의 와이어매쉬를 가진 150mm 이상의 숏크리트로 보조터널의 안정성을 충분히 확보할 수 있었다.

암반조건에 따라 0.8m나 1.0m 간격으로 강지보 대신 3각지보재를 설치한다. 만약 크라운부와 S.L. 부근의 변형이 커지면, 입구지역이 안정화될 때까지 추가 숏크리트를 70mm에서 100mm 타설한다.

CHAPTER 06

경암지반의 TBM 터널굴착공법

CHAPTER 06

경암지반의 TBM 터널굴착공법

6.1 터널굴착공법의 개요

터널의 굴착방식으로는 크게 발파에 의한 굴착방법과 암반을 기계를 이용하여 절삭하는 기계굴착공법으로 분류한다. 굴착공법의 선정은 지보패턴, 공기, 작업 사이클 등에 미치는 영향이 크므로, 적용지반에 대한 정밀한 조사와 환경조건, 터널연장, 굴착장비, 인적구성 등을 고려하여 가장 적합한 방식을 선정한다. 모든 지반조건에 적용되는 발파공법은 산악터널, 도심지터널 등에 널리 사용되며, 발파진동 등 민원에 대한 문제점 등을 안고 있다. Road Header나 TBM을 이용한 기계굴착공법은 과거의 주로 연약지반에 적용되었으나, 장비 동력이 증가하면서 점차 경암에 대한 절삭기술의 개발로 그 적용 범위가 넓어지고 있다.

국내 대부분의 터널구간은 산악지대로써 시공성, 경제성, 지반조건을 고려하여 Conventional(NATM) 발파공법을 적용하고 있으나, 터널의 고속화 운행 등에 따라 대단면 장대터널의 수요가 증대하는 바, 앞으로 TBM 공법의 기계화 시공은 피할 수 없는 중요한 공법으로 판단된다.

6.2 기계굴착공법

기계굴착은 터널 단면을 Pick이나 Disk Cutter를 이용하여 절삭하며 굴착해 들어가는 공법이다. 이 공법은 전단면 굴착방식과 부분 단면 굴착방식으로 분류할 수 있다.

전단면 굴착기는 전단면 TBM(Full Face Tunnelling Machine)으로 대표되며, 원형 단면의 터널을 굴착하게 된다. 부분 단면 굴착기로는 Road Header를 사용하고, TBM은 경암 굴착에 사용되는 Open TBM과 연약지반 굴착에 사용되는 Shield TBM으로 분류했으나, 오늘날의 TBM 장비의 발전으로 TBM으로 통합 분류하고, 모든 TBM은 안전 장치인 Shield를 장착하고 있어, Open TBM은 사양화되고 있는 실정이다.

6.2.1 TBM 공법

TBM의 굴착방식은 Disk Cutter의 회전력(Torque)을 이용한 절삭식과 Cutter의 회전력과 압축력(Thrust)을 혼합한 압쇄식 굴착방식으로 구분된다. 지반조건에 따라 암반굴착의 경우는 Rotary-Type(압쇄식)을 사용하고, 토사 및 풍화토 굴착의 경우는 Shield-Type(절삭식)을 적용한다. TBM의 원리는 Cutterhead 전면에 정착된 Disk Cutter에 압축을 가해서 회전시키면서 암석면에 균열을 발생시켜 암반을 파쇄하는 것이다. 이때 굴착면에 2~6°의 굴착각도를 주고 각 Cutter에 굴착순서를 주어주면 암반에 자유면이 발생하여 Cutter 효율 및 굴착 능력을 배가시켜준다.

암반의 파쇄 정도는 암질에 따라 TBM의 Cutter나 Bit의 간격 및 굴착깊이를 조정하여 결정할 수 있다. 경암일 경우 대체로 폭은 60~80mm, 절삭깊이는 10~100mm 정도로 절삭한다. 10년 전만 하여도 TBM의 굴착능력은 단축압축강도 50~150MPa에서 가장 효과적인 것으로 알려졌다. 그러나 최근 10년 동안 TBM의 장비 개발은 눈부시게 발전하여 극경암 강도 400MPa 정도의 암도 굴착이 가능하고, 굴진속도도 고속화하는 경향을 보이고 있어, 선진국뿐만 아니라 세계적으로 기계화 시공으로의 시스템 변환이 이뤄지고 있다.

그림 6.1에 경암에서 작동되는 TBM의 모습을 보여주고 있다. 전면의 Cutterhead가 회전하면서 암면을 밀어 압쇄시키며, 전진하게 된다. 이때 Cutterhead는 각 Cutter를 지지한다. 그리고 부착된 Scraper 및 Shovel로 직접 버력처리를 하며 Belt Conveyor 장치로 후방으로 운반한다.

그림 6.1 노출형 TBM(Open TBM)

전형적인 Cutter Tip 폭은 12~19mm이고, 적합한 Cutter 재하하중은 220~270kN 정도이다. TBM의 Thrust System은 35~50MPa까지 압축력을 줄 수 있다. 주요 Thrust 실린더는 1.2~1.6m의 Stroke를 갖고, 스토로크를 작게 할수록 정확한 회전 반경을 지킬 수 있다. 대부분의 Torque의 반력을 터널 벽에 부착시킨 유압 Gripper로 지지할 수 있다.

그림 6.2는 TBM Disk Cutter의 절삭이론을 개론적으로 보여주고 있다. Disk Cutter의 작용은 초기의 탄성적 압쇄에, Cutter 밑에서의 비탄성적 암반의 부서짐을 포함한다. 그리고 인접면 절삭 시 자유면의 생성에 의한 파쇄대에서 발생되어 생기는 암편조각들을 모두 포함한다. 이때 암반의 마모도가 높은 광물 등이 Cutter 마모의 주요 원인이 된다. 절삭 시 발생되는 암편의 크기는 5~15mm 정도이다. 절삭 효율은 Disk 절삭이 암반면에 평행하게 나가고 이웃비트의 절삭에 도움이 되는 적정 거리를 유지할 때 나타나며, 암질에 따른 절삭도 단위체적당 절삭 에너지를 구하여 가장 적절하게 조정해준다.

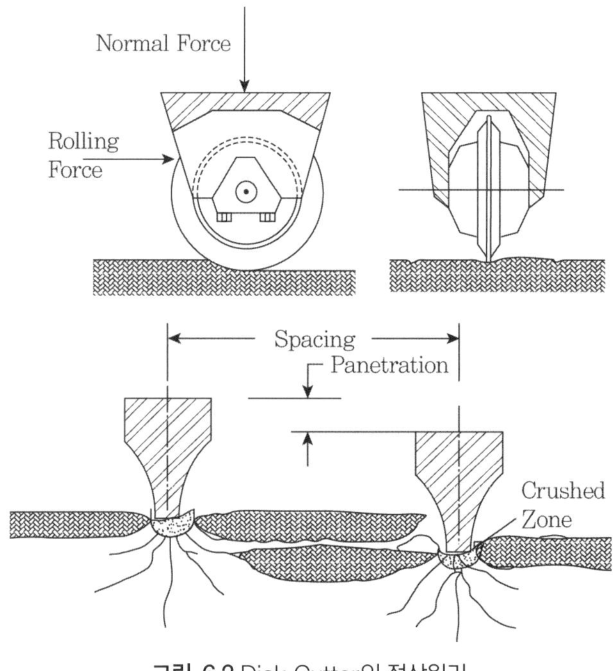

그림 6.2 Disk Cutter의 절삭원리

관련 내용을 요약하면 다음과 같다.

1) Cutter의 압축력(normal force)과 절삭심도는 암반에 파쇄대를 형성할 수 있을 정도로 충분한 응력을 발생시켜야 한다.
2) 이러한 파쇄대의 응력은 절삭홈 사이의 주변암에 적은 피해를 주며 Crack을 전개시키기에 충분해야 한다.
3) 인접 Cutter의 절삭간격은 자유면의 영향을 충분히 받아 파쇄가 쉽게 유도되도록 적정 간격을 지켜야 한다.
4) 압쇄 절삭과정에서 회전저항에도 불구하고 Cutter 작동을 유지할 적정한 Disk Force가 있어야 한다.

암석물성, Disk 모양 그리고 절삭심도가 절삭 시 생기는 접착응력을 좌우하는 요소이다. 절삭작업은 적용되는 TBM의 압축력에 의해 이루어진다. 평균 압축력(Thrust Force or Normal Force)/Cutter는 아래와 같다.

$$F_n = \frac{N_c P_c \pi d_c^2}{4n}$$

여기서, N_c: 압축실린더의 수

P_c: 실제 적용유압

d_c: 각 실린더 피스톤의 직경

n: Head에 배열된 Cutter의 수

Disk Rolling은 기계의 동력과 Cutterhead 회전에 의해 영향을 받는다. 평균 회전력 F_r (Rolling Force/Cutter)은 아래와 같다.

$$F_r = \frac{N_m \cdot P_e}{2\pi n r R_c}$$

여기서, N_m: 모터의 수

P: 모터의 가동 파워 Level

e: Motor, Drive Train의 효율

r: Cutterhead의 회전율(rpm)

R_c: 회전 중심으로부터 평균커터의 거리

대부분의 Cutter 배열은 TBM의 직경의 0.6배 정도이다. 그러나 TBM의 현장 작업이 일정하지 않고 지반조건, Disk 직경, Disk 간격 등에 따라 달라지므로 상기 식은 단일 Disk Cutting의 결과에 의한 것이다. 그러나 장비 설계를 위해서는 평균 절삭력을 이용한다.

1) 선진 도갱 공법(Pilot TBM 공법)

선진 도갱 공법은 Micro 장비인 Pilot TBM(ϕ3.5m)을 사용하여 선진 도갱을 완료한 후 발파에 의해서 확대 굴착하는 방법이다.

굴착순서

① 수직구에 의한 작업장 정리 및 산악지의 경우 안정된 굴착면의 확보(무근 콘크리트 타설)

② TBM 추진틀인 콘크리트 구조 제작 및 설치

③ TBM 조립(수전, 급수, 환기 등 부대설비)

④ TBM 굴착 완료 후 확대 발파

TBM 공법의 장점은 재래식 발파공법에서는 굴착 후 대부분의 굴착면을 보강해야 되나 TBM 공법은 굴착 후, 주변 암반의 이완이 거의 없고 연약지반 경우에는 부분적인 터널 보강이 필요하다. 그러나 초기 투자금액이 크고, 지질변화가 심한 암반에서는 기계 자체의 침하나 시공 중의 문제 처리가 어렵고, 시공 중에 굴착공법을 변경하지 못하는 등의 문제도 많다. 고속도로 죽령터널공사가 국내 대표적인 Pilot TBM+확공발파공법을 적용했으나 당시는 경암용 대구경 TBM이 없을 때라 가능했다. TBM 장비의 개발로 직경 15~20m까지도 굴착이 가능한 High Power TBM의 출현으로 공정이 단순하고, 굴진 속도가 빨라 공기를 단축하고 공사비를 줄일 수 있는 전단면 TBM 공법으로 대체되어 사양된 공법이나 간혹 적용하는 경우도 있다.

CHAPTER 07

터널의 기계화 굴삭원리
(Mechanized Tunnelling Method)

CHAPTER 07

터널의 기계화 굴삭원리 (Mechanized Tunnelling Method)

암반의 기계화 굴삭 이론(Rock Cutting Theory)은 영국의 Evans Model, 수정 Ernst-Merchant Model과 일본의 Nishimastu Model이 대표적인 이론으로 주로 Drag Pick에 대한 것이며, 경암의 굴착은 근자에 이르러 Disc cutting 이론이 호주의 Roxborough 등에 의해 정립되었다.

7.1 Drag Pick의 이론적 Model

Drag bit는 일반적으로 쐐기형 Chisel pick과 원추형 Conical pick으로 분류된다(그림 7.1).

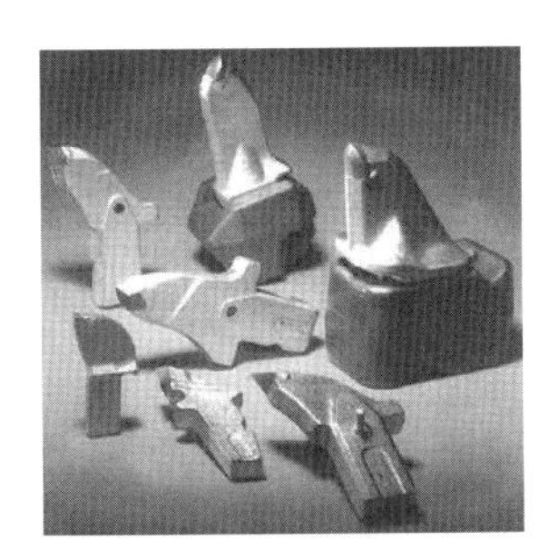

그림 7.1 쐐기형 Chisel pick과 원추형 Conical pick

Drag pick을 이용해 암반을 절삭할 때 절삭홈은 pick의 깊이보다 더 깊게 생긴다. 그림 7.2를 보면 절삭면과 pick과의 사이에 관련 변수인 절삭각 α, β, θ가 존재한다. 절삭력은 절삭깊이와 Rake angle인 α인 암석강도에 따라 달라진다.

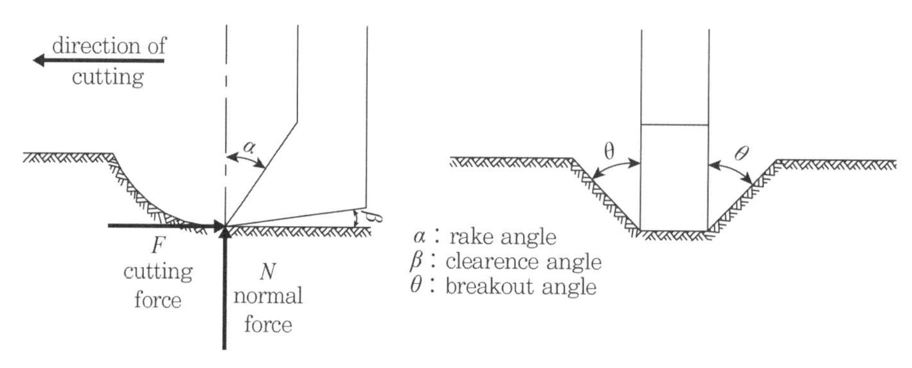

그림 7.2 Chisel pick의 주요 변수

7.1.1 Evans 모델

암반의 전단면을 wedge형의 Drag pick으로 절삭할 때, pick의 끝에서 암반의 표면에 이르는 원호를 따라서 인장의 파괴가 발생한다. 파괴의 순간에 절삭되는 암편에는 세 가지의 힘이 작용한다고 보며 절삭력은 이 세 가지 힘과 평형상태를 이룬다.

(1) 힘 R: pick 면에 법선방향으로 작용하는 힘

(2) 힘 T: 파괴면인 원호를 따라 작용하는 인장력의 합력

(3) 힘 S: O점에서 암편(chip)이 제거될 때 hinge를 따라 걸리는 반력

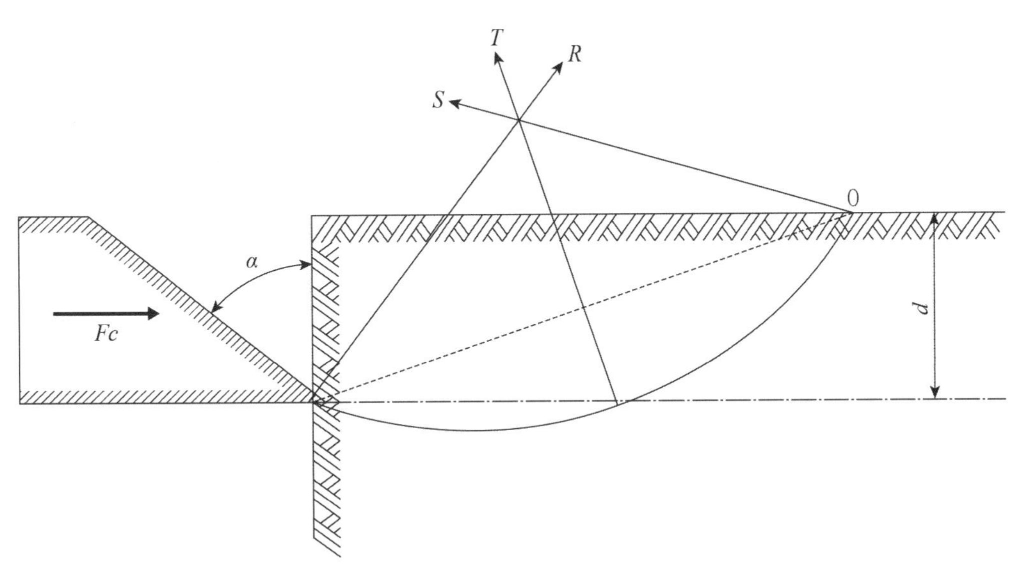

그림 7.3 Evans의 인장파괴 절삭이론

파괴 발생 시의 굴착거리가 굴착깊이(d)에 비해 아주 작다는 가정하에서 다음의 파괴식을 얻게 된다.

$$F_c = \frac{2twd\sin^{\frac{1}{2}}\left(\frac{\pi}{2}-\alpha\right)}{1-\sin^{\frac{1}{2}}\left(\frac{\pi}{2}-\alpha\right)}$$

여기서, F_c: 파괴순간의 절삭력(kN)

t: 암석의 인장강도(MPa)

w: pick의 폭(mm)

d: 절삭깊이(mm)

α: pick rake angle(°)

7.1.2 수정 Ernst-Merchant 모델

암반의 절삭이 인장에 의해 발생하는지 전단에 의해서 발생하는지는 어느 강도가 먼저 한계를 넘어서는가에 달려 있다. 이 이론은 암석의 절삭을 전단파괴의과정으로 모델링하고 있다.

Evans 이론과 마찬가지로 이 이론도 파괴의 순간에 암편에 작용하는 두 set의 힘들에 의한 평형상태를 가정함으로써 절삭력을 구한다.

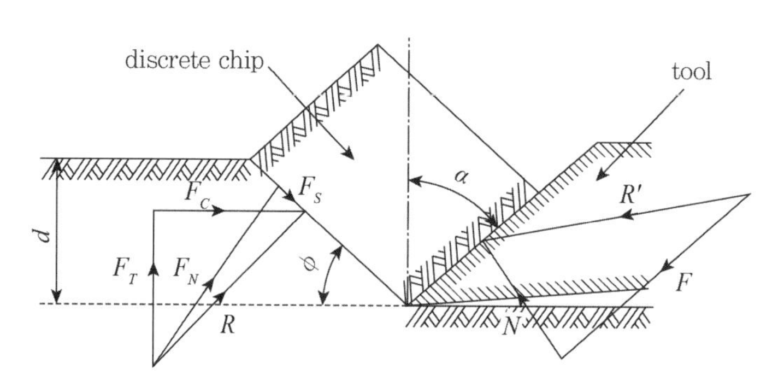

그림 7.4 암반 절삭에 대한 수정 Ernst-Merchant Model

이때 절삭력 F_c는 $F_c = 2wdS\tan^{1/2}(90-\alpha+\tau)$

여기서, F_c: 파괴순간의 절삭력(kN)

S: 암석의 전단강도(MPa)

w: pick의 폭(mm)

d: 절삭깊이(mm)

α: pick rake angle(°)

τ: 암석과 pick 사이의 마찰각(°)

7.1.3 Nishimatsu 모델

수정 Ernst-Merchant 모델에서는 암반의 전단강도가 전단면에 수직으로 작용하는 압축응력과 독립적이라는 가정을 한다. Nishimatsu 모델에서는 이러한 가정이 없다. 이 모델은 세 가지의 힘이 작용하는 암편의 한계평형에 기초하고 있다.

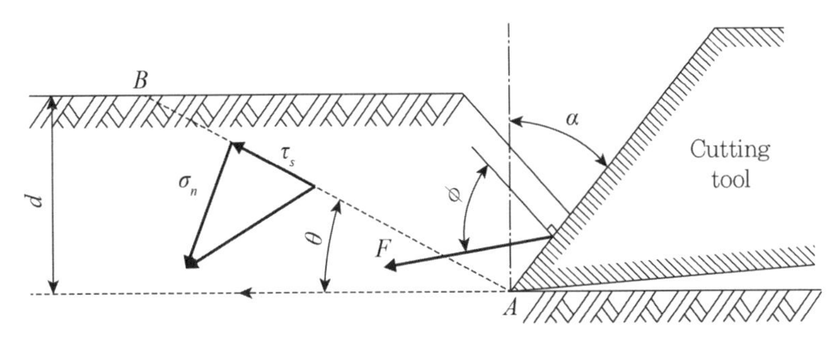

그림 7.5 전단력에 의한 암편 형성을 보여주는 Nishimatsu 모델

이것을 수식화하면 $F_c = \dfrac{2Swd\cos(\tau-\alpha)\cos\phi}{(n+1)(1-\sin[\phi-\alpha+\tau])}$

여기서, F_c: 파괴순간의 절삭력(kN)

S: 암석의 전단강도(MPa)

w: pick의 폭(mm)

d: 절삭깊이(mm)

α: pick rake angle(°)

τ: 암석과 pick 사이의 마찰각(°)

ϕ: 암석의 내부마찰각(°)

n: 응력 분배 요소(절삭 작업 중인 암반의 응력상태와 Rake angle의 기능에 관한 요소)

7.2 Drag Pick의 절삭 운영 시 주요 변수

수학적 모델에서 나온 이론식에서는 절삭력에 대해 설명하였으나, 실제적으로 이것은 절삭 작업 중에 pick에 작용하는 힘들 중의 한 요소에 불과하다. 실제로는 횡방향 요소 및 수직방향 요소 등이 실제 작용하는 힘을 구성하고 있다. 이와 같이 Drag pick 작업의 효율을 얻어내는 데 필요한 다양한 요소들은 그림 7.6과 표 7.1과 같다.

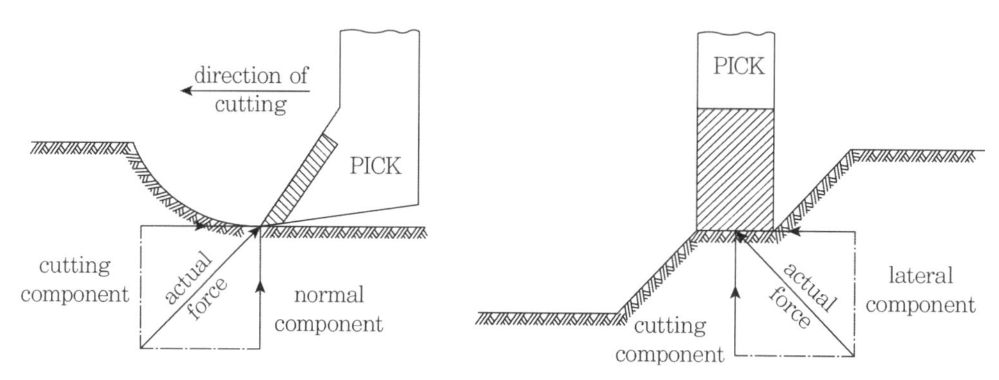

그림 7.6 절삭 시 pick에 작용하는 응력들

표 7.1 절삭 시 pick에 작용하는 변수들

Parameter	Units	Symbol	Definition
Mean Cutting Force	kN	F_C	절삭방향에서의 평균 절삭력
Mean Peak Cutting Force	kN	F_C^1	절삭방향 tool에 작용하는 peak force의 평균
Mean Normal Force	kN	F_N	pick을 위로 밀어내는 힘의 평균
Mean Peak Normal Force	kN	F_N^1	normal peak force의 평균
Mean Lateral Force	kN	F_L	tool의 측면에서 작용하여 횡방향으로 움직이게 하는 힘의 평균
Mean Peak Lateral Force	kN	F_L^1	lateral peak force의 평균
Yield	m^3/km	Q	단위절삭거리당 pick에 의한 암의 절삭량
Breakout Angle	degree	θ	수직방향과 절삭홈 경사면과의 각도
Specific energy	MJ/m^3	S.E.	단위 체적을 절삭하는 데 드는 일의 양
Coarseness Index	–	C.I.	절삭된 암석의 크기 분포

이 외에 Drag pick의 절삭 작업은 pick의 크기와 형태, 작동방법에 영향을 받는다. 상기 요소 외에 주요 변수를 다시 나열하면, Pick rake angle($\mathring{\alpha}$), Back clearance angle($\mathring{\beta}$), Pick width(w), Pick shape(front ridge angle, vee bottom angle), Depth of cut(d), Cutting speed(v), pick의 구성물질, 암석의 물성, pick의 배치 간격 등 의 변수들이 있다.

7.3 Disk Cutter의 절삭이론

일반적으로 Disk Cutter는 암질이 강해서 Drag Pick에 의한 절삭이 불가능한 곳에 적용된다. 그러나 Disc Cutter는 그 적용 방식에서 Pick처럼 자유자재로 적용이 어려우며 원형 전단면 Boring과 같은 방식으로 제한되어 사용된다. 현재 기술적으로 Drag Pick의 사용은 암반의 압축강도가 약 100MPa 이하의 암반에 제한되지만, Disc Cutter는 최대 압축강도 400MPa에 이르는 암반에서도 사용할 수 있다.

7.3.1 Disc Cutter 절삭의 기본 역학이론

Disc Cutter는 축방향으로 자유로이 회전하는 바퀴와 같다. Disc는 암반표면에 연직한 방향으로 높은 추력(Thrust Force)을 가하여 암반을 절삭한다. Disc를 회전시키는 데 필요한 회전력(Rolling Force)은 암반표면과 평행하고 Disc의 운동방향과 같은 선상에 있다(그림 7.7).

Disc가 자유로이 회전하기 때문에 외적으로 작용되는 토크는 발생하지 않는다. Drag Pick와는 달리 Disc의 wedge는 근접된 노출 자유면이 없이 암표면을 향해 관입된다. 즉 Disc 양측의 횡방향으로 높은 추력을 적용하여 암 표면의 파괴가 발생한다. Pick의 주요 힘이 운동방향의 수평방향에 적용되는 것에 반해 디스크는 종방향으로 가장 큰 힘이 적용된다(그림 7.8).

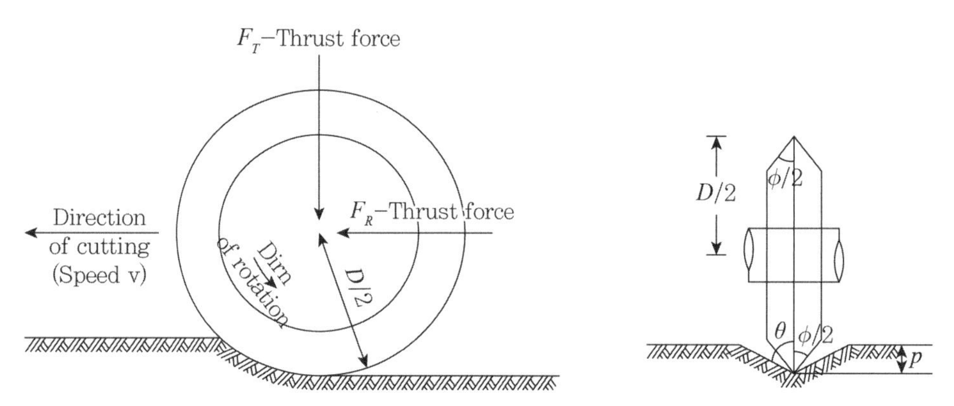

그림 7.7 Disc Cutter의 기본적 형상과 주요 절삭변수

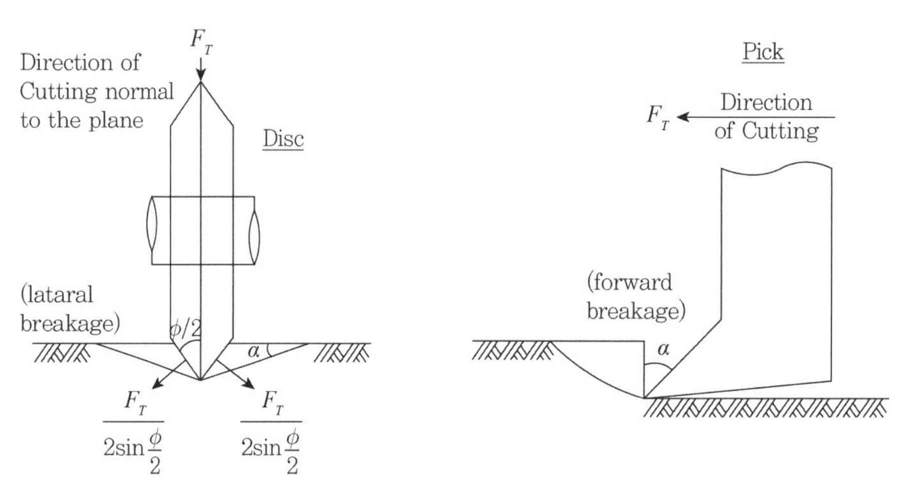

그림 7.8 Disc와 Pick에 의한 파괴 패턴의 비교

7.3.2 Disc의 설계변수

Disc의 설계변수에는 디스크 직경(D), 디스크 edge각(θ), 관입깊이, Coarseness Index(C.I: 절삭된 암편들의 조립도로 절삭효율을 측정하는 방법)가 있다.

1) Disc Force에 대한 이론

Disc Cutter의 경우에 추력(F_T)은 디스크 접촉면적 A의 투영된 면적이다. 암반과 접축한 디스크의 길이 l은 디스크의 관입깊이에 따라 증가한다.

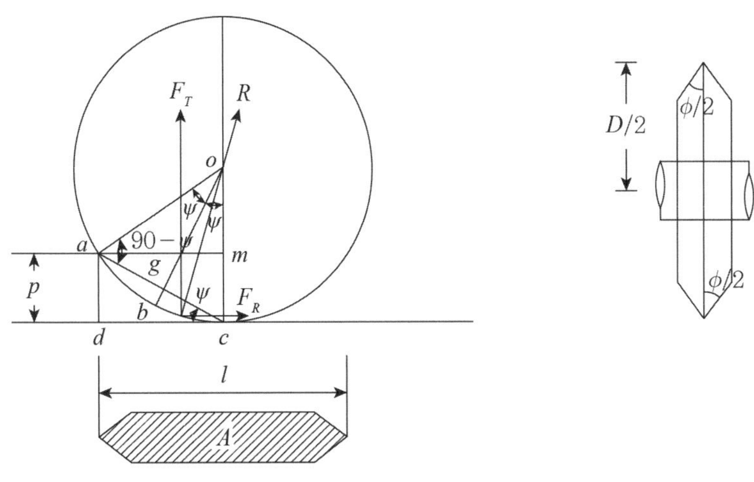

그림 7.9 Disc Force의 기하학적 관계

이를 수식으로 나타내면

$$F_T/F_R = \sqrt{\frac{D-p}{p}} \text{ (Disc Cutter가 한 번 절삭 시)}$$

여러번 절삭 시는

$$F_T/F_R = \frac{d}{p}\sqrt{\frac{D-p}{p}}$$

여기서, D는 Disc의 직경, d는 절삭심도의 합, p는 1회 절삭심도이다. 즉 $\ell=2\sqrt{D_p-P^2}$ 이다. 디스크의 접촉 폭이 접촉 길이와 같다고 가정하면, 면적 A는 다음과 같다.

$$A = 2\mathrm{p}\ell \tan\frac{\theta}{2}$$

$F_T = A\sigma$ 이므로

$$F_T = 4\sigma \tan\frac{\theta}{2}\sqrt{DP^3 - P^4}$$

여기서, σ는 암석의 압축강도(MPa), θ는 Disc edge Angle(°), D는 Disc 직경(mm), p는 절삭심도(mm)이다. 또한 $F_R = 4\sigma p^2 \tan\frac{\theta}{2}$ 이다.

Disc Cutter의 영향요소로는 절삭깊이 p의 영향, Disc의 직경, Disc edge angle, 암석물성 등의 조건을 고려하여 설계하게 된다.

7.4 암석물성과 비트나 커터 선정

굴착 대상인 암반의 물리적 특성은 굴착장비 선정, 비트나 커터 선정과 중요한 관계를 갖게 된다. 현재 Shield TBM이 적용되고 있는 국내의 지하철 터널 공사의 경우도 지질 및 지반조건에 맞는 Cutter와 Bit의 선정과 최적 장비 선정의 중요성을 보여주고 있고, 이것은 공사의 성공 여부를 결정하는 요소이기도 하다. 일반적으로 현재 장비 선택에서 암반의 물성을 중요하게 다뤄지지는 못한 경향이나, 본 저서에서는 암반 물성과 장비운용과의 관계를 고려하여 Cutter와 Bit 선정을 하도록 하였다. 또한 장비 제작업체도 자사 내에서 대상 암종에 따른 커터와 비트 선정을 위한 마모시험, 절삭시험을 실시하여, 공법의 안전성을 확보하도록 하였다. 현장 조건에 맞는 Cutter나 Bit 선정에 필요한 암반의 강도와 경도를 구하기 위한 여러 시험방법이 개발되어 있다.

7.4.1 암반의 주요 강도 요소들

일반적으로 장비 제작에 필요한 주요 물성치로 암반의 압축강도(σ_c)를 들 수 있으며, σ_c를 통해 Cutter system 구성에 필요한 에너지와 힘 등을 결정하게 된다. 주요 제작업체 등은 암반의 압축강도를 이용해 굴착 시 적용되는 적정 절삭깊이와 Cutter 종류 및 Cutter 사용 비용 등을 정하는 Index로 사용하고 있다. 시험실 시험과 이론적 해석결과 암반의 전단강도(σ_T) 역시 절삭 운용에 중요한 역할을 한다는 것이 밝혀졌고, Pick의 운용과 암석의 물성과는 복잡한 역학적 관계가 있다.

7.4.2 암반과 Cutter 또는 Bit의 마모시험

Cutting Pick의 굴삭 시 문제는 암반의 저항에 따른 마모 발생으로 Pick이 닳아버려 절삭능력이 손실되는 데 있다. 암석의 마모 저항도를 측정하면 적정 Cutter나 Pick 선정에 도움이 된다. 암반의 마모 저항도 시험은 광물 분포 박편시험 등 여러 가지 방법이 있다.

1) 석영 함유량 시험

절삭 Cutter 마모의 주원인인 암반 내 석영의 함유량이 Cutter나 Pick 선정에 중요한 요소가 되어 체적 함유율 및 또한 석영의 입도 크기가 주 시험대상이 된다. 각종 시험결과에 의하면, Cuter나 Pick의 마모도는 암반 내 석영의 함유 정도 및 석영 입자 크기에 비례하고 있다.

2) 셰르샤 마모시험(Cerchar abrasivity test)

프랑스 광업연구소(Cerchar)에서 개발된 시험으로 연한 철제 Tip(또는 다이아몬드 Tip)으로 암반을 10mm 길이로 긁어 발생되는 절삭 홈의 직경과 모양으로 암석의 마모도를 측정하는 방법으로, 이때 암반 긁기에 적용되는 수직하중은 7kgf이다. 절삭홈의 크기는 0.1mm 단위로 측정된다.

$$\text{단위당 소모 에너지(specific energy)} = \frac{\text{동력}}{\text{절삭홈단면}} \times \frac{1}{\text{굴진율}}$$

$$\text{마모도} = \frac{\text{닳은 } Bit\text{의 } S \cdot E - \text{새 } Bit\text{의 } S \cdot E}{\text{굴삭거리}}$$

로 나타내어 Cutter나 Bit 선정에 사용된다.

그 외 Taber 마모시험(Torkoy가 개발한 Tab의 마모시험), Shmidt 해머 Test, Shore 경도시험, Protodyakonov의 Impact 강도시험, Brinell 경도시험, 직접 암석 Core를 절삭하는 Core Cutting 시험, 1 : 1 Scale 암석절삭시험, Punch Test 등이 있다. 이러한 암석물성 및 마모도 시험 등을 통해 적정 Bit 선정이 가능해진다.

7.5 장비의 굴착속도와 암석물성과의 관계

7.5.1 순 굴착속도와 굴진속도

굴진속도는 장비의 능력과 암반 등 지반의 저항력에 의해 결정되는데 가장 먼저 결정되어야 되는 요소는 커터의 굴삭심도(p)이다. 순 굴착속도(pr)는 커터가 암반 굴삭 시 절삭심도 p(mm/rev)와 Cutterhead의 회전속도 n(RPM)에 의해 결정된다.

순 굴착속도: $pr = 0.06 \times p \times n$(m/hr)

굴진속도: Ar = 굴진거리/작업시간 = 가동률 $\times\, pr$(m/hr)

= 가동률 $\times\, pr \times 26$(m/day)

7.5.2 마모 경도와 굴착속도와의 관계

암석실험을 통하여 얻어진 S_{20} 및 SJ 등의 두 값과 DRI와의 관계는 그림 7.10과 같다.

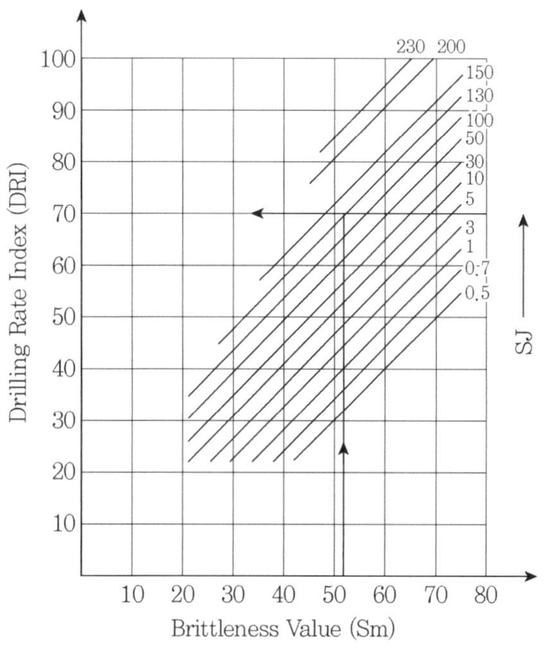

그림 7.10 DRI의 계산(NTH, 1990)

여기에서 얻어진 DRI 값은 암반의 균열요소를 고려하여 그림 7.11과 같이 k(s) 및 k(DRI)값을 얻고, 그림 7.12에서 I의 크기를 얻어 굴착계획을 수립한다. 여기에서 k(ekv) = k(s)×k(DRI)이며, I의 크기는 굴착속도 설계에 필요한 커터의 굴삭심도(p: penetration depth, mm/rev)이다.

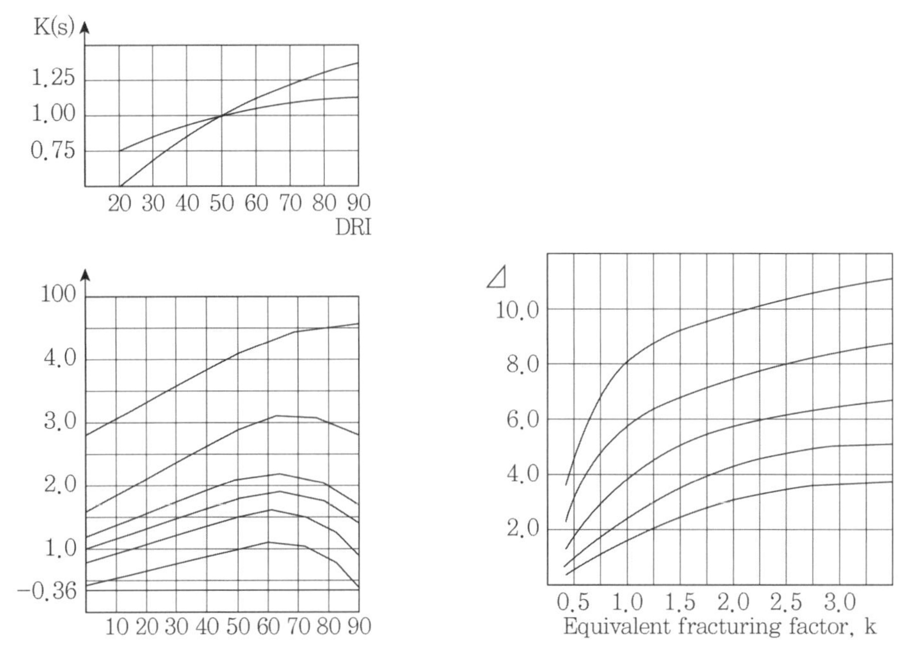

그림 7.11 Fracturing factor on DRI(NTH, 1994) **그림 7.12** Basic penetration depth(NTH, 1994)

* NTH: Norwegian Technical Highschool 오늘날 NTNU

7.5.3 반발경도와 굴착속도와의 관계

종합경도는 슈미트햄머(Schmidt hammer)에 의한 현지 암반의 반발경도(Hr)와 실험실 실험에 의한 마모경도(Ha)에 의해 다음과 같이 정의된다.

$$(Ht) = (Hr)\sqrt{Ha}$$

종합경도는 반발경도와 마모경도 제곱근의 곱으로 얻어지므로 반발경도의 크기에 의해 크게 영향을 받는다.

암석경도에는 슈미트햄머에 의한 반발경도(Hr)와 쇼아경도(Hs), 암석마모경도(Ha) 및 Ar 그리고 위에서 정의된 종합경도를 측정하여 굴착속도와의 상관관계를 얻었는데 종합경도와의 관계가 가장 좋다고 결론지었다. 이들의 관계는 그림 7.14와 같다. 95개의 자료로부터 얻어진 상관관계는 0.850이며 이를 수식화하면 다음과 같다.

$$Pr = -0.066Ht + 12.316(ft.hr) = -0.02Ht + 3.754(m/hr)$$

그리고 굴착속도가 1ft/hr가 되는 임계값은 170이며 120 이상일 때는 특별한 설계가 요구된다고 지적하고 있다.

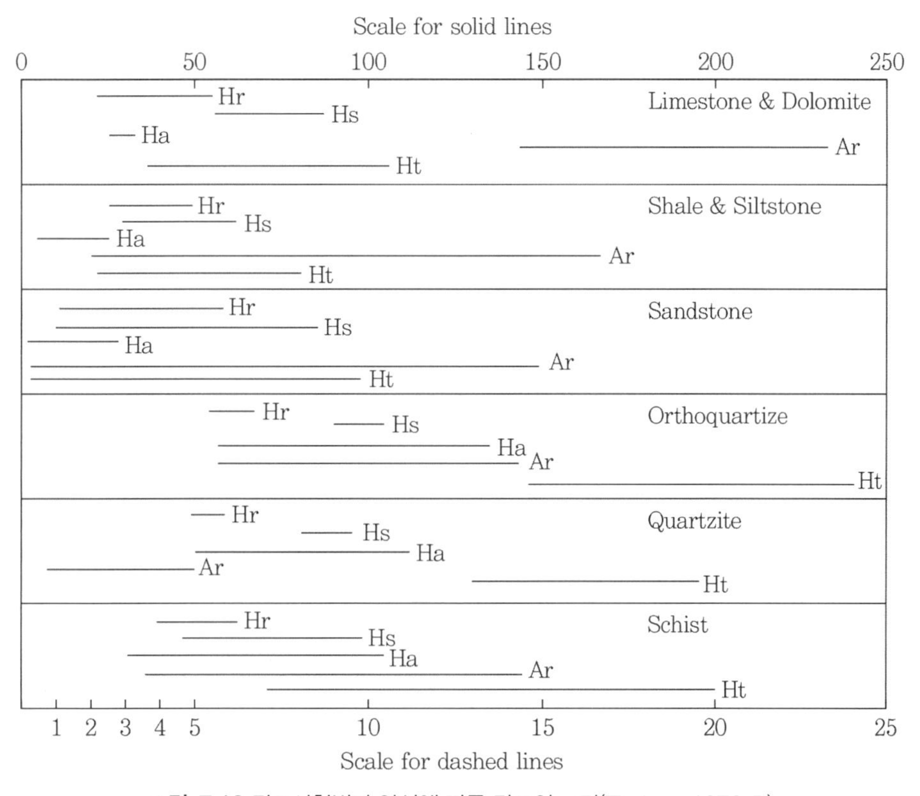

그림 7.13 경도시험법과 암석에 따른 경도의 크기(Tarkoy, 1973-B)

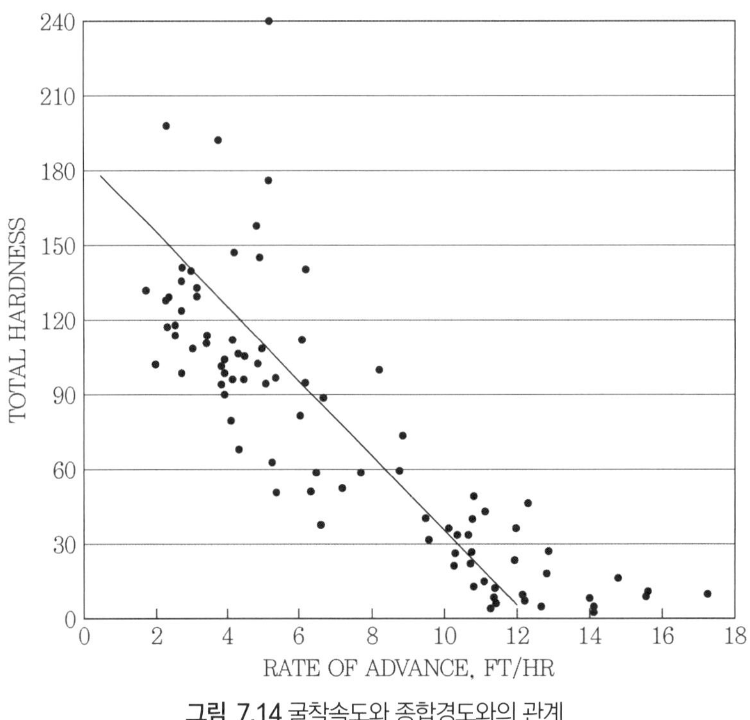

그림 7.14 굴착속도와 종합경도와의 관계

7.5.4 일축압축강도와 굴착속도와의 관계

보다 간단하게 굴착속도를 찾아내기 위하여 일반적으로 알려진 일축압축강도나 경도로부터 유추하려는 연구가 많이 시도되었다. 일본에서는 암석의 일축압축강도로부터 압입깊이를 직접 얻을 수 있는 도표를 활용하고 있다(그림 7.16). 그림에서 보이듯이 강도가 300MPa, 커터의 직경이 17″인 경우에는 약 0.5mm/rev이며, 강도가 370MPa 정도이면 약 0.3mm/rev 이하로 설계되어야 한다.

NTH는 천공속도지수(DRI)로부터 압입깊이를 설계하는 데 이 크기를 일축압축강도의 함수로 도시하였는데 그림 7.15와 같다. 강도가 200MPa 이상인 극경암으로는 Amphilbolite와 화강암, 규암 등을 언급하고 있다.

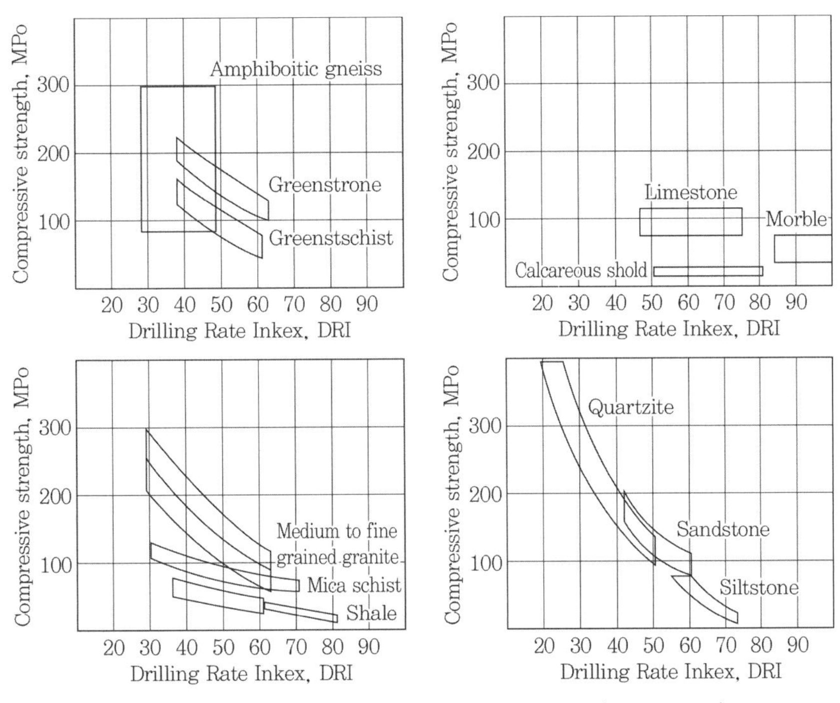

그림 7.15 천공속도지수와 일축압축강도의 관계곡선(NTH, 1994)

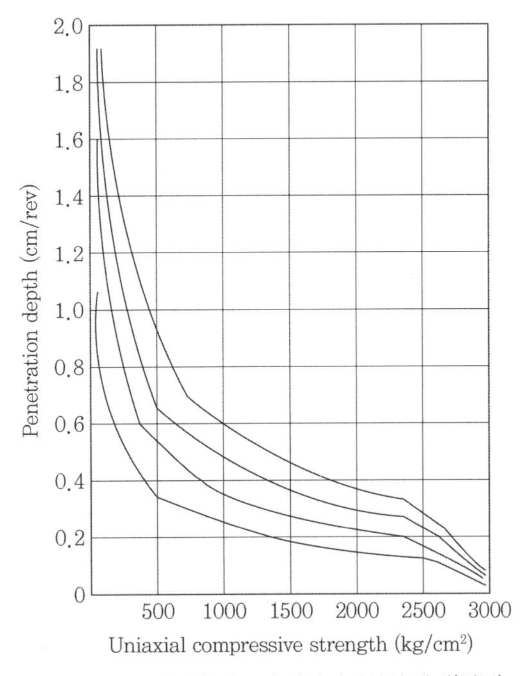

그림 7.16 일축압축강도와 압입깊이와의 관계(일본)

7.6 TBM Cutter 재질과 암반에 대한 마모성

7.6.1 순 굴착속도와 굴진속도

경암 또는 표면이 거친 암석을 굴착할 때 커팅배열에 있는 절삭부(tool)가 마모 또는 충격으로 인해 파손되어 Cutter 교체에 드는 비용은 전체 TBM 가동비용 면에서 중요하다. 그러므로 절삭부 재질의 올바른 선정은 커팅 시스템의 설계에 중요한 변수가 된다.

각각의 절삭부 비용은 제작되는 재질에 따라서 달라진다. 이러한 재질의 종류로는 연강, 공구강, 고강도 단면절삭용 합금(hard facing alloys), 텅스텐 카바이드(tungsten carbide), 세라믹, Amorphous, 공업용 다이아몬드에 이르기까지 다양하다. 그러나 결정적으로 절삭부 비용은 굴착하는 암석의 단위 체적에 좌우된다. 바꿔 말하면 어떤 절삭부가 고가의 재질로 제작되었더라도 절삭부의 수명을 길게 연장함으로써 초기 비용을 차감할 수 있을 것이다. 또한 절삭부 교체시간이 길어지게 되면 TBM 기계의 비가동시간은 줄어들고, 전체 보수 비용 또한 작아진다.

기계의 암반 절삭 요소에서 마모의 중요성은 지하광산과 터널을 굴착함에 따른 일상적인 경험으로부터 잘 평가되어 있다. 절삭부가 무뎌짐에 따라 기계의 성능은 저하되고, 낙반의 발생 가능성, 호흡성 분진 발생, 발화의 위험이 있는 스파크의 발생이 현저하게 증가한다. Cutter를 적절한 시기에 새로 교체하지 않으면 결국 TBM 기계는 작동을 멈추게 된다.

주어진 대상 암반에서 절삭부의 수명은 절삭부의 형상, 적용방법, 만들어진 재질에 따라 크게 좌우된다. 제작 및 절삭 작용의 특성에 의해 Pick는 디스크보다 쉽게 마모되고, 크게 파괴되기 쉽다. Pick를 사용하여 절삭할 때 발생되는 순간적인 큰 응력을 근본적인 보호기능이 전혀 없는 형상으로 견뎌야 한다. 최소한의 절삭부 강도라는 불리한 조건을 가지고, 최소한의 힘과 최대의 효율을 위한 설계를 할 때 근본적인 충돌이 발생한다. 또한 Pick를 사용할 경우에는 절삭날과 암석 표면 사이에 계속되는 마찰로 인해 긁힘 마모(Abrasive Wear)가 크다.

이와는 반대로 Roller Cutter는 기계적으로나 응력 저항 면에서 좀 더 유리하다. 디스크의 자유회전운동(Free rolling action)으로 절삭날과 암석 표면 사이의 접촉으로 인한 마찰이 매우 적으며, 디스크가 1회전할 때 딱 한 번 디스크의 원주에 있는 각각의 포인트에 마찰접촉이 발생한다. 절삭방향의 차등회전(Differential Slip)으로 인해 추가적인 마모가 발생한다. 자유회전방식은 실제 날이 운동하지 않고, 원주형 날에 서로 다른 반지름들이 되는 디스크 날의 측면 부분들이 암석을 절삭해야 한다.

돌기부를 통하여 암석에 개별적으로 침투할 수 있도록 설계된 Toothed Roller와 Button Cutter는 절삭이 시작될 때 암석 표면에서 거의 수직으로 이동하다가 즉시 후퇴시킨다. 이렇게 하는 방식은 암석과의 최대 접촉면을 만든다. 최대한 암반에 침투시키면 작은 직경의 롤러를 가동시킨다. 이러한 요인들에 의해서 Roller Cutter 절삭 표면의 모든 부분에 약간의 마모가 발생하지만, 전체 마모성은 Pick와 비교해볼 때 매우 작다.

(a) Disc Cutter

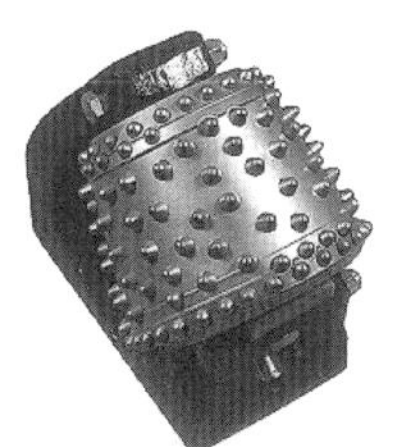

(b) Carbide Button Cutter

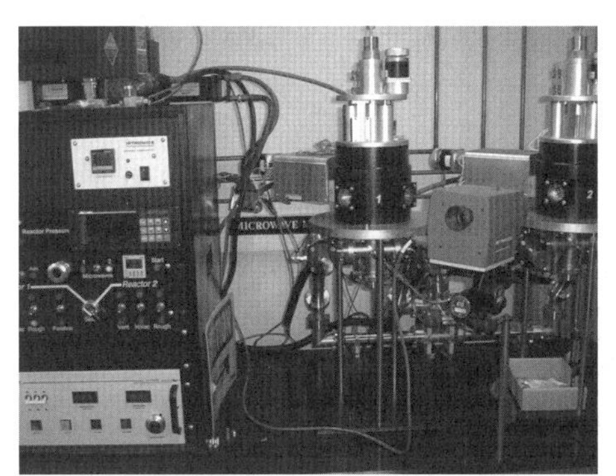

(c) Microwave Brazing System

그림 7.17 Roller Cutter

절삭부 전체 유형에 대한 내구성을 개선하기 위하여 절삭날에 고강도 재질을 부착하여 사용하고 있다. 현재 텅스텐 카바이드는 일반적으로 Pick 제작, 디스크, 경화강(Hardened Steel) 제품에 널리 사용되고 있으며, Stellite 혹은 Verdur와 같은 재질들을 사용하여 고강도 용접 날에 널리 공급되고 있다. Button Cutter에는 일정하게 텅스텐 카바이드 알갱이(Button)들이 점점이 박혀 있고, Toothed Roller를 제작할 때에는 일반적으로 카바이드 날을 사용한다.

7.6.2 텅스텐 카바이드(Tungsten Carbide)

텅스텐 카바이드는 고온에서의 소결작용(sintering)과 매우 주의가 필요한 제어된 냉각 처리에 의해서 생산된 단단한 금속 합금이다. 분말로 된 텅스텐 카바이드의 입자들을 소량의 코발트(cobalt)와 혼합하고, 필요한 형상의 거푸집을 만든 후 그 안에 넣고 매우 높은 압력으로 압축시킨다. 소결작용을 어떻게 하느냐에 따라 최고의 생산물을 얻을 수 있기 때문에 소결은 최대한으로 공극을 작게 하기 위해 진공상태에서 온도가 1435°C 부근이 될 때 실시한다.

텅스텐 카바이드의 야금은 기술적으로 매우 복잡하고, 이러한 목적을 위한 범위 밖의 내용이라 다루지 않겠다. 암반 절삭 목적을 위한 제품의 더 자세한 설명은 참고문헌(Ladner, E, 1974와 Schwarfkopf, F and Kieffer, R, 1960), 그림 7.18에는 제조과정을 나타내었다.

텅스텐 카바이드는 비록 매우 단단한 재질일지라도 취성(brittle)재료이고, 암석을 절삭할 때 약간의 충격 하중이 부과되면 파괴되기 쉽다. 이러한 특성 때문에 코발트를 첨가하고, 그것의 거동에 영향을 주는 카바이드 공칭입자크기(nominal grain size)를 변화시킨다. 그래서 텅스텐 카바이드는 절삭부에 사용되곤 하지만, 유일한 재질은 아니다. 텅스텐 카바이드는 제조하는 방법에 의해 그 특성이 크게 달라진다. 카바이드 생산과정에 따라 특성이 크게 달라지는 까닭에 절삭용 Pick 사용자가 관심을 갖는 주된 변수는 코발트 함량, 공칭입자크기이다. 이 두 가지 변수가 최소로 제한될 경우 유일한 변수는 공극률과 유리탄소이다. 또한 텅스텐 카바이드의 특성에 영향을 주는 다른 첨가물들은 이미 잘 알려져 있다. 예를 들어 티타늄(Titanium: Ti22) 카바이드와 탄탈(Tantalum: Ta73) 카바이드로 이 두 가지 첨가물들은 소량 사용하면 유리하다. 이러한 첨가물 둘 다 가격이 비싼 성분이기 때문에 어떤 암반 굴착을 위한 절삭부를 만들기 위해 사용한다면 고가의 특수한 목적을 위해 사용되어야 한다.

일반적으로 사용하는 절삭용 Pick의 공칭입자크기는 1/2~5μ이고, 5~15%의 코발트를 함유하고 있다. 그림 7.19는 두 가지 변수에 따른 텅스텐 카바이드의 경도를 나타낸다. 일반적으로 입자의 크기가 작아짐에 따라 카바이드는 더욱 견고해지고, 좀 더 취성에 가까워진다. 코발트 함량이 증가하면 카바이드는 보다 연성에 가까워지나 인성(toughness)이 커진다.

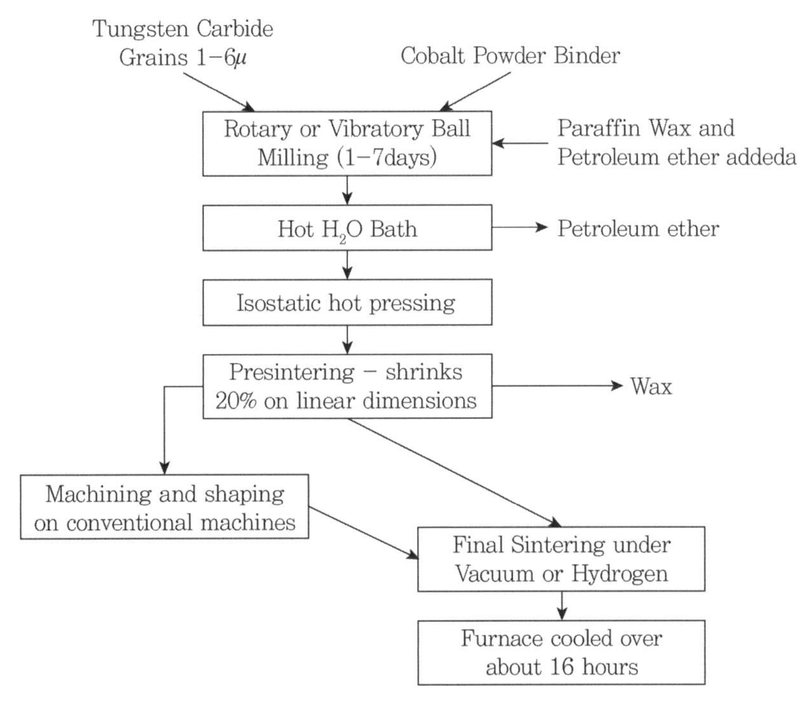

그림 7.18 Schematic flowsheet for production of tungsten carbide

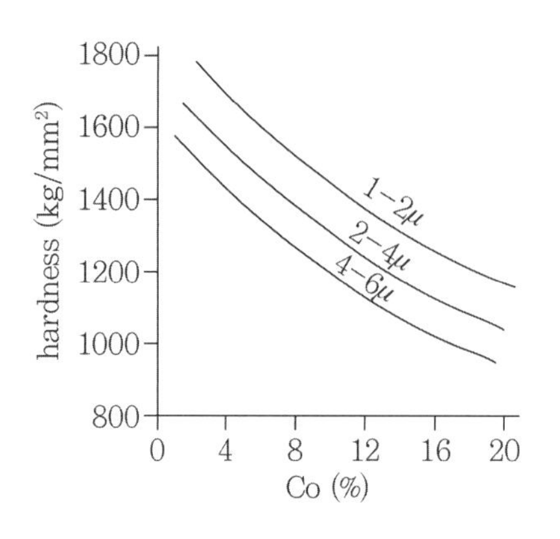

그림 7.19 Effect of cobalt and grain size on carbide hardness

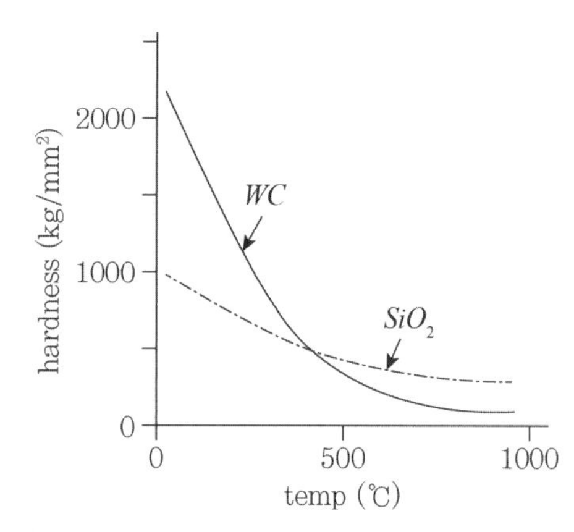

그림 7.20 Hot hardness curves for tungsten carbide and quartz

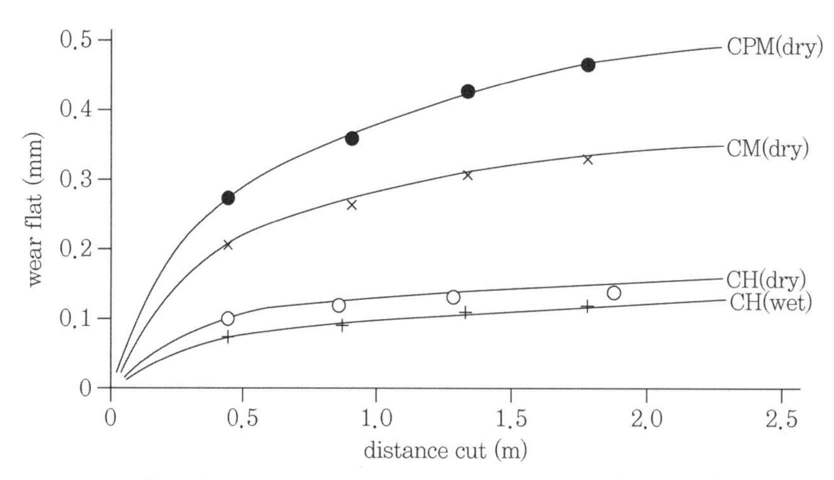

그림 7.21 Effect of cutting distance on pick wear(short run)

주어진 목적에 적합한 절삭부의 재질을 선택하기 위해서는 경도와 취성 특성 사이의 관계를 최선의 상태로 절충하여 절삭부가 파괴되지 않 으면서 최대한 마모성이 작도록 해야 한다. 최근에는 Amophorous 등 재질 내 입자 경계가 없는 메시브(massive)한 재료를 Cutter 제작에 사용하기도 한다.

7.7 마모 메커니즘(The Mechanisms of Wear)

절삭부에서 발생하는 마모 메커니즘은 일반적으로 6가지로 구분된다.

7.7.1 마찰마모와 마찰(Frictional Wear and Attrition)

이 현상은 두 물질(절삭부와 암석)이 마찰되는 표면 사이의 분자 부착력(molecular adhesion)으로 발생한다. 두 물질 표면의 상대적인 거칠기로 인해 접촉면은 최소화되고, 과도한 압력과 온도로 인해서 발생하게 된다. 이러한 상태를 두 표면 사이의 접촉부위로 국한해서 본다면, 절삭부 표면의 분자 결합이 깨어짐에 따라 강제로 떨어져 나가게 되는 현상이다.

7.7.2 긁힘마모와 부식(Abrasive Wear and Erosion)

마찰이 일어나는 상태에서 마찰마모(frictional wear)가 발생하는 상태일 때보다 더욱 격렬하게 마모가 발생하고, 그 결과 표면에 더 깊이 관통될 것이다. 이러한 마모는 절삭요소에 따른 암석 입자들의 활동과 관련된 절삭부 표면의 마이크로 기계가공(micro-machining)의 공정에 비유될 수 있다.

일반적으로 암석을 형성하는 광물들 중에 가장 거칠기가 큰 광물은 석영이다. 이 석영은 지구의 지각 중량에 12%를 구성하고 있다. 석영은 사암, 셰일, 규질암(ganisters), 화강암 등에서 매우 뚜렷하게 출현하나 의외로 드물지만 석영이 전혀 함유되지 않은 경우도 있다.

텅스텐 카바이드는 통상적으로 석영보다 2~2.5배 더 단단하나, 이것은 오직 실온일 경우에만 그러하다. 절삭하는과정 동안 암반을 절삭하지 않아도 카바이드 온도는 일정한 크기로 올라간다. 두 물질의 상대적인 경도 관점으로부터 텅스텐 카바이드와 석영의 고온경도(hot hardness)를 비교하는 것이 중요하다. 텅스텐 카바이드와 석영에 관해서 약간 단순화된 고온경도 곡선을 일반화시켜 그림 7.20에 나타내었다. 이 그림은 실제적으로 온도가 약 400℃일 때 상대경도가 역전되고 있음을 명확히 나타내고 있다. 그렇지만 카바이드가 고온이 되는 것을 감안하면 암석이 절삭부와 접촉하고 있는 동안은 계속 신선한 지반 속으로 진행되기 때문에 임계 온도(critical temperature)에 도달되지 않는다. 여기서 암석 내 석영보다 카바이드가 좀 더 연성으로 변하는 임계 온도는 약 200℃이다. 이와 같은 온도는 암석을 절삭하는 데 빈번히 발생된다(Osburn, H. J., 1969). 이 문제를 해결하려면 물 분사, 절삭속도 감소 또는 다른 방법들을 통하여 절삭부를 냉각시키도록 한다. 그러나 극히 작은 마이크론 직경을 가진 고온의 점들(hot spots)이 카바이드와 암석의 표면에 순식간에 빈번히 발생한나. 이 고온 점들의 온노는 1,000℃를 초과하므로, 카바이드에 대한 융해점에 일정하게 도달할 수 있다. 이러한 현상은 가끔 석영 입자들이 카바이드 매트릭스(matrix) 속으로 침입한 상태로 알 수 있다. 이러한 현상의 발생은 절삭부에 치명적이고 매우 해롭다.

7.7.3 Micro-fracturing과 피로(Fatigue)

이 마모 메커니즘은 Micro-chipping과 표면의 Flaking에 의하여 시작되고, 절삭부에 의한 계속되는 응력전이(continuous stress reversal)로 인해 악화된다. 특히 고속의 절삭부 충격으로 인해 마모는 더욱 심해진다. 즉 절삭부가 기계 헤드부분에 단단히 고정되어 있지 않거나, 덜컥덜컥 소리가 날 정도로 방치될 경우에 마모가 더욱 심해진다. 이런 마모의 형태는 재질의 코발트 함량을 증가함으로써 매우 효과적으로 감소시킬 수 있다.

7.7.4 충격에 의한 손상(Impact Damage)

높은 에너지의 충격은 절삭부 표면에 복잡한 균열 형태를 나타나게 하는 원인이 된다. 이러한 균열망의 형태는 절삭되는 암석의 뒷면에서부터 절삭부 날까지의 충격파(Shock Wave) 반사로 인하여 발생하며, 암석 뒷면에 반사된 초기 압축파는 멀리까지 전파되는 파괴적인 인장파로 바뀌게 된다. 실제적으로 충격에 의한 손상은 절삭부 전체의 기계고장 원인이 된다.

7.7.5 열에 의한 피로효과(Thermal Fatigue)

오직 Cutting Head 부분만 회전(예: Shearers, 연층굴착용 부분 단면 기계)하는 동안 절삭부와 암석이 맞물리는 경우 열 싸이클링이 반복됨으로 발생하는 현상이다. 이러한 문제는 절삭부의 커팅 표면에 '뱀 피부(snake skin)' 효과의 원인이라고 할 수 있는 물 분사(water spray)를 함으로써 더욱 악화시키게 된다.

7.7.6 화학적 부식(Chemical Erosion)

이러한 마모의 형태는 좀처럼 일어나지 않는다. 이러한 현상은 카바이드를 절삭부의 몸체에 끼워 넣어 고정시키기 위해 사용된 놋쇠로 접합시킨 재질(braze material)을 지하수가 부식시키는 경우에 일어난다.

7.8 Pick 마모에 관한 몇 가지 실험 결과

암반 절삭용 Pick의 작업을 장기적으로 평가하기 위해서는 다음의 항목들을 포함하여 많은 변수를 고려해야 한다.

① Pick 형상(정면 골의 각도, V자형 홈 바닥의 각도)

② Pick 폭(정면 갈퀴, 정면과 후면 틈사이 각도)

③ 카바이드 품질(코발트 함량, 입자 크기)

④ 절삭깊이

⑤ 커팅 속도

⑥ 암석물성(이산화규소; SiO_2의 함량, 강도, 수분 함량)

위의 항목들은 많은 부분이 상호 관련되어 있는 13가지의 주요 변수들을 6가지로 요약해놓은 것이다. 일부 제한된 실험이긴 하지만, 호주 NSW 대학에서는 가장 중요한 변수들 중의 한 가지인 코발트 함량에 관한 영향을 평가하기 위하여 강도는 보통이나 거칠기가 큰 암석을 가지고 Pick 마모를 평가하였다.

이 실험에는 품질이 다른 3곳의 상업용 광산 카바이드가 사용되었고, 각기 다른 제품의 명칭은 절삭부 제품 공급 회사인 Hoy Carbides Ltd.(U.K.)에서 사용된 CH, CM, CPM을 사용하였다. 상세한 내용은 다음과 같다.

표.7.2 Grain size and cobalt content of each picks

Pick Products	Cobalt Content	Nominal Grain Size
CH	7%	$3\frac{1}{2}\mu$
CM	10%	$3\frac{1}{2}\mu$
CPM	15%	$3\frac{1}{2}\mu$

Pick의 형태는 틈 사이 간격 10mm, 정면 갈퀴 각 10°, 후면 틈새 각 10°, 측면 틈새 각 5°를 갖는 단독 날이 사용되었다. 각각의 카바이드 제품들은 건조된 암석을 대상으로 평가되었고, 일련의 실험 중에 제품 CH 카바이드는 포화된 암석에도 평가하였다. 이 실험은 절삭부와 암석의 접촉면에서 물의 영향을 평가하기 위해서 수행되었다. 절삭 깊이는 2.5mm로 고정하였으며, 표준화 작업에 의해서 얇게 절삭하였으나 절삭력이 지나치게 높은 값을 가져 카바이드가 파괴되는 일이 없도록 하는 확보가 필요하였다.

Pick 마모는 각각의 실험들 진행 중에 일정한 간격으로 현미경 측정법을 통해서 마모되어 닳은 면(wear flat)을 관찰하였다.

7.8.1 Pick 마모에 대한 절삭거리의 영향

예비 실험에서는 비교적 절삭거리가 작을 때 눈여겨볼 만한 마모 현상이 나타났고, 어떤 경우에는 520m 거리까지 실험이 계속된 까닭에 마모가 시작되는 초기 부분과 마모가 장시간 진행된 결과를 구분하여 나타내었다.

절삭 시작 후 절삭거리가 2m 정도 경과했을 때 발생한 마모 결과를 그림 7.22에 나타내었다. 모든 카바이드 제품들은 직선경로의 절삭거리가 400mm를 경과했을 때 마모된 면을 측정할 수 있었다. 절삭거리가 2m를 경과했을 때 CPM(코발트 함량 15%)은 CM(코발트 함량 10%)보다 마모가 3배 이상 크게 나타났고, CM(코발트 함량 10%)은 대략 중간 위치에 나타났다. 또한 그림 7.22는 건조된 상태일 때보다 습윤 상태의 암석을 절삭할 때 마모가 보다 적게 나타났다. 열을 소실시키는 이러한 물의 역할은 마모실험을 하는 동안 발생된 엄청난 양의 수증기에서 명백히 확인할 수 있었다.

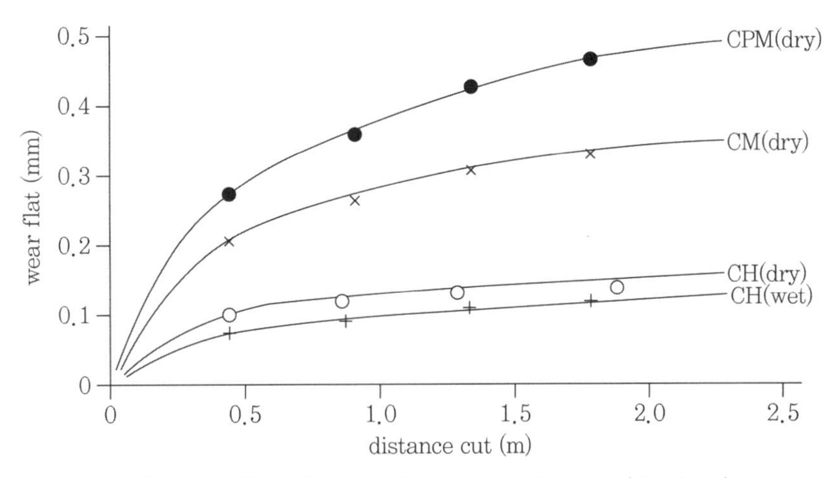

그림 7.22 Effect of cutting distance on pick wear(short run)

그림 7.23은 500m 이상 절삭하여 마모실험 결과를 도시한 그림이다. 동일한 경향으

로 지속되나 마모의 감소율은 다르게 나타났다. 100m까지 절삭하는 동안은 마모가 급속도로 증가하다가 그 이후에는 안정 상태가 되어 마모의 감소율이 일정한 값을 가지는 경향을 보였다.

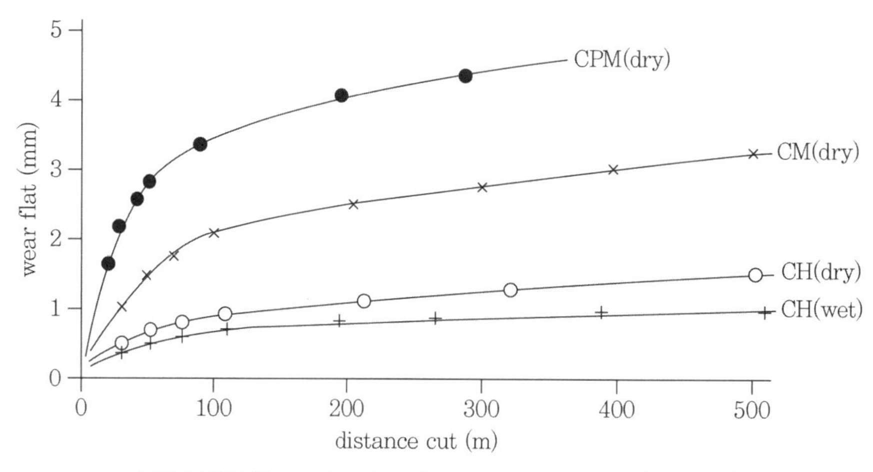

그림 7.23 Effect of cutting distance on pick wear(long run)

그림에서는 100m의 절삭거리 간격이 실제 스케일보다 매우 작게 묘사되었다. 직경 5m의 TBM에서 가장 바깥쪽 Cutter들의 예를 들면, 그림상에서 절삭거리가 100m인 경우는 헤드가 정확히 6번 회전하는 것에 해당되고, 1~2분의 절삭시간을 갖는 것과 같다. 따라서 실제상황에서 Pick를 사용하여 굴착하는 때 거칠기가 큰 암석일 경우 사용 전 예리한 Pick는 가동 즉시 무뎌지기 때문에 '무딘(blunt)' 형상의 절삭부 사용을 기준으로 해야 한다.

이러한 이유 때문에 마모가 진행됨에 따른 Pick의 성능 저하에 관한 지식을 가지는 것이 중요하다.

7.8.2 Pick 성능에 대한 마모의 영향

Pick 힘의 증가에 따른 마모는 Cutter날의 형상(geometry)이 변형됨에 따라 발생한다.

이 같은 관계에서 발생된 마모면의 크기는 카바이드 중량 손실과 같은 다른 양보다 좀 더 의미 있는 측정이 될 것이다. 절삭하는 동안 마모된 면의 일정한 크기에 따라서 절삭부에 작용하는 힘들은 카바이드 제품에 관계없기 때문에 모든 분석 결과를 함께 표현하였다.

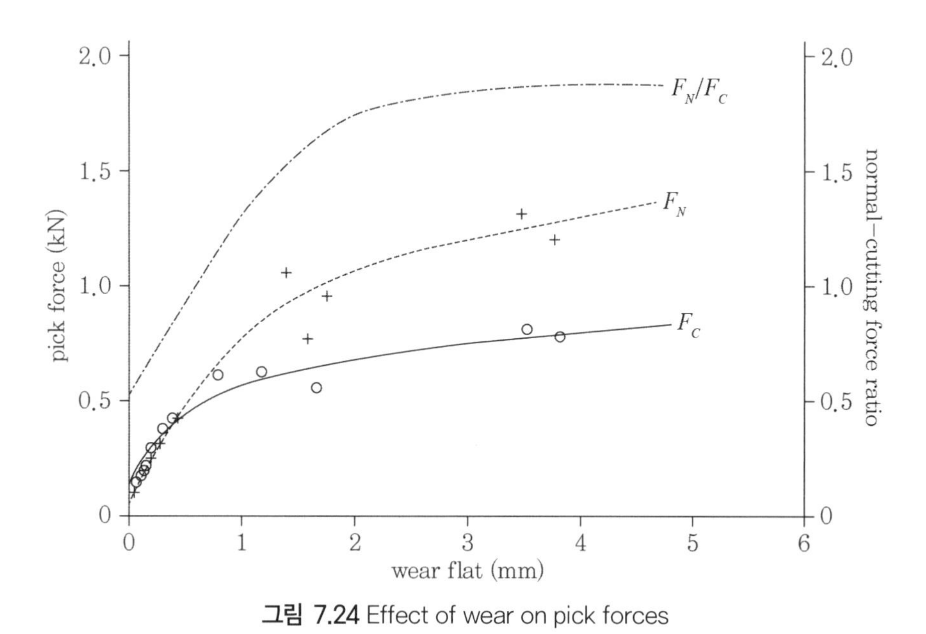

그림 7.24 Effect of wear on pick forces

그림 7.24는 마모된 면에 따른 평균 절삭력(F_C)과 평균 수직력(F_N)의 증가를 나타낸 것이다. 마모된 면이 2mm에 이르기까지는 절삭력이 매우 급속도로 증가되었으나, 그 이후에는 힘 증가율이 현저하게 감소되었다. 수직력은 절삭력보다 좀 더 빠르게 증가되었으나, 마모된 면이 2mm가 되기 전에 초기증가율은 절삭력이 더 컸다.

그림 7.24는 마모에 따른 수직력－절삭력 비(F_C/F_N)의 관계를 나타낸 것으로 중요한 실용적인 의미를 보여주고 있다. 마모된 면이 2mm가 되기까지는 수직력이 증가하여 F_C/F_N 비가 불규칙적이나, 2mm 이후에는 F_C/F_N 비가 대략 1.8의 일정한 값에 수렴하는 것을 알 수 있다. 이것은 실제 F_C/F_N 비가 대략 0.5인데 Pick의 힘의 분배를

매우 효과적으로 변경한 것을 보여주고 있다. 그리고 Pick 마모와 관련된 수직력이 매우 클 경우 이를 저항하기 위한 기계 조립에서 강성(stiffness)의 중요성을 강조하고 있다.

마모에 관계없이 암석이 절삭되는 것에 대비하여, 암석 표면 바깥쪽으로 움직이는 절삭부를 충분한 수직력에 저항할 수 있도록 설계해야 한다.

그림 7.25에 있는 비에너지(Specific Energy: 어떤 물질의 단위체적당 절삭에 필요한 내부 에너지, MJ/m^3) 곡선은 절삭력과 동일한 경향을 따른다. 초기에 비에너지가 급격히 증가하여 2mm의 마모된 면 주위를 둔탁하게 만들었으나, 이것은 Sharp Pick와 비교해볼 때 에너지 증가가 이루어지며, 그 크기가 3~4배 더 된다. Pick가 안정된 마모율에 빨리 도달하는 지점을 찾기 위해 실제 표면이 거칠고 보통의 강도를 가진 암석만을 가지고 절삭되었다. 안정된 마모율을 보이는 지점에서는 새 Pick의 25% 효율을 보여주었다.

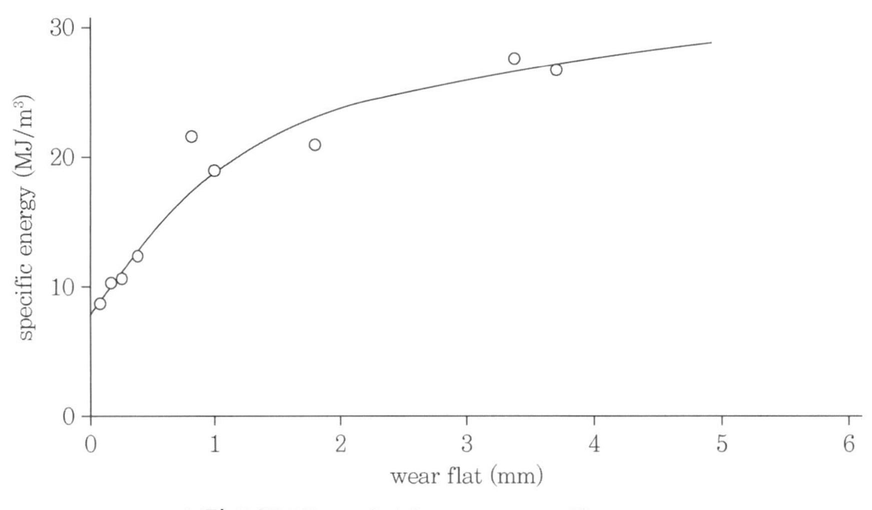

그림 7.25 Effect of pick wear on specific energy

좀 더 안정된 절삭부 작업으로 전환되는 지점인 2mm 마모된 면에 관한 설명은 각각의 카바이드 제품들(CPM, CM, CH)의 주성분에 관한 설명보다 그 이상의 가치가 있다. 그림 7.23은 각각의 카바이드들을 아래에 있는 거리까지 절삭한 결과를 도시한 것으로,

다음 표는 2mm까지 마모될 때의 절삭거리를 나타낸 것이다.

표 7.3 Each of carbide grades after the cutting distance

Pick products	CPM	CM	CH(dry)	CH(wet)
Cutting distance	30m	110m	1000m	1500m

비록 이러한 절삭거리에 도달하기 위해 매우 오래 걸린 시간을 기록하지는 않았지만, 실제로는 절삭거리와 절삭시간 사이에 우열이 전혀 없다고 가정하는 것은 부적합할 것이다. 초기 2mm의 마모가 일어난 이후에 '안정상태'로 된 마모율은 모든 카바이드 제품들이 계속적으로 동일한 비율로 마모가 된다는 것을 의미하지는 않는다. 그림 7.23에 따르면 마모된 면이 2mm가 되려면, CH는 CPM보다 절삭시간이 50배 정도 더 길지만, 2mm 지점 이후의 마모율은 CPM 제품보다 상당히 낮은 것을 알 수 있다. CH pick가 CPM과 CM 제품의 절삭부보다 최종 사용수명이 훨씬 길다는 것이 명백히 드러나 있다.

암석에 수분이 포화되었을 경우의 마모 감소에 대해 좀 더 언급하는 것은 중요하다. 이것은 암석을 절삭할 때 물 분사할 경우와 그렇지 않고 건조한 암석을 절삭할 때의 두 가지 상황을 증명해주기 때문에 중요하다. 자연 그대로 습윤 상태의 암석에만 적합한 개선점이라는 것을 입증해준다. 자유수는 공급되는 그 양의 여하로 순수한 암석 파편들을 점토(paste)의 형태로 구속하는 경향이 있다. 만일 절삭부에 자유수가 여전히 접촉하고 있는 상태라면 마모는 더욱 가속될 것이다.

7.8.3 석영 함량의 영향

석영 함량과 암석의 강도가 절삭용 Pick의 마모율에 미치는 영향을 평가하기 위해서 잇따른 별도의 실험이 수행되었다. 이 실험에서는 석영 함량이 0~93%이고, 단축압축강도가 32~314MPa(3,300~32,000t/m^2)인 서로 다른 20개의 암석 시편들이 사용되었다.

절삭실험에서는 정면 갈퀴의 각 −5°, 후면 틈 사이 각 5°, 폭 12mm인 Chisel Pick가 사용되었다. 절삭깊이는 5mm이고, 카바이드 등급은 CM(3½μ, 10% Co)이다. 이 실험에서 마모율의 측정은 단위 커팅 길이당 무게 손실(mg/m)로 하였다.

이 실험의 결과는 암석의 강도가 Pick의 마모와 상호 관련이 있을 것이라 예상되었으나, 그 결과는 전혀 그렇지 않게 나타났다. 반면에 석영 함량에 대한 결과를 도식화하였을 때(암석 강도 고려치 않음)의 뚜렷한 경향을 그림 7.26에 나타내었다. 이 실험은 긁힘 마모를 고려한 주된 암석의 변수는 석영 함량이고, 암석의 강도는 거의 대수롭지 않다는 것을 암시한다. 실제로 석영 함량은 고려해야 할 중요한 변수로서 암석 체적의 50%를 초과할 때 Pick를 마모시키는 주된 원인이 된다.

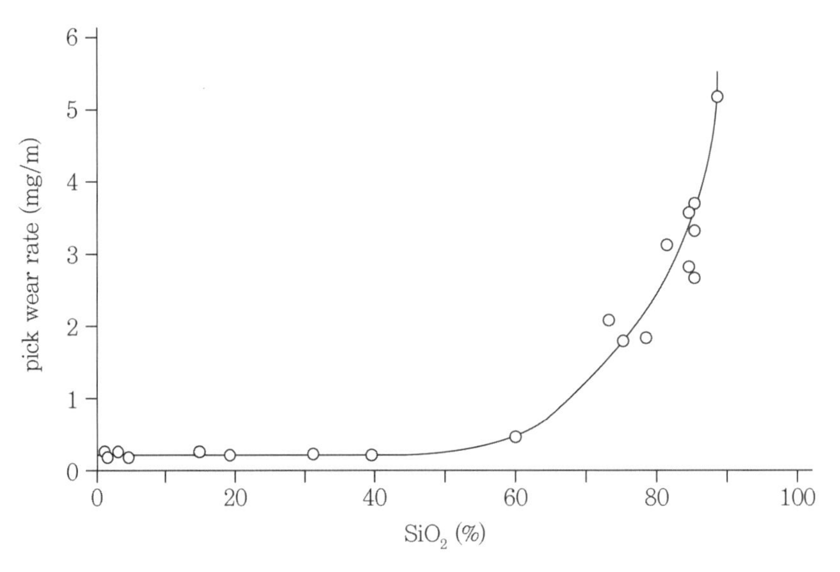

그림 7.26 Effect of quartz content of rock on pick wear

7.9 결 론

터널의 기계화 시공 시, 특히 TBM을 이용한 터널굴착 시, Cutterhead에 장착된 Cutter

와 Pick의 마모율은 굴진속도와 공사비에 큰 영향을 미치는 요소이다. Cutter의 소비량은 공사비의 50%를 상회하기도 한다. 최근의 국내 TBM 공법 적용은 5km가 넘는 장대터널에도 적용 사례가 거의 없어 국내 터널의 기계화 시공은 아직도 초보적인 수준에 머물고 있는 실정이다.

터널의 기계화 시공을 보편적으로 적용하기 위해서는 암반 절삭용 Cutter와 Pick의 마모율에 대한 연구가 필요하다. 나아가 국산 Cutter와 Pick를 개발하여, 전량 수입되는 Cutter와 Pick의 단가를 낮출 수 있고, 또한 국내에 TBM 전문 설계팀 군이 형성되어야 보다 경쟁력 있는 기계화 시공법의 광범위한 적용이 가능해질 것이다.

CHAPTER 08

TBM의 설계모델 및 터널 굴진율 예측

CHAPTER
08
TBM의 설계모델 및 터널 굴진율 예측

8.1 이론적 설계모델

TBM 장비 중에서 가장 핵심적인 부분 중의 하나는 실제로 지반을 굴착하게 되는 TBM 전면의 커터헤드(cutterhead) 부분 중 지반과 직접 마주하여 암반을 절삭하는 회전식 면판(cutting wheel)이다.

TBM을 설계·제작하고 있는 독일 등 터널 선진 외국에서는 과거 20~30년 이상의 기술개발과 경험을 통해 자국의 지반조건에 적합한 TBM 커터 면판 설계기술을 보유하고 있다. 대표적으로 미국의 Colorado School of Mines(CSM 공대)에서 활용하고 있는 CSM모델과 노르웨이의 Norwegian University of Science and Technology(NTNU)에서 개발한 NTNU모델 등을 들 수 있다(Nilsen & Ozdemir, CSM, 1993).

그러나 미국 CSM모델에 의한 TBM 커터 면판의 핵심 설계과정은 현재까지 대외적으로 전혀 공개되지 않고 있으며, NTNU모델은 노르웨이의 지반조건에 적합하도록 개발된 경험적인 모델로서 경암반에 적합한 모델이다.

무엇보다도 가장 큰 문제는 국내에 도입되고 있는 TBM의 설계와 제작을 100% 외국

제작사 기술력에 의존함으로 인해 국내 지반조건에 적합하게 설계되지 못한 TBM이 도입되어 터널 시공 시 과도한 커터의 마모, 잦은 고장으로 인한 낮은 굴진율 등 많은 문제점이 발생하고 있다는 점이다.

따라서 TBM의 제작을 국내에서 할 수 없는 상황이라고 할지라도 터널기술자가 주어진 지반조건에 대해서 최적의 성능을 발현할 수 있는 TBM을 제작·발주할 수 있도록 핵심적인 TBM 사양과 그에 따른 굴진성능을 사전에 예측하고 평가하는 것이 무엇보다도 중요하다고 하겠다. 특히 굴진성능은 공사 기간과 이에 따른 공사 비용 산정에 유용하게 활용될 수 있는 기본 자료이다.

본 장에서는 터널기술자가 지반조건에 따라 최적의 TBM 핵심 사양을 도출하기 위한 TBM 커터 면판의 주요 설계과정들, 특히 암반 대응형 TBM의 커터 면판 설계와 굴진성능 예측방법들을 설명하였다.

8.2 암반용 TBM 커터 면판 설계와 굴진성능

8.2.1 선형절삭시험(LCM)에 의한 TBM 설계 및 굴진성능

1) 선형절삭시험기(LCM)

1960년대 영국의 New Castle Upon Tyne에서 지하 석탄층의 기계화 채굴을 위한 Cutter 개발로 시작되어, 호주의 시드니의 UNSW 대학 Roxborough(스코틀랜드 뉴캐슬 출신) 등에 의해서 Rock Cutting 실험 및 암반절삭시험이 Cutting Theory로 발전되었고, 1 : 1 SCALE 대형, 선형절삭시험은 미국 CSM 공대에서 1970년대 최초로 제안되어 지난 30~40년 동안 암반용 TBM의 설계인자를 도출하고 성능을 예측하는 데 널리 활용되고 있다(Nilsen & Ozdemir, 1993). 선형절삭시험에서 가장 핵심이 되는 사항은 절삭시험에 사용되는 선형절삭시험기인 LCM(Linear Cutting Machine)이다(그림 8.1).

일본에서도 TBM 디스크커터의 굴진효율을 평가하기 위하여 관련 시험을 수행한 바 있으며(Uga 등, 1986), 영국에서도 LCM을 활용하여 영국의 대표적인 암반조건에 대해 TBM 설계 관련 자료를 획득한 바 있다(Snowdon 등, 1982). 또한 최근 들어 터키 이스탄불 공대에서도 미국 CSM 연구진(터키계 Ozdemir 교수)의 도움으로 LCM 시스템을 구축하기에 이르렀다(Copur 등, 2001). 이상과 같은 외국의 LCM 시스템은 그림 8.1에서 그림 8.6과 같다.

외국의 LCM 가운데 가장 대표적이고 최초로 제작된 것은 앞서 설명한 바와 같이 미국 CSM 공대 EMI 연구소에서 보유하고 있는 시스템이다(그림 8.1). CSM에서 활용되고 있는 LCM에는 충분한 구속압이 작용할 수 있도록 강철 시험편 베드(bed)에 100×50×50cm 크기의 암석 시료를 콘크리트로 고정시키게 된다. 서보제어(servo control)가 가능한 유압 액츄에이터(hydraulic actuator)에 의해 설정된 압입깊이(penetration depth)와 커터 간격으로 시료에 하중을 가하며 이때 시험편 블록(specimen block)의 이송속도는 약 250mm/sec이다. 특히 LCM 시험을 통해 커터 간격과 관입깊이의 다양한 조합을 평가할 수 있으며, 시험으로부터 최소한의 절삭 에너지로 최대의 절삭효과를 얻을 수 있는 커터 면판 설계에 중요한 최적 조건(커터 간격/커터 깊이 = S/P)을 결정한다.

LCM을 활용한 암반의 선형절삭시험에서는 실제 TBM에 사용될 디스크커터가 사용되며 TBM 굴착 시 발생할 수 있는 커터 하중과 관입정도를 모사할 수 있기 때문에, TBM의 성능예측에 직접 적용할 수 있다. 특히 앞서 설명한 크기 이상의 시험편을 사용할 경우에는 시험결과에 대한 크기효과를 배제할 수 있는 것으로 보고되고 있다(Nilsen & Ozdemir, 1993).

한국건설기술연구원(KICT)에서 지난 2004년에 구축에 성공한 국산 LCM 시스템과 국내 연구진이 LCM의 활용방법에 대해 연구한 결과(건설교통부, 2007)를 위주로 선형절삭시험에 의한 국내 TBM 최적 설계과정을 보여주고 있다.

한국건설기술연구원에서 국내 최초로 제작한 LCM 장비는 최대 50톤까지 커터의 연직방향으로 하중재하가 가능하며, H형강으로 구성된 시험 프레임은 최대 2배의 안전율을 갖도록 설계되었다(그림 8.2).

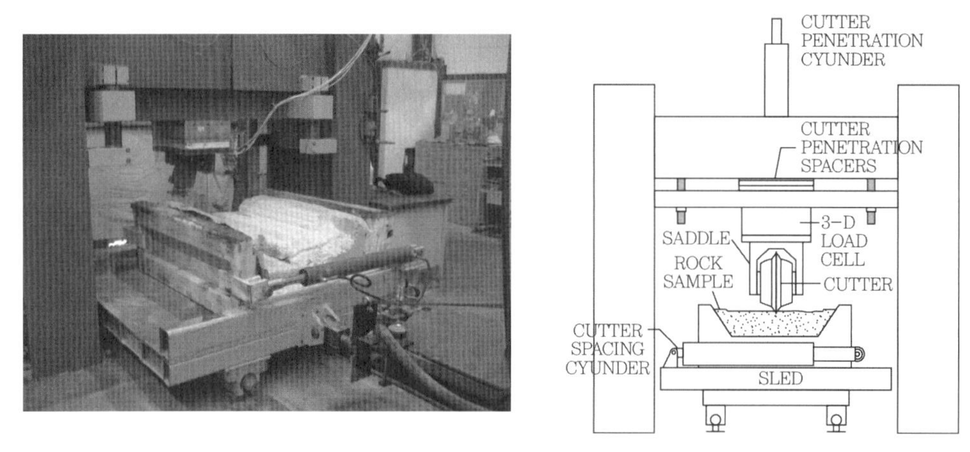

그림 8.1 미국 CSM 공대의 LCM 시스템

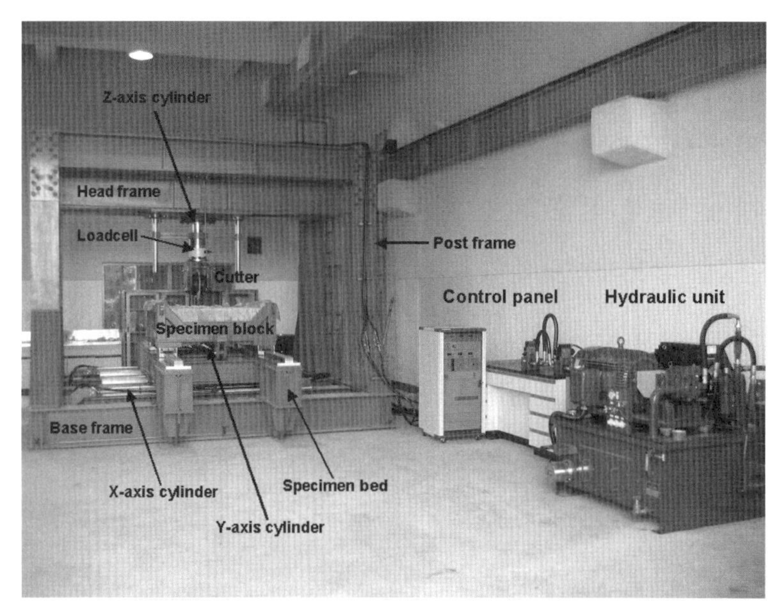

그림 8.2 국산 LCM 시스템(한국건설기술연구원)

구동부는 총 3축이며 X, Y, Z방향으로 유압 실린더에 의해 구동된다. X축은 커터 간격을 조절하기 위한 부분으로서 2개의 실린더로 구성되어 시험편 블록 프레임을 총 1,200mm stroke까지 그리고 Y축은 절삭방향과 절삭속도를 조절하는 부분으로서 1개의 실린더로 구성되어 시험편 블록을 1,500mm stroke까지 구동할 수 있다. 그림 8.3과 같이 커터에 작용하는 3방향의 하중성분인 연직하중(normal force), 회전하중(rolling force) 및 측하중(side force)을 동시에 측정할 수 있다.

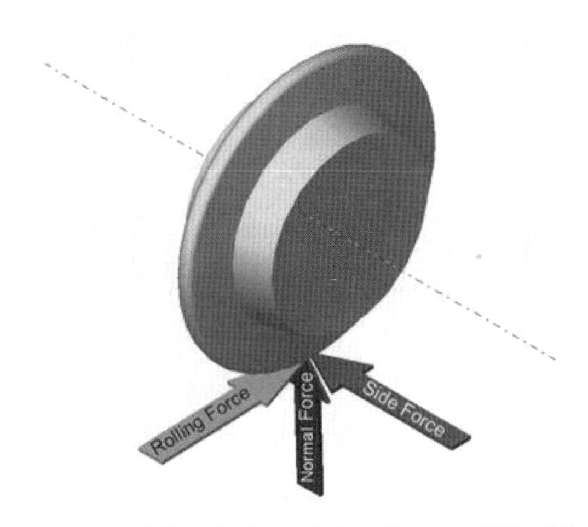

그림 8.3 LCM 시험 동안 디스크커터에 작용하는 3방향 하중성분

시험편 블록(specimen block)은 크기가 1.5m(길이)×1.4m(폭)×0.43m(두께)이고 소형크레인으로 탈부착이 가능하며, 커터의 교체 또는 장착 역시 볼트로 용이하게 할 수 있는 구조이다. 또한 유압밸브의 조절을 통해 시험편 블록의 이송속도를 조절할 수 있도록 제작되었다.

LCM을 구동하기 위한 유압 탱크(hydraulic unit)는 용량이 600L인 시스템으로서, 고압 토출용 펌프로 최대 300kg/cm^{2}의 압을 토출할 수 있으며 일정한 압력과 적당한 온도설정, 고압안전 등을 충분히 고려하여 설계·제작되었다. 또한 1인의 운용자에 의해서도 전체 장비를 제어하고 모니터링할 수 있는 조작반(control panel)을 구성하여 작업의 효율성과 편이성을 높였다.

그리고 다양한 커터의 절삭성능을 평가할 수 있도록 최대 직경 19인치까지의 Disc cutter 또는 Drag bit를 장착할 수 있도록 제작되어 있다.

이상과 같이 제작된 LCM을 활용한 선형절삭시험 장면은 그림 8.4와 같다.

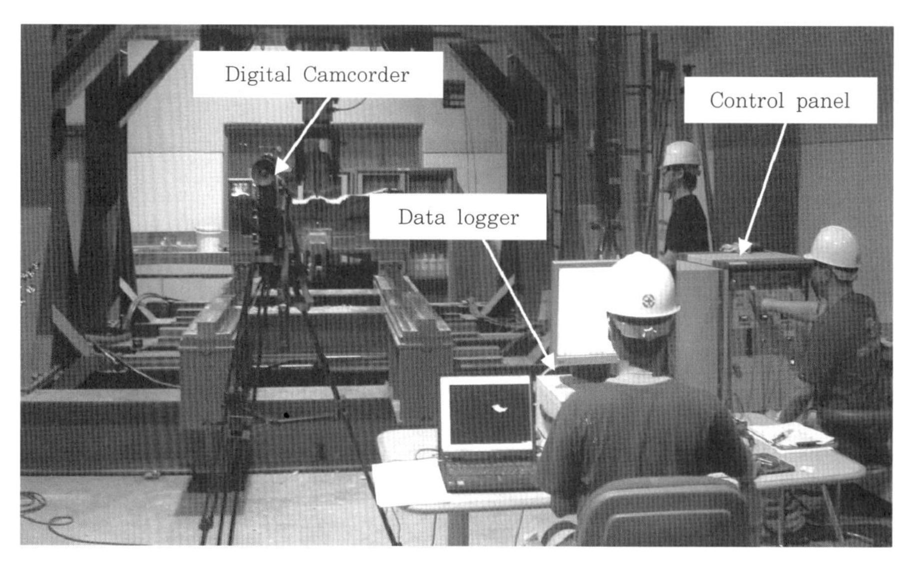

그림 8.4 LCM에 의한 선형절삭시험 장면(KICT)

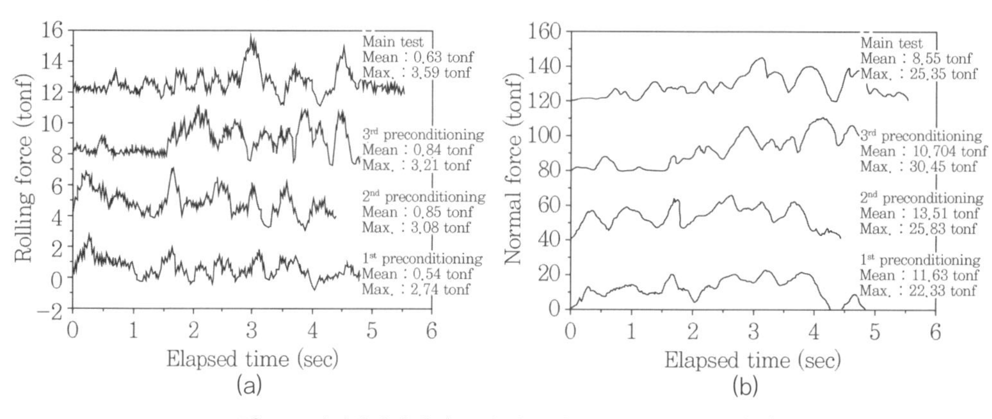

그림 8.5 선절삭과정의 반복에 따른 커터 작용하중의 변화(예)

2) 선형절삭시험에 의한 최적 절삭조건 도출과정

최적의 절삭조건은 커터 간격(cutter spacing, S)과 압입깊이(penetration depth, P)의 비율인 S/P와 그에 따라 선형절삭시험에서 얻어지는 비에너지(specific energy)의 관계로부터 계산할 수 있다. 즉 최적의 절삭조건은 해당 암석조건에 대해 최소의 에너지로 최대의 절삭효과를 얻을 수 있는 조건으로서, 그림 8.7과 같은 관계로부터 비에너지가 최소가 되는 S/P를 최적의 절삭조건으로 정의할 수 있다. 이때 비에너지는 커터에 작용하는 커터 회전하중, 커터 간격, 커터의 절삭깊이 및 절삭부피로부터 계산될 수 있다. 또한 여기서 압입깊이란 TBM 커터헤드 1회전당 커터 압입깊이를 의미한다.

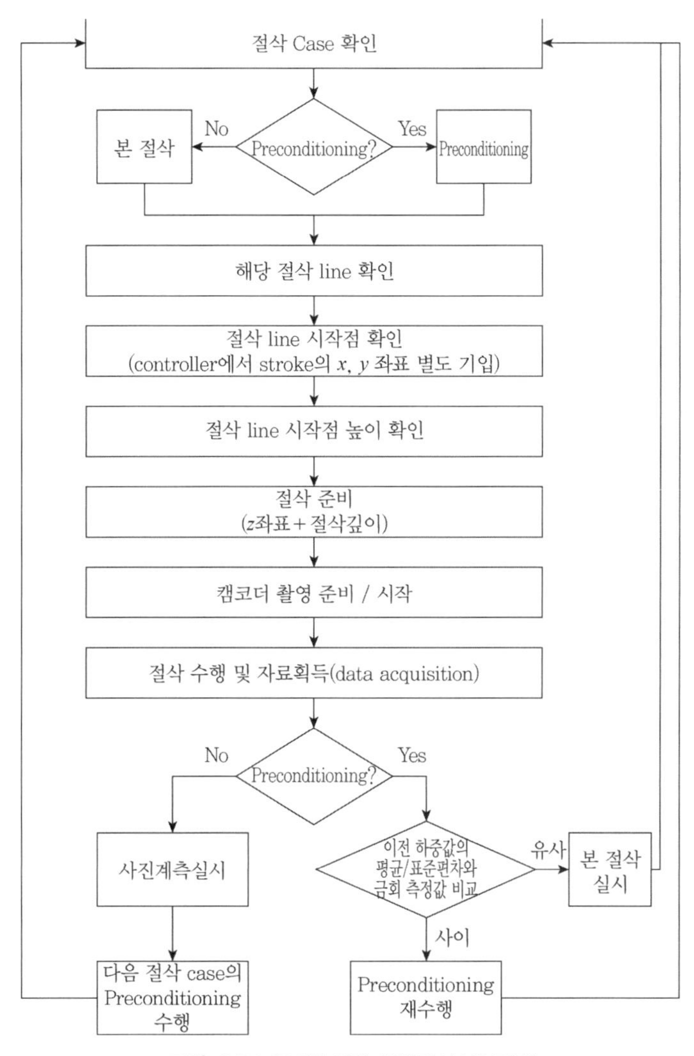

그림 8.6 LCM에 의한 선형절삭시험과정

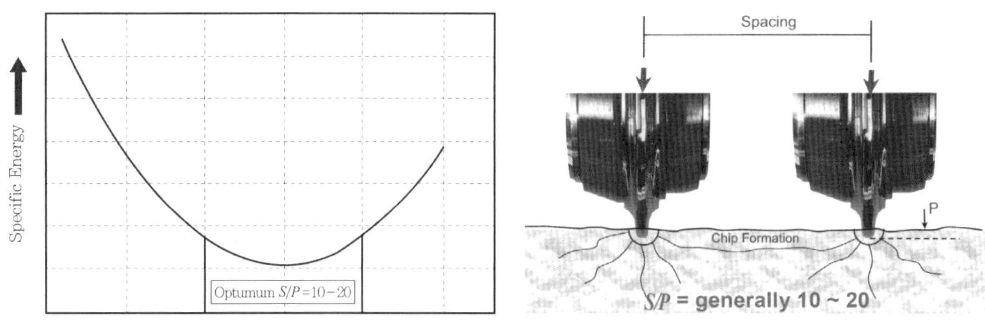

그림 8.7 S/P 비율과 절삭 비에너지 관계로부터 최적 절삭조건의 도출개념

최적의 절삭조건에서 커터의 압입깊이가 증가할수록 비에너지가 감소하는 것으로 나타나 동일한 절삭조건에서 압입깊이를 증가시키는 것이 굴진효율 차원에서 유리한 것으로 알려져 있다. 그러나 그림 8.8과 같이 대부분의 암석에서 압입깊이가 어느 이상 증가하게 되면 비에너지의 감소가 뚜렷하게 나타나지 않고 비에너지가 대체로 일정해지는 임계 압입깊이가 존재한다(건설교통부, 2007). 이와 같은 임계 압입깊이는 최적의 절삭효율을 도모하기 위한 중요한 지표로서 TBM 설계 및 예측모델에 활용될 수 있다.

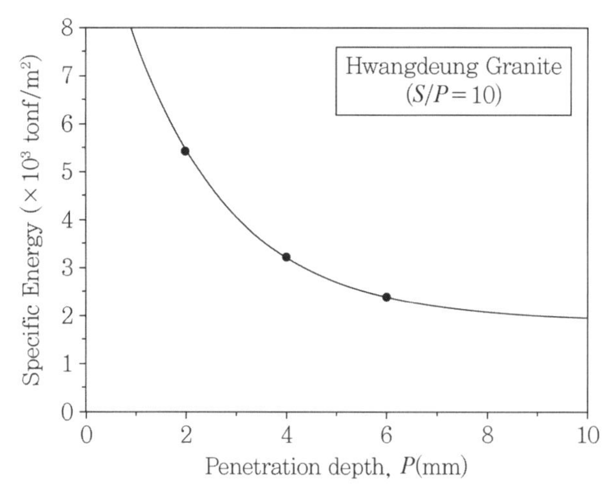

그림 8.8 커터 압입깊이에 따른 절삭 비에너지의 변화(예)

평균 커터 연직하중과 평균 커터 회전하중의 비율은 그림 8.8과 같이 커터 압입깊이가 증가할수록 음지수 함수형태로 그 비율이 감소하는 것으로 밝혀졌다(건설교통부, 2007). 즉 평균 커터 연직하중과 평균 커터 회전하중의 비율은 커터 간격과는 비교적 독립적으로서 커터 압입깊이에 따라 달라지며, 커터 압입깊이가 증가할수록 평균 커터 회전하중의 비중이 커지는 것을 알 수 있다. 따라서 커터 압입깊이를 증가시켜 굴진효율과 굴진속도의 증진을 도모하고자 할 때에는 평균 커터 회전하중이 입력자료로 사용되는 TBM의 토크와 동력 용량에 더욱 유의하여 설계할 필요가 있을 것이다.

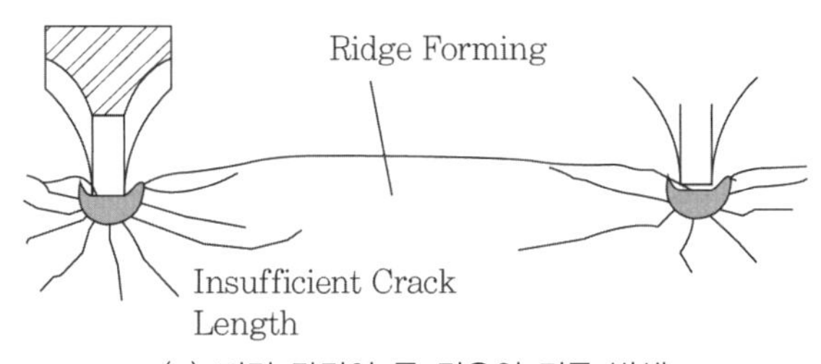

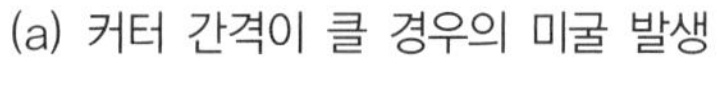
(a) 커터 간격이 클 경우의 미굴 발생

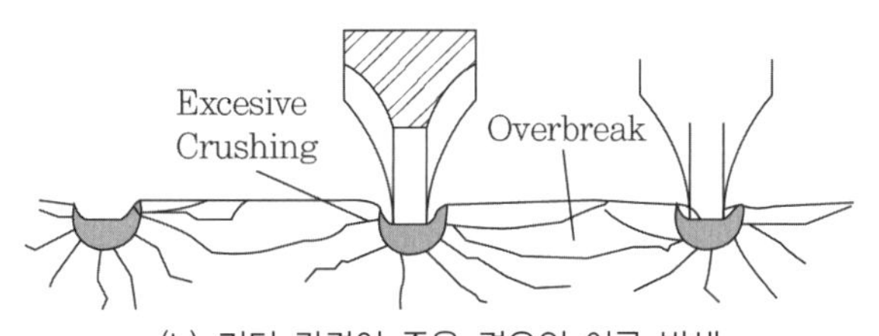

(b) 커터 간격이 좁을 경우의 여굴 발생

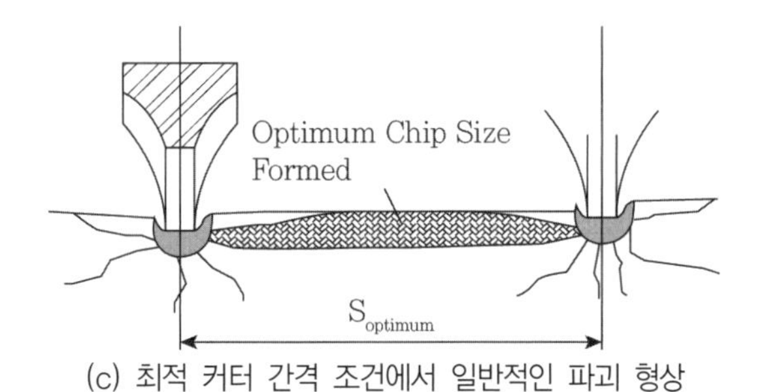

(c) 최적 커터 간격 조건에서 일반적인 파괴 형상

그림 8.9 커터 간격에 따른 절삭효율의 차이(Rostami & Ozdemir, 1993)

3) 선형절삭시험결과의 설계 활용

TBM의 주요 사양과 굴진속도는 다음과 같이 계산된다(Rostami & Ozdemir, 1993; Rostami 등, 1996).

① 커터개수:

② TBM 추력(thrust):

③ TBM 토크(torque):

④ 분당 회전속도(RPM):

⑤ TBM 동력(power):

⑥ 굴진율(advance rate):

⑦ 가동률(Utilization)

가동률(Utilization)은 기계의 순수 커팅 시간대 전체 작업 시간으로 정의된다(ie, shift time).

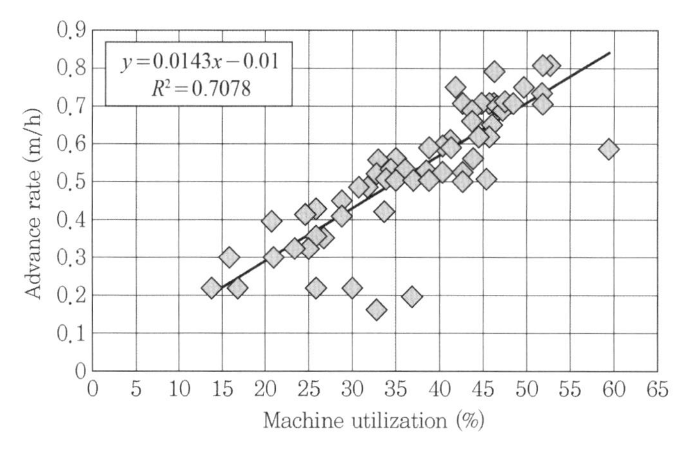

그림 8.10 Relationship between TBM Advance rate and utilization(chainage 981~2260)

여기서 D는 TBM 직경, F_n과 F_r은 각각 커터 연직하중과 커터 회전하중의 평균값, R_i는 커터헤드 중심에서 i번째 커터까지의 거리, RPM(rotation per minute)은 1분당 커터헤드 회전속도, P는 커터헤드 1회전당 커터 압입깊이(예: 단위 mm/rev), CSM에서 제안한 V_{limit}는 커터의 선형한계속도 그리고 장비 가동률(%)이다.

이때 커터의 선형한계속도 V_{limit}는 17인치 디스크커터를 사용할 경우 150m/min를 사용할 것을 추천하고 있으며, 토크의 단위가 kN·m일 경우 TBM 동력계산 시 Conversion factor는 7이다(Rostami 등, 1996).

선형절삭시험으로부터 최적의 커터 간격(또는 절삭간격)과 커터 압입깊이에 따른 커터 작용하중을 구할 수 있다면, 이상의 관계식들로부터 TBM의 제반 사양과 굴진율을 산정할 수 있게 된다.

하지만 이상의 관계식을 제외하고 현재까지 상세한 설계·해석과정이 제시되고 있지 않은 관계로, 건설교통부(2007)의 연구결과에 따른 TBM 설계과정을 소개하고자 한다.

건설교통부(2007)의 연구에서 제시한 선형절삭시험 기반의 신규 TBM 설계과정은 그림 8.11과 같다.

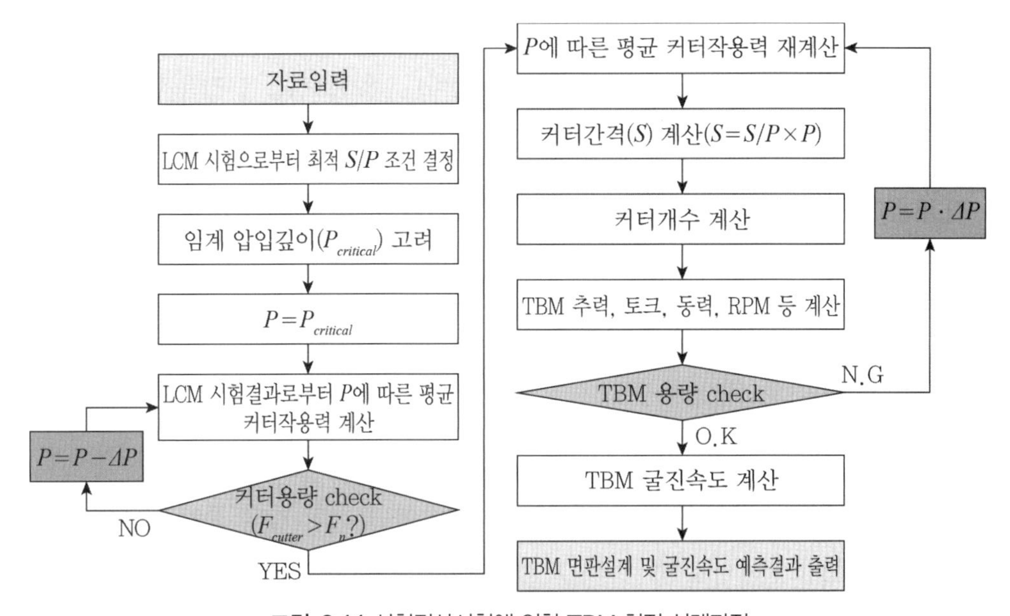

그림 8.11 선형절삭시험에 의한 TBM 최적 설계과정

앞서 설명한 바와 같이 첫 번째로 커터 간격(S)과 커터 압입깊이(P)의 비율(S/P)을 달리하여 수행된 일련의 선형절삭시험으로부터 절삭 비에너지가 최소가 되는 최적 S/P 조건을 도출한다. 또한 선형절삭시험결과들로부터 에너지 효율 측면에서 한계치로 고려할 수 있는 임계 압입깊이를 추정한다.

추정된 임계 압입깊이를 초깃값으로 설정한 후 압입깊이를 감소시켜가면서 커터의 최대용량을 만족하는 압입깊이 조건을 도출한다. 계산된 압입깊이와 최적 S/P 비율을 곱하여 최적의 커터 간격과 그에 따른 커터 소요 개수를 산정한다.

최종적으로 압입깊이에 해당하는 커터 작용력으로부터 TBM의 주요 사양(추력, 토크, 동력, RPM 등)을 계산하고, 산출된 제반 사양이 가용 용량을 초과할 때에는 압입깊이를 줄여가면서 용량을 만족할 때까지 계산을 반복하게 된다.

커터 허용용량과 TBM 가용용량을 모두 만족하는 커터헤드 1회전당 압입깊이가 결정되면 그에 따른 순 굴진속도와 굴진율(가동률을 가정해야 함)을 산정하고 결과를 출력하게 된다. 단, 아직까지 선형절삭시험결과로부터 커터의 예상 수명을 산정할 수 있는 방법이 없으므로, 커터 수명은 타 시험방법이나 예측모델들을 적용하여 추정해야 한다.

새로운 TBM을 설계·제작하는 것이 아니라 기존 TBM 장비를 재활용하거나 이미 TBM 사양이 결정되어 있는 경우에는 TBM의 최적 굴진조건을 제시하는 것이 중요하다. 즉 선형절삭시험으로부터 도출된 최적 절삭조건과 기 결정된 사양인 커터 간격으로부터 최적의 커터 압입깊이를 계산할 수 있으며, 그에 따른 평균 추력, 토크, 동력 등을 추정하고 순 굴진속도와 굴진율을 산정하면 된다(그림 8.12). TBM 설계과정과 다른 점은 압입깊이의 초기치로 임계 압입깊이가 아닌 최적 커터 압입깊이를 적용한다는 점이다. 나머지과정은 앞선 TBM 설계과정과 마찬가지로 커터 용량과 TBM 용량을 만족하는 커터 압입깊이를 산정하고 그에 따른 TBM의 예상 굴진성능을 예측하면 된다.

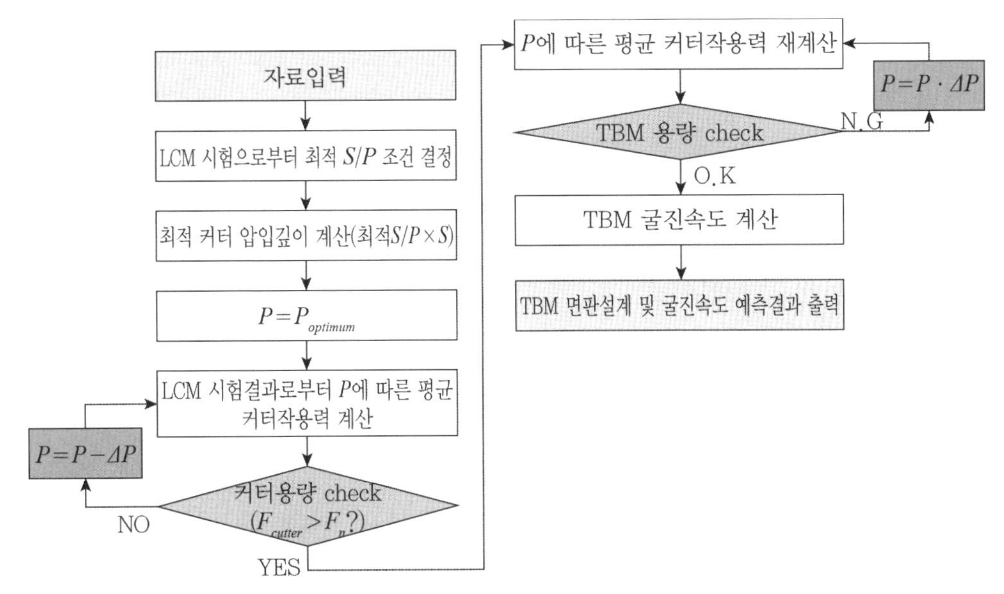

그림 8.12 선형절삭시험에 의한 TBM 굴진성능 예측과정(TBM이 기설계 또는 제작된 경우)

8.2.2 경험적 모델에 의한 TBM 설계 및 굴진성능 예측

미국 CSM 공대에서는 50년 이상 축적한 선형절삭시험결과 및 현장 굴진자료에 근거하여 TBM의 커터헤드 설계변수와 굴진성능을 예측할 수 있는 경험적인 모델을 개발하였으며(Rostami 등, 1996), 노르웨이 NTNU에서는 수많은 TBM 시공자료의 축적을 통해 DRI(Drilling Rate Index)를 기반으로 TBM의 굴진성능, 커터 수명 및 TBM 시공 비용 산정 등에 대한 예측모델을 성공적으로 개발하여 활용하고 있다(NTH, 1995). 이 외에도 암반분류법인 Q-system을 TBM 터널에 적용하기 위해 개발된 Q_{TBM}에 의해 TBM의 굴진성능 및 커터 마모 등을 예측할 수 있는 방법이 제시되었다(Barton, 2000). 또한 Tarkoy(1987)는 슈미트해머에 의한 현지 암반의 반발경도와 실험실 실험에 의한 마모경도로 정의되는 합경도(total hardness)를 활용하여 TBM 굴진성능을 예측할 수 있는 경험적인 상관관계를 제시한 바 있다.

이 외에도 각 TBM 제조업체별로 수십 년간의 경험에 기반을 두어 자체적인 설계모델들을 가지고 있는 것으로 파악되고 있다. 그러나 이들 설계모델들은 외부로 공개가 전혀 이루어지고 있지 않다. 특히 표 8.1과 같은 일반적인 지반/시공 자료만으로도 TBM 설계가 이루어지고 있는 상황이다.

불충분한 조사·설계과정으로 인해 대상 지반조건에 부적합한 장비가 도입될 경우, 굴진성능이 저하되고 시공 지체시간(downtime)이 증가되어 엄청난 공사비 증가 등의 문제가 발생할 수 있다. 따라서 TBM이 투입될 지반조건, 특히 복합지반 조건에 적합한 TBM 커터헤드 설계모델의 개발과 활용이 매우 필수적이라고 할 수 있다. 물론 암반의 경우에는 선형절삭시험으로부터 가장 신뢰적인 TBM 설계자료를 도출할 수 있다. 미국 CSM 공대에서는 선형절삭시험에 사용할 암석 시험체를 유압식 할암공법(hydraulic splitting) 등으로 채취하고 있으나, 대부분의 조사·설계 단계에서 선형절삭시험에 사용될 대형 암석 시험체를 채취하는 것은 매우 어려운 작업이다. 따라서 신뢰적인 수준에서 TBM의 설계사양과 굴진성능을 도출할 수 있는 최적의 경험적 또는 이론적 모델들을 활용하는 것이 더욱 현실적이라고 할 수 있겠다. 문제는 설계 단계에서 TBM 장비의 적합한 사양 설계를 위한 적합한 Data의 부재로 어려움을 겪고 있고, 제작사마다 다른 설계기준을 사용하여 또한 어려움을 겪고 있지만, 주어진 자료에 근거하여 TBM 장비를 설계한 후 이를 검증 보정할 방법으로 LCM Test를 하여, TBM 장비 사양을 결정하는 것이 정석이다. 이때 LCM Test용 Rock Sample의 채취는 현장의 터널공사 이전 일이라, 현장 주변 1~5km 반경 내의 암반 노두를 찾아 채취하는 것이 좋다. 이때 주의할 것은 이 노두가 현장 모암과 같은 뿌리인지 Geologist의 전문적인 확인이 필요하다.

표 8.1 TBM 설계에 필요한 입력자료 예(일본 ○○업체)

공통항목	
시공조건	터널 연장 최소 곡선구배 기타
쉴드 TBM(연약지반)	
지반조건	지반분류 토피고 지하수위 표준관입시험(N치, 콘저항치) Boulder 크기 내부마찰각 지반의 단위중량 지반의 함수율 기타
세그먼트	세그먼트 재질 외경 내경 폭 세그먼트 piece 개수 Ring 중량 최대 중량/piece Key세그먼트의 종류(횡단면상/종단면상)
Open TBM(경암)	
TBM 크기	지름
암반조건	암종 일축압축강도 RQD 불연속면 조건 암반등급 탄성파속도(현장/코어) 지하수 유입량 주지보재

1) CSM모델

CSM 예측모델은 미국 Colorado School of Mines(CSM 공대)에서 50년 이상 축적한 방대한 현장자료 및 실험실 시험결과에 근거하여 제시된 TBM 설계모델이다. CSM 예측모델을 활용하기 위해서는 암석학적인 분석, 암석의 일축압축강도(변형특성 포함), 간접인장강도, 밀도 및 셰르샤 마모시험 등이 필요하다.

CSM 예측모델에서는 시험편의 역학적 특성과 절삭조건에 따른 커터 작용하중 산출식을 다음과 같이 제시하고 있다(Rostami & Ozdemir, 1993; Rostami 등, 1996).

$$F_t = \frac{P' RT\phi}{\psi + 1} \tag{8.1}$$

$$F_n = F_t \cos\beta \tag{8.2}$$

$$F_r = F_t \sin\beta \tag{8.3}$$

여기서 F_t는 커터에 작용하는 총 하중, F_n과 F_r은 각각 커터에 작용하는 연직하중과 회전하중이다. 또한 R은 디스크커터의 반경, T는 커터 tip의 너비이며, 압력분포 상수는 17일치 디스크커터인 경우 0에 가까운 값으로 가정할 수 있다(Rostami 등, 1996).

이때 절삭 대상 재료와 커터 사이의 상호작용이 발생하는 영역을 정의하는 각도 및 커터 하부에 작용하는 기저 압력 P'은 다음과 같이 계산된다(그림 8.13 참조).

$$\phi = \cos^{-1}\left(\frac{R-p}{p}\right) \tag{8.4}$$

$$\beta = \frac{\phi}{2} \tag{8.5}$$

$$P' = -32628 + 521\sigma_c^{0.5} (R^2 = 0.525) \tag{8.6}$$

$$P' = 100500 + 12170S + 7.88\sigma_c - 2.8883\sigma_t^{0.1} - 192S^3 - 0.000147\sigma_c^2$$
$$-29450T - 13000R (R^2 = 0.865) \tag{8.7}$$

$$P' = C \cdot \left(\frac{s}{\phi\sqrt{RT}} \cdot \sigma_c^2 \cdot \sigma_t\right)^{1/3} \tag{8.8}$$

여기서 p는 커터 압입깊이와 각각 암석의 압축강도와 인장강도 그리고 C는 약 2.12의 상수이다.

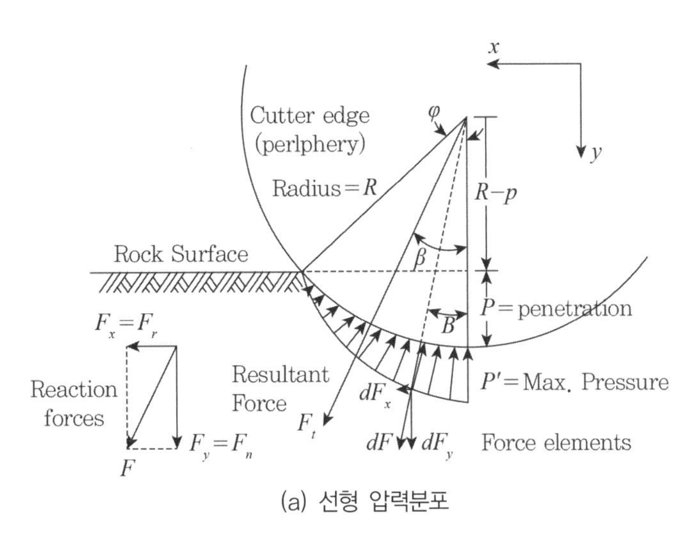

(a) 선형 압력분포

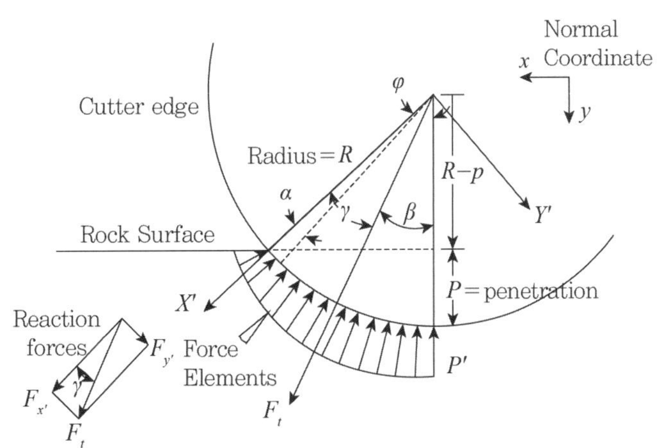

(b) Power 함수로 표현된 일반적인 압력분포

그림 8.13 디스크커터에 작용하는 압력분포 모델(Rostami & Ozdemir, 1993)

또한 CSM에서는 암석의 인성(toughness)을 추정하기 위하여 Punch penetration test를 수행하고 있다. 원래 Punch test는 raise borer의 성능을 추정하기 위하여 Ingersoll- Rand사에서 개발되었으나, 그 후에 Robbins사에 의해 TBM 굴진성능을 평가하기 위하여 사용되었다. 이 시험에서는 기본적으로 콘(cone) 형태의 indentor를 암석에 관입시키고 그때 얻어지는 하중과 관입깊이의 관계곡선(그림 8.14)으로부터 암석의 인성이 추정된다. 하지만 Punch penetration test는 커터의 연직하중을 추정하는 데 활용되는 것으로 알려져 있을 뿐 상세한 활용방법은 공개되고 있지 않다.

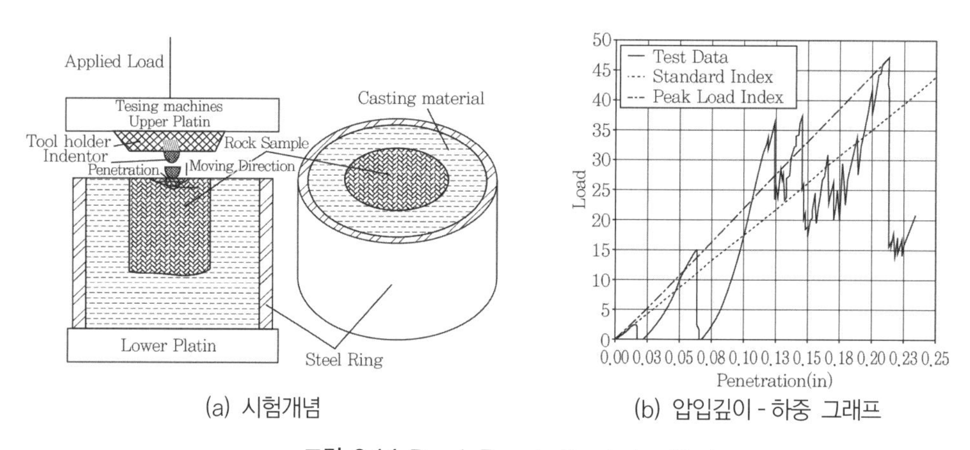

(a) 시험개념 (b) 압입깊이 - 하중 그래프

그림 8.14 Punch Penetration Index Test

그림 8.15는 CSM 예측모델에 근거하여 TBM 성능을 예측하기 위한 흐름을 보여준다(Cigla & Ozdemir, 2000). 일단 암반 및 지질 자료를 모델에 입력하고 몇 가지 선택사항들 가운데 한 조건에 대한 검토를 수행한다. 기존 TBM에 대해 예측을 할 경우에는 커터 종류, 커터배열, 추력, 토크, 동력 등 TBM 장비에 대한 정보를 입력한다. 새로운 TBM을 설계하는 경우에는 CSM모델에 의해서 굴착대상 지반조건에 적합한 TBM 사양과 최적 커터헤드 구성을 산출할 수 있다.

그림 8.16은 TBM 장비와 커터의 최대 사양 등을 입력하는 CSM모델 기반의 프로그램창이다. CSM에서 개발한 프로그램에서는 우선 커터헤드상의 커터 배열이 상세하게

설계된 상태인지를 확인한다. 그다음 상세한 커터 배열이 제시된 경우에는 실제 커터 간격에 따른 커터 작용력을, 그렇지 않은 경우에는 추정(또는 평균) 커터 간격에 따른 커터 작용력을 산출한다. 두 경우에 대한 유일한 차이는 실제 기 설계된 커터 배열을 적용할 경우에서는 CSM모델에 의해 Face Cutter부터 Gauge Cutter까지의 모든 커터에 대한 개별적인 작용하중을 계산할 수 있다는 점이다(그림 8.17).

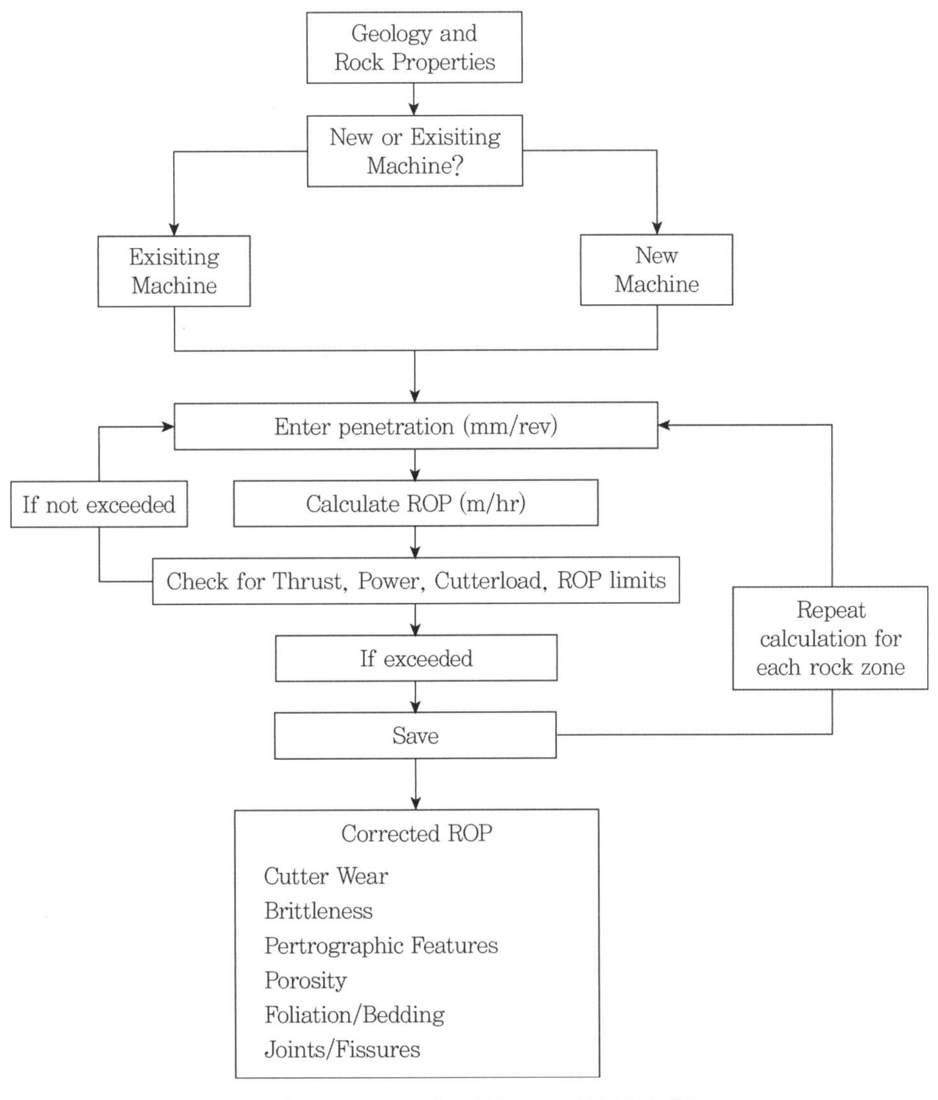

그림 8.15 CSM모델에 의한 TBM 성능평가과정

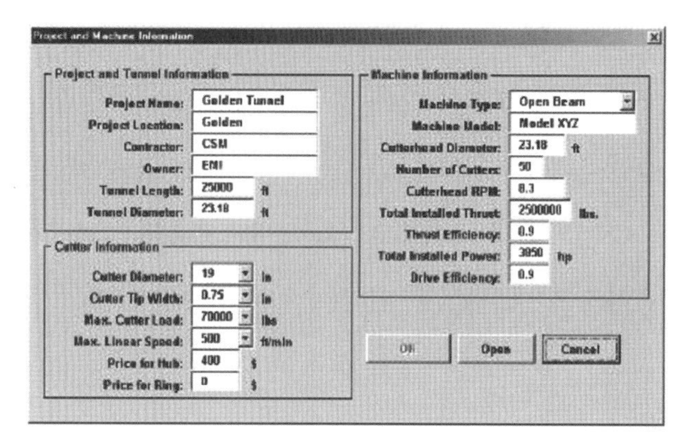

그림 8.16 CSM모델의 자료입력창

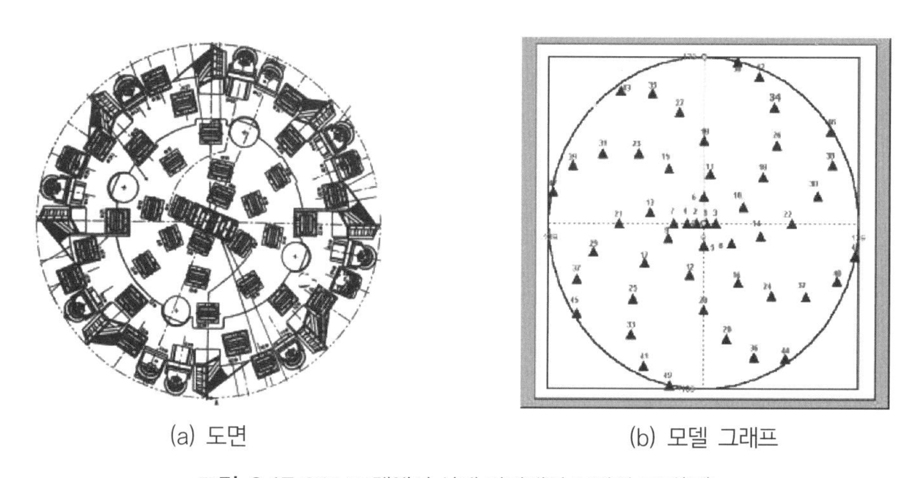

(a) 도면 (b) 모델 그래프

그림 8.17 CSM모델에서 상세 커터배열 조건의 고려(예)

그다음 단계는 CSM모델에 포함된 하중-압입깊이 알고리즘(force-penetration algorithm)을 활용하여 제반 계산을 수행하게 되는 것으로 알려져 있다. 반복계산을 통해 모델로부터 요구되는 설계항목들을 계산하게 된다. 우선 낮은 순 굴진속도(penetration rate, ROP) 부터 시작하여 한 개 이상의 커터 또는 장비의 한계에 도달할 때까지 순 굴진속도를 점차 증가시킨다(그림 8.18). 여기서 순 굴진속도는 커터 압입깊이와 커터 회전속도를 곱하면 계산될 수 있다. 그다음 해당 지반조건에서 가능한 최대 순 굴진속도를 기록한 후, 터널 굴진 중에서 나타날 수 있는 모든 지반조건들에 대해 동일한과정을 반복한다. 기본 관입량(basic penetration)은 절리/엽리, 공극률 및 암석의 인성 등을 고려하여 CSM모델에 의해 보정된다. 또한 CSM모델은 커터헤드에 작용하는 커터 하중의 분포를 도시할 수 있다(그림 8.19).

Machine Performance Evaluation :

Machine Thrust :	O.K.	100%	of machine thru
Machine Torque :	O.K.	63%	of machine torq
Machine Power :	O.K.	63%	of machine pow
Cutter Load Capacity:	O.K.	71%	of max. cutter lo
ROP Limit:	O.K.	37%	of ROP Limit us

Return to Main Menu

Basic Penetration : 0.23 in/rev

ROP : 9.3 ft/hr

Maximum ROP controlled by Machine Thrust

1

그림 8.18 CSM모델에 의한 순 굴진속도의 계산(예)

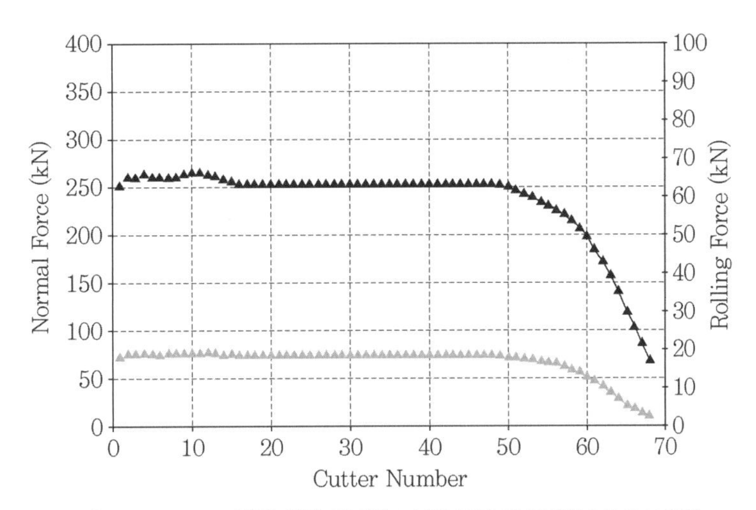

그림 8.19 CSM모델에 의한 커터헤드상의 커터 작용하중 분포분석(예)

그리고 CSM모델에서는 세르샤 마모지수(cerchar abrasivity index)를 활용하여 커터 수명과 커터 비용을 추정할 수 있는 것으로 알려져 있다(그림 8.20). 일련의 세르샤 마모시험으로부터 얻어진 커터 tip의 손실량을 현장-실험실 자료의 보정을 통해 커터 수명

지수로 변환한다. 세르샤 마모지수와 설계과정으로부터 추정된 순 굴진속도를 CSM모델에 입력하면 커터 수명을 추정할 수 있게 된다.

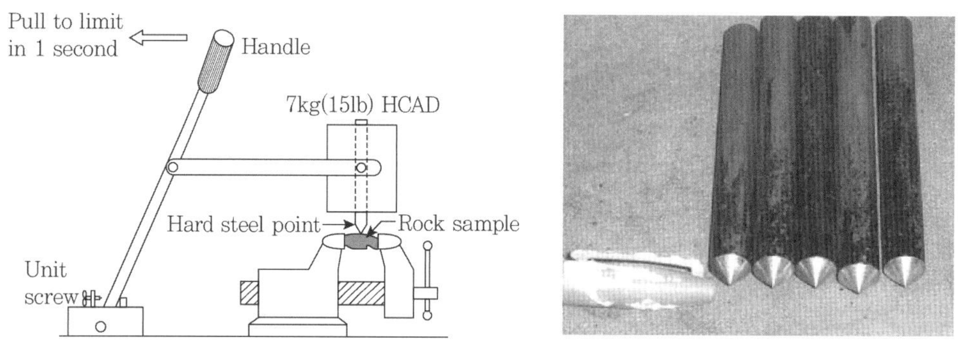

그림 8.20 세르샤 마모시험

그러나 이와 같은 CSM모델은 앞선 커터 하중 예측식들을 제외하고, 실제 TBM 설계에서 핵심적인 커터헤드 설계, 최적 굴진속도 산출 및 커터 수명 예측 등에 대해서는 비공개이기 때문에 CSM에서만 자체적으로 보유하고 있는 기술로서 실제 국내활용에 한계가 있다.

2) NTNU모델

NTNU 예측모델은 노르웨이의 NTNU 대학(Norwegian University of Science and Technology)에서 개발된 방법으로서, 노르웨이 지반조건에 대해 수십 년간 축적된 자료에 근거하여 얻어진 경험적인 TBM 설계·평가기술이다(NTH, 1995).

경험적 방법이라는 단점을 제외하고는 TBM의 기본설계 자료 도출, 굴진성능 예측, 커터 수명 예측 및 공비 예측이 가능하다는 장점을 가지고 있다. 기본적으로 NTNU 예측모델에 사용되는 지반특성 관련 입력변수는 등가균열계수, DRI(Drilling Rate Index) 및 CLI(Cutter Life Index) 등이 있다. 물론 지반조건이 고려되지 않고 TBM과 디스크커터의 직경만 가지고 TBM의 핵심 사양들을 산출하며 주로 Open TBM에만 적용이 가능하다는 점에서 모델의 한계가 있다. 하지만 모든 모델 활용과정과 관련 시험방법들이 공개되어 있다는 점에서는 활용성이 높다고 할 수 있다.

본 장에서는 NTNU모델을 적용하기 위한 각종 시험법(NTNU, 1998b)과 NTNU모델에 의한 TBM의 주요 설계변수 도출, 굴진율 예측 및 커터 수명 예측과정(NTNU, 1998a)에 대해서 간략히 소개하고자 한다.

① NTNU모델의 주요 입력자료인 DRI 및 CLI 평가를 위한 시험방법

Siever's J-value test

Siever's J-value(또는 SJ)는 암석의 표면경도를 나타내는 척도로서 NTNU 예측모델의 주요 입력자료 중 하나이다. 그림 8.21과 같이 미리 정형된 암석시료를 사용하는 데 일정하게 천공이 이루어지도록 유의하여 한다. 미리 정형된 표면은 서로 평행해야 하며 암석의 엽리에 직각이어야 한다. 즉 엽리에 대해 수평방향으로 측정된 SJ는 DRI를 산정하는 데 사용된다. SJ값은 규암과 같은 경암에서는 0.5 이하에서부터 셰일이나 편암과 같은 연암에서는 200 이상까지 변화한다.

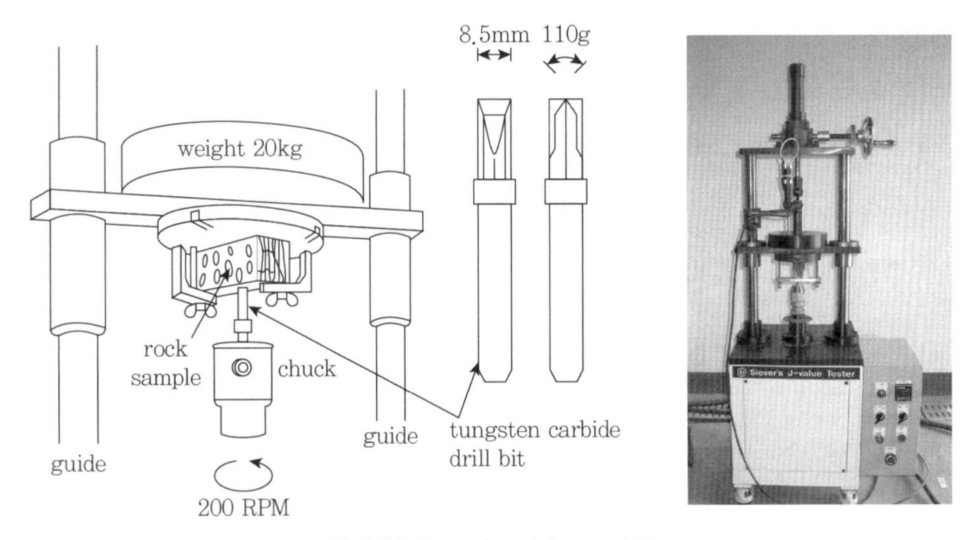

그림 8.21 Siever's miniature drill test

Siever's J-value test에 사용되는 천공비트는 텅스텐 카바이드(tungsten carbide) 재질로서 그림 8.22의 형상으로 가공해야 한다.

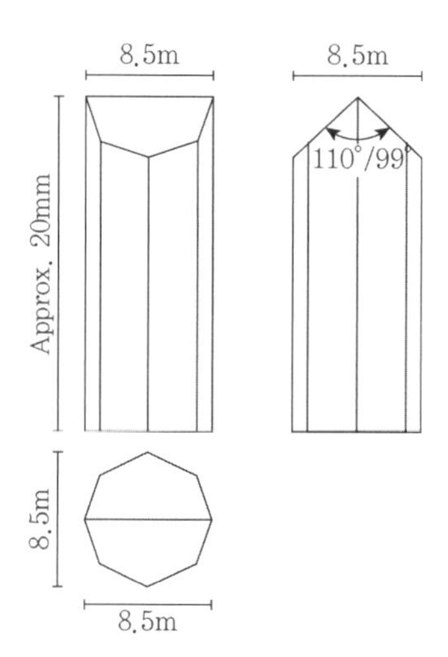

그림 8.22 Siever's J-value test에 사용되는 천공비트의 규격

미리 가공한 Siever's J-value 시험용 시편을 20kg의 추 아래 부위의 드릴 비트에 닿기 직전까지 고정시키고 시편의 표면이 천공비트의 끝과 평행이 되는지 확인한 후, 천공비트를 200회 회전시킨다. 200회 회전이 끝난 후 시편과 추를 들어 올린 후, 다른 지점으로 천공비트를 옮긴 후 시험을 반복한다. 한 시편에 대해 시험을 약 4~8회 시행한 후, 전기식 마이크로미터(micrometer) 또는 slide calliper를 이용하여 각 천공깊이를 1/10mm의 정밀도로 측정하고 그 평균값을 SJ값으로 결정한다. Siever's J-value 시험에 사용되는 시편의 두께는 일반적으로 25~30mm 정도가 좋다.

Brittleness test

취성도 시험(brittleness test)은 NTNU 예측모델에서 DRI을 정의하는 데 사용되는 두 번째 시험이다. 이 시험에서는 그림 8.23과 같이 충격시험 시 반복되는 충격에 의한 암석의 분쇄저항성을 측정한다. Brittleness value(S_{20})는 암석을 분쇄한 후 11.2mm 체를 통과하는 암석의 중량 비율로 정의된다. S_{20}은 현무암이나 각섬석(amphibolite)과 같이 세립입자로 되어 있으며 매우 강하고 괴상인 암석에서는 약 20에서부터, 대리석과 같이 연약하고 깨지기 쉬운 암석에서는 80~90까지 다양하게 변한다.

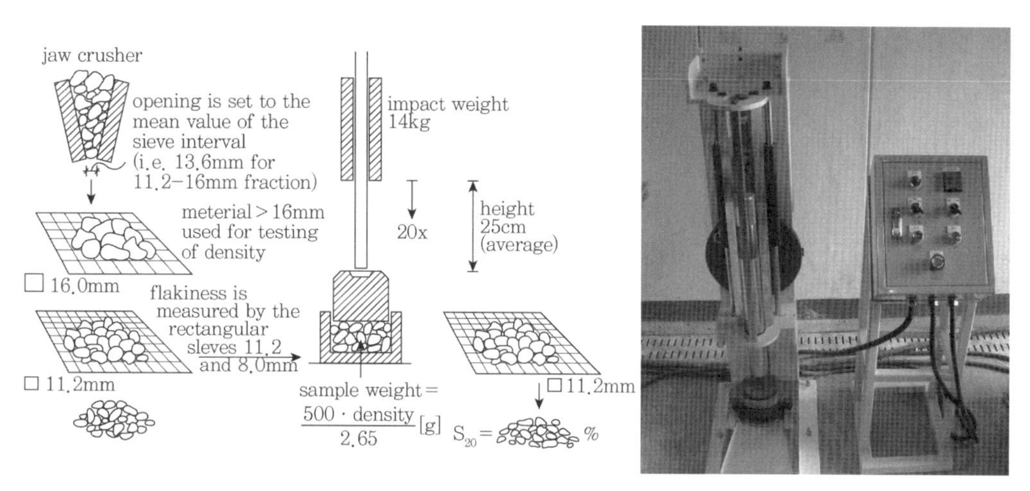

그림 8.23 Brittleness test

NTNU 마모시험

NTNU모델에 사용되는 세 번째 실험실 시험이다. 1mm 이하의 입자로 분쇄된 암석을 그림 8.24와 같이 회전 강판에 올려놓는다. 첫 번째로 AV(Abrasion value)는 분쇄된 암석 분말에 의한 텅스텐 카바이드 비트의 시간의존적인 마모 정도를 나타내는 척도이다. AV값은 강판을 100번 회전(5분)시킨 후에 비트의 중량손실을 mg 단위로 표현한 것이다.

반면 AVS(Abrasion Value Steel)는 AV의 경우와 시험장비와 시험개념은 동일하나, 텅스텐 카바이드 재질의 시험용 비트 대신에 실제 현장에서 사용될 디스크커터의 커터링과 동일한 재질로 마모시험용 비트를 제작하여 활용한다는 점에서 큰 차이가 있다. 또한 마모시험 시에 강판회전을 20회(1분)만 실시한다는 점도 또 다른 차이점이다. AVS는 디스크커터의 마모수명을 예측하기 위한 CLI를 산정하는 데 활용되므로, TBM의 경우에는 AV값이 아닌 AVS값을 활용하는 것이 타당하다.

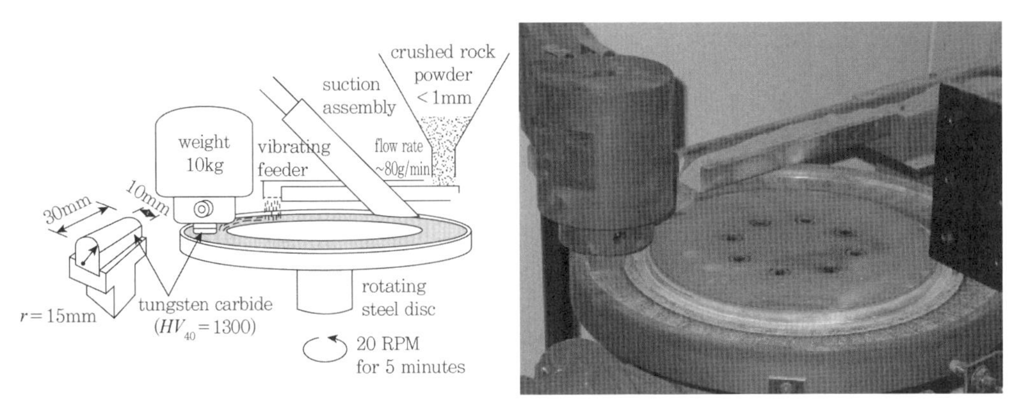

그림 8.24 NTNU abrasion test

DRI와 CLI의 산정

이상과 같은 실험실 시험으로부터 얻어진 SJ, S_{20} 및 AVS로부터 DRI와 CLI(Cutter Life Index)를 산정하게 된다. DRI는 그림 8.25와 같이 암석의 S_{20}과 SJ값으로부터 결정되며, 반면 CLI는 SJ와 AVS로부터 식 (8.9)와 같이 계산된다.

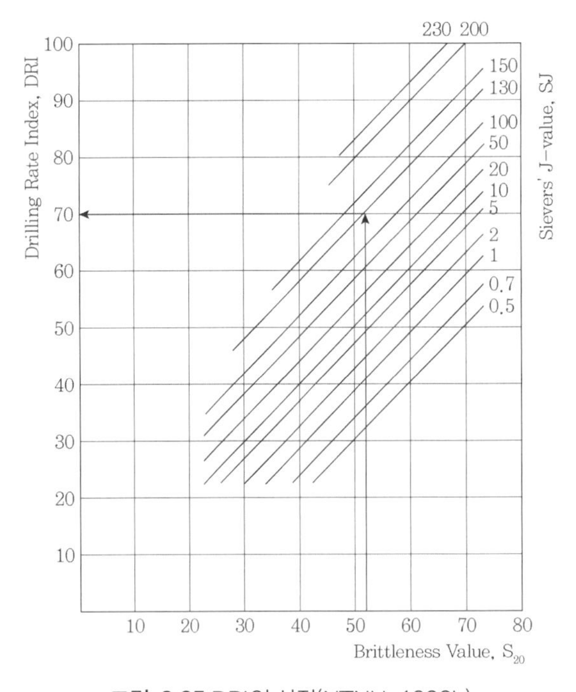

그림 8.25 DRI의 산정(NTNU, 1998b)

$$\mathrm{CLI} = 13.84\left(\frac{\mathrm{SJ}}{\mathrm{AVS}}\right)^{0.384} \tag{8.9}$$

② 암반 균열도의 평가

암반의 균열(fracturing)은 TBM 굴진에 큰 영향을 끼치는 가장 중요한 변수 중의 하나이다. 여기서 균열은 연약면을 따라서 전단강도가 거의 없는 균열(fissure)이나 절리(joint)를 의미한다. 균열들 사이의 거리가 좁을수록 그만큼 굴진율에 미치는 영향은 커지게 된다.

암반의 균열영향은 균열도(fracturing degree) 및 터널 굴진축과 연약면이 이루는 각도에 의해 결정된다.

파쇄 암반에서 균열도는 실제 굴진면 관찰 시 활용하기 위하여 여러 등급(fracture class)으로 구분하였다(표 8.2). 표 8.2에서 절리(Sp)는 터널 단면 주변에서 나타나는 연속 절리를 의미한다. 이들 절리는 열린 절리일 수도 있고 충진 절리일 수도 있다. 또한 균열(St)은 터널 단면에서 단지 부분적으로 나타나는 비연속적인 절리, 전단강도가 낮은 충진 절리와 층리면 등을 포함한다. 균열 암반(Class 0)은 절리나 균열이 없는 괴상 암반을 의미한다. 전단강도가 높은 충진 절리를 포함한 암반은 Class 0에 가깝게 나타난다.

표 8.2 연약면들 사이의 거리에 따른 균열등급(NTNU, 1998a)

균열등급(joints Sp/fissures St)	연약면 사이의 간격(cm)
0	–
0~I	160
I~	80
I	40
II	20
III	10
IV	5

③ TBM 설계변수 도출 및 굴진성능 예측

첫 번째로 TBM 설계변수를 도출하고 굴진성능을 예측하는 데 필요한 기계적 변수들을 초기 계획 단계에서 가정해야 한다. 그림 8.26은 커터 직경(d_c)과 TBM 지름의 함수로서 각 디스크커터당 최대 평균 추력(M_B)의 경향을 도시한 것이다.

커터헤드의 RPM은 커터헤드 직경과 반비례한다. 그림 8.27은 커터헤드 직경과 커터 직경의 함수로써 표현된 커터헤드 RPM의 변화를 보여준다.

또한 커터헤드에 장착되는 커터의 평균 개수(N_o)와 TBM 동력(P_{tbm})은 각각 그림 8.26과 그림 8.17로부터 추정될 수 있다.

균열도는 균열인자 k_s로 표현되는데 k_s는 균열정도 및 터널축이 연약면과 이루는 각도(α)에 따라 달라진다. 연약면의 방향은 주향과 경사 측정으로부터 다음의 식 (8.10)과 같이 결정된다.

$$\alpha = \arcsin(\sin\alpha_f \cdot \sin(\alpha_t - \alpha_s))(\text{degrees}) \tag{8.10}$$

여기서 α_s =주향, α_f =경사 그리고 α_t =터널방향이다.

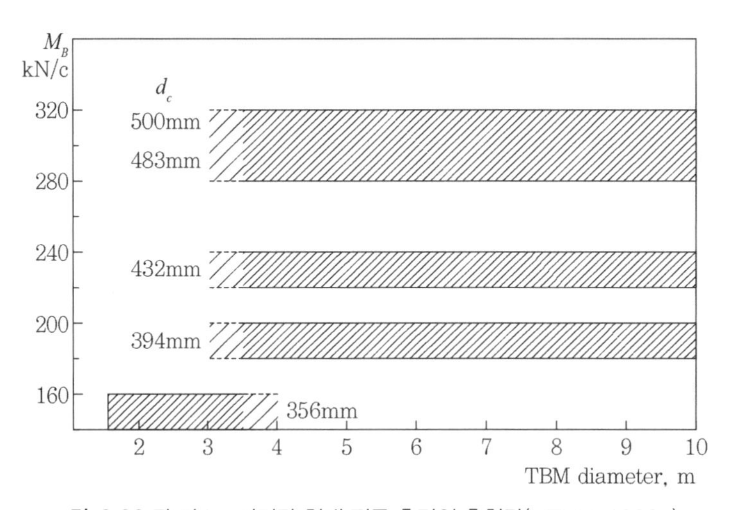

그림 8.26 각 디스크커터당 최대 평균 추력의 추천값(NTNU, 1998a)

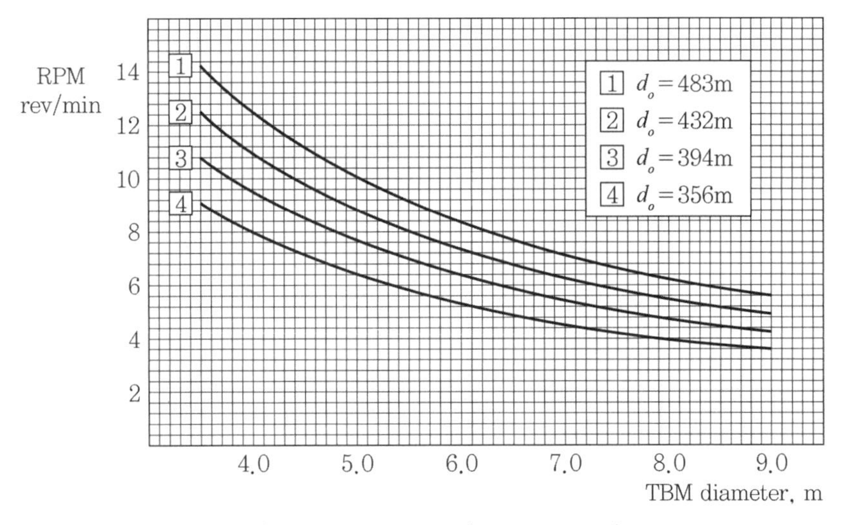

그림 8.27 커터헤드 RPM(NTNU, 1998a)

균열인자(k_s)는 균열 또는 절리 등급과 터널축이 연약면과 이루는 각도의 함수로서 그림 8.28, 그림 8.29와 같이 계산된다. 절리군이 하나 이상인 경우의 총 균열인자(k_{s-tot})는 식 (8.11)과 같이 계산된다.

$$k_{s-tot} = \sum_{i=1}^{n} k_{si} - (n-1) \cdot 0.3 \tag{8.11}$$

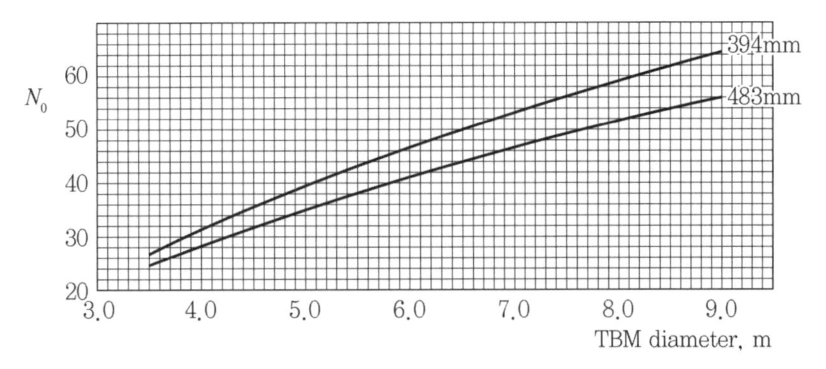

그림 8.28 커터헤드에 장착되는 디스크커터의 평균 개수(NTNU, 1998a)

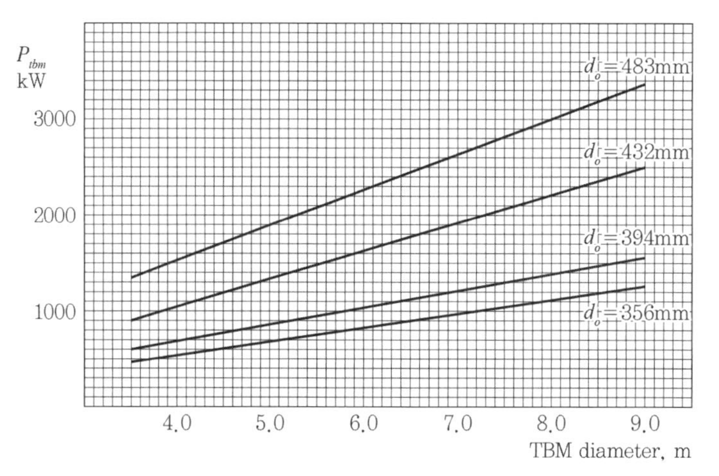

그림 8.29 평균 커터헤드 동력(NTNU, 1998a)

여기서 $k_{si}=i$번째군에 대한 균열인자, $n=$균열군의 개수이다.

정리하면 TBM 굴진에 대한 암반 물성은 다음의 식 (8.12)와 같이 등가 균열인자(k_{ekv})로 정의된다.

$$k_{ekv}=k_{s-tot}\cdot k_{DR} \tag{8.12}$$

추력(MB)과 등가 균열인자의 함수인 기본 관입량(basic penetration, i_o)은 그림 8.32와 같다. 커터 직경과 평균 커터 간격(a_c)이 그림 8.34와 상이한 경우의 등가 추력은 식 (8.13)과 같다.

$$M_{ekv}=M_B\cdot k_d\cdot k_a(\text{kN/cutter}) \tag{8.13}$$

여기서 k_d와 k_a는 각각 그림 8.31 및 그림 8.32로부터 추정된다.

단위 관입률(net penetration rate, I)은 기본 관입량과 Cutterhead RPM의 함수이다.

$$I = i_o \cdot \mathrm{RPM} \cdot \left(\frac{60}{1000}\right)(\mathrm{m/hr}) \tag{8.14}$$

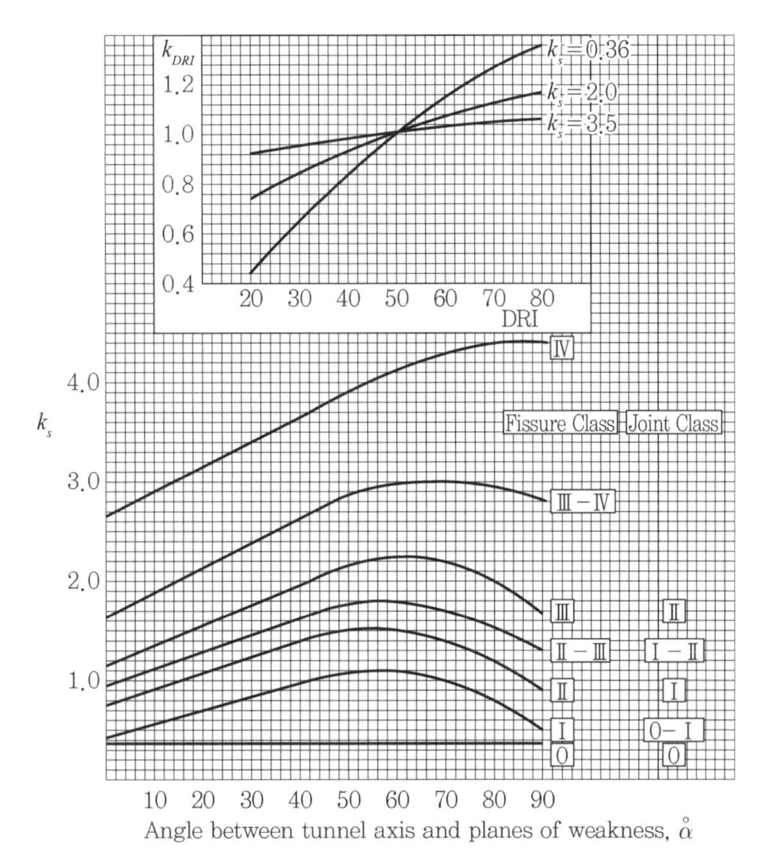

그림 8.30 균열인자(DRI≠50인 경우의 보정계수) (NTNU, 1998a)

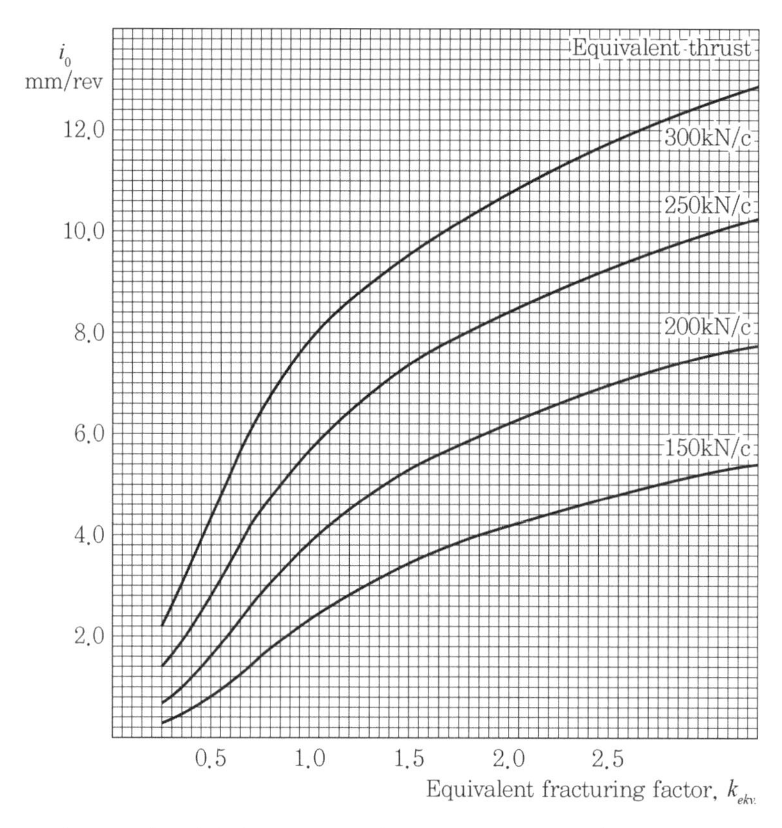

그림 8.31 기본 관입량(d_c=483mm이고 a_c=70mm인 경우) (NTNU, 1998a)

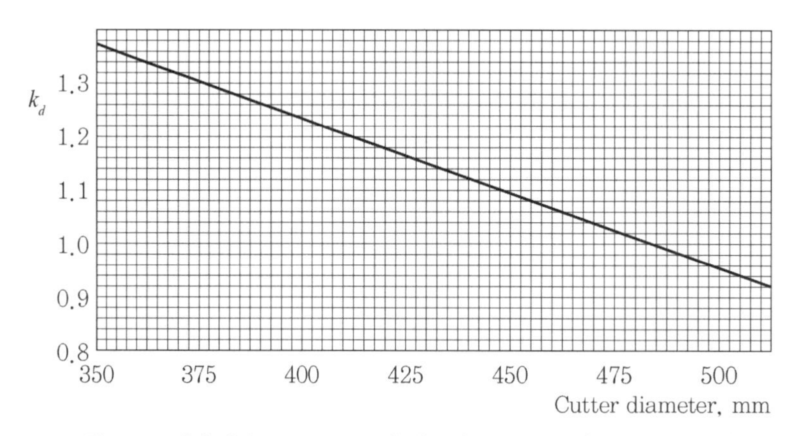

그림 8.32 커터 직경 $d_c \neq$483mm일 경우의 보정계수 k_d(NTNU, 1998a)

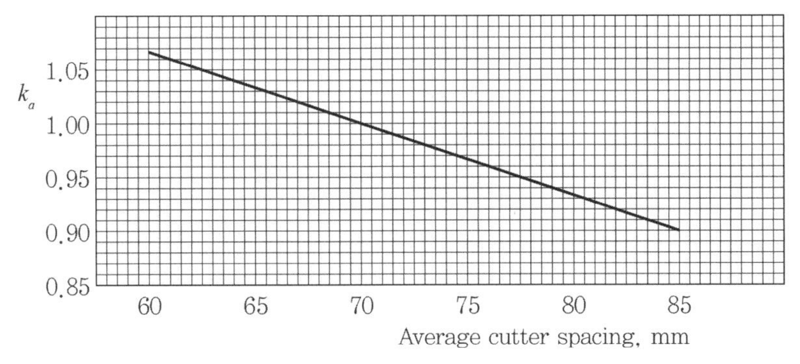

그림 8.33 평균 커터 간격 $a_c \neq 70$mm일 경우의 보정계수 k_a(NTNU, 1998a)

최적 굴진을 위하여 이상과 같이 추정된 추력에 대해 커터헤드 동력이 충분한지 확인을 해야 한다. 동력이 불충분하여 주어진 압입깊이만큼 커터헤드를 회전시킬 수 없다면 TBM 토크에는 제한이 있을 수밖에 없다. 따라서 요구되는 토크가 토크 가용용량보다 작아질 때까지 추력을 감소시켜야 한다. 압입깊이에 따라 필요한 소요 토크(T_n)는 다음과 같이 계산된다.

$$T_n = 0.59 \cdot r_{tbm} \cdot N_{tbm} \cdot M_B \cdot k_c (\mathrm{kN \cdot m}) \tag{8.15}$$

여기서, 0.59: cutterhead에서 평균 커터의 상대 위치,

r_{tbm}: 커터헤드 반경,

N_{tbm}: 커터헤드에 장착된 커터개수,

k_c: 커터계수(회전 저항, 식 (8.16))

$$k_c = c_c \cdot \sqrt{i_o} \tag{8.16}$$

여기서 커터 상수 c_c는 커터 직경의 함수로서 그림 8.35에 도시되어 있다.

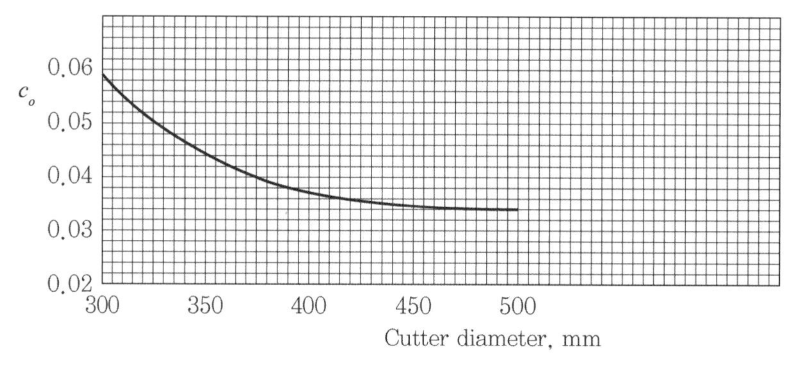

그림 8.34 커터 상수(NTNU, 1998a)

이상과 같이 얻어진 토크에 필요한 동력(P_n)을 식 (8.17)과 같이 계산할 수 있다.

$$P_n = \frac{T_n \cdot 2 \cdot \pi \cdot RPM}{60} \text{(kW)} \tag{8.17}$$

TBM의 가동률(utilization)은 총 터널 공기 가운데 백분율로 표현되는 순수 굴진시간을 의미한다.

$$u = \frac{100 \cdot T_b}{T_b + T_t + T_c + T_{tbm} + T_{bak} + T_a} (\%) \tag{8.18}$$

TBM 터널의 전체 공사 기간에는 다음과 같은 시간적 요소(hr/km)들이 포함된다.

- 굴진, T_b
- Regripping, T_t
- 커터 교환 및 조사, T_c
- TBM 유지 및 보수, T_{tbm}

• 후방 장비의 유지 및 보수, T_{bak}

• 기타, T_a

굴진시간은 단위 관입률 I에 따라 달라진다.

$$T_b = \frac{1000}{I} \tag{8.19}$$

Regripping은 추력 실린더들의 스트로크 길이와 regrip당 시간에 따라 달라진다.

$$T_t = \frac{1000 \cdot t_{tak}}{60 \cdot l_s} \text{(hr/km)} \tag{8.20}$$

여기서 l_s =스트로크 길이(일반적으로 1.5~2.0m),

t_{tak} =Regrip당 시간(평균적으로 4.5분)

커터 교환과 조사에 필요한 시간은 커터 링(cutter ring)의 수명(H_h), 단위 관입률 I와 커터 교환시간 t_c에 의해 결정된다.

$$T_c = \frac{1000 \cdot t_c}{60 \cdot H_h \cdot I} \text{(hr/km)} \tag{8.21}$$

여기서 커터 교환시간(t_c)은 일반적으로 커터 직경이 17인치보다 작은 경우에는 45분 그리고 19인치보다 큰 경우에는 60분 정도가 소요된다.

기타 작업에 소요되는 시간은 그림 8.36으로부터 결정된다.

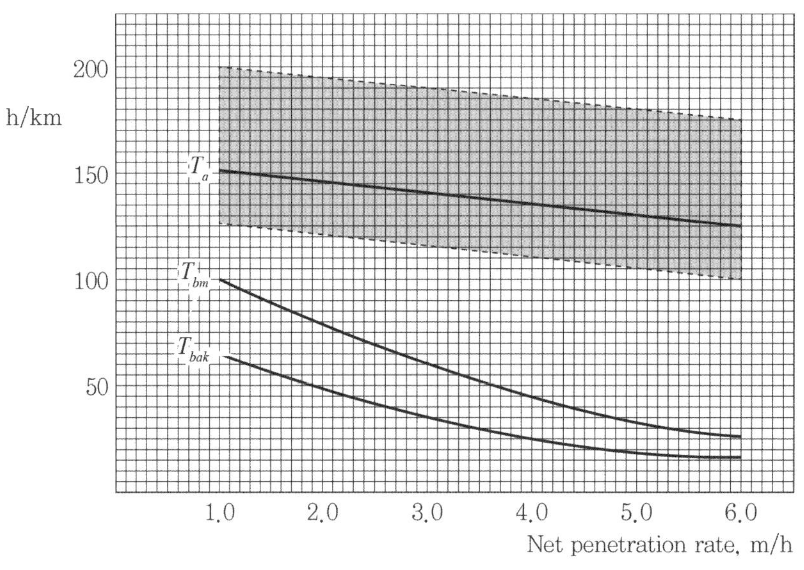

그림 8.35 기타 작업에 소요되는 시간(NTNU, 1998a)

④ 커터 수명 예측모델

TBM 커터 링(cutter ring)의 수명은 표 8.3과 같은 인자들의 영향을 받는다.

표 8.3 커터 수명 변수

암반 물성	기계적 변수
커터수명지수(CLI)	커터 직경
마모성 광물 함유량	커터 종류 및 품질
	커터헤드 직경 및 형상
	커터헤드 RPM
	커터 개수

커터 링의 수명은 앞서 식 (8.21)에서 정의한 커터수명지수(CLI)에 비례한다. 그림 8.36은 CLI와 커터 직경의 함수로 커터 링의 기본 수명(H_o)을 나타낸 것이다.

TBM 직경에 대한 보정계수는 그림 8.37, 그림 8.38과 같다. 센터 커터와 게이지 커터는 페이스 커터보다 수명이 더 짧다. TBM 직경이 증가함에 따라 페이스 커터에 대한 센터 커터와 게이지 커터의 비율은 감소하게 된다.

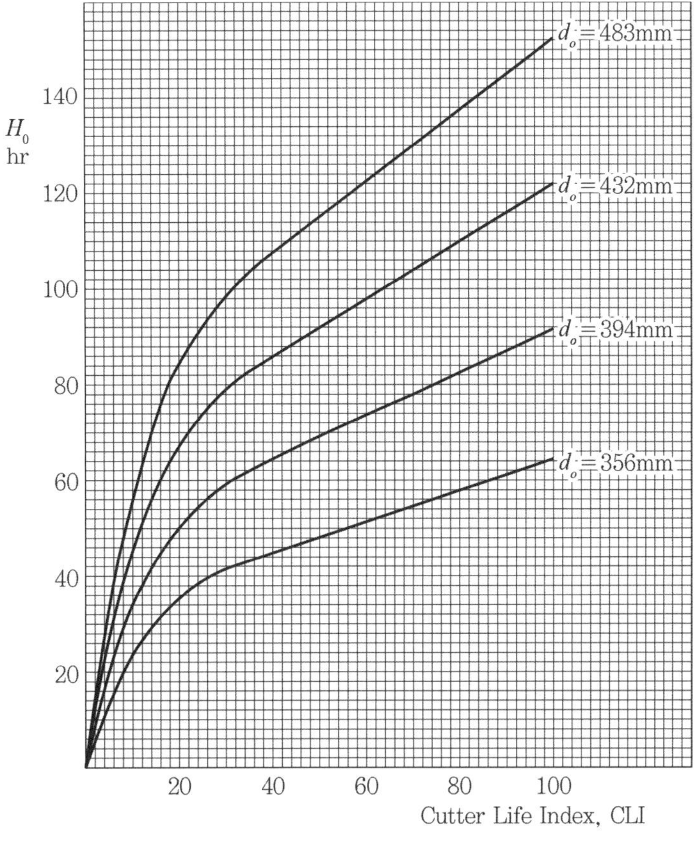

그림 8.36 커터 링의 기본 수명(H_o) (NTNU, 1998a)

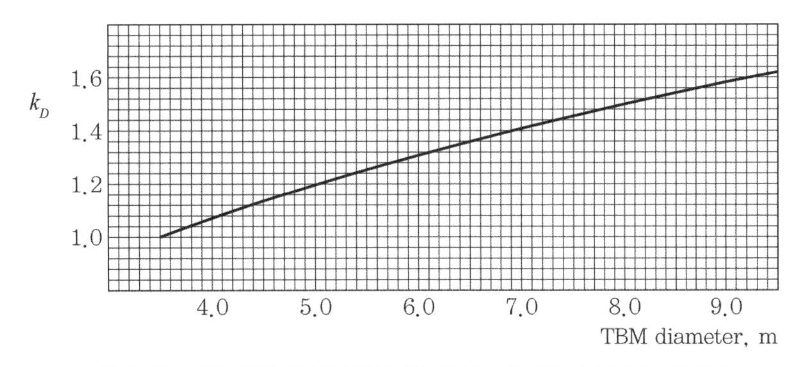

그림 8.37 TBM 직경에 따른 커터 링 수명의 보정계수(NTNU, 1998a)

또한 커터 링의 수명은 커터헤드의 RPM에 반비례한다. 이와 같은 커터헤드 RPM에 대한 보정계수는 다음의 식 (8.22)와 같다.

$$k_{\mathrm{RPM}} = \frac{50/d_{tbm}}{\mathrm{RPM}} \tag{8.22}$$

여기서 d_{tbm}=TBM 지름, RPM=커터헤드 RPM

실제 커터의 개수가 모델 예측결과와 다를 경우, 평균 커터 수명은 달라지게 된다. 이와 같은 커터 개수 차이에 따른 보정은 다음과 같이 수행한다.

$$k_N = \frac{N_{tbm}}{N_o} \tag{8.23}$$

여기서 N_{tbm}=실제 커터 개수, N_o=평균 커터 개수(그림 8.28)

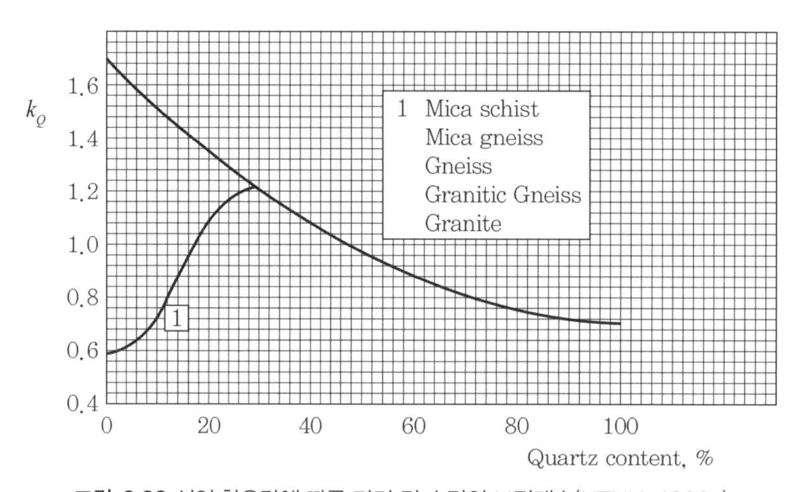

그림 8.38 석영 함유량에 따른 커터 링 수명의 보정계수(NTNU, 1998a)

커터 링의 수명은 암석의 석영 함유량에 따라 달라지는데 그림 8.45의 보정계수는 현장 및 실험실 자료에 근거하여 얻어진 것이다. 그림 8.38에서 Group 1의 경우 CLI와 석영 함유량은 독립 변수가 아니다. 따라서 예측모델을 적용할 때 CLI와 석영 함유량을 독립적으로 고려해서는 안 된다. 특히 Group 1의 암종에서 석영 함유량이 0%와 27%에 가까울 경우 주의해야 한다.

이상과 같이 얻어진 기본 커터 링 수명과 보정계수들로부터 다음과 같이 커터 링의 평균 수명을 계산할 수 있다.

$$H_h = (H_o \cdot k_D \cdot k_Q \cdot k_{RPM} \cdot k_N)/N_{tbm}\,(\text{hr/cutter}) \tag{8.24}$$

$$H_m = H_h \cdot I\,(\text{m/cutter}) \tag{8.25}$$

$$H_f = H_h \cdot I \cdot \pi \cdot d_{tbm}^2/4(\text{sm}^3/\text{cutter}) \tag{8.26}$$

여기서, H_o = 기본 평균 커터 링 수명

H_h, H_m, H_f = 평균 커터 링 수명(각각 단위가 상이함)

H_o는 평균 커터 위치($r_{avg} \approx 0.59 \cdot r_{tbm}$)에서 한 개의 커터 링에 대한 수명을 의미한다. 예를 들어 26개의 커터가 장착된 3.5m 지름의 커터헤드에서 position 12에 위치한 커터 링의 수명은 200시간이 된다.

반면 H_h, H_m 및 H_f은 커터헤드 또는 터널에 대한 평균 커터 소모량을 나타낸다. 예를 들어, H_m = 10m/cutter는 터널의 각 10m에 대해 커터헤드에 장착된 모든 커터의 총 평균 마모량이 하나의 커터 링에 해당한다는 것을 의미한다.

CHAPTER 09

세그먼트(Segement) 라이닝의 설계

CHAPTER 09

세그먼트(Segment) 라이닝의 설계

9.1 개요

9.1.1 세그먼트 라이닝의 특징

세그먼트 라이닝은 Conventional Tunnelling(NATM)에서 사용되고 있는 현장 타설 콘크리트 라이닝(cast-in place, insitu concrete lining)과 달리 공장이나 야드에서 미리 제작된 세그먼트를 터널 내에서 조립 설치하여 완성하는 라이닝 형태를 총칭한다. 그러나 최근 쉴드터널의 적용사례가 일반화하면서 세그먼트 라이닝은 TBM 터널에서 프리캐스트(precast) 세그먼트를 조립하여 설치하는 최종 지보재인 터널 라이닝을 의미한다. 근자에는 제작, 운반, 환경문제로 인해 현장부근 10km 이내 지역에서 직접 제작하는 Mobile Plant가 세계적인 추세이다.

쉴드 TBM 터널용 세그먼트는 공사 중에 설치되어 공사 중 안정확보는 물론이고 영구적인 터널 라이닝 역할을 하게 된다. 세그먼트는 기본적으로 운영 중 작용하는 지반하중과 수압을 지지해야 하며, 제조 및 설치 특성상 제작공장에서 현장까지의 운반 및 적치 관련 하중, 쉴드 이렉터 설치 시 하중, 쉴드 추력에 의한 반력 등에 충분히 안정해야 한다. 또한 기능적인 측면으로는 소정의 방수기능이 발휘되도록 공사 중은 물론 운영 중에도 충분한 방수성능을 유지할 수 있어야 한다.

세그먼트의 제작비는 일반적으로 터널 공사비의 약 20~40%에 이르고 세그먼트의 치수 및 크기는 쉴드터널의 굴진속도 및 작업시간에 미치는 영향이 매우 크므로 쉴드터널 설계 시 가장 중요하고 기초적인 부분이라 할 수 있다.

9.1.2 세그먼트 라이닝 용어

세그먼트 라이닝의 이해를 위해서는 먼저 다양한 용어에 대한 숙지가 필요하므로 터널설계기준(건교부, 2007)에서 정한 최소한의 용어는 아래와 같다.

- 세그먼트(segment): 터널, 특히 쉴드터널공법에 사용되는 라이닝을 구성하는 단위조각으로, 재질에 따라 강판을 용접한 강제세그먼트, 철근콘크리트제의 콘크리트 세그먼트, 주조에 의하여 제조된 주철 세그먼트 및 콘크리트 세그먼트의 단면에 지벨이 붙은 강판을 배치한 합성 세그먼트 등이 있다.
- 이렉터(erector): 쉴드 TBM의 구성요소로 세그먼트를 들어올려 링으로 조립하는 데 사용하는 장치를 말한다.
- 잭 스트로크: 쉴드 TBM의 추진과 세그먼트의 조립을 위한 잭의 유효 길이를 말한다.
- K형 세그먼트: 쉴드 TBM 작업에서 세그먼트 조립 시 마지막으로 끼워 넣은 Key 세그먼트를 말한다.
- 테이퍼링(taper ring): 곡선부의 시공 및 선형수정에 사용하는 테이퍼 처리한 링을 말한다. 특히 폭이 좁은 판상은 테이퍼 플레이트링(taper plate ring)이라 한다.
- 테이퍼량: 테이퍼링에서 최대폭과 최소폭과의 차이를 말한다.
- 테일 보이드(tail void): 세그먼트로 형성된 링의 외경과 쉴드 TBM 외판의 바깥 직경 사이의 원통형의 공극을 말한다. 즉 테일 스킨 플레이트의 두께와 테일 클리어

런스의 두께의 합을 말한다.

- 테일 스킨 플레이트(tail skin plate): 쉴드 TBM 테일부의 외판(skin plate)을 말하며 일반적으로 외판보다 약간 두껍다.
- 테일 실(tail seal): 쉴드 TBM의 외판 내경과 세그먼트 간의 틈이 생기는데 이곳으로 지하수의 유입 또는 뒤채움 주입재의 역류를 막기 위하여 쉴드 TBM 후단에 부착하는 것을 말한다.
- 테일 클리어런스(tail clearance): 테일 스킨 플레이트의 내면과 세그먼트 외면 사이의 간격을 말한다.
- 세그먼트 옵셋(segment offset): 세그먼트 조립 시 어긋난 양

세그먼트 라이닝의 이해에 필요한 세그먼트 세부 명칭은 그림 9.1과 같다.

그림 9.1 세그먼트 세부 명칭

9.2 세그먼트 라이닝 일반

9.2.1 개요

세그먼트 라이닝은 재질, 형상, 이음방식 등에 따라 다양한 종류가 있기 때문에 세부 설계 이전에 현장 특성에 적합한 세그먼트 방식을 선정해야 한다. 세그먼트의 새로운 재질과 형상에 대해서 많은 연구가 이루어지고 있으나, 여기서는 현재까지 적용실적이 있는 사례를 소개토록 한다.

9.2.2 세그먼트 재질

세그먼트의 재질은 쉴드터널 초기에는 강재가 많이 사용되었으나, 콘크리트의 재료적 특성이 향상되면서 최근에는 철근콘크리트(RC) 세그먼트가 가장 일반적으로 적용되고 있다. 철근콘크리트 세그먼트는 부식 염려가 없고, 제작비가 저렴하며, 강재에 비하여 경제성이 높다. 강재 세그먼트는 고가이고 부식의 우려(방청처리 시 비용 증가)로 일반적으로 잘 적용되고 있지는 않으나, 횡갱 연결부와 같이 향후 추가공사에 의하여 제거되어야 하는 경우에 제한적으로 적용될 수 있다. 강섬유보강콘크리트 세그먼트는 콘크리트의 취급 및 조립 시 발생할 수 있는 균열억제에 큰 도움이 되나 공사비가 매우 높아 아직까지 일반적으로 적용되지는 않고 있다. 그러나 지진대나 철근콘크리트 Crack 발생 등의 이유로 사용이 증가하는 추세이고, 더불어 섬유보강콘크리트(Fiber Reinforced Concrete) FRC Lining의 사용도 증대되고 있다.

세그먼트 재질의 종류별 특징은 표 9.1과 같으며, 그 외에 콘크리트와 철판 합성세그먼트 등도 있으나 일반적으로 사용되지는 않고 있다.

표 9.1 세그먼트 재질 종류

구분	철근콘크리트 세그먼트	강재 세그먼트	강섬유 보강 세그먼트
개요도			
구조적 측면	• 쉴드기의 추력에 대한 강성이 큼 • 자체중량이 커서 부력 저항 유리 • 뒤채움 및 편심하중에 대한 변형 가능성 낮음	• 지반변형에 대한 유연성 우수 • 쉴드기 추력에 대한 강성확보 필요 • 뒤채움 및 편심하중에 대한 변형 가능	• 쉴드기의 추력에 대한 강성이 큼 • 자체 중량이 커서 부력 저항 유리 • 뒤채움 및 편심하중에 대한 변형 가능성 낮음
지수성	• 이음부 지수효과 양호 • 콘크리트 균열 통한 침투수 억제 대책 필요	• 세그먼트 자체 지수성 우수 • 이음부 변형에 의한 누수가능성 높음	• 이음부 지수효과 양호 • RC 세그먼트보다 균열 발생 낮음
내구성	• 내부식성, 내열성 우수 • 연결부 방식대책이나 지하수 침투에 대한 대책 필요 • 취급 중 단부손상 주의	• 내부식성, 내열성 낮아 별도 대책 필요 • 연결부 방수보수 용이 • 취급 중 손상 가능성 낮음	• 내부식성, 내열성 우수 • 연결부 방식대책이나 지하수 침투에 대한 대책 필요 • 취급 중 단부손상 주의
시공성	• 세그먼트 제작 및 품질관리 용이 • 제작공정이 복잡 • 중량이 무거워 운반 및 취급 불편	• 세그먼트 제작 및 품질관리 용이 • 중량이 가벼워 취급 용이 • 시공속도 향상 가능	• 철저한 세그먼트 제작 및 품질관리 필요 • 철근콘크리트에 비해 공정 간단 • 중량이 무거워 운반 및 취급 불편
경제성	• 일반적으로 경제적임 • 형틀 제작 비용이 높아 소량 생산 시 비경제적	• RC 세그먼트보다 고가임 • 소량 생산 시 경제성 우수	• 경제성 높음 • 형틀 제작 비용이 높아 소량 생산 시 비경제적

9.2.3 세그먼트 형상

철근콘크리트 세그먼트의 형상에는 그림 9.2와 같이 상자형과 평판형이 있으나, 상자형은 평판형에 비해 많은 단점이 있기 때문에 근래에는 평판형이 압도적으로 사용되고 있다.

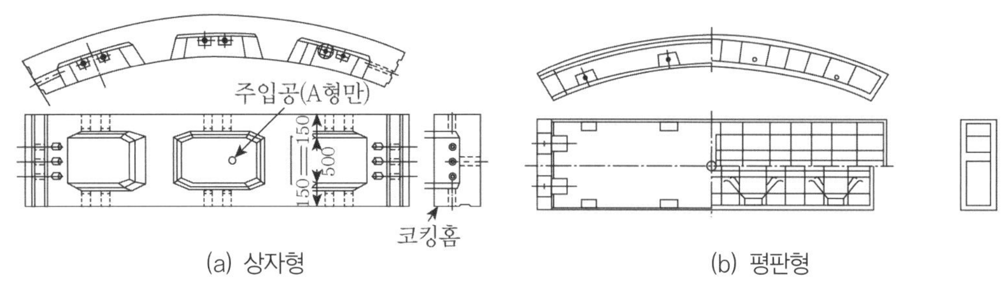

그림 9.2 세그먼트 형상

9.2.4 K형 세그먼트 삽입방식

K형 세그먼트의 삽입방식에는 그림 9.3과 같이 축방향 또는 반경방향 투입방식이 있다.

축방향 삽입방식의 경우에 K형 세그먼트는 그림 9.3(a)와 같이 사다리꼴 형상이고 횡이음부는 반경방향을 하고 있다. 쉴드기 전방에서 종방향으로 삽입되어 조립방법은 다소 복잡하지만, 설치 후에는 세그먼트 외측에 작용하는 하중에 강한 저항성을 갖는 특징이 있다. 반면에 반경방향 삽입방식의 경우에 K형 세그먼트는 그림 9.3(b)와 같이 직사각형 형상이고 횡이음부가 내측으로 열린 형상을 하고 있다. 다른 세그먼트와 동일한 방식으로 설치하므로 시공성은 양호하나 세그먼트 축력에 의해 내측으로 밀리는 경향이 있으므로 주의가 필요하다.

철근콘크리트 세그먼트에는 축방향 삽입방식이 선호되는 데 반해 반경방향 삽입방식은 강재 세그먼트에 적용되는 경향이 있다.

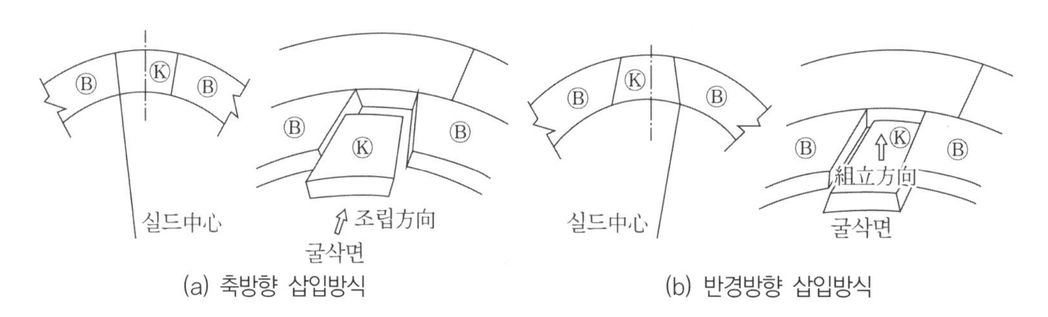

그림 9.3 K형 세그먼트 삽입방식

9.2.5 세그먼트 이음방식

최근 세그먼트 라이닝에는 횡이음과 종이음에 동일하게 경사볼트, 곡볼트를 적용하는 방식이 많이 적용되고 있다. 특히 지하철의 경우에는 경사볼트나 곡볼트 방식이 많이 적용되고 있으며, 전력구와 같이 중소규모 단면에서는 연결핀 방식도 적용된 바 있다.

세그먼트 이음방식은 세그먼트 자체형상과 더불어 다양한 방식이 적용되고 있으나, 주요 방식별 특징을 정리하면 표 9.2와 같다.

표 9.2 세그먼트 이음방식 종류 및 비교

구분	단면형상 및 개요	장단점	적용실적
경사볼트 방식	세그먼트 및 링이음부에 미리 너트를 삽입하고 조립 시 경사볼트로 체결하는 방식	• 이음부가 볼트로 강결되므로 곡선 시공의 안정성 확보에 유리 • 세그먼트 이음 및 링이음을 삽입너트와 볼트를 이용하여 조립하므로 공정이 비교적 간단 • 볼트는 국내 생산이 가능하므로 구매 가격이 저렴 • 조립 후 제거 및 해체작업이 용이	• 구공-독산 전력구, 한남-원효 전력구 • 광주지하철
곡볼트 방식	볼트 체결에 필요한 여격을 줄이고 세그먼트에 볼트 정착부분을 만들어 곡볼트를 체결하는 방식	• 이음부가 볼트로 강결되므로 급곡선 시공의 안정성 확보에 유리 • 세그먼트 이음 및 링이음을 삽입너트와 볼트를 이용하여 조립하므로 공정이 비교적 간단 • 구조적 안정성이 높으며 쉴드 추진에 따른 Jack 추력에 대한 대응성이 좋음 • 경사볼트에 비해 작업이 복잡하나 변형에 대한 허용여유가 큼	• 부산지하철, 서울지하철909
볼트박스 방식	세그먼트 및 링이음부에 볼트박스를 설치하여 볼트체결 공간을 확보하고 직볼트로 체결하는 방식	• 이음부가 볼트로 강결되므로 곡선 시공의 안정성 확보에 유리 • 국내에서 제작하여 구매가격 저렴 • 조립 후 제거 및 해체작업이 용이 • 조립 시간 및 인력이 많이 필요 • 세그먼트 조립 후 볼트박스에 누수 및 방청을 위한 몰탈 충진이 필요 • 세그먼트에 볼트박스 설치로 구조적으로 취약	• 구포, 마산 전력구 및 사상통신구 등 다수

표 9.2 세그먼트 이음방식 종류 및 비교(계속)

구분	단면형상 및 개요	장단점	적용실적
연결핀+조립봉 방식	세그먼트 조립 시 링이음은 연결핀으로, 세그먼트 이음은 부착된 조립봉으로 체결하는 방식	• 공정이 간단 • 완공 후 외관 미려 • 부식 우려가 없음 • 급곡선 시공 시 세그먼트의 마찰 및 조립 틈등의 발생으로 누수 및 안정성 확보에 불리 • 연결핀 및 조립봉은 국내생산이 불가능하고 구매가격이 고가 • 조립 후 제거 및 해체작업이 불가능 • 조립순서의 문제로 조립 시 장비에 부착된 RAM으로 지지가 필요	• 신당-한남 전력구 • 영서-영등포 전력구

9.3 세그먼트링 설계

9.3.1 세그먼트 라이닝 단면

원형의 세그먼트 라이닝은 내경과 외경으로 구성되며, 내경은 터널의 소요공간을 만족시키는 내공을 감안하여 결정되고 외경은 구조적 안정성에 필요한 세그먼트링 두께를 추가하여 결정된다. NATM 터널에서 라이닝 내경은 내공과 동일하지만, TBM을 사용하는 세그먼트 라이닝의 내공단면에는 TBM 굴진 중에 발생하는 사행(蛇行)을 고려한 내공여유량을 추가로 확보할 필요가 있다. 최근에 TBM의 정밀도는 매우 높아지고 있으나, 세그먼트 라이닝은 현장 타설 콘크리트에 비해 단면수정이 매우 어렵기 때문에 사행여유량을 확보하는 것이 적절하다.

그림 9.4는 지하철 단선병렬터널에 적용된 세그먼트 라이닝 단면의 한 예를 보여주고 있다. 내공은 건축한계와 한계여유량 외에 150mm의 사행여유가 추가되었고 외경은 구조적 안정성에 필요한 40cm 두께가 고려되었다. 테일 보이드는 110mm로 하였으나, 현장 반입되는 TBM 특성에 따라 조정될 수 있다.

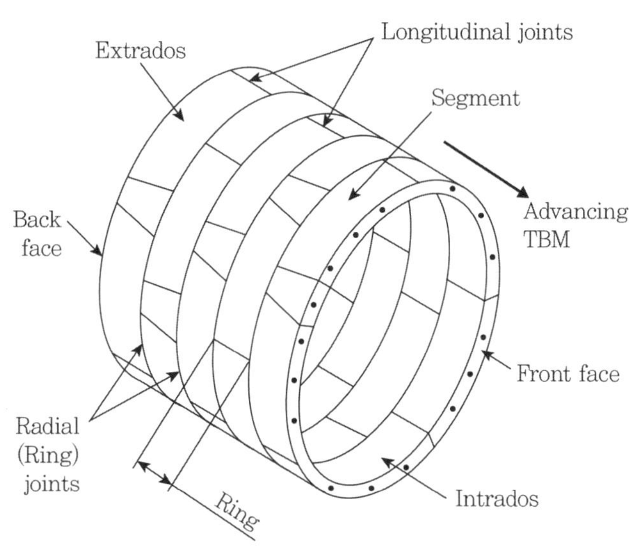

그림 9.4 세그먼트 라이닝 단면(지하철 예)

9.3.2 세그먼트 분할

시공효율 측면에서는 한 링의 세그먼트 분할 수가 적을수록 조립시간이 단축되며, 이음부의 총길이가 단축되어 방수 측면에서 유리하다. 그러나 세그먼트의 크기는 TBM 내부의 작업공간, 이렉터의 용량 등에 의해 제한될 수밖에 없다.

세그먼트 링의 분할은 분할 수에 따라 세그먼트 제작 및 조립 속도, 운반 및 취급의 편이성 등과 관련된다. 즉 터널 직경에 따라 적절한 수의 분할이 이루어져야 시공성에 유리하다. 표 9.3과 표 9.4는 국외에서 권장하는 세그먼트의 분할 수와 국내 세그먼트 제작업체에서 제공하는 분할 수를 정리한 것이나, 그 기준은 명확하지 않다.

표 9.3 국외의 세그먼트 분할

구분	일본 터널표준시방서(쉴드편)	유럽 등
적용 현황	• 철도: 6~13분할의 범위 일반적으로 6, 7, 8분할을 적용 • 상하수도, 전력·통신구: 5~8분할 • 세그먼트 한 조각의 중량을 고려하여 결정(현재는 중요사항이 아님) • 원주방향으로 3~4m로 분할이 일반적	• 5분할 이상

표 9.4 국내 세그먼트 제작업체의 표준 분할 예

종류	외경(mm)	길이(mm)	세그먼트의 분할	종별	구분
타입 1	1,800～2,000	900～1,200	5분할	I, II	표준
타입 2	2,150～3,350	900～1,200	5분할	I, II	표준
타입 3	3,550～4,800	900～1,200	6분할	I, II	표준
타입 4	5,100～6,000	900～1,200	6분할	I, II	표준
타입 5	6,300～6,900	900～1,200	7분할	I, II	표준
타입 6	7,250～8,300	900～1,200	8분할	I, II	표준

세그먼트 분할은 세그먼트 조작 시스템과 공간상의 제약과 관련이 있으므로 TBM 제작사와 협의 또는 제작체에게 세그먼트 제원을 제공해야 한다. 그리고 K형 세그먼트 등의 설치계획은 TBM 유압잭의 계획과 연관되어야 한다. 쉴드터널 단면직경이 7～8m 정도인 최근 지하철에서는 6개의 세그먼트와 1개의 K형 세그먼트로 계획되었다. 그러나 대구경 Segment Ring의 경우 Segment Piece를 크게 하여, 시공 Joint를 줄여 라이닝의 품질을 높이고, 조립조각수를 최소화하여 조립 공기를 줄여 터널의 굴진율을 높이려는 경향이 강하다.

9.3.3 세그먼트 폭

세그먼트의 폭은 터널의 굴진속도에 큰 영향을 미치기 때문에 가급적 길게 계획하는 것이 유리하다. 그러나 세그먼트의 운반 및 조립에 편리하도록 결정해야 하며 터널의 곡선구간 시공성 측면에서는 세그먼트의 폭을 작게 하는 것이 유리하다. 따라서 세그먼트의 폭은 터널연장, TBM 내 작업공간, 이렉터 용량 등을 종합적으로 검토하여 결정해야 하며 표 9.5는 국외 적용사례이다.

표 9.5 국외 세그먼트 길이 적용사례

구분	일본 터널표준시방서(쉴드편)	유럽 등
적용현황 및 기준	• 일본내 적용현황: 300～1,200mm －주철제: 750～900mm －콘크리트제: 900mm 이상이 일반적 • 최근 1.0～1.5m 적용	• 1.2～2.0m 적용(2m 이하) • 3～5km에 이르는 장대도로터널에서는 길게 적용

9.3.4 테이퍼 세그먼트

테이퍼 세그먼트는 곡선부 구간에 적용되는 것이며 직선구간의 경우에도 사행수정을 위해 필요하다. 테이퍼 세그먼트에는 편테이퍼형과 양테이퍼형이 있으나, 일반적으로 양테이퍼형이 많이 사용된다. 표 9.6은 곡선부 시공을 위한 일반적인 세그먼트의 테이퍼량을 계산하는 방법이다.

표 9.6 곡선부 시공을 위한 일반적인 테이퍼량의 계산법

구분	편 테이퍼형	양 테이퍼형
개요도	표준형, 표준폭, 테이퍼형, 최대폭, 최소폭	기본형, 최대폭, 최소폭
계산방법	$\left(\frac{B_{T2}}{2}+\frac{n}{2m}\cdot B\right):\left(R+\frac{D_O}{2}\right)=\Delta:D_O$ $\therefore \Delta=\frac{D_O\left(B_{T2}+\frac{n}{m}\cdot B\right)}{2R+D_O}$	$\left(\frac{B_{T1}}{2}+\frac{n}{2m}\cdot B\right):\left(R+\frac{D_O}{2}\right)=\Delta:D_O$ $\therefore \Delta=\frac{D_O\left(B_{T1}+\frac{n}{m}\cdot B\right)}{2R+D_O}$
	• B: 보통링의 표준폭 • n: 보통링의 링수 • B_T: 테이퍼링의 폭(B_{T1}; 양테이퍼형, B_{T2}; 편테이퍼형 표준폭) • m: 테이퍼링의 링수 • Δ: 테이퍼링의 한쪽 편의 테이퍼량 • R: 곡선반경 • D_O: 세그먼트의 외경	

9.3.5 곡선부 조립방식

테이퍼 세그먼트는 테이퍼량을 좌측 또는 우측에 두어 2조의 테이퍼 세그먼트링을 구성할 수 있다. 2조의 테이퍼 세그먼트는 조합방식에 따라 직선구간에서 최소곡선구간에 모두 적용될 수 있으며 그 중간의 사행구간 또는 최소곡선보다 큰 곡선구간에도 적용될 수 있다.

그림 9.5는 좌측과 우측 테이퍼 세그먼트를 조합한 모식도를 보여주는 것으로 직선구간은 좌측과 우측을 교대로 조립하고 최소곡선구간은 한측 테이퍼 세그먼트로만 조립한다. 그 사행구간 또는 다른 곡선구간은 좌측과 우측 테이퍼 세그먼트의 적절한 조합으로 세그먼트 링 구성이 가능하다. 다만 직선구간의 연장이 매우 긴 경우에는 시공성 측면에서 테이퍼량이 없는 표준형 세그먼트를 별도로 계획할 수 있다.

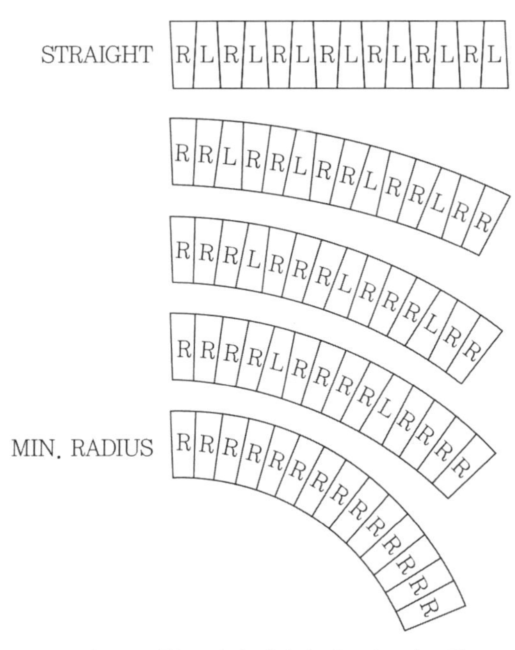

그림 9.5 선형조건별 테이퍼 세그먼트의 조합

9.3.6 세그먼트 배열

1) 세그먼트 부호

세그먼트링은 다양한 규격과 형상의 개별 세그먼트로 구성되기 때문에 각 세그먼트에 부호를 정하는 것이 설계 및 시공에 매우 편리하다.

그림 9.6은 한 예를 보여주는 것으로 K는 K형 세그먼트, B와 C는 각각 K형 세그먼트의 좌측과 우측에 위치한 사다리꼴 세그먼트 그리고 A는 동일한 형태의 직사각형 세그

먼트를 의미한다. 테이퍼링에 적용되는 세그먼트에는 테이퍼 위치에 따라 좌측은 L, 우측은 R을 추가한다. 단면상에서 세그먼트의 위치 및 부호는 그림 9.7과 같다.

직선 링	K	C	A1	A2	A3	A4	B
좌측 테이퍼링	KL	CL	A1K	A2L	A3L	A4L	BL
우측 테이퍼링	KR	CR	A1R	A2R	A3R	A4R	BR

그림 9.6 세그먼트 부호

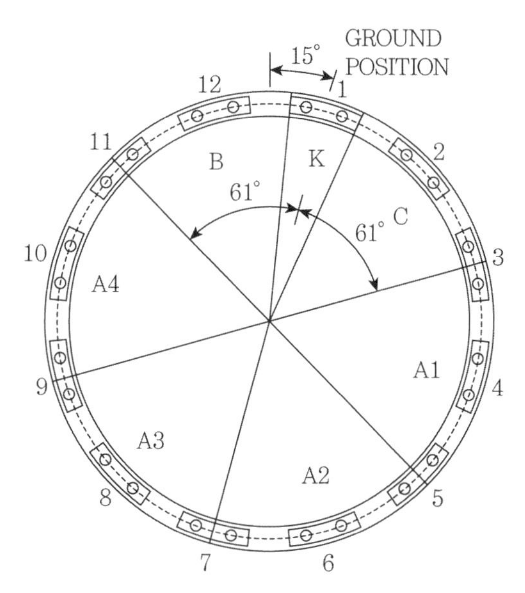

그림 9.7 세그먼트 위치 및 부호

2) 세그먼트의 지그재그 배열

세그먼트의 배열은 각 링을 그림 9.8과 같이 지그재그로 배치하는 것을 원칙으로 하며 그 이유는 다음과 같다.

먼저 유압 실린더의 터널굴진방향 추력이 K형 세그먼트에 집중되지 않도록 하여 세그먼트 손상을 방지한다. 또한 외부하중에 대해 세그먼트 이음부에 하중이 집중되지 않도록 분산하고 링 간 결합력을 향상시킨다. 그리고 세그먼트 이음부가 누수에 취약한 십(+)자 형태가 발생하지 않도록 한다.

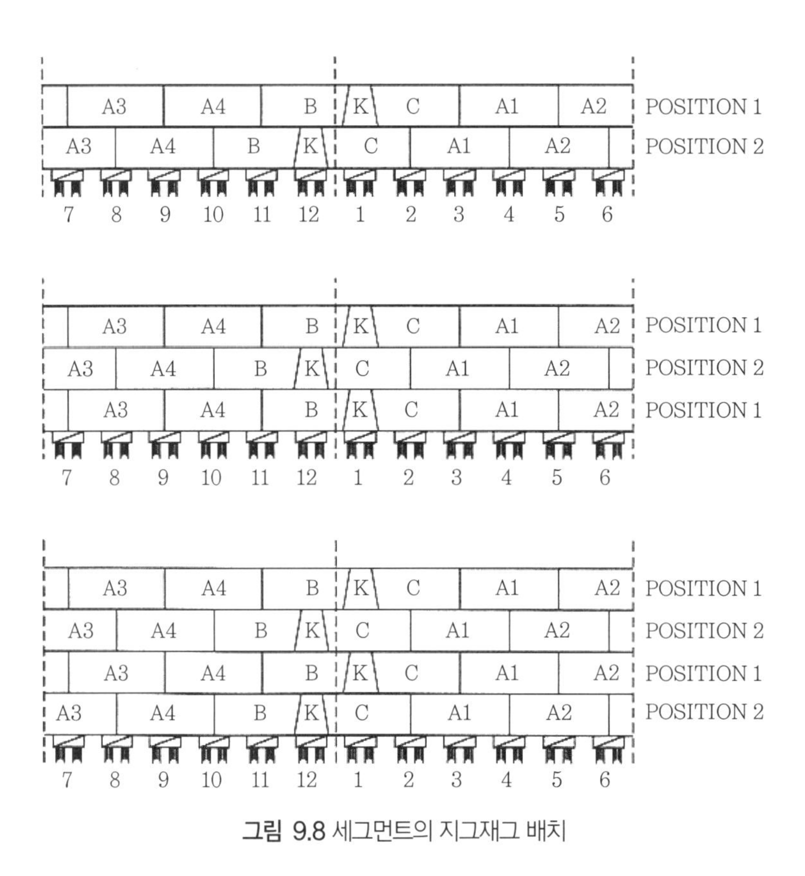

그림 9.8 세그먼트의 지그재그 배치

9.3.7 하중분배 패드

쉴드기 추력은 세그먼트의 접촉부의 균열을 유발할 수 있기 때문에 이를 방지하기 위하여 그림 9.9에 보이는 바와 같이 세그먼트 링이음부에 하중분배 패드를 설치할 수 있다. 패드는 3~4mm 두께이고 재질은 합성섬유 또는 역청질 고무 등이 사용될 수 있으며 자체 부착력이 있어야 한다.

하중분패 패드는 그림 9.10과 같이 세그먼트의 옵셋 발생 시 균열을 해소하며 옵셋양을 분배시키는 부수의 효과도 얻을 수 있다.

그림 9.9 세그먼트 링이음부에 부착된 하중분배 패드(원형 표시)

그림 9.10 세그먼트 옵셋에 의한 영향(좌: 패드 미부착, 우: 패드 부착)

9.4 세그먼트 라이닝 방수

9.4.1 세그먼트 라이닝 방수 일반

세그먼트 라이닝은 터널의 구조적 기능과 더불어 방수기능을 담당한다. 일반적인 현장 타설 콘크리트 라이닝의 방수작업은 터널굴진과 보강작업이 완료된 후에 별도로 수행된다. 반면에 세그먼트의 이음부 방수, 배면 채움 등으로 대표되는 쉴드터널의 방수공사는 터널굴진 중 세그먼트의 거치작업과 동시에 이루어진다. 따라서 쉴드터널의 방수품질은 방수재료의 성능, 방수공법과 같은 방수공정 외에도 굴진정밀도와 세그먼트 조립상태 등의 모든 공정의 결과에 크게 의존한다. 특히 허용오차 내에서의 정확한 세그먼트 조립은 구조적인 측면이나 방수 측면에서 적합한 세그먼트 라이닝의 전제조건이 된다.

그림 9.11은 세그먼트 라이닝의 방수공 모식도로 지하수 침투경로는 뒤채움 주입층, 세그먼트, 내부 콘크리트 라이닝의 3단계로 이루어진다. 뒤채움 주입은 차수에 효과적인 방법 중 하나이나, 균일한 품질관리가 곤란하여 설계 단계에서 차수효과는 고려하

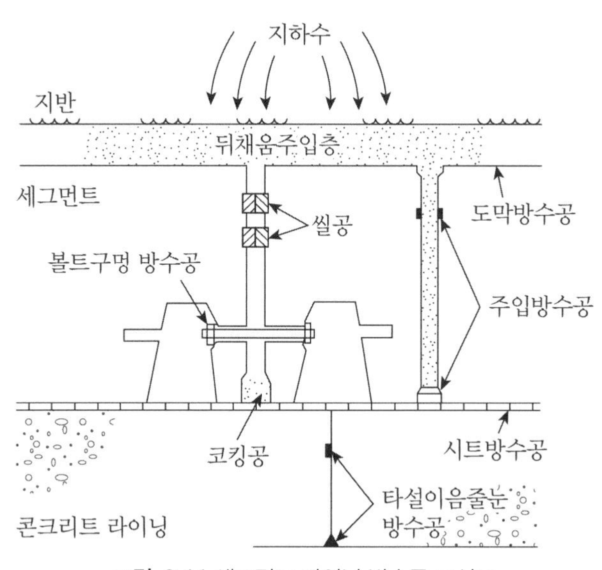

그림 9.11 세그먼트 라이닝 방수공 모식도

지 않는 것을 원칙으로 한다. 내부 2차 라이닝은 세그먼트 이음부 방수기술이 미흡했던 과거에는 적용되었으나, 현재에는 차수목적으로는 거의 적용되지 않는다. 다만 수로의 경우에는 표면의 조도계수를 향상시키기 위하여 적용되는 경우도 있다.

최근의 세그먼트 라이닝 방수설계에는 이음부 방수, 코킹 방수, 볼트공 방수, 뒤채움 주입공 방수 등이 적용되고 있다.

9.4.2 실재(개스킷) 방수

1) 일반

실재 방수는 세그먼트 라이닝의 방수에 가장 중요한 것으로 수팽창성 지수재와 개스킷 방수방식이 있다. 수팽창성 지수재는 주로 일본에서 많이 적용되고 있으며, 개스킷방식은 유럽에서 많이 적용되고 있다.

실재는 다음과 같은 사항을 만족해야 하며 각 재료별 장단점은 표 9.7과 같다.

- 탄성재로서 쉴드 추력, 세그먼트의 변형 및 수압에 대한 수밀성 확보(특히 최대수압에 대해 2.5 이상의 안전율 확보 필요)
- 볼트 체결력에 견디어야 하며, 세그먼트 조립작업에 악영향을 미쳐서는 안 됨
- 실재 상호 간 및 세그먼트와의 접착성이 있어야 함
- 내후성, 내약품성이 우수해야 함

표 9.7 실재 재료별 특성 비교

구분	수팽창성 지수재 방수	개스킷 방수
공법 개요	• 세그먼트 이음면에 실재를 부착 또는 도포하여 이음부를 방수 • 수압이 높은 경우 2줄 시공 • 세그먼트에는 폭 20~30mm, 두께 2~3mm 정도의 홈 설치 • 수팽창 고무의 팽창 이용	• 정교한 단면형상으로 이음면이나 홈에 부착 • 세그먼트 저장, 운반, 설치 및 운영 중에도 개스킷이 보호되도록 주의해야 함 • 탄성고무의 압축성에 의해 방수
재질	• 수팽창성 고무: 합성고무	• 고무재료: 탄성고무(EPDM)
장단점	• Key 세그먼트 형식에 주로 사용 • 시공오차에 따른 누수 가능성이 적음 • 부착 시 밀림 현상 적음 • 완전 팽창 전 그라우팅 주입 불가 • 개스킷에 비해 팽창고무의 내구성에 문제가 있음 • 팽창고무의 강도가 작아 고수압 작용 시 파손 우려	• 균등분할 형식의 세그먼트에서 주로 적용 • 부착 즉시 Sealing 역할을 함 • 내구성이 우수함 • 세그먼트 조립 시 지수재 밀림현상 발생 가능성 높음 • 시공오차 발생 시 누수가 지속될 우려가 있음
국내 실적	• 국내 대부분의 전력·통신구 공사 • 광주 및 부산지하철에 적용 • 서울지하철 9호선 909공구	• 신당－한남 전력구

2) 2열 방수 특성

2열 실재 방수는 1열에 비해 공사비가 높은 단점은 있으나, 시공 및 운영 중 다음과 같은 많은 장점이 있기 때문에 단면이 큰 터널에서는 적극적으로 반영할 필요가 있다.

- 세그먼트의 취급과 링 조립 중 손상 위험도 감소
- 세그먼트의 조립 오차 발생 시 방수성 유지(그림 9.12 참조)
- 터널 내부 화재 시 내측 실재가 손상되는 경우 외측실재에 의한 방수성 유지 유리

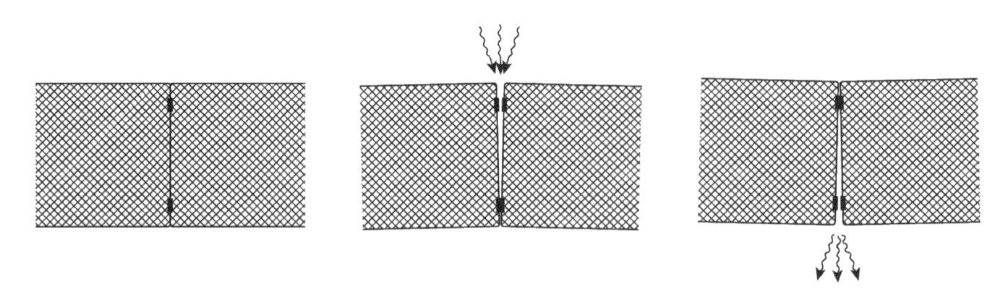

그림 9.12 2열 실재 방수 특성

9.4.3 코킹 방수

실재로 완전 방수가 되지 않고 터널 완성 후 누수 발생 가능성이 있는 세그먼트 이음줄눈에 코킹재를 충진하여 방수한다. 2열 실재 방수가 적용되는 세그먼트에는 생략할 수도 있다.

코킹 방수는 그림 9.13의 좌측 그림의 하단과 같이 내측 이음부에 폭 3~10mm, 깊이 10~20mm의 홈을 설치하고 방수재를 압입하는 방식이다. 일반적으로는 운영 중 누수가 발생하는 경우에 누수량을 감소시킬 목적으로 사용된다.

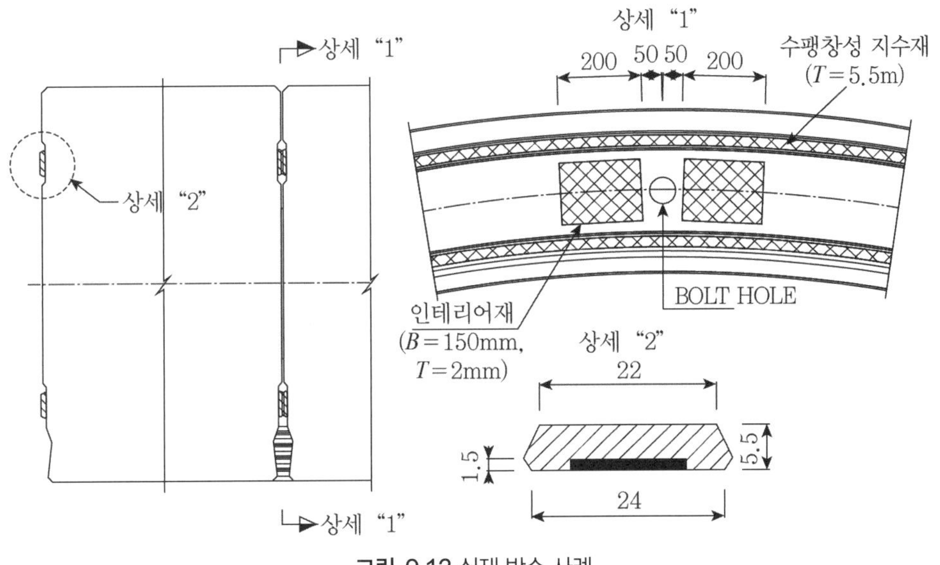

그림 9.13 실재 방수 사례

9.4.4 볼트공 방수

볼트공 방수는 그림 9.14와 같이 볼트구멍과 워셔 사이에 링 모양의 패킹을 삽입하여 체결 시 볼트구멍에서의 누수를 방지하며 재질은 주로 합성고무나 합성수지계가 사용된다.

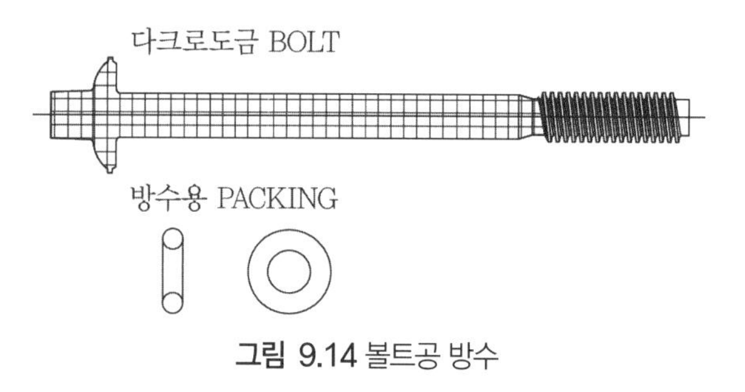

그림 9.14 볼트공 방수

9.4.5 뒤채움 주입공 방수

뒤채움 주입공은 세그먼트를 관통한 상태이므로 누수를 방지하기 위하여 방수처리를 해야 한다. 방수방법으로는 그림 9.15와 같이 뒤채움 주입공 주변(공경의 5~6배)에 에폭시로 표면처리 후 주입공 내에 고무링이나 수팽창성 링을 설치하여 방수한다.

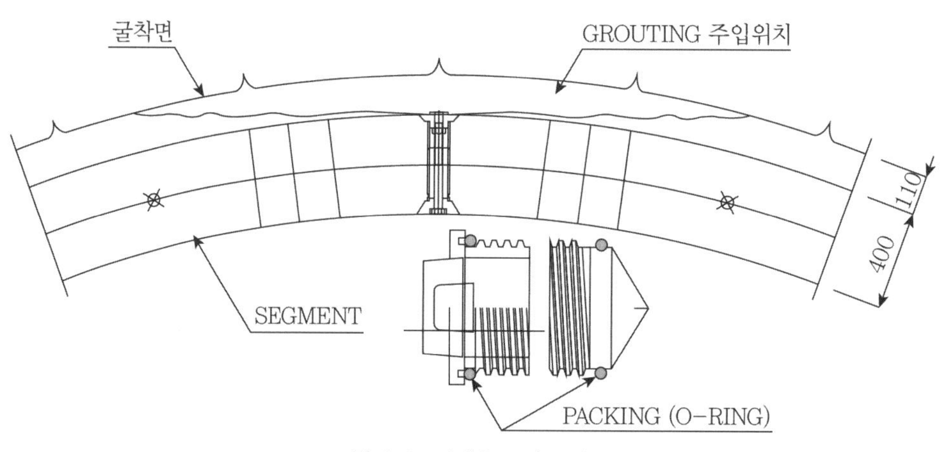

그림 9.15 뒤채움 주입공 방수

9.5 세그먼트 뒤채움

쉴드 굴착 시에는 구조적 특성 때문에 굴착면과 세그먼트 사이에 공극(tail void)이 발생하는데 이러한 공극을 그대로 방치하면 지반침하가 과도하게 발생하게 된다(그림

9.16, 그림 9.17 참조). 따라서 터널굴착 직후에 테일 보이드를 신속하고 밀실하게 충진함으로써 ① 지반침하의 영향을 방지하고, ② 세그먼트의 이음매와 볼트구멍 등으로부터의 누수방지, ③ 지반과 세그먼트의 일체화를 통한 복공의 구조적 안정을 확보할 수 있다.

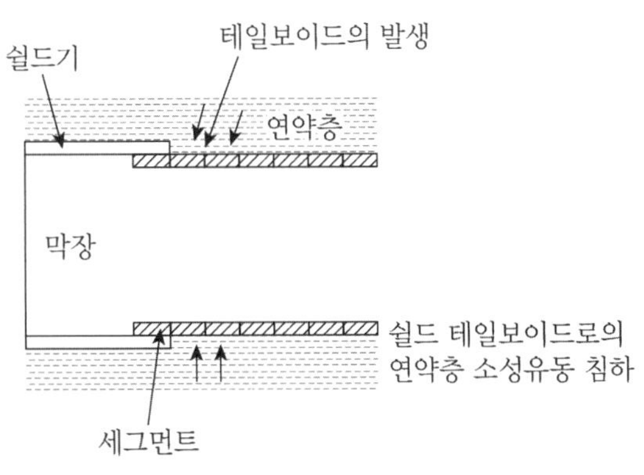

그림 9.16 쉴드 굴착 시 테일 보이드 발생 원인

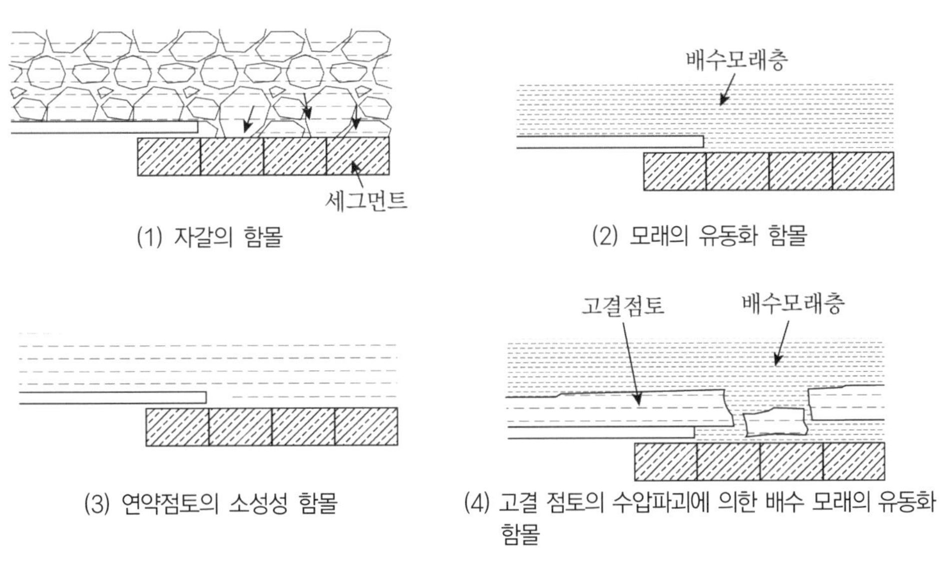

그림 9.17 불안정한 테일 보이드

9.5.1 뒤채움 주입방식

뒤채움 주입방식은 지반의 조기 안정성을 확보하고 주입효과 및 시공성이 우수해야 하며 주입시기에 따라 다음과 같이 분류한다.

1) 동시주입방식

동시주입방식은 테일 보이드 발생과 주입·충진 처리가 시차가 없는 상태로 실시하는 방식으로 뒤채움 주입의 목적을 고려하면 가장 이상적인 방식이라고 말할 수 있다. 주입관은 일반적으로 쉴드의 외측에 설치된다.

2) 반동시주입방식

세그먼트에 설치된 그라우트홀이 쉴드 테일(shield tail)에서 이탈함과 동시에 그라우트홀에서 뒤채움 주입을 실시하는 방법이다. 테일 보이드 발생과 테일 보이드 충진과의 시차를 될 수 있는 한 단축하는 것을 목적으로 그라우트홀의 설치 위치를 유도한다.

3) 즉시주입방식

가장 시공실적이 많은 방법으로 1링 굴진할 때마다 뒤채움 주입을 실시하는 방법이다.

4) 후방주입방식

수링 후방의 그라우트홀에서 뒤채움 주입을 실시하는 방법으로 지반의 자립성이 양호한 경우에만 제한적으로 적용된다.

표 9.8 주입방식의 비교

구분	동시주입	반동시주입	즉시주입	후방주입
개요도	쉴드테일 세그먼트	쉴드테일 세그먼트	쉴드테일 세그먼트	쉴드테일 세그먼트
개요	테일 보이드 발생과 동시에 뒤채움 주입 및 충전처리를 시행	그라우트홀이 쉴드테일에서 이탈함과 뒤채움 주입 및 충전처리를 시행하는 방식	1링의 굴진완료마다 뒤채움 주입 및 충전 처리를 시행	수링의 후방에서 뒤채움 주입 및 충전처리를 시행하는 방식
장단점	• 침하억제에 유리 • 사질지반에서 추진저항이 크고, 경제적으로 고가임	뒤채움 주입 시 쉴드 내로 유출될 우려가 있음	• 시공이 편리 • 주변 지반을 이완시키기 쉬움	• 시공이 간단하고 경제적으로 저가 • 테일 보이드 확보가 어려움

이 외에도 주입재료의 체적수축에 따른 미충진부의 보충 혹은 지수성 향상을 목적으로 쉴드 굴진과는 무관하게 실시하는 경우도 있다.

주입방식의 선정에서는 지반조건을 포함한 주입장치의 보전대책, 시공단면에서의 제약성 혹은 테일씰(tail seal)구조와의 관계를 충분히 검토해야 한다. 특히 동시주입방식의 경우 주입재의 종류, 배합에 따라서는 주입관의 폐색이 생기는 수도 있다.

9.5.2 뒤채움 재료

뒤채움 재료는 원지반의 토질, 지하수의 상황 및 쉴드기 형식 등을 종합적으로 검토하여 선정한다. 이들 뒤채움 주입재료가 구비해야 하는 필요 성질은 다음과 같다.

- 블리이딩 등 재료분리를 일으키지 않을 것
- 주입 후의 경화현상에 따른 체적감소율이 적을 것
- 원지반에 상당하는 균일한 강도가 조기에 얻어질 것
- 유동성이 뛰어날 것
- 충진성(이상적으로 한정 범위 충진성)이 뛰어날 것

- 수밀성이 우수할 것
- 무공해이며 가격이 저렴할 것

여기에서 조기강도와 유동성의 관계와 같이 개개의 필요성이 서로 상반하는 관계에 있을 경우가 있으므로 재료선정에서 지반조건과 시공조건에 의하여 주안으로 하는 필요성상을 정확하게 파악해놓는 것이 중요하다.

1) 사용재료의 특성에 의한 분류

사용재료의 특성(특히 경화재)에 따라서 뒤채움 주입재료를 분류한 예를 그림 9.18에 나타내었다. 여기에서 시멘트계는 일반적으로 유동성 유지시간이 짧고 배관에 의한 장거리 압송이 곤란한 점 때문에 시공성이 떨어지며, 이것을 개량한 것이 경화발현시간이 긴 슬래그 석회계로 대표되는 비시멘트계 뒤채움 주입재료이다.

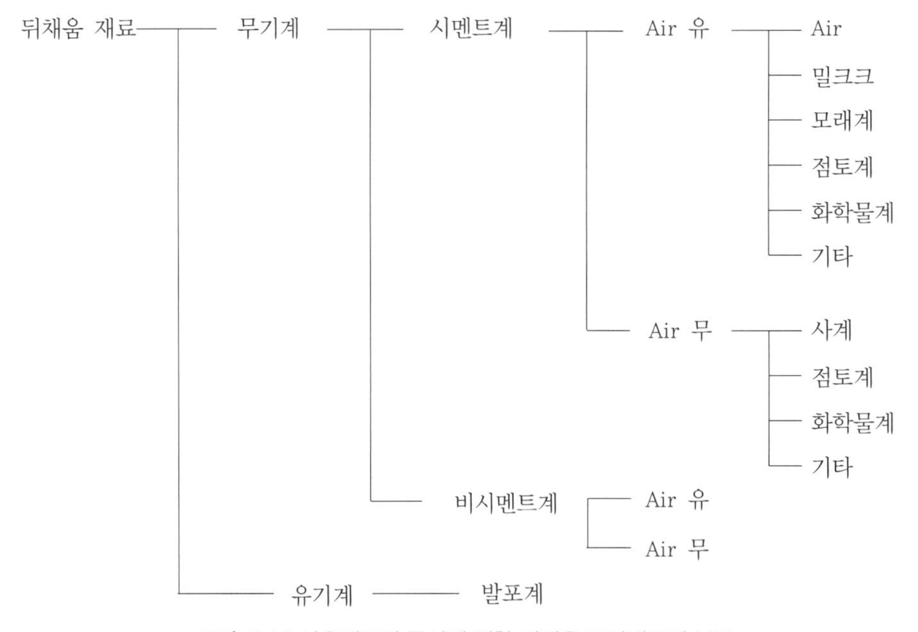

그림 9.18 사용재료의 특성에 의한 뒤채움 주입재료의 분류

사용되는 골재로서는 입경이 작은 모래가 일반적이나 최근에는 벤토나이트, 고령토, 플라이 애쉬(fly ash) 혹은 채석장 등에서 생산되는 석분 및 이수식·토압식 쉴드 시공에서 배출되는 점토, 실트를 많이 함유한 굴삭이토(액)의 사용실적도 증가하고 있다. 2액성 재료에서는 미립자계(점토광물)를 주로 사용하고 있으며, 이것은 유동성이 좋고 장거리 압송이 가능한 이점을 얻기 위함이다. 또한 유동성에 뛰어난 에어(air) 뒤채움 주입재료는 그 배합에 따라 에어의 감소에 의한 유동성 저하가 있을 수 있으므로 적용에서는 유의가 필요하다.

2) 주입상태에 의한 분류

뒤채움 주입재료를 주입상태로 분류한 예를 그림 9.19에 나타내었다. 쉴드공법 도입시부터 오랫동안 몰탈, 시멘트 벤토나이트 등으로 대표되는 일액성의 뒤채움 주입재료가 주로 사용되고 있으나, 최근에는 유동성 혹은 겔 조정에 유리한 이액성 뒤채움 주입재료의 사용이 주류를 이루고 있다. 일액성과 이액성 재료의 사용 비율이 사질토계 지반(사력층포함)에서는 대개 2 : 3, 점성토계 지반에서 대개 1 : 1이라고 하는 조사결과도 있다.

이액성 재료에서도 완결고결형의 뒤채움 재료는 겔화시간을 이용하여 주입·충진되며, 순결고결형의 뒤채움 주입재료에서는 고결강도와 주입압력을 이용하여 주입·충진된다.

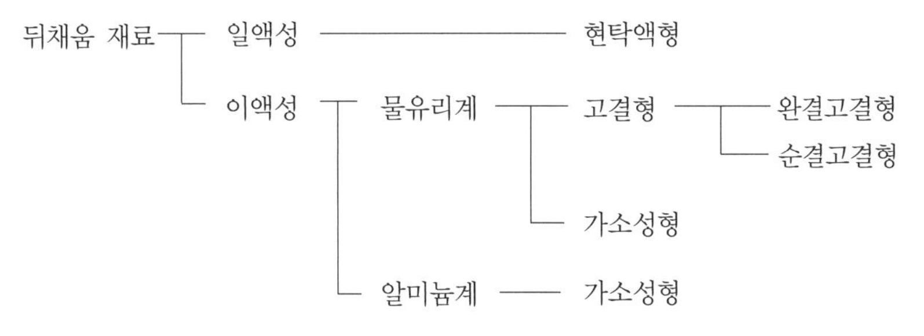

그림 9.19 주입상태에 의한 뒤채움 주입재료의 분류

한편, 가소성형의 뒤채움 주입재료는 정지 상태에서는 고체 성상, 가압상태에서는 액체 성상을 나타내는 특성을 이용해서 테일 보이드에의 주입·충진이 이루어진다. 대표적인 뒤채움 주입재료의 특성을 표 9.9에 나타내었다.

최근에는 아스팔트유제와 시멘트 및 고흡수성 폴리머에 의한 뒤채움 재료(상온에서 액체 혼합 후 30~60초에서 소프트크림(soft cream)상으로 겔화하여 수중에서도 분산하지 않고 서서히 경화하는 성질을 갖고 있다) 등 새로운 재료의 개발도 활발히 진행되고 있다.

표 9.9 각종 뒤채움 주입재료의 성능 비교표(1)

주입 형식		1액성		2액성		
뒤채움 그라우트의 분류				완결고결형		
		비에어계	에어계	비에어계		에어계
		사(砂) 몰탈	에어 몰탈	사(砂) 몰탈	LW	
경화발현재		시멘트	시멘트	시멘트	시멘트	시멘트
그라우트의 성질	겔화시간	2~4시간	2~4시간	30초 이상	30초 이상	30초 이상
	가소상 保持 시간	없음	없음	짧음	짧음	짧음
	고결강도 조기(1H)	대단히 작음	대단히 음	큼	비교적 작음	큼
	고결강도 장기 (kgf/cm^2)	20~50	20~50	20~30	10~50	20~30
	고결후의 용적변화	없음	없음	없음	없음	없음
	희석성	희석됨	희석됨	약간 희석됨	약간 희석됨	약간 희석됨
A액 압송 시의 성질	압송거리	200~400m	500~600m	200~400m	800~1200m	800~1200m
	가사시간	2~4시간	2~4시간	2~4시간	4~8시간	4~8시간
	재료분리	있음	있음	있음	있음	다소에어분리
	유동성	떨어짐	떨어짐	떨어짐	조금 양호	조금 양호
	관내 청소 (물세척)	그때마다	그때마다	그때마다	그때마다	한 차례 1회 이상
주입충진의 성질	한정주입	곤란	곤란	곤란	곤란	곤란
	주입 범위	광범위 가능	광범위 가능	광범위 가능	광범위 가능	광범위 가능
	막장, 주변 지반에의 누출	막장, 지반 함께 있음	막장, 지반 함께 있음	막장, 지반 함께 있음	막장, 지반 함께 있음	막장, 지반 함께 있음
	충진성	떨어짐	떨어짐	조금 양호	조금 양호	조금 양호
	주입률	낮음	낮음	조금 낮음	조금 낮음	낮음
	주입방법	1Shot	1Shot	비례식 1.5쇼트	비례식 1.5쇼트	비례식 1.5쇼트
주입 후의 성질	고결상태 (균일성)	조금 낮음	조금 낮음	조금 낮음	조금 낮음	조금 높음
	지수성	조금 좋음	뒤 떨어짐	조금 좋음	좋음	조금 좋음
동시주입(쉴드기에 의해)		가능	가능	곤란	곤란	곤란
즉시주입(세그먼트)		가능	가능	가능	가능	가능
동시주입에 의한 부착 (테일씰, 쉴드기)		굴진 중은 작음	굴진 중은 작음	굴진 중에도 부착하기 쉬움	굴진 중에도 부착하기 쉬움	굴진 중에도 부착하기 쉬움
시공관리		용이	용이	이액 동시관리 필요	이액 동시관리 필요	이액 동시관리 필요
적용지반		연약토층 물이 새는 지반은 제외	연약토층 물이 새는 지반은 제외	연약토층은 제외	연약토층은 제외	연약토층은 제외
※주입 시 보이드가 존재하지 않는 특수지반에서의 적용성 ※자립 불가능한 초연약지반		초연약지반 붕락지반 모두 부적합	초연약지반 붕락지반 모두 부적합	초연약지반 붕락지반 모두 부적합	붕락지반에 적합	초연약지반 붕락지반 모두 부적합

표 9.9 각종 뒤채움 주입재료의 성능 비교표(2)

주입 형식		2액성					
뒤채움 그라우트의 분류		순결고결형		가소성형			
		비에어계	에어계	비에어계			에어계
경화발현재		시멘트	시멘트	시멘트	슬래그계	슬래그 석회계	시멘트
그라우트의 성질	겔화 시간	10~20초 이하	10~20초 이하	5~20초 이하	5~20초 이하	3~10초 이하	5~15초 이하
	가소성형 유지시간	짧음	짧음	길음	길음	대단히 긺	긺
	고결강도 조기(1H)	큼	큼	비교적 큼	비교적 큼	비교적 작음	비교적 큼
	고결강도 장기(kgf/cm^2)	20~30	20~30	20~30	30이상	20~30	20~30
	고결후의 용적변화	없음	없음	없음	없음	없음	없음
	희석성	없음	없음	없음	없음	없음	없음
압송 시의 성질 A액	압송거리	1200~1500m	800~1200m	1200~1500m	1200~1500m	1500~2000m	800~1200m
	가사시간	4~8시간	4~8시간	4~8시간	4~8시간	1일이상	4~8시간
	재료 분리	거의 없음	다소 에어분리	거의 없음	거의 없음	거의 없음	다소 에어분리
	유동성	조금 양호	조금 양호	조금 양호	조금 양호	대단히 좋다	조금 양호
	관내 청소(물세척)	한 차례 1회 이상	한 차례 1회 이상	한 차례 1회 이상	한 차례 1회 이상	1일 1회 이상	한 차례 1회 이상
주입충진의 성질	한정 주입	가능	가능	가능	가능	가능	가능
	주입 범위	광범위 가능	광범위 가능	광범위 가능	광범위 가능	광범위 가능	광범위 가능
	막장, 주변 지반에 누출	막장 없음 지반있음	막장 없음 지반있음	거의 없음	거의 없음	거의 없음	거의 없음
	충진성	조금 양호	조금 양호	대단히 양호	대단히 양호	대단히 양호	대단히 양호
	주입률	조금 높음	조금 낮음	높음	높음	높음	조금 높음
	주입방법	비례식 1.5쇼트	비례식 1.5쇼트	비례식 1.5쇼트	비례식 1.5쇼트	비례식 1.5쇼트	비례식 1.5쇼트
주입 후의 성질	고결상태(균일성)	높음	조금 높음	높음	높음	높음	높음
	지수성	좋음	조금 좋음	좋음	좋음	좋음	조금 좋음
동시주입(쉴드기에 의해)		곤란	곤란	가능	가능	가능	가능
즉시주입(세그먼트)		가능	가능	가능	가능	가능	가능
동시주입에의한 부착 (테일씰, 쉴드기)		굳진 중은 조금 작음	굳진 중은 조금 작음	굳진 중은 작음	굳진 중은 작음	굳진 중은 작음	굳진 중은 작음
시공관리		이액 동시관리 필요	이액 동시관리 필요	이액 동시관리 필요	이액 동시관리 필요	이액 동시관리 필요	이액 동시관리 필요
적용지반		전토층	전토층	전토층	전토층	전토층	전토층
※주입 시 보이드가 존재하지 않는 특수지반에서의 적용성 ※자립 불가능한 초연약지반		초연약지반 붕락지반 함께 적합	초연약지반 붕락지반 함께 적합	초연약지반 붕락지반 함께 부적합	초연약지반 붕락지반 함께 부적합	초연약지반 붕락지반 함께 부적합	초연약지반 붕락지반 함께 부적합

3) 이액성 뒤채움 주입재료의 고결특성

이액성(특히 물유리계) 주입재료는 물유리의 농도나 혼합방법에 따라 표 9.10과 같이 고결특성의 차이가 있다. 그림 9.20에 예시한 바와 같이 A액(시멘트계)과 B액(물유리계)을 혼합하면 졸이 되고, 시간이 경과함에 따라 점성이 증가→유동상 고결→가소상 고결→고결의 형태로 진행된다. 유동상 및 가소상 고결영역을 유지하는 시간은 겔화 시간이 길수록, 물유리 농도가 묽을수록, 액온이 낮을수록 길어지게 된다. 표 9.10의 제3구분의 가소상의 상태를 5~30분 정도로 길게 유지하고 있는 그라우트를 가소성 그라우트라 칭하고, 최근에는 이러한 성질을 이용한 뒤채움 주입재료가 2액성 주입재료의 주류가 되고 있다.

표 9.10 뒤채움 주입재료의 주입 시 상태

구분	고결 정도 구분	주입 시의 상태	주입 시의 고결상태	뒤채움 그라우트의 성질	주입방법	뒤채움 그라우트
일액성	제1구분	액체	미고체	유동체이기 때문에 재료분리, 희석, 추출설이 크며 또 경화도 늦다.	1Shot	몰탈, 에어 몰탈, 시멘트, 점토
이액성	제2구분	액체에 가까운 고결	초약고결 (유동상 고결)	화학적으로는 겔화고결하는데 물리적으로는 미고결과 동일한 성질을 나타낸다.	–	(실용상 부적)
	제3구분	고체에 가까운 고결	약고결 (가소상 고결)	뒤채움 그라우트 자체의 유동성은 없고, 가압하면 쉽게 유동한다.	비례식 1.5Shot	가소성형
	제4구분	고체	고결	겔화하면 가압하여도 유동 불가능한 고결강도를 가진다.	1.5Shot (비례식 포함)	고결형

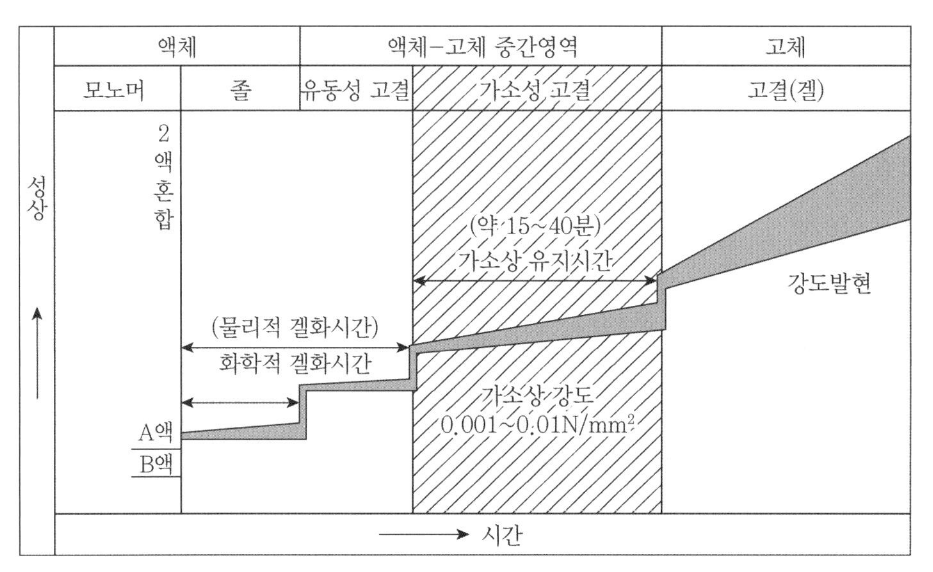

그림 9.20 이액성 뒤채움 주입재료(물유리계)의 겔화-경화과정

9.5.3 뒤채움 주입압 관리 및 주입 시 고려사항

1) 주입·충진해야 할 공극

일반적으로 뒤채움 주입은 세그먼트가 쉴드 테일에서 이탈할 때에 발생하는 테일 보이드를 충진시키는 기술이다. 그러나 세그먼트 배면에 존재하는 공극은 테일 보이드만이 아니고 막장굴삭에 따른 여굴 혹은 부분 붕괴에 기인하는 공극, 지중응력해방에 의한 지반의 이완(교란)에 따른 토립자 간극의 증가 등이 포함된다. 뒤채움 주입의 주목적이 지반변형의 방지에 있는 것을 감안하면 뒤채움 주입이 대상으로 해야 할 공극은 쉴드 굴진 시 발생하는 세그먼트 배면의 전 공극을 대상으로 해야 할 것이다.

2) 주입량

주입량 산정

뒤채움 그라우트의 주입량 Q는 다음과 같이 산출할 수 있다.

$$Q = V \times \alpha$$

여기서, α: 주입률, V: 이론 공극(Void)량

주입률 α를 결정하는 인자에는 여러 가지가 있으나, 그중에서도 중요한 인자로 다음의 4가지 항목을 들 수 있다.

α_1: 주입압에 의한 압밀계수

조합된 그라우트는 주입압에 의한 압밀현상으로 체적이 감소(모든 그라우트에서 발생)한다. 일액성 그라우트는 어느 정도의 블리딩이 있으며 가압하면 더 크게 압밀되고, 에어계는 압밀현상을 증가시키며, 물유리계 이액성 그라우트는 겔화 후부터 경화까지의 사이에 압밀이 발생한다.

즉 뒤채움 주입에서는 겔화시간보다 굉장히 긴 시간에 걸쳐 연속적으로 주입하기 때문에 다음과 같은 현상이 발생한다.

- 비에어계의 경우 졸(액체) 상태에서는 압밀이 발생하지 않음
- 에어계는 A, B액 혼합 직후 일부 에어가 분리되어 체적변화를 발생시킴
- 겔화 직후부터 고결에 이르기까지 압밀현상이 발생함
- 고결영역에서는 가압에 의한 압밀은 극히 희박함

α_2: 토질에 따른 계수

연약지반의 경우 굴삭 공극 외에도 주변 지반으로 압입이 발생한다. 이 압입의 정도는 입경이 작은 점성토(투수계수가 작음)보다, 조립토(투수계수가 큼)에서 더 크게 발생한다. 가압에 의한 그라우트의 압밀현상도 주변 지반의 투수성과의 관계가 깊고, 투수

성이 좋을수록 압밀은 더 크게 발생한다.

α_3: 시공상의 손실계수

그라우트가 플랜트(plant)로부터 각 주입공에 도달하는 사이에 시공상(기술적으로도) 회피할 수 없는 손실이 발생하며, 1회당 주입량에 비해 주입관(배관) 내에 잔류하는 그라우트 양이 극히 많음을 의미한다. 관내의 잔류 그라우트는 섬세한 시공관리를 해도 의외로 큰 손실이 발생할 수 있다.

α_4: 여굴에 의한 계수

이론 공극량에 대한 보정치로 그라우트에는 직접관계 없지만, 주입률에 크게 관계한다. 이 계수는 공법(굴삭방법 및 기계의 종류), 토질, 곡선부의 유무, 그 외의 시공조건에 따라 크게 달라진다.

전술한 바와 같이 주입량을 결정하는 α를 수치로 나타내는 것은 매우 어렵고, 현재까지의 실적이나 경험 등을 고려해서 표 9.11과 같이 제안하였다.

표 9.11 주입률의 계수표

기호	인자		추정할증율의 범위	추정계수
α_1	주입에 의한 압밀	에어계	1.30~1.50	0.40
		비에어계	1.05~1.15	0.10
α_2	토질		1.10~1.60	0.35
α_3	시공상 손실		1.10~1.20	0.10
α_4	여굴		1.10~1.20	0.15

$$\text{주입률 } \alpha = 1 + (\alpha_1 + \alpha_2 + \alpha_3 + \alpha_4)$$

따라서 실제 설계 시에는 $\alpha_1 \sim \alpha_4$의 계수를 선택하여, 그 합에 1을 더하여 α를 결정하고, 다음의 식을 이용해서 주입량 Q를 구할 수 있다.

$$Q = \frac{\pi}{4}(D_1^2 - D_2^2) \times m \times \alpha$$

여기서, D_1: 이론 굴삭 외경

D_2: 세그먼트 외경

m: 쉴드(뒤채움 주입) 연장거리

α: 주입률

3) 주입압

주입압은 지반조건, 세그먼트 강도 및 쉴드의 형식과 사용재료의 특성을 종합적으로 고려해서 적정치를 결정한다. 그러나 현실은 그 목표를 시공실적에 의하고 있으며, 2~4kgf/cm^{2}이 일반적이다. 주입압력은 세그먼트에 외력으로 작용하므로 설계 시에 주입압력에 따른 세그먼트의 거동에 대한 검토가 필요하다.

최근에는 점성토 지반에서의 뒤채움 주입에 대한 연구가 실험적 혹은 해석적으로 진행되고 있으며, 뒤채움 주입압력에 의한 할렬현상 및 할렬현상에 따른 점성토 지반의 교란(후속침하의 원인의 하나로 생각된다) 등이 규명되고 있다. 그림 9.22와 그림 9.23에 점성토 지반의 할렬주입 상태와 사질토 지반에서의 균질한 주입상태에 대한 조사 사례를 제시하였다.

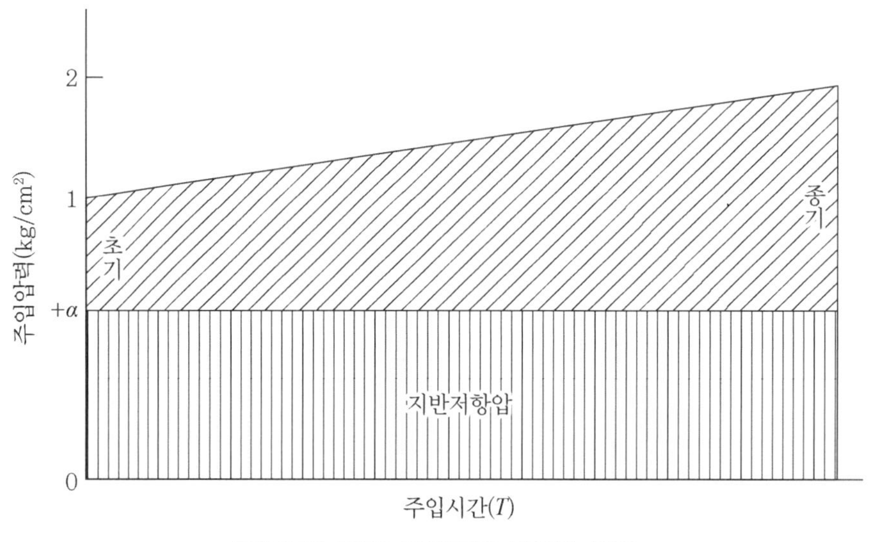

그림 9.21 뒤채움 주입압력을 고려하는 방법

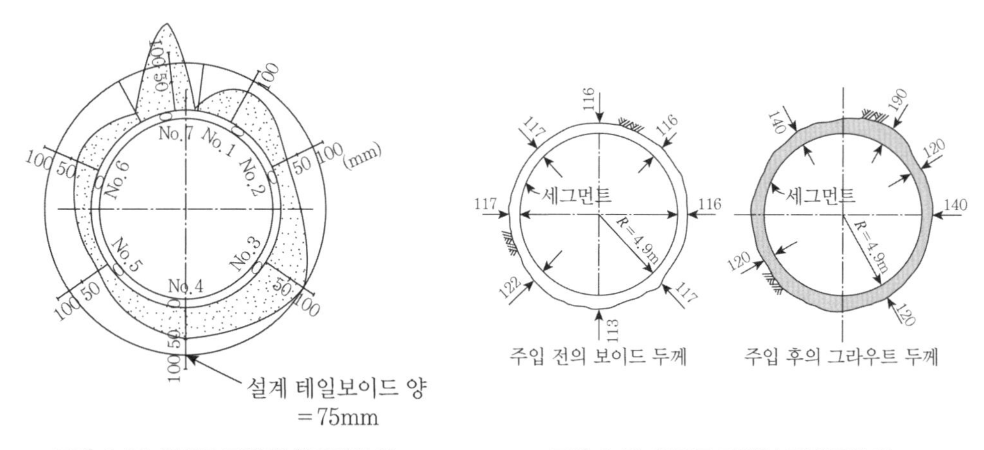

그림 9.22 점성토 지반의 할렬주입 예

그림 9.23 사질토 지반의 균질주입 예

4) 지반특성과 뒤채움 주입재료

쉴드시공에서의 뒤채움 주입은 세그먼트 배면에 어떠한 원인으로 발생한 전공극의 충진처리기술이므로, 지반의 자립성과의 관련이 가장 강하다고 한다.

일반적으로 지반의 자립성은 사질토계 지반에서는 N치, 세립자함유율 등, 점성토 지반에서는 일축압축강도에 근거하여 쉴드형식, 터널심도 등과의 관계를 이용해서 판단한다. 지반의 자립성이 높다고 판단되는 경우에는 뒤채움 주입재의 재료특성보다는 시공성에 중점을 두고 선정하고, 지반의 자립성이 약하다고 판단되는 경우에는 사용재의 재료특성에 중점을 두고, 겔타임 조정이 가능하고 주입 시의 고결상태에 폭이 있는 이액성의 뒤채움 주입재료의 적용을 우선적으로 검토해야 한다. 자립성이 낮은 지반에서는 주입 대상을 세그먼트 주변의 느슨한 영역 혹은 부분 붕괴지반의 공극을 예상하여 재료를 선정하는 것이 현실적이다.

9.6 세그먼트 라이닝 구조해석

9.6.1 개요

쉴드터널에서 세그먼트 라이닝의 구조적 기능은 지반하중과 수압을 지지하는 일반 지하구조물의 기능 외에 쉴드기 추진을 위한 반력대 기능을 수행해야 한다. 또한 공장에서 제작되어 쉴드기 내에서 설치되는과정 중에 발생하는 다양한 하중 조건 등에 노출된다.

일반적으로 세그먼트 라이닝 자체의 강성은 매우 높아 지반하중에 의한 변형량은 매우 작아 지반침하에 미치는 영향은 무시할 수 있다(단, 예외적으로 대심도 불량지반에 적용되는 경우에는 검토가 필요하다). 즉 쉴드터널의 지반침하는 테일 보이드에 의해 주로 발생하므로 이에 대한 내용은 4장을 참조하기 바란다. 따라서 본 장에서는 세그먼트 라이닝 자체의 구조설계에 대한 내용만을 소개한다.

구조해석 위치는 지반조건이 불량한 곳을 선정하되 토피가 가장 낮은 구간, 수압이 가장 높은 구간, 지반자립성이 낮은 구간, 상재하중이 큰 구간 등과 같이 대표적 특징이 있는 구간은 반드시 포함해야 한다.

9.6.2 작용하중

1) 기본하중

다음의 하중에 대해서는 콘크리트 구조설계기준(건교부, 2005)에서 제시한 하중계수와 하중조합을 고려하여 세그먼트 보강을 수행해야 한다.

- 지반하중(또는 토압): 토피가 6~20m 정도로 얕고 지반조건이 불량한 경우에는 연직하중은 전토피(total overburden)를 적용하여 산정한다. 양호한 암반의 경우에는 이완하중 개념을 도입하여 전토피보다 작은 연직하중을 적용한다. 수평하중은 연직하중에 토압계수 또는 측압계수를 곱하여 구한다. 이완하중의 산정은 Terzaghi법이 보수적이며, 지반의 강도 및 심도를 고려할 수 있는 장점이 있기 때문에 많이 적용되고 있다. 그림 9.24는 연직 이완하중(P_v)을 산정하는 개념도이며, 산정식은 식 (9.3)과 같다.

$$P_v = \frac{\gamma B}{2Ko\tan\phi}\left(1-e^{-Ko\tan\phi\frac{2H}{B}}\right),\ B=2\left[\frac{b}{2}+m\cdot\tan\left(45-\frac{\phi}{2}\right)\right] \tag{9.3}$$

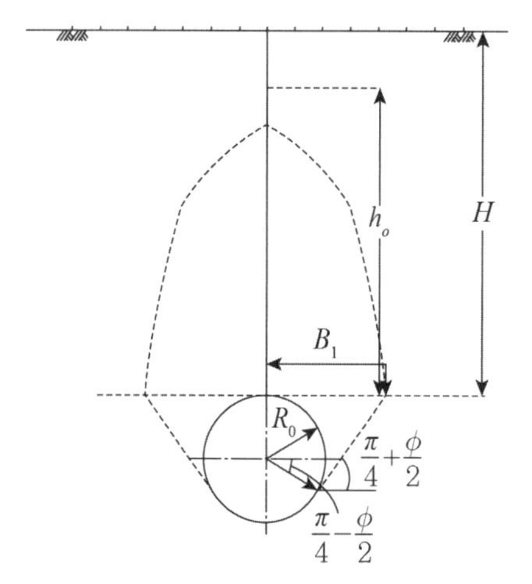

P_{roof}: 연직암반이완하중
Ko: 수평토압과 연직토압의 비
ϕ: 흙의 내부마찰각
m: 터널 높이
B: 터널 폭
H: 토피(이완하중고)
γ: 지반단위중량

그림 9.24 Terzaghi 이완하중

• 수압: 수압은 최대지하수압에 공용기간 중 발생할 수 있는 최악의 조건을 추가하여 산정한다. 하저터널의 경우에는 홍수 시 발생할 수 있는 최대수위를 고려하고 침수가 빈번한 지역은 침수 시 수위를 최대지하수위에 추가하여 수압을 산정한다.
• 상재하중: 터널 상부 지표면(또는 지중)에 있는 구조물 및 교통 등의 하중은 작용지점으로부터 지중에 분포하는 하중분포를 고려하여 산정한다. 상재하중의 분포특성별 지중 응력은 이인모(2007)를 참조하기 바란다.
• 세그먼트 자중: 세그먼트 자중은 연직으로 작용하도록 한다.
• 지진하중: 지진하중은 터널설계기준(2007)에 의거하여 산정한다. 암반이 양호한 경우에는 고려하지 않을 수 있다.
• 지반반력: 구조계산방법에 따라 차이가 있으나, 최근에는 빔-스프링 모델을 이용한 수치해석을 수행하므로 별도로 산정할 필요는 없다. 본 모델에서는 지반반력계수에 상응하는 지반반력스프링을 고려하면, 세그먼트 변형량에 비례하는 반력이 자동적으로 고려된다. 다만 지반반력은 압축력만 발생하므로 압축스프링 요소를 적용하거나 또는 인장부의 스프링을 제거해야 한다.
• 내부시설: 터널 내부에는 노반, 인버트 등의 고정하중과 차량에 의한 활하중이 있다. 일반적으로 이러한 하중은 세그먼트 구조설계에 미치는 영향은 매우 낮으나, 지반이 매우 연약한 경우에는 검토가 필요하다.

2) 별도 검토를 위한 하중

다음의 하중은 기본하중과는 별개로 검토되거나 필요시 기본하중의 크기 조정으로 검토된다.

• 잭추력: 쉴드 굴진 시 잭추력에 대한 반력으로서 일시적으로 작용하는 하중이나 시공 시 하중 중에는 가장 큰 하중이다. 일반적으로 평판형 철근콘크리트 세그먼

트에서는 별 문제가 없으나, 상자형 세그먼트에서는 면밀한 검토가 필요하다.

- 뒤채움 압력: 세그먼트 뒤채움 압력은 이상적으로 주입되는 경우에는 정수압 조건으로 작용한다. 그러나 실제 시공 시에는 균등하게 주입되지 않기 때문에 그림 9.25와 같이 뒤채움 주입공 주변에 국부적으로 압력이 가해지는 조건을 상정한다.

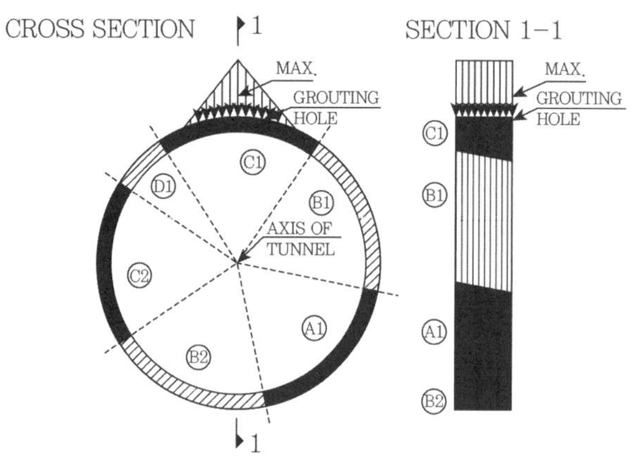

그림 9.25 뒤채움 주입압(ITA WG 2, 2000)

- 운반 및 취급하중: 세그먼트는 그림 9.26과 같이 운반 및 취급 중 적치되는 경우가 있다. 이때 세그먼트에는 축력은 없고 오로지 휨응력만이 작용하므로 구조검토가 필요하다.

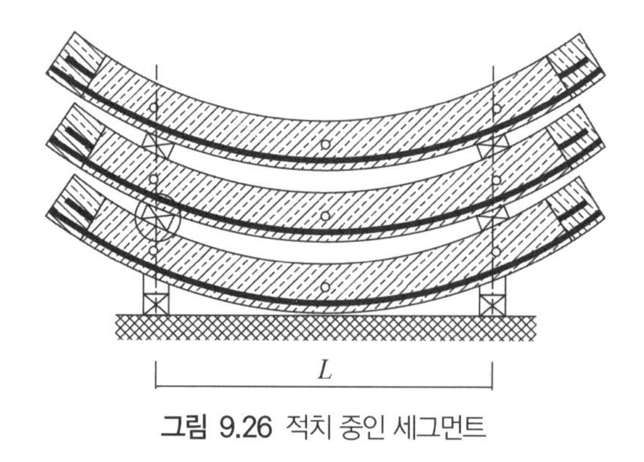

그림 9.26 적치 중인 세그먼트

- 부력: 쉴드터널은 방수터널로 건설되는 경우가 일반적이므로 토피가 낮은 구간은 부력에 대한 안정검토를 수행해야 한다.
- 병설터널: 병설터널로 건설되는 경우 두 터널의 간격이 작을수록 지반하중은 증가한다. 일본철도협회(1983)에 따르면, 터널폭이 D이고 순 이격거리(또는 필라폭)가 d면, 이격거리별 할증계수를 표 9.12를 같이 산정할 수 있다. 할증하중은 연직하중에 할증계수를 곱한후 본래의 연직하중에 더해진다.

표 9.12 병설터널 간격과 연직지반하중의 할증계수

d/D=a	a>1	0.9≤a≤1	0.8≤a≤0.9	0.7≤a≤0.8	0.6≤a≤0.7	0.5≤a≤0.6
할증계수	0	0.1	0.2	0.3	0.4	0.5

- 근접굴착: 쉴드터널은 도심지에서 건설되는 경우가 많기 때문에 장래 근접굴착 계획이 있는 경우에는 이에 대한 추가하중을 산정하여 기본하중 시 보강량의 적정성을 검토해야 한다.

9.6.3 구조해석방법

1) 구조해석모델

구조해석방법에는 해석적방법과 수치해석방법이 있으나, 근래에는 수치해석방법의 발달로 전자의 방법은 실무에서는 거의 사용되지 않는다.

수치해석방법에는 지반을 반력스프링으로 고려하는 빔-스프링모델과 탄소성 요소로 고려하는 연속체 모델이 있다. 현재까지는 세그먼트 라이닝의 구조해석에는 전자의 방법이 사용되고 지반침하거동과 같은 해석에는 후자의 방법이 사용되는 것이 일반적이다. 본 장에서는 세그먼트 라이닝의 구조설계에 관한 내용을 다루기 때문에 빔-스프링 모델에 대해서 설명토록 한다.

빔-스프링 모델은 이음부를 고려하는 방법에 따라 그림 9.27과 같이 강성일체법,

회전스프링법, 힌지법이 있다. 강성일체법은 이음부를 고려하지 않고 연속된 부재로 구조계산하는 방법으로 모멘트가 가장 크게 계산된다. 반면에 힌지법은 이음부에서 모멘트가 해소되기 때문에 모멘트가 가장 작게 계산된다. 회전스프링법은 두 방법의 중간 정도의 모멘트가 산정되기 때문에 일반적으로 많이 사용된다.

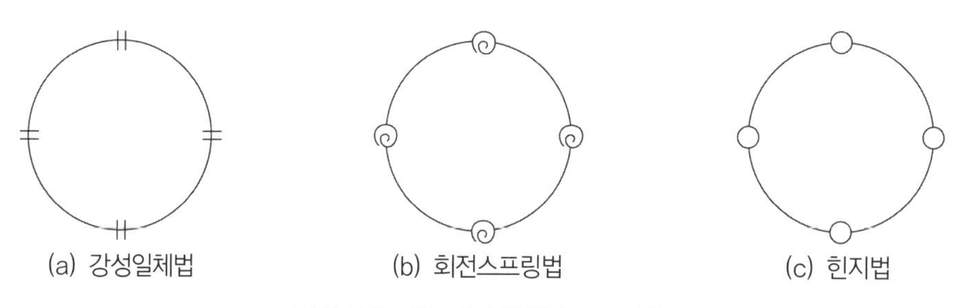

그림 9.27 세그먼트 라이닝 구조모델

최근 국내 설계 시에는 이보다 더 진보된 그림 9.28과 같은 2링 빔-스프링 모델이 적용되고 있다. 반경방향 이음부는 회전스프링으로 고려하고 링이음부는 전단스프링을 이용하여 지그재그로 연결된 2개 링의 구속조건을 고려하며 세그먼트에는 지반반력스프링이 연직으로 설치된다(그림 9.29 참조).

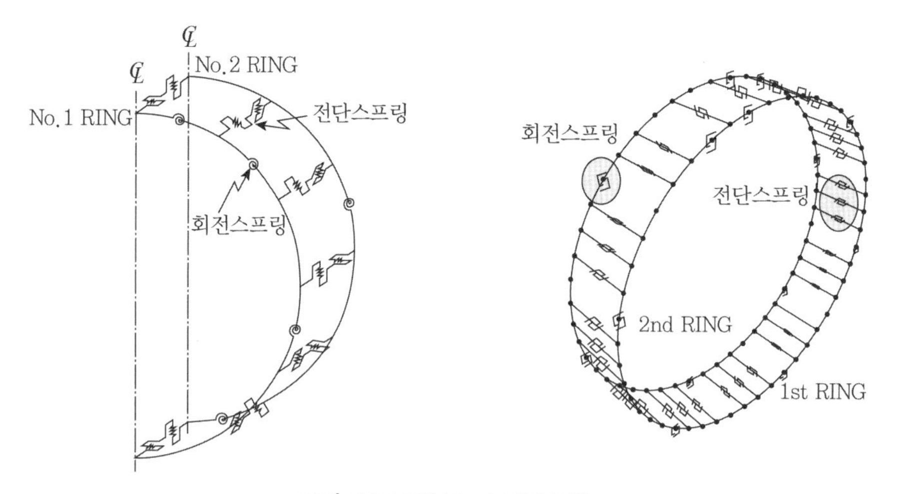

그림 9.28 2링 빔 - 스프링 모델

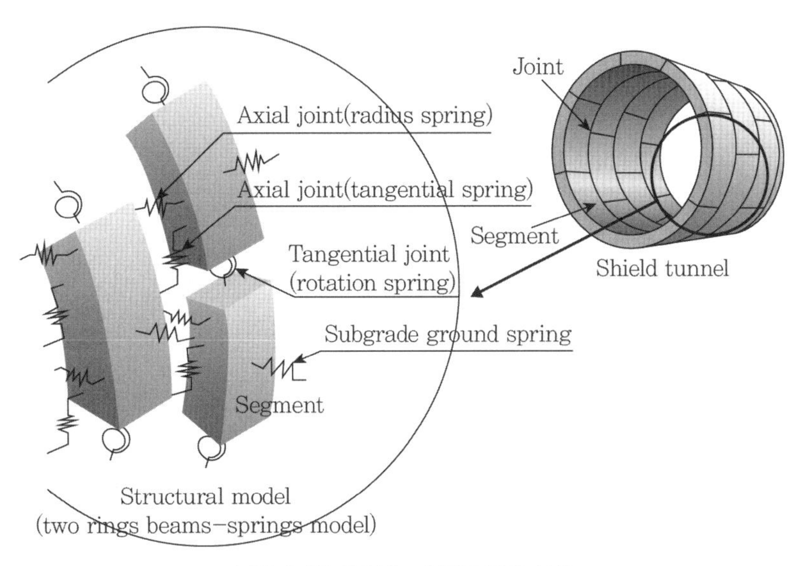

그림 9.29 2링 빔 - 스프링 모델 상세

동일한 조건에 대해 강성일체법(또는 관용법)과 2링 빔−스프링 모델을 적용한 해석 사례는 그림 9.30과 같다. 대체로 후자의 모델이 이음부의 강성이 낮기 때문에 단면력이 적게 발생하였다. 특히 축력에 비해 모멘트는 발생양상 자체가 큰 차이가 있다. 이는 전자의 모델은 세그먼트 링의 강성이 일정하기 때문에 하중이 제일 큰 천정부에서 최대모멘트가 발생하였지만, 후자의 모델에서는 천정부의 K형 세그먼트로 인해 이음부가 집중되어 오히려 가장 적은 단면력이 발생하였다. 따라서 구조모델이 복잡하지만, 세그먼트의 구조적 특징을 고려하는 측면에서는 2링 빔−스프링 모델이 적합하다고 할 수 있다. 다만 기본계획과 같이 세그먼트의 세부 설계가 이루어지지 않은 초기 설계 단계에서는 세그먼트 두께산정과 같은 기본적인 설계 항목들을 산정하기 위해 단순한 강성일체법을 이용할 수 있다.

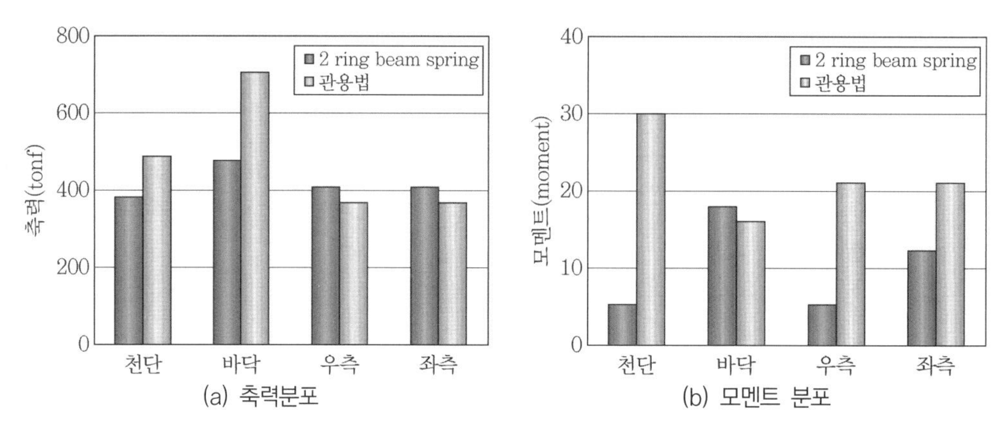

그림 9.30 해석모델에 따른 단면력 분포(철도시설공단, 2003)

2) 지반반력스프링계수 및 회전스프링계수

지반반력계수(K)는 주변지반탄성계수(E)와 터널반경(R)로부터 식 (9.4)로 구해진다.

$$K = \frac{E}{R} \tag{9.4}$$

반경방향 이음부의 회전스프링계수(km)은 그림 9.31의 조건에 대해 식 (9.5)로 구할 수 있다.

$$\mathrm{km} = \frac{M}{\theta} = \frac{x(3h - 2x)bEc}{24} \tag{9.5}$$

위 식에서 $x = \dfrac{n \cdot A_b}{b}\left(-1 + \sqrt{\dfrac{2 \cdot b \cdot d}{n \cdot A_b}}\right)$이고, 각 기호는 다음과 같다.

M: 휨 모멘트

b: 세그먼트 폭

A_b: 볼트의 단면적

θ: 회전각

x: 압축외연에서 중립축까지의 거리

h: 세그먼트 두께

d: 유효깊이

n: 영계수비

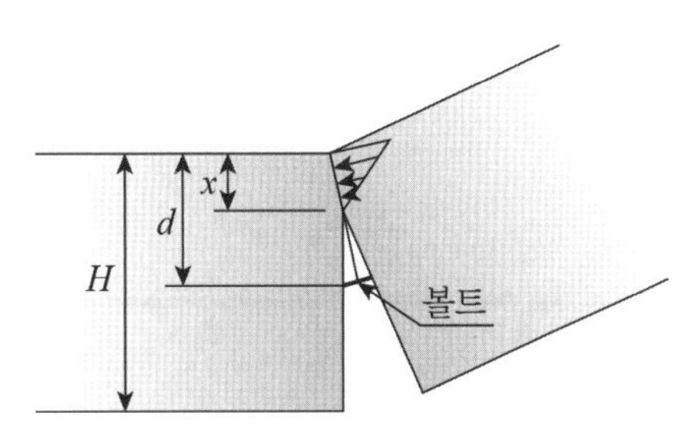

그림 9.31 회전스프링 산정조건

링이음부의 전단스프링계수(ks)는 이음부의 전단키와 관련이 있으나, 관용적으로 40MN/m 정도를 사용한다.

9.6.4 세그먼트 구조해석 사례

1) 설계기준

- 콘크리트 설계기준강도: $fck = 45\text{kgf/cm}^2$
- 콘크리트 탄성계수(Ec): $10{,}500(fck)^{1/2} + 70{,}000 = 292{,}739\text{kgf/cm}^2$
- 콘크리트 단위중량(γc): 2.5tonf/m^3
- 콘크리트 포아송비(υ): 0.19
- 보강철근(fy): $4{,}000\text{kgf/cm}^2$

2) 구조계산 개요

- 구조계산은 완성 후 하중과 가설 중 하중에 대하여 각각 검토함
- 운영 중 라이닝 구조계산은 2 ring beam-spring 모델 적용
- 가설중 하중은 세그먼트 제작 및 설치과정을 고려하여 단계적으로 적용

3) 운영 중 라이닝 구조계산

해석단면

① 세그먼트 라이닝 제원

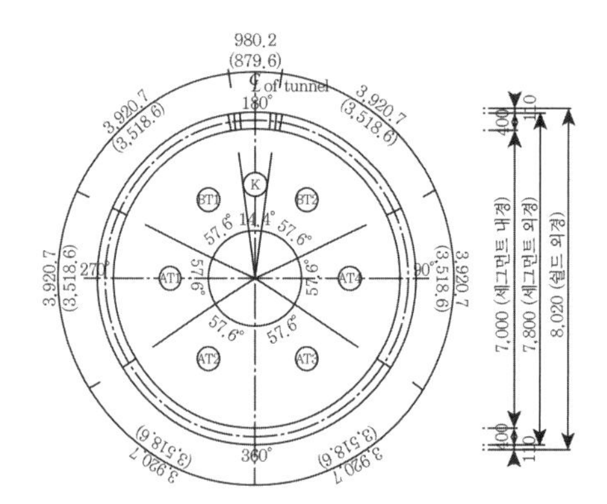

- 내경: ϕ7000mm
- 외경: ϕ7800mm
- 두께: 400mm
- 분할수: 4A+2B+1K
- 종방향 길이: 1.5m

② 지반의 설계 정수

구분	단위중량(tf/m^3)	마찰각	포아송비	변형계수(tf/m^3)
모래질 자갈층	1.9	35	0.33	5,119
연암층	2.5	38	0.23	120,000
경암층	2.7	42	0.19	1,000,000

③ 회전스프링계수 및 전단스프링계수

- 회전스프링계수

− A_b: 볼트의 단면적(M22×2본)=14.12cm

− d=20cm

$- n = 7$

$$x = \frac{n \cdot A_b}{b}\left(-1 + \sqrt{1 + \frac{2 \cdot b \cdot d}{n \cdot A_b}}\right) = 4.518$$

따라서 이음부의 회전강도 km은

$$\text{km} = \frac{x(3h - 2x)bEc}{24} = 9{,}173\text{tonf/m/joint}$$

- 전단스프링계수: $ks = 4{,}000\text{ton/m}$

하중산정 및 하중조합

- 하중의 종류: 세그먼트자중, 연직토압, 수평토압, 수압
- 자중: 단위중량에 대하여 프로그램에서 자동고려됨
- 연직토압(P_v): 터널 상부에 작용하는 하중은 Terzaghi의 이완토압 적용

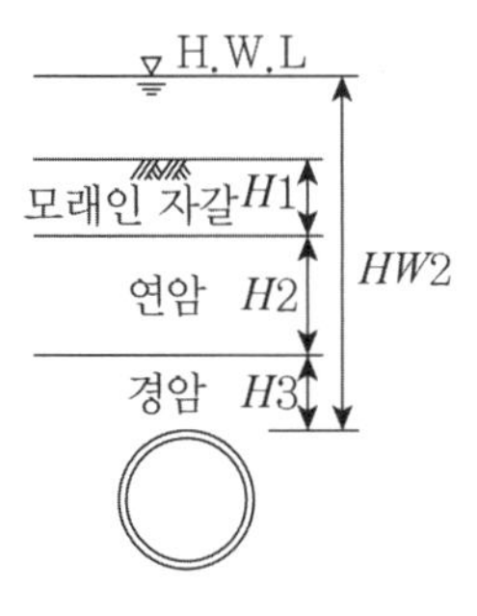

Hw2: 38.375m(H.W.L)	$\gamma1$: 1.9tf/m^2
H1: 3.83m	$\gamma2$: 2.5tf/m^2
H2: 5.80m	$\gamma3$: 2.7tf/m^2
H3: 9.56m	$\gamma1^1$: 0.9tf/m^2
Dc: 7.4m(세그먼트 중심직경)	$\gamma2^1$: 1.5tf/m^2
B1: 7.4m(이완하중 높이: 1D)	$\gamma3^1$: 1.7tf/m^2
Po: 0tf/m(상재하중)	c: 0
Ko: 0.5	$\phi1$: 35°
	$\phi2$: 38°
	$\phi3$: 42°

$$Pv = \frac{B_1(\gamma_{3'} - c/B_1)}{Ko \cdot \tan\phi} \cdot (1 - e^{-ko \cdot \tan\phi \cdot H3/B1}) = 16.768 \text{tf/m}^2$$

- 수평토압(Pvs): $Ko = 0.5,\ 2.5$
- 수압: 최대 45.8tonf/m^2
- 하중조합

	자중	수압		지반하중	토압		비고
		연직	수평	연직하중1D)	k=0.5	k=2.5	
case 1	1.52	1.54	1.8				지반 양호, 양압력, 최대수압
case 2	1.52			1.52	1.8		단기공사, 지하수소량, 낮은 측압
case 3	1.52			1.52		1.8	단기공사, 지하수소량, 높은 측압
case 4	1.52	1.54	1.8	1.52	1.8		최대수위, 낮은 측압
case 5	1.52	1.54	1.8	1.52		1.8	최대수위, 높은 측압

해석결과(모멘트 최대인 경우, case 2)

Ko	BMD (Bending Moment Diagram)	SFD (Shear Force Diagram)	A.F.D
0.5	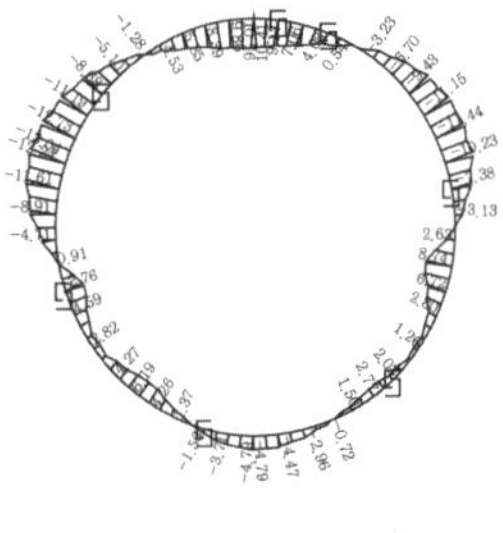	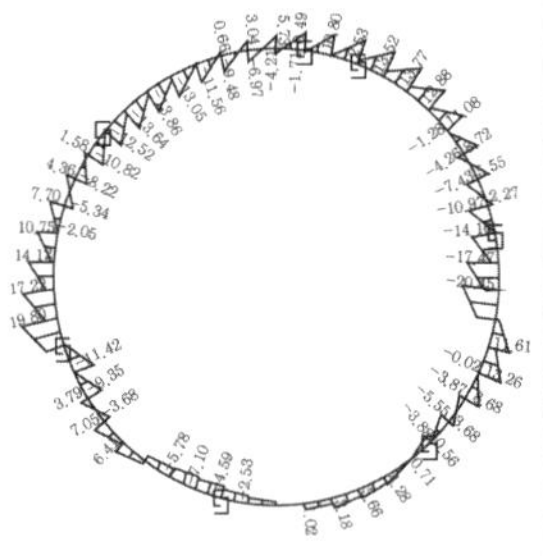	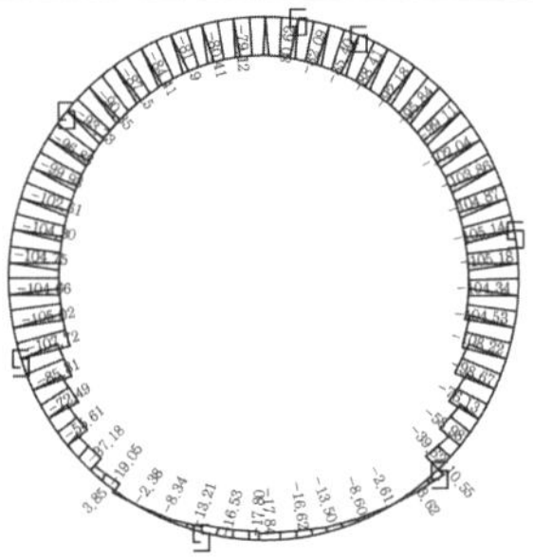
2.5	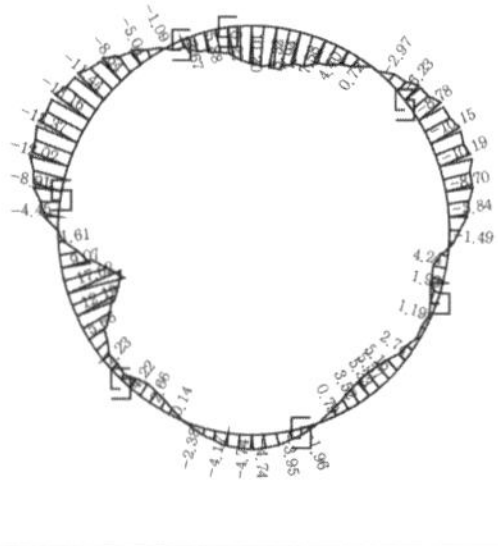	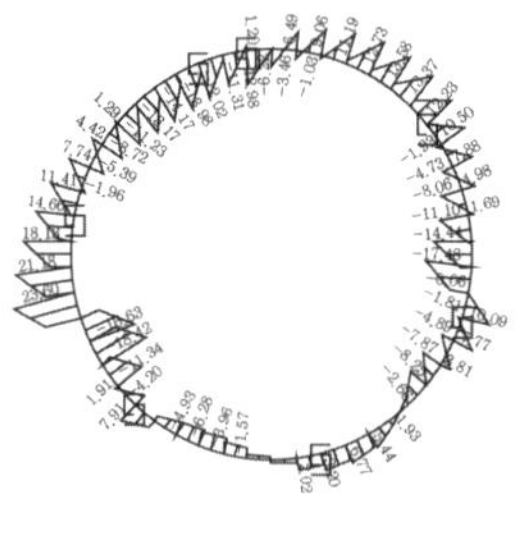	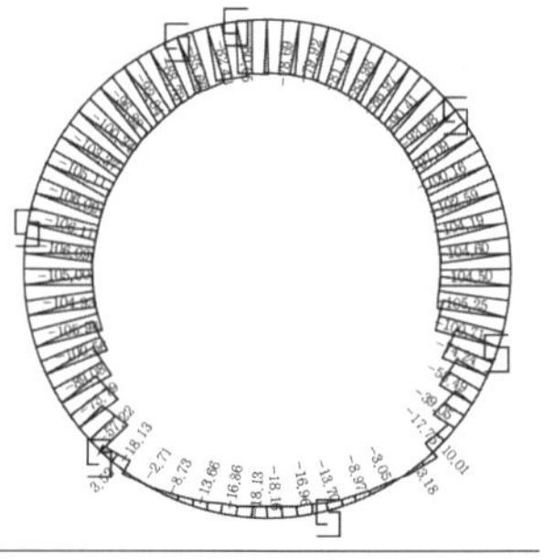

4) 제작, 운반, 설치 시 라이닝 구조검토

해석개요

- 세그먼트는 공장에서 제작되어 최종적으로 터널에 설치될 때까지 제작, 운반, 설치 시에 잠정적으로 다양한 조건의 하중을 받음
- 일반적으로 이러한 취급 및 가설하중은 세그먼트 구조설계에 큰 영향을 주지는 못하지만, 세그먼트 구조의 적정성 검토차원에서 분석함

세그먼트 운반

① A 세그먼트(최하단)

- 계산조건

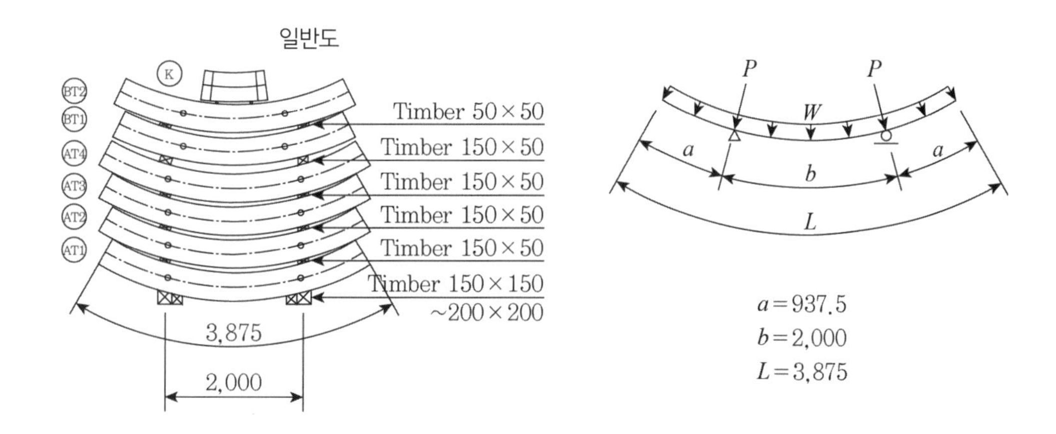

- 하중계수: 1.54
- 안전율: 1.2 이상
- young계수비$(Ec/Es)=7$
- 콘크리트: $fcu=562.5\text{kgf/cm}^2$ ⋯ $fck=450\text{kgf/cm}^2$
- 철근: $fy=4000\text{kgf/cm}^2$ ⋯ SD40

$$w = B \times t \times \gamma \times \gamma f = 2.31\text{tf/m}$$

여기서, w: 세그먼트 자중

B: 세그먼트 폭 1.500m

L: 세그먼트 길이 3.875m

t: 세그먼트 두께 0.400m

γ: 세그먼트 단위중량 2.500tf/m^3

γf: 하중계수 1.540

$$P = \frac{(3Wa + 2Wb + Wk)}{2} = 22.38\text{tf}$$

여기서, P: 상적된 세그먼트 하중(tf)

Wa: A 세그먼트 자중=w · 1A 8.951tf

Wb: B 세그먼트 자중=w · 1E 7.907tf

Wk: K세그먼트 자중=w · 1K 2.088tf

1A: A 세그먼트 길이 3.875m

1B: B 세그먼트길이 3.423m

1K: K 세그먼트 길이 0.904m

따라서 지점반력(R)은 다음과 같다.

$$R = \frac{Wa}{2} + P = 31.33\text{tf}$$

• 단면력 산정결과

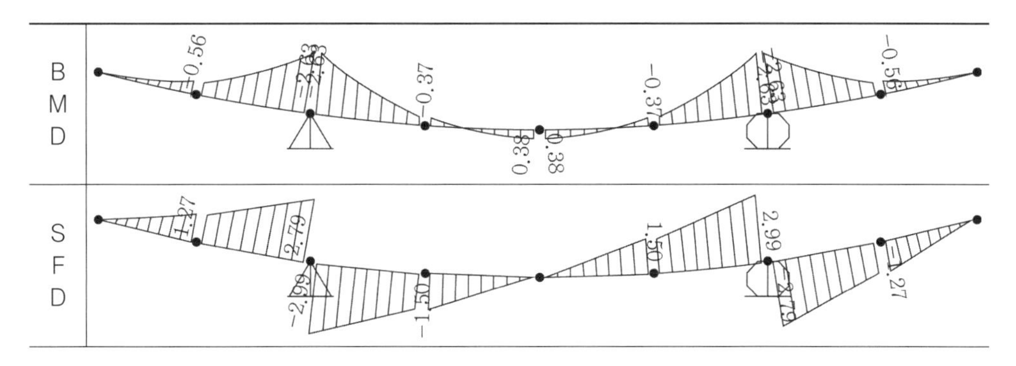

② B 세그먼트(최상단)

• 계산조건

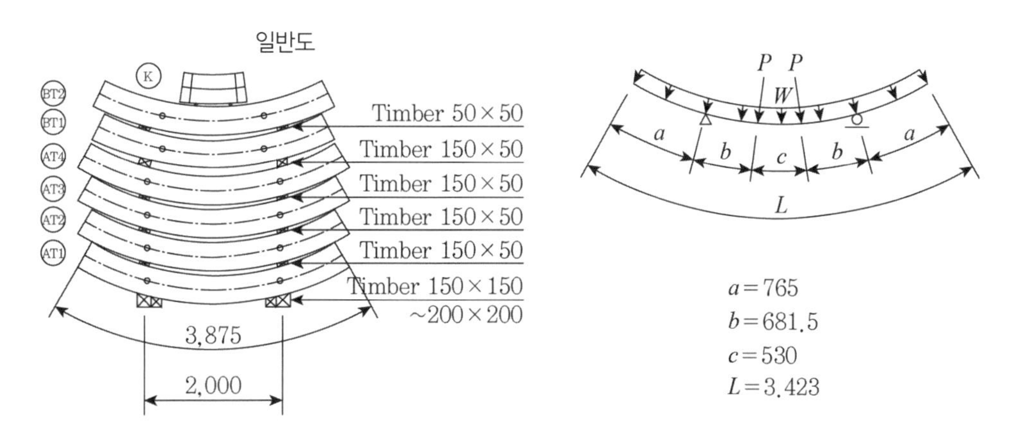

$$w = B \times t \times \gamma \times \gamma f = 2.31\text{tf/m}$$

여기서, w: 세그먼트 자중

B: 세그먼트 폭 1.500m

L: 세그먼트 길이 3.423m

t: 세그먼트 두께 0.400m

γ: 세그먼트 단위중량 2.500tf/m^3

γf: 하중계수 1.540

$$P=\frac{Wk}{2}=1.044\text{tf}$$

여기서, P: 상적된 세그먼트 하중(tf)

Wb: B 세그먼트 자중=w·1E 7.907tf

Wk: K 세그먼트 자중=w·1K 2.088tf

1B: B 세그먼트 길이 3.423m

1K: K 세그먼트 길이 0.904m

따라서 지점반력(R)은 다음과 같다.

$$R=\frac{Wb}{2}+P=4.998\text{tf}$$

• 단면력 산정결과

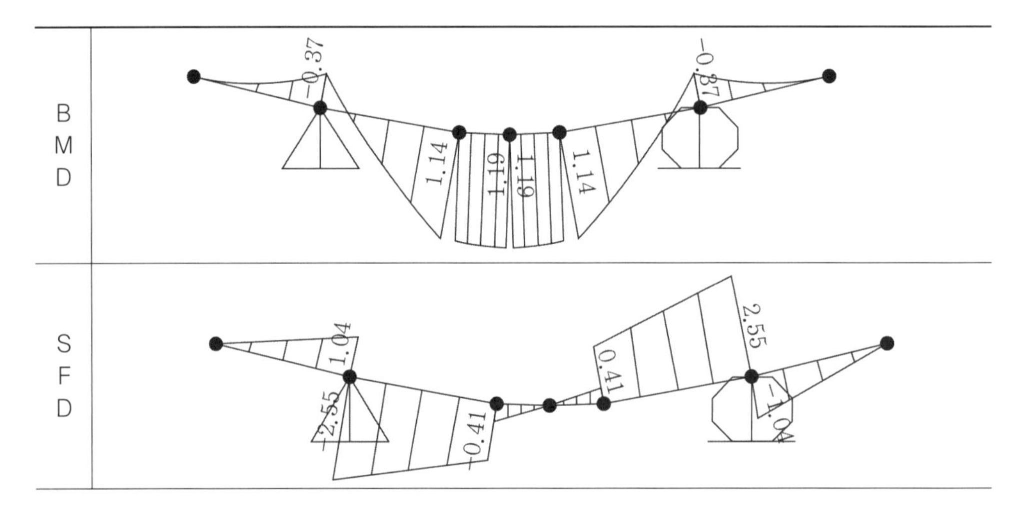

세그먼트 제작

- 계산 조건

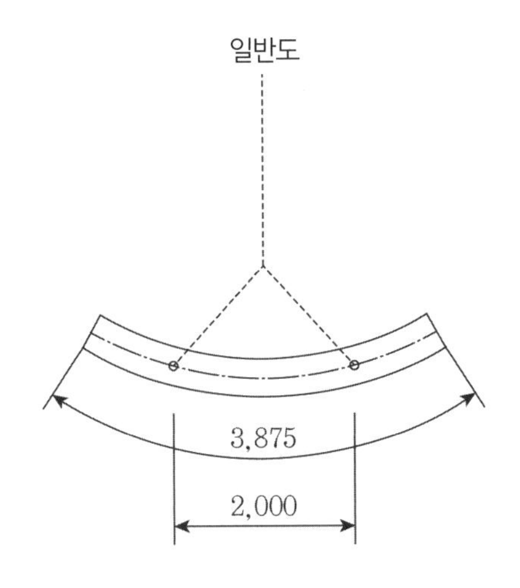

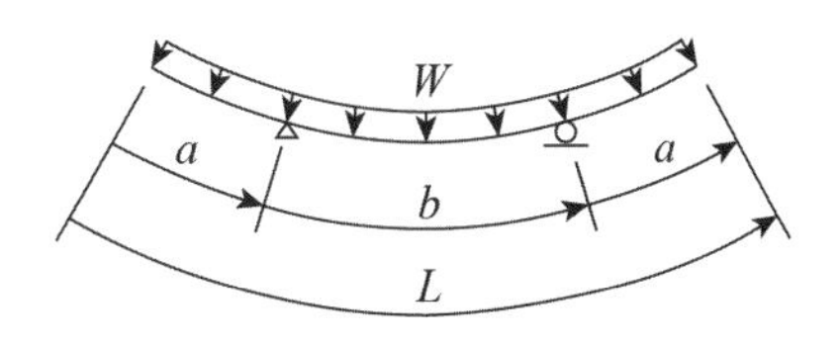

$a = 937.5$
$b = 2,000$
$L = 3,875$

$$w = B \times t \times \gamma \times \gamma f = 2.31\text{tf/m}$$

여기서, w: 세그먼트 자중

B: 세그먼트 폭 1.500m

L: 세그먼트 길이 3.875m

t: 세그먼트 두께 0.400m

γ: 세그먼트 단위중량 2.500tf/m^3

γf: 하중계수 1.540

- young계수비$(Ec/Es) = 11$
- 콘크리트: $fcu = 187.5\text{kgf/cm}^2$ ··· $fck = 150\text{kgf/cm}^2$
- 철근: $fy = 4000\text{kgf/cm}^2$ ··· SD40

• 단면력 산정결과

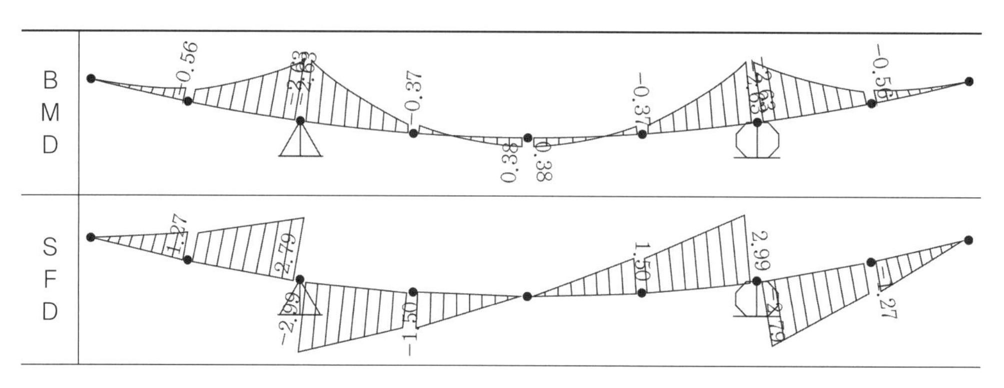

세그먼트 조립

• 계산조건

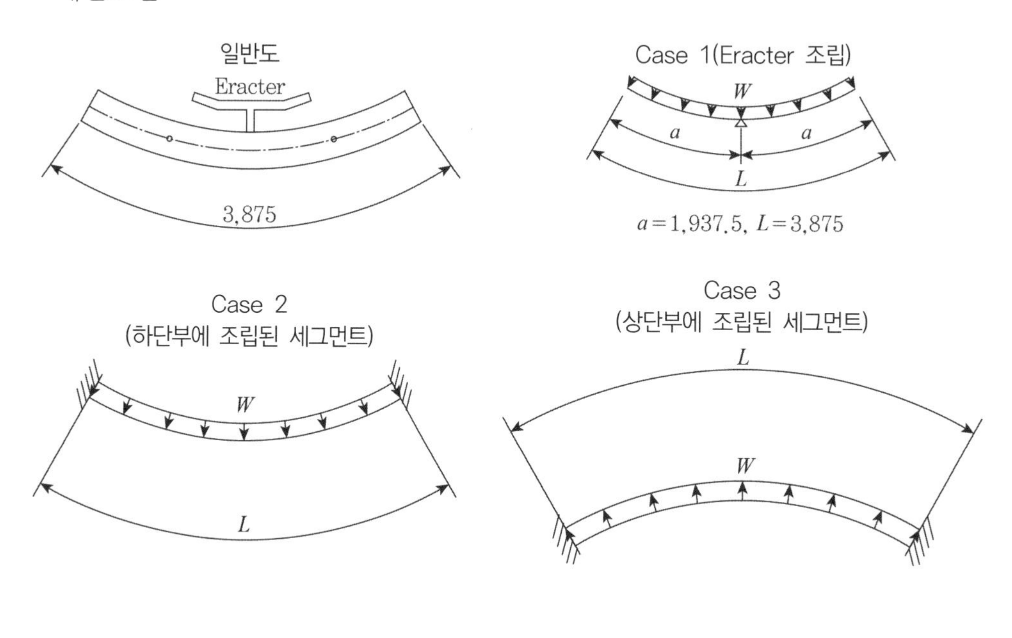

$w = B \times t \times \gamma \times \gamma f = 2.31\text{tf/m}$

$R = W \times L = 8.952\text{tf}$

여기서, w: 세그먼트 자중(tf/m)

R: 반력(tf)

B: 세그먼트 폭 1.500m

L: 세그먼트 길이 3.875m

t: 세그먼트 두께 0.400m

γ: 세그먼트 단위중량 2.500tf/m^3

γf: 하중계수 1.540

• 단면력 산정결과

Case 1

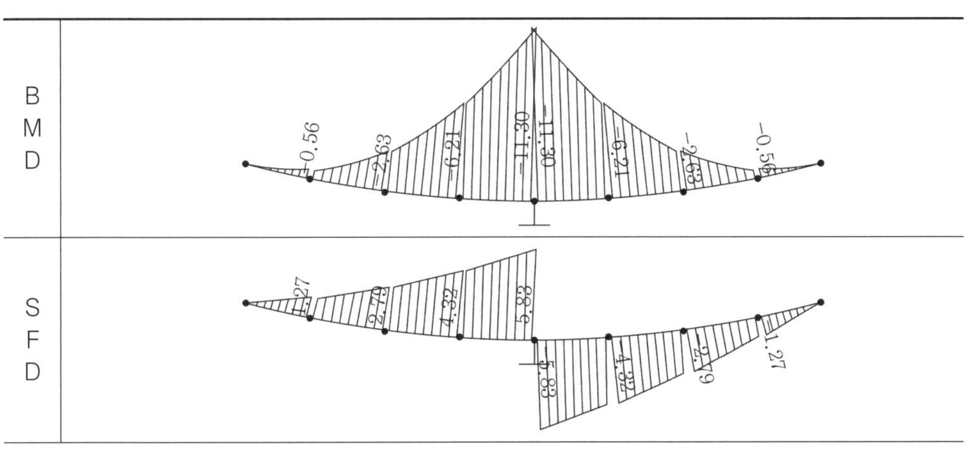

Case 2

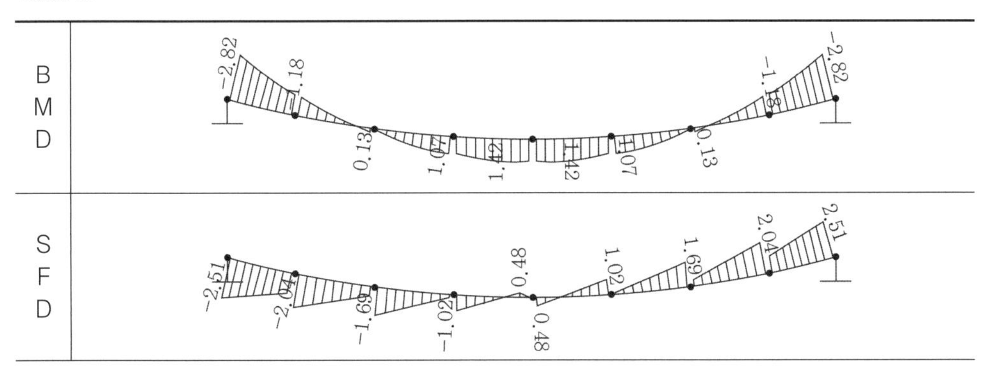

Case 3

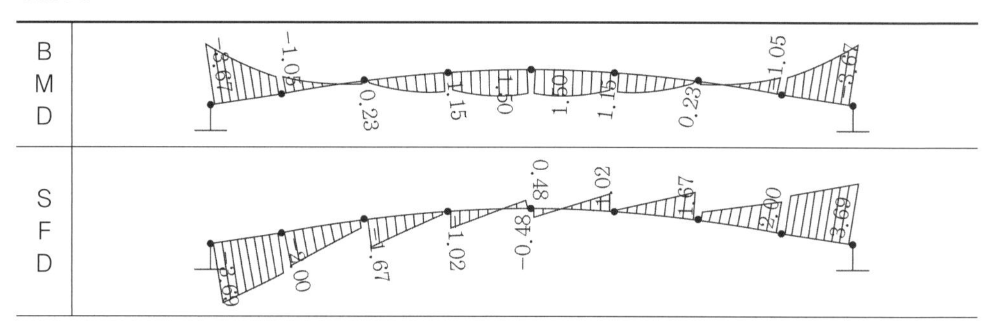

뒤채움 주입압 검토(최대 주입압 2 kgf/cm^2 가정)

- 계산조건

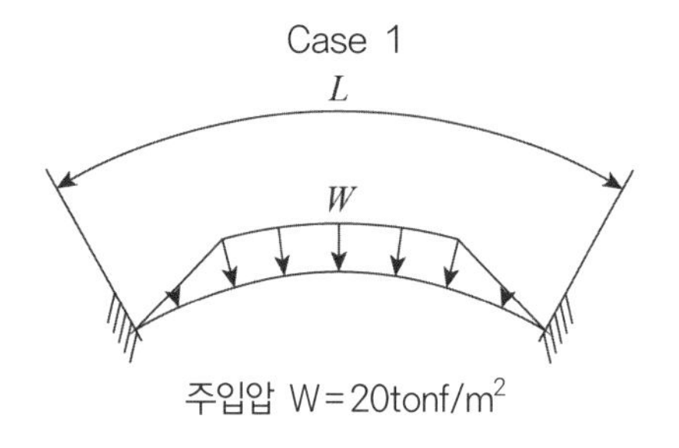

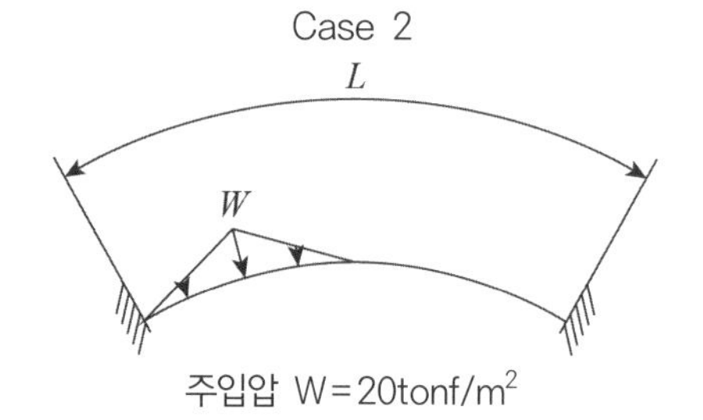

$$w = B \times t \times \gamma \times \gamma f = 2.31\text{tf/m}$$

$$R = W \times L = 8.952\text{tf}$$

여기서, w: 세그먼트 자중(tf/m)

R: 반력(tf)

B: 세그먼트 폭 1.500m

L: 세그먼트 길이 3.875m

t: 세그먼트 두께 0.400m

γ: 세그먼트 단위중량 2.500tf/m^3

γf: 하중계수 1.540

• 단면력 산정결과

Case 1

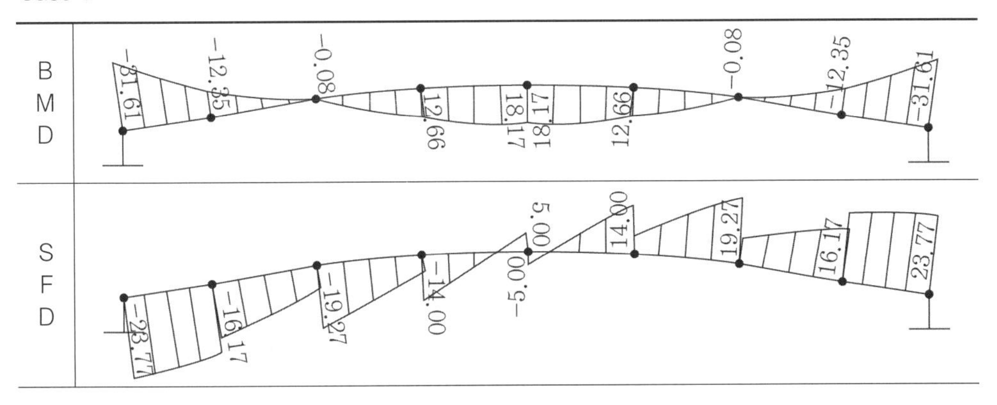

Case 2

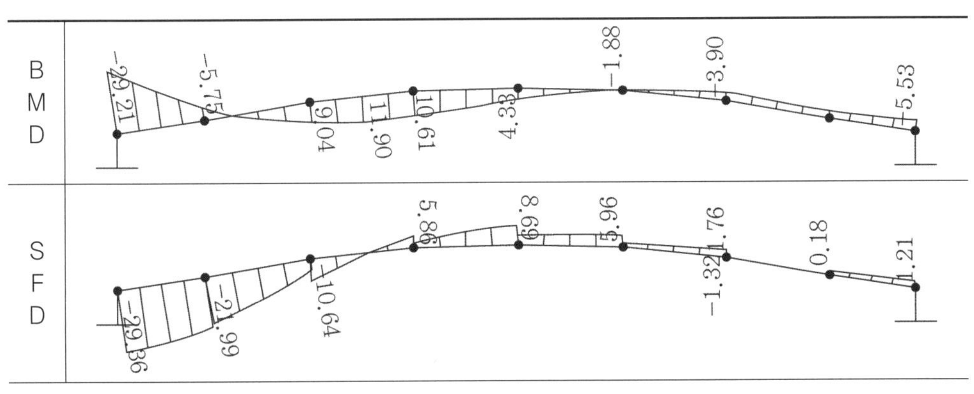

9.6.5 결론

쉴드터널 설계에서 세그먼트 라이닝은 그 자체가 최종 목적구조물로써 지반을 지지하고 지하수 유입을 차단하며 쉴드기의 추진대 역할을 하는 가장 중요한 대상이다. 그러나 쉴드기 자체에 비해 세그먼트 라이닝에 대한 관심은 다소 부족한 것 같다.

세그먼트 라이닝은 지반공학은 물론 구조적 지식이 많이 요구되고 난이도가 매우 높은 설계대상이다. 또한 이음부와 세그먼트의 상호작용 등에 대해서도 규명되지 않은 부분이 많다. 우리나라의 기계화 시공의 발전과 더불어 세그먼트 라이닝에 대한 업계와 학계에 보다 많은 관심이 필요한 시점이라 생각한다.

9.7 FRC 세그먼트 라이닝의 설계 기준해설

최근 ACI(American Concrete Institute)에서 섬유보강콘크리트(FRC, Fibre Reinforced Concrete) 터널 세그먼트에 대한 초안보고서를 새로운 기술에 대해 구체적인 설계 가이드라인이 될 수 있기 위해 작성하였다. Aecom의 Medhi Bakshi, Verya Nasri와 Fedrica Muercuerillo가 터널 설계의 ACI 544 가이드라인을 어떻게 적용하는지 논하였다. 또한 국제터널학회(ITA)에서도 ITA-TECH 프리케스트 FRC Segment Lining 설계 가이드라인(2016년 4월)을 발표하여 터널의 Precast Segment Lining 제작에서 FRC의 적용 설계 기준 등이 발표되고 있다.

그림 9.31 생산 공장에서 세그먼트를 거푸집에서 제작하는 단계

연약지반 및 연약암석에 TBM 터널을 굴착할 때 TBM Cutterhead 뒤에 프리케스트 세그먼트(precast concrete segment)를 설치한다. TBM이 전진할 때 프리케스트 콘크리트 세그먼트로 구성된 링을 받침대로 지지하여 운반한다. 여기서 프리케스트 콘크리는 초기와 최종 지면 지보재이자 일체형 라이닝 시스템으로 구성되어 있다. 이러한 세그먼트는 지반과 지하수에 발생한 영구하중 또는 운반, 생산, 시공에서 유발된 임시 하중도 지지할 수 있도록 설계되어 있다. 터널 세그먼트는 일반적으로 장력에 저항할 수 있도록 보강되어 있다. 기존 철근(rebar)은 케이지 조립 및 교체에 상당한 인력이 필요하기 때문에 생산단가가 높다. 또한 고산지대 등 하루의 일교차가 큰 지역은 RC 콘크리트 타설 시 콘크리트의 수축 작용 등으로 엄청난 Crack이 발생하여, 강섬유보강콘크리트로 교체되고 있으며, 단가가 높고, 시공성이 떨어지는 SFRC를 대신해서 FRC가 대안 부재로 떠오르고 있는 실정이다.

따라서 강섬유 콘크리트로는 세그먼트의 생산력을 향상시키고 재작 배치를 쉽게 만들 수 있다. 이는 세그먼트 안에 섬유가 균일하게 분산되었고 콘크리트 Cover가 구성되어 있기 때문에 파괴 응력과 폭렬(spalling)에 높은 지지력을 보여주기 때문이다. 이러한 장력은 TBM 재킹과정에서 세그먼트에 적용되는 높은 하중 때문에 발생한다. 콘크리트 메이트릭스 안에 있는 섬유는 세그먼트 관리 이동, 또는 터널 발굴 때 발생할 수 있는 갑작스러운 충격하중을 완화해주는 역할을 한다.

콘크리트에 섬유를 추가함으로써 crack 넓이는 더 줄어들고(Bakhshi and Nasri, 2015) 전반적인 구조적 가능 수명 이내, 내구성 문제도 감소된다. 또한 Crack 넓이가 증가할수록 환경적 요소(environmental agents)들이 콘크리트 속으로 진입한다. 이는 과도한 물기 침입 또는 철근 부식의 원인이 된다(ACI 544.5R, 2010). 부식을 유발하는 메커니즘은 주로 탄소화과정과 염화 이온 침입이다. 반면 내구성 실험 결과에 따르면 탄소화 부식은 강섬유 콘크리트(Steel fiber reinforced concrete－SFRC)의 표면으로 제한되어 균열 혹은 폭렬로 인해 구조적 손상을 주지 않고 더 깊이 침투하지 않는다(ACI 544.5R, 2010). 균열과 염화물 확산성으로 인한 부식으로 SFRC의 부하통전 능력이 감소될 수 있지만 녹 형성으로 섬유-페이스트 저항이 증가하면서 이러한 감소요소가 상쇄된다. 따라서 섬유 당김 반응이 빨라지면서 SFRC 구조의 휨능력이 증가한다(Granju and Balouch, 2005). 반면 강섬유 콘크리트는 기존 무근 콘크리트에 철근으로 보강하는 것과 같이 강섬유는 폭렬방지에 영향이 없거나 아주 미세하다고 비난을 받고 있다. 이에 따라 폭렬을 방지하기 위해 단일 필라멘트 폴리프로필렌 마이크로섬유로 SFRC의 폭렬을 방지한다.

1982년부터 FRC는 내부직경 2.2~11.4m 되는 세그먼트 라이닝 시공 소재로 세계적으로 많은 터널 프로젝트에서 사용되었다(ACI 544.7R, 2016). FRC 프리케스트 세그먼트의 최대/최소 두께는 각 0.15m와 0.40m이다. 대부분의 프로젝트에서는 2.2~7m 되는 소-중형 터널로 구성되었고 여기서 25~60kg/m^3 정도 되는 강섬유로 보강하였다. 이러한 설계는 국제 기준과 설계규정에 따라 적용하였다(DBV (2001), RILEM TC162-TDF (2003), CNR DT 204/2006 (2007), EHE (2008), fib MODEL CODE (2010)). 최근 몇 년간 FRC 기술은 고성능콘크리트 도입(CNT 등)으로 인해 섬유만으로 보강 시스템을 구성하였고, 규모가 더 크고 복잡한 조건을 가지고 있는 터널 프로젝트들을 더 쉽게 접근할 수 있게 되었다. 내부직경 7m가 되는 터널들도 FRC 세그먼트를 사용하여 성공적으로 시공하였다. 이의 예로써 Grosvenor Goal Mine, Channel Tunnel Rail Link와 Blue Plains Tunnel에 내부직경 각 7m, 7.15m, 7m이 되는 터널에 적용하였다. 세그먼트의 종횡비(세그먼트 길이와 두께의 비율)가 10보다 크면 섬유와 일반 철근으로 추가인 보강이 필요하다. 어떤 연구자들은 종횡비 한계점을 12~13으로 올리자는 제안을 하였는데 이러한 종횡비 조건을 입증하려면 아직 많은 연구가 필요하다.

FRC 세그먼트에 대해 이러한 장점이 있음에도 불구하고 FRC 세그먼트의 사용 권유와 가이드라인 부족으로 인해 사용이 한정적이다. 따라서 ACI Committee 544안에서, FRC 세그먼트 설계에 대한 가이드라인 초안보고서가 작성되었다(ACI 544.7R. 2016). 이 ACI 보고서는 지정된 균열 후 잔여인장강도(σ_p)를 이용하여 터널 시공 및 터널 수명

설계 단계에서 FRC 터널 세그먼트의 모든 임시적 및 영구적 하중 조건을 만족하는 설계 절차가 포함되어 있다. ACI 보고서에 포함된 설계방법은 설계 단계에서 적용할 수 있는 가능성을 보여주기 위해 중형터널에 적용하였다.

9.7.1 FRC를 사용한 ULS 세그먼트의 설계

극한강한계상태(Ultimate Limit State(UL))를 위한 프리케스트 콘크리트 세그먼트(Precast Concrete Segment) 설계 시 디자인 엔지니어는 ACI 318(2014)에 소개된 강도설계법을(Strength Design Method)을 계수하중과 감소된 강도 조건을 복합적으로 적용하여 설계를 해야 한다. ULS이란 터널 라이닝의 붕괴 혹은 구조 파괴와 연관되었는데 이는 이 Chapter에서 설명될 것이다. 현재 터널 산업에서는 이러한 요소들을 고려할 때 다음과 같은 하중 조건에서 설계를 하는데 이는 세그먼트 생산, 운반, 설치 혹은 서비스 조건에서 일어난다.

1) 생산 및 임시 단계

- 하중 조건 1: 세그먼트 거푸집 존치 기간
- 하중 조건 2: 세그먼트 보관
- 하중 조건 3: 세그먼트 운반
- 하중 조건 4: 세그먼트 취급

2) 시공 단계

- 하중 조건 5: TBM 추력 잭 힘
- 하중 조건 6: 테일 스킨 백 fill 그라우팅 압력(tail skin back grouting pressure)
- 하중 조건 7: 국한된 백 그라우팅 압력(localized back grouting pressure)

3) 최종 서비스 단계

- 하중 조건 8: 토압, 지하수, surcharge
- 하중 조건 9: 종적 조인트 파열(longitudinal joint bursting)
- 하중 조건 10: 추가적 왜곡
- 하중 조건 11: 그 외 조건(예: 지진, 화재, 폭발)

참고로 시공 단계에 디자이너들은 개스킷 압력 힘, 연결봉(dowel) 혹은 bicone 연결, 진공 세그먼트 설치 시 전단력 혹은 링 구조 결함과 같은 조건을 고려해야 한다. 강도 설계 절차 혹은 ULS에서 필요한 강도(U)는 표 9.12와 같은 계수하중으로 표기된다. ACI 544 위원회는 하중 조건 8과 9와 같이 ACI 318에 포함되지 않은 조건을 AASHITO DCRT-1의 하중 조건과 하중조합을 사용하길 권유한다. 따라서 축방향력, 휨 모멘트와 전단력은 콘크리트 강도와 콘크리트 보강을 설계할 때 사용한다. ACI 544 위원회는 휨, 압축, 전단력은 강도지지계수 0.70을 사용하는 것을 권유하고 하중지지작용에서는 강

표 9.12 FRC 세그먼트의 생산 및 임시 적체 단계 하중 조건

Required strength(U) expressed in terms of factored loads for governing load cases	
Load Case	Required Strength(U)
1: stripping	U=1.4w
2: storage	U=1.4(w+F)
3: transportation	U=1.4(w+F)xd
4: handling	U=1.4wxd
5: thrust jack forces	U=1.2J
6: tail skin grouting	U=1.25(w+G)
7: secondary grouting	U=1.25(w+G)
8: earth pressure and groundwater load	U=1.25(w+WAp)+1.35(EH+EV)+1.5 ES
9: longitudinal joint bursting	U=1.25(w+WAp)+1.35(EH+EV)+1.5 ES
10: additional distortion	U=1.4Mdistortion

Note: w=self-weight; F=self-weight of segments positioned above; J=TBM jacking force; G=grout pressure; WAp=groundwater pressure; EV=vertical ground pressure; EH=horizontal ground pressure; ES=surcharge load; and Mdistortion=Additional distortion effect; d=dynamic shock factor.

도저항계수 0.65를 사용하는 것을 권유한다. 설계 절차는 세그먼트의 적절한 크기(두께, 넓이, 길이)를 터널의 크기와 하중을 고려하여 시작을 한다. 이에 따라 콘크리트의 압축강도와 보강을 구체화 단계를 걸쳐야 한다. 또한 강도저감계수를 고려할 때 세그먼트의 설계강도를 소요 강도와 비교를 하고 이에 도달하지 않을 시 설계 강도를 향상해야 한다.

세그먼트 스트리핑은 생산공장에서 프리케스트 콘크리트 세그먼트를 거푸집에서 스트리핑 시 리프팅 시스템(lifting system)에 미치는 영향을 말한다. 그림 9.32에서 두 개의 캔틸레버 대들보에 자중(W)으로 인한 하중 스트리핑 단계 모델을 보여준다. 휨에 의한 세그먼트의 반지름 및 캔틸레버 대들보의 길이는 각 R과 a로 명시되어 있다.

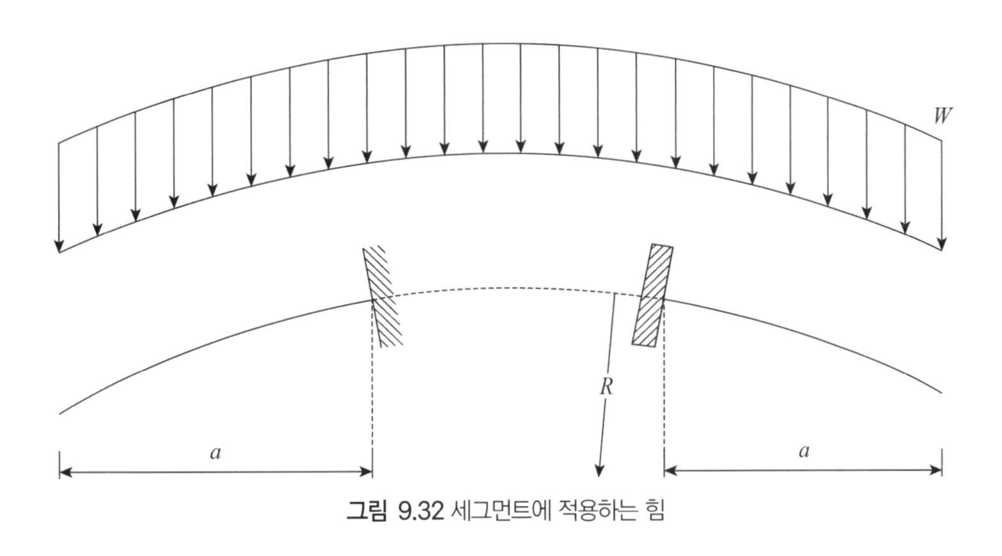

그림 9.32 세그먼트에 적용하는 힘

이러한 설계는 세그먼트에 스트리핑이 가해질 때 지정된 강도를 고려하며 설계를 한다(주조 3~4 시간 후). 그림 9.32에서 세그먼트에 가해지는 하중은 자중(W)뿐이다. 따라서 ULS에 따라 세그먼트에 적용되는 하중은 1.4per ACI 318(2014)이다. 참고로 ACI 544는 생산 공장에서 고품질 기계 혹은 기계 관리에 해당하는 동적하중계수의 스티리핑 하중 조건은 적용하지 않는다. 하중 조건에 해당하는 동적하중계수의 고품질 절차가 보장되지 않을 경우 디자이너들은 PCI 설계 핸드북에서 추천하는 방식을 사용해도 된다. 세그먼트 스트리핑 다음으로 세그먼트 보관 단계다. 여기서 세그먼트는 공사 현장으로 운반하기 전에 보관부지에서 지정된 강도를 도달할 때까지 포개놓는다. 완전한 링으로 구성된 세그먼트는 한 더미로 포개놓는다. 디자이너들은 포개놓은 더미의 지지대를 편심(eccentricity) 0.1m 사이로 더미 아래 세그먼트와 위 세그먼트를 둔다. 그림 9.34와 그림 9.35에서 이러한 하중 조건을 단순보로 보여준다. 그림에 보이는 것과 같이, 자중이(W) 추가적로 적용되어 설계된 세그먼트에서 위 세그먼트의 자체자중(F)가 적용되는 것을 보여준다. 따라서 이의 합한 하중은 $1.4W + 1.4F$ per ACI 318(2014)이다.

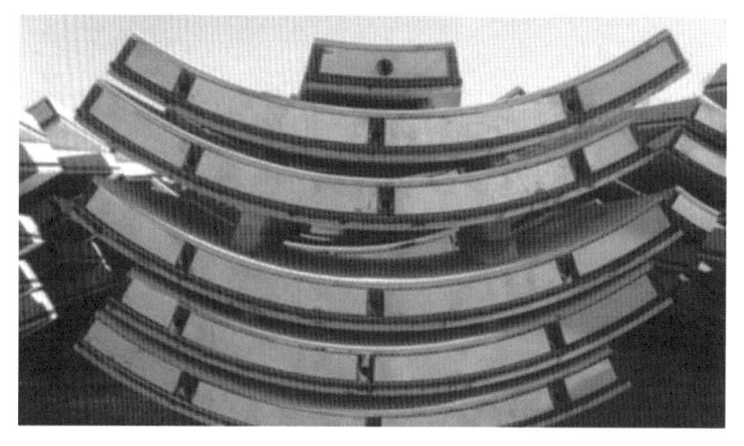

그림 9.33 세그먼트 스태킹과 보관 및 아래 세그먼트에 적용되는 힘

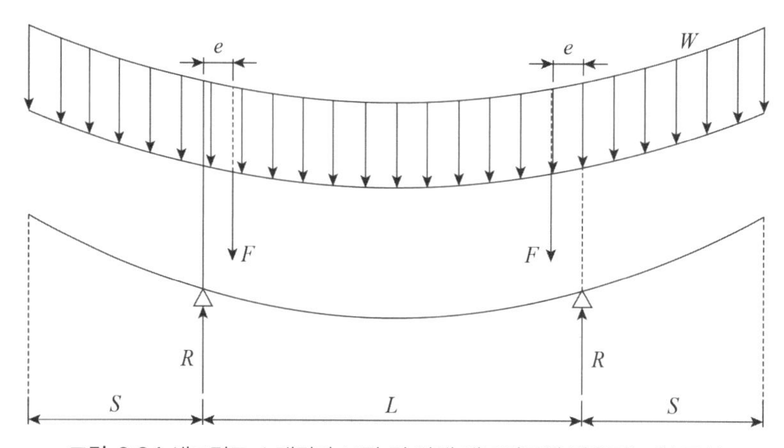

그림 9.34 세그먼트 스태킹과 보관 및 아래 세그먼트에 적용되는 힘 도식

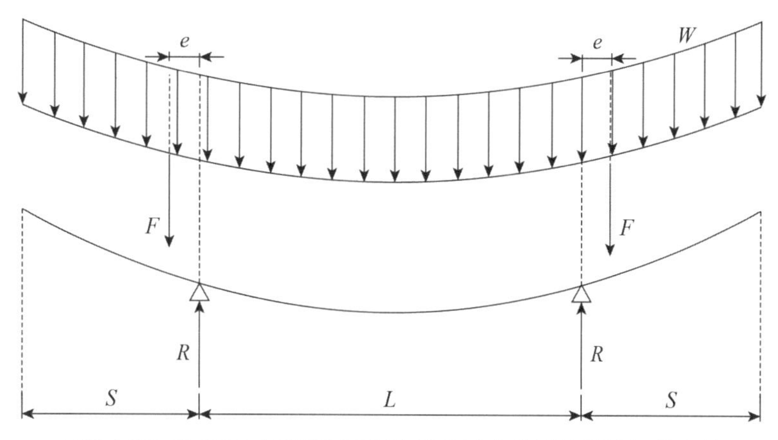

그림 9.35 세그먼트 스태킹과 보관 및 아래 세그먼트에 적용되는 힘 도식

세그먼트 운반 단계에서는 보관 부지에 배치되어 있는 프리캐스트 세그먼트는 공사장으로 TBM trailing gear로 통해 운반한다. 운반 단계에서 세그먼트는 동적충격하중이 가해질 수 있다. 또한 수송기관 열차 한 칸에 완전한 링 하나의 반 정도의 세그먼트를 실어 운반한다. 여기서 세그먼트 지지대로 목판을 사용한다. 이러한 설계에서는 편심(eccentricity) 0.1m을 사용하는 것을 권유한다. 세그먼트 보관 단계와 같이, 단순보에서 적용되는 힘은 아래 세그먼트의 자중(W)과 위 세그먼트의 자체자중(dead weight−F)이 적용된다. 여기서 하중의 합 $1.4W+1.4F$ per ACI 318(2014)에서 추가적으로 동적충격하중 2.0이 적용된다.

보관부지에서 트럭 혹은 레일카로 운반할 때 특수제작 승강장치 혹은 진공 리프터로 세그먼트를 옮긴다. TBM 안에서는 주로 Vaccum Erector(진공방식 세그먼트 설치기)로 세그먼트를 취급한다. 그림 9.32에서 보여주는 하중 조건에 해당하는 세그먼트 스트리핑과 유사하다. 설계에서는 세그먼트에 자중(W)만 가해져 이 단계에서는 자체중계수는 1.4 ULS per ACI 318(2014)이고 추가적으로 동적충격계수(d) 2.0을 더하는 것을 권유한다. 또한 위와 같은 단계에서 형성된 최대휨과 전단력은 설계 검사 단계에서 사용이 된다.

9.7.2 FRC 세그먼트 시공 단계

시공 단계에 세그먼트 조립 시 적용되는 하중 조건은 TBM 추력, 즉 잭 힘이다(TBM thrust jack forces). 링을 조립한 다음 TBM은 잭을 마지막으로 조립된 링에 위치되어 있는 둘레 조인트 베어링 패드를 밀면서 앞으로 이동한다(그림 9.36). 이 단계에서 패드 아래 초압축응력과 패드 사이에 파열장력 또는 세그먼트와 폭렬장력이 형성된다. 각 잭 쌍(jack pair－J)에 해당하는 최대 추력 힘은 총 TBM의 최대 추력의 합과 잭 쌍의 수로 나누면 계산할 수 있다.

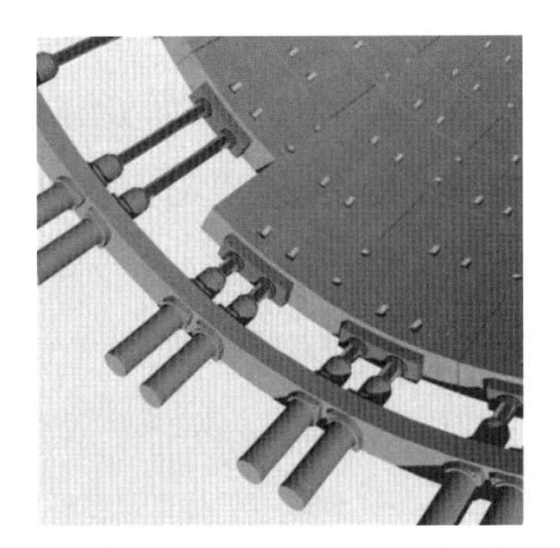

그림 9.36 둘레 조인트를 밀고 있는 잭

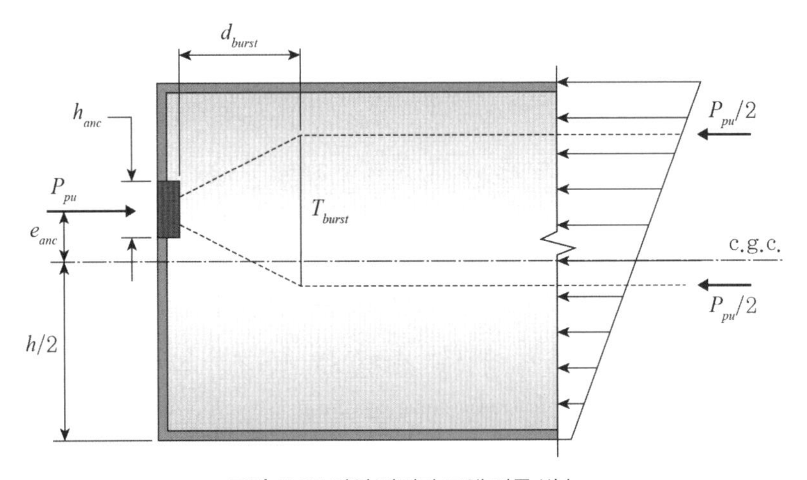

그림 9.37 파열 장력과 그에 따른 변수

이에 다른 방법으로 암석에 천공하기 위해 필요한 힘의 합으로 잭 추력 힘을 추정하거나 절삭면에 적용되는 슬러리 압력/토압에 쉴드 표면과 지반에 적용되는 마찰 저항을 더하고 추가적으로 트레일링 기어에 적용하는 운반 마찰을 더해 이의 합을 잭 패드의 개수로 나누면 잭 추력 힘을 추정할 수 있다. TBM 추력 잭 힘(J)만 세그먼트 조인트에 적용되기 때문에 다른 하중조합은 정의가 되어 있지 않다. 따라서 각 패드에 1.3 하중계수를 적용하는 것을 권유한다. 이 계수는 높은 기계 추력 효과에서 곡선에 볼록한(concave) 부분과 오목한(convex) 부분을 비교하여 직선의 뾰족한 부분을 고려하여 적용한 부분이다. 참고로 막장압과(face pressure) 표면마찰(skin friction) 계산 기반으로 재킹 힘을 합산한 경우, 재킹 힘의 하중계수는 막장압과 표면마찰의 하중계수와 같아야 한다. 또한 다양한 설계방법들 중 ACI 318(2014), DAUB(2013)에서 식 (9.1)과 (9.2), Lyendgar(1962) diagram과 유한요소 시뮬레이션에서 유래된 더 단순한 계산법이 포함되어 있다.

$$T_{burst} = 0.25 P_{pu}\left(1 - \frac{h_{anc}}{h}\right)$$
$$d_{burst} = 0.5(h - 2e_{anc}) \tag{9.1}$$

$$\text{DAUB:}\quad T_{burst} = 0.25 P_{pu}\left(1 - \frac{h_{anc}}{h - e_{anc}}\right)$$
$$d_{burst} = 0.4(h - 2e_{anc}) \tag{9.2}$$

그림 9.37에서 보여주는 것과 같이 T_{burst}은 파열 힘이고 d_{burst}는 단면 표면에서 파열 힘의 무게 중심에서의 거리일 때 P_{pu}는 재킹 패드에 적용되는 재킹 힘, h_{anc}는 jack shoe와 세그먼트 표면의 접촉면 거리, h는 단면의 깊이 그리고 e_{anc}은 단면 무게 중에 대한 잭 패드 간 편심이다(eccentricity). e_{anc}에 대한 지정된 값이 주어지지 않는다면 재킹 힘의 편심을 30mm로 가정한다. 참고로 가정된 30mm 편심은 실제 세그먼트 조인트

형상을 비교하며 개스킷 홈과 jacking shoe 위치와의 기타 세부 사항을 고려해야 한다.

재킹 패드 아래에는 TBM 추력 재킹 힘으로 인해 고압력이 생성된다. 이 압력은 a_l을 jack shoe와 세그먼트 표면 사이 접촉구간이라고 하면 식 (9.3)으로 구할 수 있다.

$$\sigma_{cj} = \frac{P_{pu}}{a_l h_{anc}} \tag{9.3}$$

세그먼트 표면 둘레만 패드와 접촉하기 때문에 허용 압축력(f_c)을 사용하여 표면부 압강도 대신 사용할 수 있다. ACI 318(2014)에서 부분적으로 하중이 가해진 세그먼트 표면에 콘크리트의 변압강도설계에 사용되는 식을 보여준다. DAUB(2013)에서는 터널 세그먼트 표면에서만 적용되는 비슷한 식을 권유한다.

$$f'_{ce} = 0.85 P_c \sqrt{\frac{\sigma_t (h - 2e_{anc})}{a_1 h_{anc}}} \tag{9.4}$$

여기서 f'_{co}는 표면에 부분하중을 가한 압축강도이고 σ_t는 추력 잭 밑에 세그먼트 중심선의 응력분포구역의 가로 길이를 말한다.

다른 방법으로 그림 9.38에 보여주는 Lygengar diagram을 사용하여, β와 b를 하중이 가해진 표면의 크기로 지정하고, a를 세그먼트 내부 표면에 퍼지는 응력, σcm(F/ab)를 완전히 퍼진 압축력으로 지정하여 장력을 구할 수 있다.

그림 9.38과 달리 그림 9.39는 대구경 터널의 둘레에 위치되어 있는 조인트에서 잭 추력 힘에 따른 효과의 3D FE 시뮬레이션 결과를 보여준다. 그림 9.39에서 보여주는 것과 같이 재킹 패드 밑에는 파열 응력뿐만 아니라 재킹 힘과 재킹 패드 사이에 집중되어 있기 때문에 폭렬 응력도 형성된다.

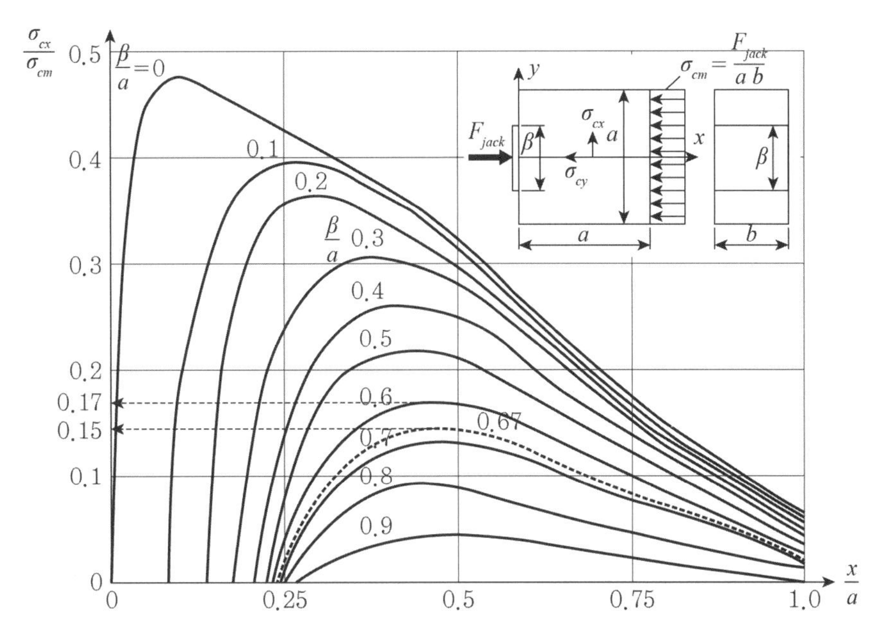

그림 9.38 파열 장력을 결정할 수 있는 Lyengar(1962) 그림(Groeneweg 2007)

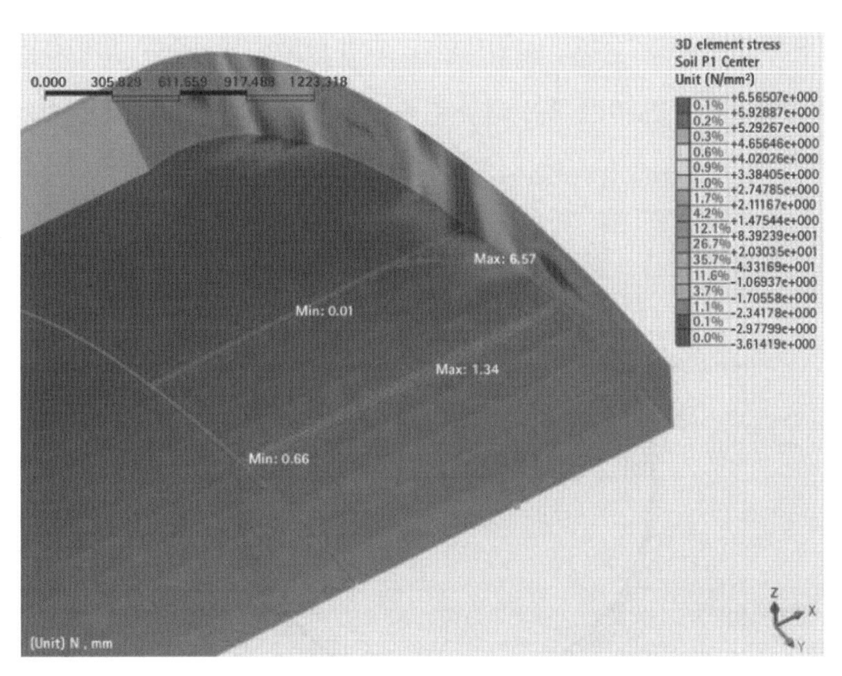

그림 9.39 세그먼트에 TBM 추력 잭 힘에 의한 스폴링장력과 전형적 파열을 보여주는 유한요소모델

Tail Void Grout의 하중 조건에서는 back fill grouting 혹은 고리 모양 부분에 반액체 grout으로 채워 넣는과정이다. 이과정은 라이닝 링을 완전히 고정하는 역할과 표면에 가라앉힘을 조정하거나 제한하기 위해서다. Grout 압력은 수압보다 조금 더 높은 압력으로 최솟값에 한계를 두어야 하고 최댓값을 토압보다 더 낮은 압력으로 고정시켜야 한다. Tail void grouting에 경우에는 상승하는 완전 grout 압력, 라이닝 자체중과 grout 전단강도의 접선변수의 평형 점을 사용하여 grout 압력의 수직 경사도를 구할 수 있다 (Groeneweg 2007). 이러한 하중 조건은 방사상(radial) 압력을 터널 첨단에서 침하까지 수직적으로 방사가압이 증가하여 모델화된 것이다. 이 단계에서 자중(w)과 grouting 압력(G)이 라이닝에 적용하는 하중이고 따라서 ACI 318 권유사항이 없으므로 AASHTO(2010) 권유사항으로 1.25DC+1.25G 총 하중 합이 ULS에 적용되어야 한다. 국한된 back filling이 일어날 경우, 라이닝 겉 둘레와 굴착 프로필 사이에 굴착 틈이 있는 세그먼트 구멍에 광선주입을 tail grouting 이후에 실행한다. 국한된 삼각형으로 분포된 back filling 압력 시뮬레이션은 ITA WG2(2000)으로 실행한다. 그림 9.40에 보여주는 것처럼, 세그먼트 조인트와 라이닝과 주변 지반 혹은 경화된 주 grout의 상호작용으로 인한 축소된 굴곡

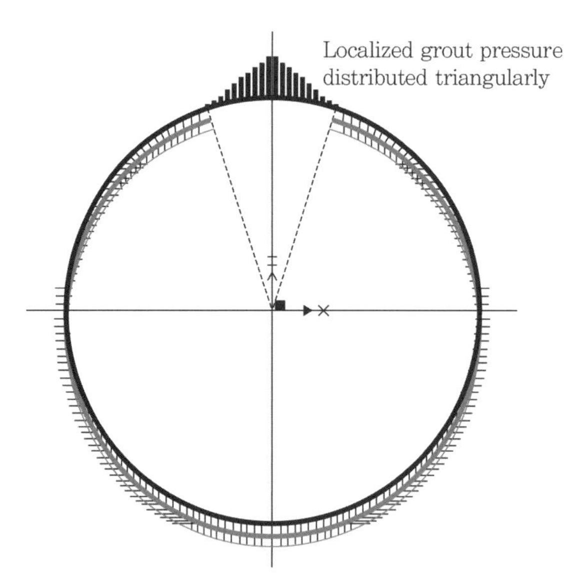

그림 9.40 1/10 둘레에 적용되는 라이닝 국한 grouting 압력 모델

강도를 2D고체링으로 라이닝을 모델화한다. Grouting 하중 조건에 의해 휨과 축방향력 힘은 구조분석 패키지를 이용하여 정해지고 세그먼트 강도와 비교하여 확인이 된다.

9.7.3 FRC 세그먼트의 최종 서비스 단계

FRC 세그먼트의 최종 서비스 단계의 하중은 라이닝과 지반 또는 지하수압의 상호작용과 터널에 구체적으로 적용되는 변수들(추가적 왜곡, 지진, 화재, 폭발, 터짐 기타 등)로 구성되어 있다. 개스킷 및 응력완화 홈(stress relief grooves)으로 인한 축소단면에서 응력전달로 인하여 힘 종적인 조인트 폭열하중은 최종 서비스 단계에서 또 하나의 중요한 하중 조건이다.

서비스 단계에서 최종 라이닝 시스템에 따른 프리케스트 콘크리트 세그먼트는 지반(수직, 수평) 하중, 지하수압, 자체중, 추가 하중, 지반 반발력 하중을 포함한 다양한 하중을 버틸 수 있다. 그림 9.41에서 보이는 것과 같이, 이러한 하중 조건에서 ACI 318 권유사항이 없을 시 AASHT(2010)에서 하중 합을 사용하여 힘을 계산한다.

주로 적용되는 최종 서비스 단계 하중 조건에서 지반, 지하수 또는 추가적 하중의 영향은 탄성 방정식, 빔-스프링 모델, FEM 또는 불연속요소모델(DEM)로 분석한다.

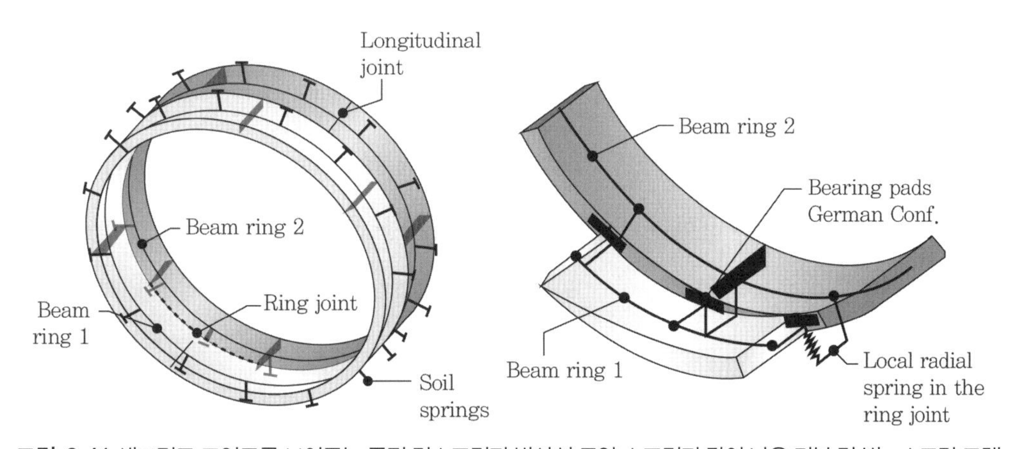

그림 9.41 세그먼트 조인트를 보여주는 종적 링스프링과 방사성 토양 스프링과 같이 나온 더블 링 빔 - 스프링 모델

이러한 분석에서 빔-스프링 모델(beam-spring model)이 가장 전형적인 방법이다. 그림 9.41에서 보여주는 것과 같이 여러 경첩이 달린 2.5차원, 세그먼트화된 더블 링 빔 스프링은 휨 강성(rigidity)의 감소와 비틀린 기하구조에 대한 효과적 모델을 만들기 위해 사용된다. 이러한 조작은 세그먼트를 굽은 보, 혹은 넓적한 종단적 조인트를 회전 스프링[JanBen joints(Groeneweg, 2008)] 또는 둘레의 조인트를 전단 스프링으로 모델을 하여 가능하다. 커플링 효과를 확인하기 위해서는 링 두 개를 사용하지만 이 방법으로는 종단적 혹은 둘레 조인트 영향 구역(longitudinal and circumferential joint zone of influence)에서 하나의 링의 세그먼트 넓이 반만 고려한다. 라이닝의 자중(w)과 빔에서 지반, 지하수 또는 추가적인 하중을 빔에 분배한다는 것을 고려하면, 단면력은 전형적인 구조 분석 방법으로 찾을 수 있다.

사용할 수 있는 또 다른 방법을 얘기하자면 Curtis(1976)와 Duddeck and Ermann(1982)의 논의가 추가된 Muir Wood(1975) 연속 모델 혹은 터널 왜곡 비율(tunnel distortion ratio)에 기반을 둔 실험적 방법이 있다(Sinha, 1989).

9.7.4 프리케스트 FRC 세그먼트 설계 예시

프리케스트 FRC 세그먼트가 포함된 중형 TBM 터널 라이닝 설계를 예시로 적용한다. 여기서 세그먼트의 내부 지름은 Di=5.5m로 가정하고 링은 큰 세그먼트 5개와 핵심 세그먼트(큰 세그먼트의 1/3 크기)가 있다. 큰 세그먼트 중앙선에서 넓이, 두께 그리고 곡선 길이는 각 1.5m, 0.3m 그리고 3.4m이다. ACI 544.8R(2016)에 사용된 응력변형그림(stress-strain diagram)을 응용한다. 앞에 이야기했던 하중 조건의 핵심적 매개 변수는 지정된 잔류인력 혹은 잔류휨강도(σ_p 또는 fD150)와 지정된 압축강도($f'c$)를 사용한다. fD150를 σ_p로 전환하기 위해 환산계수 0.34를 곱해야 한다.

설계된 거푸집 탈착과 28일 fD150 강도(28-day fD150 strength)는 각 2.5MPa(360psi)와 4MPa(580psi)이다. Demoulding을 위한 지정된 압축강도는 15MPa(2,175psi)이고 28일

FRC 세그먼트는 45MPa(6,525psi)이다. 그림 9.42에 보인 것과 같이 FRC 세그먼트의 능력은 인장 영역에 평형 조건과 균열 후 소성거동을 가정하여 이를 기반에 두어 계산한다. 첫 균열이 나타나는 휨 강도는(f_1) 4MPa(580psi)로 가정한다. 표 9.13에서는 생산 및 임시 하중의 설계강도검사기준이 표기되어 있다. 여기서 절리암반(jointed rock)에 터널을 굴착한다. 그림 9.43에서 나온 2차원 DEM 모델을 축에서(alignment) 설정되어 있는 3가지의 지질적인 구분에 터널 라이닝 힘을 계산한다. 그림 9.44에서는 지반과 지하수 압력하중조건의 설계 검사기준이 표시되어 있다. 이 프로젝트에서 최대 총 추력이 5,620kips(25,000kN)을 16개의 잭 쌍을 가정한다. 따라서 각 쌍의 최대 추력은 351kips이다(1.562MN). 최대 편심 $e=0.025$m를 고려하여 잭 패드와 세그먼트 사이의 접촉면 길이와 넓이는 각 $a_l=0.87$m와 $h_{anc}=0.2$m이다.

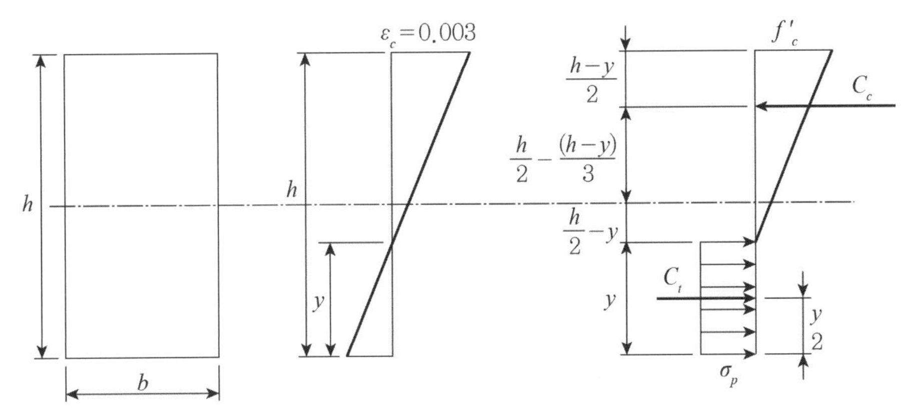

그림 9.42 장력에 적용되는 단편의 응력과 전단력 분포

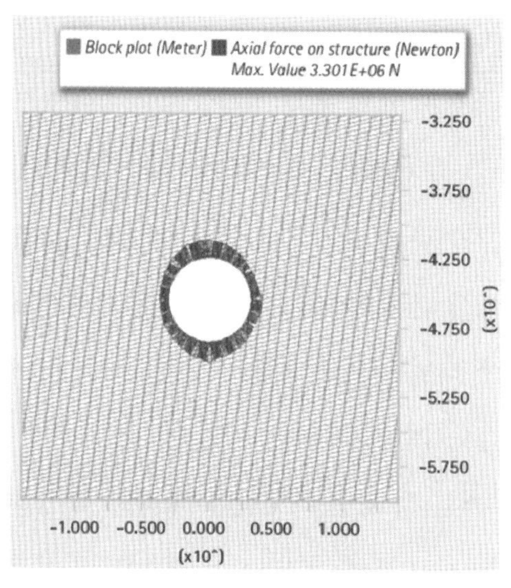

그림 9.43 DEM 모델

표 9.13 생산 및 임시 단계의 세그먼트 설계강도 검사

Segment design checks for production and transitional stages			
Phase	Specified Residual Strength, MPa(psi)	Maximum Factored Bending Moment, kNm/m(kipf-ft/ft)	Resisting Bending Moment, kNm/m(kipf-ft/ft)
Stripping	2.5(360)	5.04(1.13)	26.25(5.91)
Storage	2.5(360)	18.01(4.05)	26.25(5.91)
Transportation	4.0(580)	20.80(4.68)	42.00(9.44)
Handling	4.0(580)	10.08(2.26)	42.00(9.44)

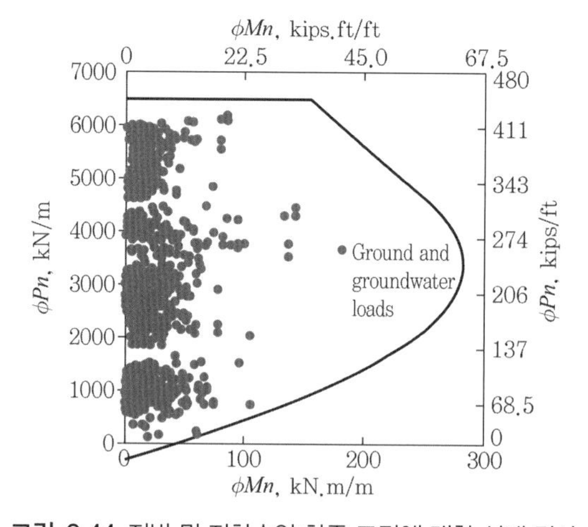

그림 9.44 지반 및 지하수압 하중 조건에 대한 설계 검사

접촉면과 방사상 방향으로 완전히 분포된 응력의 크기는 a_t =11.1ft/3=3.7ft(1.13m)와 h=12in(0.3m)이다. ACI 318(2014)에서 나온 단순식을(simple equation) 이용한다면, 방사상 혹은 접촉의 방향으로 파열 힘(T_{burst})와 섹션 표면에서 중심부터의 거리(d_{burst})는:

ULS 하중계수 1.2을 사용하여 방사상 또는 접촉방향으로 생산된 최대 파열 응력:

접선방향: $d_{burst}=0.5(a_t-2e)=$

-.5(3.7−2×1/12)=1.77ft(0.54m)

$$T_{burst}=0.25P_{pu}\left(1-\frac{a_l}{a_t-2e}\right)=$$

17.32kipf(0.077MN)

방사성 방향: $d_{burst}=0.5(h_t-2e_{anc})=$ (9.5)

0.5(12−2×1)=5 in(0.125m)

$$T_{burst}=0.25P_{pu}\left(1-\frac{h_{anc}}{h-2e_{anc}}\right)=$$

$$0.25\times351\times\left(1-\frac{8}{12-2\times1}\right)=$$

17.55kipf(0.078MN)

접선방향: $\sigma_p=\dfrac{1.2T_{burst}}{\phi h_{anc}d_{burst}}=$

이러한 응력은 FRC 세그먼의 지정된 28일 잔류 인력 강도가 σ_p=0.34, fD150=0.34(580)=197psi(1.36MPa)이므로 이보다 작다. 이 설계는 TBM 추력 잭 힘의 하중 조건에만 해당이 된다.

9.7.5 결론

FRC는 많은 장점이 있음에도 불구하고 가이드라인이 없거나 이의 사용 권유가 부족하기 때문에 FRC의 사용이 한정되어 있다. 이 장에서는 FRC 세그먼트의 첫 디자인 가이드라인이 되는 신 ACI 보고서의 설계 개념에 대해 설명하였다. 이 장에 포함된 절차에서 생산과 임시설계, 시공 그리고 최종 서비스 단계가 포함되어 있다. 중형터널의 설계방법을 사례로 섬유보강 적용으로 철근 사용을 배제할 수 있는 것을 보여주었다.

CHAPTER 10

고속굴진을 위한 TBM 공법의 터널 설계

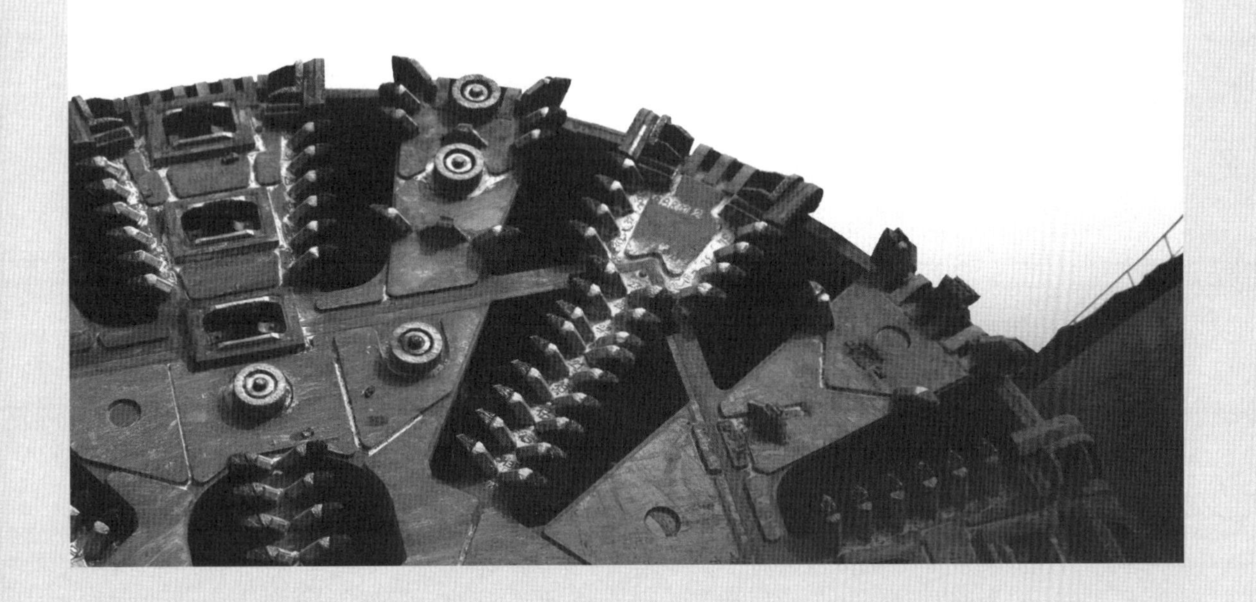

CHAPTER 10

고속굴진을 위한 TBM 공법의 터널 설계

산업화가 가속되면서 열차나 자동차 운행속도의 증가와 높아진 승객들의 쾌적하고 안전한 승차감 요구 등의 이유로 국내에서 점차 장대 철도터널이나, 도로터널의 설계 및 시공 사례가 증가하고 있는 추세이다. 또한 과거 터널 현장의 숙련된 기능공들의 은퇴와 더불어 터널 시공의 척박하고 어려운 작업환경 및 터널기술 기능 전수의 어려움 등으로 전반적으로 후속 기술, 기능 인력의 양성이 어려운 현실이다. 이미 미국, 일본, 독일 등 터널 선진국들은 지난 20여 년간, 지속적인 기술혁신이 이루어져 왔다. 환경문제 및 터널 관련 기술 인력의 부족 문제 등의 해결책으로 기계화 시공으로의 기술 전환 작업이 이루어졌다.

10.1 발파공법과 기계화 시공의 비교분석

서론에서 언급한 국내 문제점들은 결코 단순한 답변을 기대할 수가 없다. "Bore or Blast?" 이것은 현재 터널굴착공법의 중요한 두 축으로 사용되었다. 한국과 같이 중공업과 부품산업이 발달한 국가에서 TBM 장비를 아직도 전량 수입한다는 것은 아마도 단적으로 국내 기계화의 시공의 열악한 현황을 보여주는 것이다.

합리적인 굴진율 산정, 공정계획, 공사비 산출, 적정비트 및 장비의 적정 규격결정을 위해서는 기계화 시공에 기본이 되는 선형 및 원형 절삭시험 등이 필요하며, CSM 분석모델의 적용을 통한 과학적 설계가 요구된다. 그러나 국내의 경우 터널 설계 및 시공기술자들의 경험과 이해가 부족할 뿐만 아니라 영업 이윤만을 추구하는 일부 무책임한 제작자들에 의해 기계화 시공 분야가 낙후되어 있다.

이런 여러 가지 원인들에 의해 기계화 시공에 필요한 기본적인 자료 축적 및 정립이 이루어지지 않고 있으며, TBM 공사비의 주요 부분을 차지하는 굴착 Cutter와 지지베어링의 국산화에도 이르지 못하고 있는 실정이다.

미국은 지난 20년간 발파에 의존했던 터널굴착공법이 시대적 흐름 및 사회적인 여건의 변화에 따른 기술의 발달로 인하여 기계화, 자동화 시공법이 필연적으로 발달하게 되었다.

국내 기계화 시공의 발자취를 보면 산악터널보다는 발파, 진동 등의 문제가 민감한 도심지터널에서 전력구, 통신구 목적인 소단면 터널을 중심으로 꾸준히 기계화 시공의 맥을 이어왔으며, 근래에 들어서는 연약지반 지하철 시공 시 Shield TBM의 적용이 늘어나고 있는 추세이다.

실제적으로 국내에서 점차 발달되어 일반화된 발파공법(Drill & Blast)과 비교하면 기계화 시공이 시공성, 안전성, 경제성에서 우위에 있으나, 기계화 시공에 대한 정보 부족, 잘못된 인식 등으로 기계화 시공은 그 기술의 실체보다 활발히 적용되지 못하고 있는 실정이다.

10.1.1 기계화 시공의 발전 동향

노르웨이, 미국, 스위스, 독일 등의 터널 선진국에서는 연장 1km 이상의 터널공사는

TBM을 이용한 기계화 시공이 주를 이루고 있으며, 특히 산악터널뿐 아니라, 도심지 터널공사도 기계화 공법으로 시공 발주가 활발히 이루어지고 있다. 여기에는 터널 작업 기능공의 부족현상, D&B에 의한 진동 및 소음에 의한 환경문제 등도 이유가 될 수 있으나, 지난 20년 동안 TBM의 굴착 시 문제가 되었던 시공성에 대한 기능이 무척 증대되고, Cutter의 굴착 능력, 버력처리 능력 등의 기술발전에 기인한다 하겠다.

최근 미국 뉴욕의 지하철 건설도 연약지반은 Shield TBM, 경암지반은 TBM으로 발주된 바 있고, 앞으로도 기계화 시공으로 가는 추세이다.

그림 10.1 Hard Rock TBM with Double Shielded System(Wirth, Germany)

10.1.2 TBM 공법의 장단점

일반적으로 널리 알려진 TBM 공법의 장점은 D&B 공법보다 공정이 빠르다는 점이다. 더욱이 최근에 개발된 HP(High Power) TBM의 경우에는 굴진율이 상당히 개선되었다. TBM의 단점은 암질조건에 대해 D&B보다 적응성이 떨어진다는 점이다. D&B는 천공률(drillability)과 천공수에 의해 20% 정도 공정률의 편차를 보이나, 과거 TBM 공법은 지층조건의 변화 등에 의해 500% 이상의 공정률의 편차를 보이기도 하였다. 그러므로 TBM 공법에서는 Machine parameter와 장비 직경에 의한 굴진율의 영향이 신중히 고려돼야 한다.

10.1.3 TBM setting 소요시간

점보드릴은 국내에 최신형이 많이 들어와 있으나, HP TBM의 경우 국내에 1대도 없기 때문에 장비의 주문에서부터 제작 및 선적, 국내 반입 등에 걸리는 시간이 총 6~12개월이 소요된다. 또한 중고 장비의 수입 시에도 해당 project에 적합하도록 수리와 정비를 하는 데 3개월 정도의 시간이 소요된다. 현장에서 굴진을 위한 장비 조립시간은 3~6주, 장비의 해체 시에는 4주 정도를 보는 것이 적당하다. 터널 단면변화에 대해 TBM은 변단면 적용이 어려운 실정이다.

10.1.4 암반지보재의 설치시간

TBM 장비에 암반지보 설치장비 유무가 큰 영향을 미친다.

- Rock bolting: TBM은 굴착과 동시에 Rock support 설치 작업이 가능
- Support equipment
- Shotcrete equipment
- Liner plate erector

10.1.5 비용

1) 운반, 발진 비계 장치와 설치

- D&B: Drill 등 장비 이동 비용 저렴

• TBM: 장비 이동 비용 고가, 1000ton+α(Backup 장비)
• TBM+Backup Equipment: 해체 용이(터널 내 해체 가능)

장비의 이동 선정, 현장 이동에 따른 도로 상태 점검이 필요하고, 조립용으로 크레인이 필요하다. TBM의 장비 이동 시 비용, TBM 발진 비계설비와 TBM 조립·설치 비용이 TBM 터널 굴진 비용의 5~10%를 차지한다.

2) 터널 굴진

• D&B: 굴진 비용은 천공수, 사용된 화약량, 천공용 드릴의 마모도, 버력처리 비용이 대부분을 차지
• TBM
－Capital Cast High
－암질에 따라 1m/시간~10m/시간 등 굴진율의 변화가 심함
－Cutter의 마모가 전혀 없는 경우에는 비용이 50~100$/m^3$ 등에 이르기도 함

3) 암반지보

TBM으로 굴착 시 Rock Support의 수량이 발파에 의한 굴착보다 30~50% 감소하게 된다. 그 이유는 발파로 인한 암반의 반압이 줄어들기 때문이다. 그러나 절리(joint), 단층(fault) 등으로 지반이 불량할 경우 TBM에 Rock Support 장비가 장착이 되면 공기가 D&B보다 더 늘어날 수 있다. 작업공간이 협소하여 장비를 별도로 끌고 들어가 시공이 어렵기 때문이다.

4) 공사의 비교

TBM의 설치와 구입 등에 초기 투자비가 많이 들어가나 터널굴착에 따른 공사비는

절감되는 효과가 있다. 터널의 연장이 5~6km(노르웨이, 1998년) 경우 D&B에 비해 경제성이 있었으나, 최근에는 연장이 2~3km 정도면 경제성이 있으며, 도심지의 경우 발파진동 등의 문제로 D&B를 사용하지 못하는 구간에서는 연장이 1km 미만이라도 경제성이 있다. D&B는 3km 미만에서 적용하며, 공사 중 환기 비용 등의 증가로 그 이상은 적용을 하지 않고 있다.

10.1.6 일반적인 선형

1) 곡선구배

D&B는 일반적으로 터널의 곡선구배에 대한 시공 제한사항은 없다. TBM 공법은 대략 150~450m 정도의 곡선반경을 갖는다. 부득이한 경우 곡선구간을 D&B 시공 후 TBM을 분해, 통과시키기도 한다.

2) 종단구배

- TBM(ϕ7m) 공법에서 종단구배는 2%이며, 0.7%가 이상적
- Conveyor 수송장치: 30°까지 가능
- 수송통로(vehicle): 경사가 1 : 5 이상 급경사 시 Winch 운영
- 수직갱(shaft): 일반적으로 경사 45~60°를 가짐
- 암석버력(rock debris) → Tube or Channel로 처리함

10.1.7 단면

도로 및 철도 터널에서는 TBM 터널 단면이 D & B 단면보다 크다. TBM 터널 단면을 줄이려면 단면의 하부를 D & B로 해야 한다.

10.2 TBM 공법의 국내 적용사례 문제점

국내의 Open TBM 터널공법은 주로 교통터널이 아닌 장대 선형 도수로터널의 시공에 주로 적용되었다. TBM 장비 운행 시 사갱에 의한 Risk가 적고, 직경이 적어 터널의 구조적 문제가 적기 때문이었다. 이러한 TBM 공법의 활용도가 적은 국내 터널기술에 관한 문제점을 정리하면 다음과 같다.

10.2.1 국내의 불규칙한 지층조건

국내 기계화 시공에 가장 불리하게 작용하는 문제점은 불규칙적인 지층의 발달로 인해 층리와 습곡 등이 심하게 발달되어 있다는 점이다. 추가로 국내 암층의 강도 이외에 질긴 점착 특성과 편마구조 등에 의한 Cutter의 문힘 작용 등도 들 수 있다. 이와 같은 불리한 지층에 대하여 적정한 Cutter 선정을 위한 기본적인 Linear Cutting Test를 해본 경험이 전무하다는 것도 기계화 시공의 주요 실패 사인임을 간과할 수 없다. 또한 TBM 장비의 설계에 필요한 지반조사와 각종시험, 상세한 지질조사와 지하수리조사가 이뤄진 경우가 거의 없는 실정이다. 상황이 어찌됐던 100억 원~1,000억 원에 이르는 TBM 장비의 선정과 Cutter 선정을 공인기관의 절삭시험 없이 이루어졌다는 것을 상식적으로 납득하기 어려운 것이 사실이다.

10.2.2 굴착장비 운용상의 문제점

현장 책임 기술자, 외부 전문가 집단의 효율적인 공조 없이 터널 시공 경험이 부족하고, 운전 경력도 짧은 Operator의 단독 현장 운영으로 인한 피해는 매우 크다. 이는 유사시 대처 능력 부족으로 인해 터널 붕락, 장비의 터널 내 Jamming 현상, 운행 부주의로 인한 사행현상으로 이어진다. 또한 공사운영 미숙으로 인한 Spare parts의 공급 불량, 기계 및 전기에 대한 지식미비 등으로 인한 고가의 장비 운행 중지 등으로 공기가 연장되어 추가 공사비의 부담으로 이어진다.

국내의 경우 TBM 장비를 과다 보유한 진로건설, 유원건설들은 이러한 TBM 공법 적용 시 발생할 수 있는 여러 문제점을 인식하지 못해 부도가 나는 사태까지 이르렀고, 이러한 TBM 공법 자체에 대한 부정적인 사고들이 국내 업계에 만연하게 되어 지난 10년간 TBM 공법의 적용은 매우 미비하였다. 결국 오늘날 국내에 잔존하는 TBM 장비 자체도 10년 이상 오래된 구형으로 남게 되었고, 현재 새로운 TBM 공법 제안을 하여도 10년 전에 실패담에 대한 부정적인 생각이 건설업계에 널리 퍼져 있는 현실이다.

10.2.3 터널 시공팀의 조직화

현재 국내에는 터널의 설계 및 시공 감리에서 TBM 전문가가 부족한 실정이라 시급히 전문기술인력 확보가 중요하며 기계, 유압설비, 발전설비, 전기, 터널굴착 관련 팀들의 기계화 시공에 적합한 현장조직의 체계화가 필요하다.

10.2.4 국산 Cutter의 개발

TBM의 굴착 시 Hard Rock TBM의 경우의 Cutter의 비용이 전체 공사비의 20% 이상을 차지하고 있다. 따라서 값비싼 수입 Cutter의 사용을 줄이는 방안이 국내에 기계화 시공을 정착화시키는 데 중요한 인자가 된다.

미국의 경우 TBM의 장비 규격, Cutter 개발, 굴진율들은 현실적인 실정을 통해서 다양한 암종과 터널 규모에 맞는 Cutter의 선정, 적정 절삭 길이 선정, 굴진율, Cutter의 마모율 등을 고려한 합리적인 공법선정을 위해서는 Designer는 CSM Model 등에 의존하여 적정 Cutting System을 합리적으로 구분해내고, 이에 따른 굴진율, 시공 공정을 장비의 활용도 등을 고려하여 구하게 된다.

현행 수입에 의존하여 사용하는 Cutter를 값싸고 질긴 국산 Cutter로 국산화시켜야 진정한 의미의 기계화 시공이 가능할 것이다.

10.2.5 관련 공학 분야와의 공조

기계화 시공에서는 기계 공학, 힘과 관련된 유압 전문가, 전기 파워 공급 관련 전문가와 공조가 이루어져야 한다. 또한 Cutter 개발을 위해서는 Cutter 재질의 분석 및 암반에 대한 마모강도를 높이고, Ring Material에서 Cutter 몸체에 대한 접착력을 향상시켜주는 재료 공학적인 연구가 필요하다.

암반과의 싸움에서 이기려면, 암반보다 더 강하고, 질긴 재질을 개발하여 Cutter의 수명을 최대한 늘려야 한다.

10.3 TBM 설계, 시공 전문가의 부족

현재 국내의 실정은 TBM에 대한 지식이 부족하며, 터널 설계 Project를 주도하기보다는 Manufacturer에게 끌려다니는 경향이 있다. 상호협조가 이루어져야 하지만, Designer가 중립적 위치에서 세계적으로 검증된 CSM Model이나 NTNU Model 등으로 보다 공평한 판단을 했을 때만이 적정 장비 규격이 결정되고, 모든 일이 효율적으로 최적화될 수가 있다.

터널 설계 및 발주도 틀에 박힌 D & B 공법으로 너무 치우쳐 있다. 이는 경험 부족으로 기계화 시공의 장점에 대해 간과하는 경향이 있으며, 설계기술자들의 기계화 공법에 대한 노력이 부족함을 부인하기 어려운 실정이다. 또한 유사 장대터널 Project 간 발주시기의 조절이 필요함에도 불구하고, 프로젝트를 동시에 일괄 발주함으로써 고가의 TBM 장비의 활용도가 떨어지는 모순이 발생하기도 한다.

10.4 환경적 관점

10.4.1 소음과 진동

도심지에서의 터널굴착은 인근 주민들에게 소음과 진동으로 인한 큰 피해를 발생시킨다. 발파로 이용하여 굴착할 경우 각 발파당 장약량의 감소로 인해 굴진장이 감소하고, 분할 발파를 적용해야 한다. 그리고 발파시간을 확정하여 운영해야 하며, 장시간의 발파는 절대 피해야 한다. TBM 적용 시에는 주변 지반의 침하 및 주변 건물들의 균열 문제가 적은 장점이 있다.

10.4.2 환경문제에 대한 영향 감소

TBM 공법으로 굴착할 경우 소음, 진동 문제가 거의 없다. 또한 장대터널 시공 시 발파로 굴착할 경우에는 작업용 갱이 필요하여 환경 측면에 불리하나, TBM 공법의 경우 일반적으로 작업용 터널이 필요 없어 관련 도로 및 터널공사가 불필요하여 환경 측면에서 우수하다.

10.5 건강과 안전

10.5.1 공기오염

D & B 공법의 경우 공사 중 발파로 인하여 공기오염 문제가 발생하며, 갱내 독가스의 발생과 시야가 줄어드는 단점이 있다. 또한 디젤엔진을 장착한 loader 사용으로 배기가스로 인한 갱내 환기를 해결해야 한다. TBM은 전기로 작동하고 자체 버력처리 시스템이 있어 이러한 문제는 없다. TBM은 콘베이어를 사용하기 때문에 버력처리 시, 디젤 덤프트럭이나, 광차보다 공기오염이 적다. 그러나 석영(quartz)이 없는 암층 굴착 시 미세 먼지의 생성으로 작업인부의 건강을 해칠 수 있다. 이러한 문제점은 Water spraying을

해줌으로써 해결할 수 있다. 그러나 과도한 물 사용은 버력의 점착력을 떨어뜨려 운반에 손실이 발생한다.

10.5.2 정신적인 스트레스

Jumbo drill 운전자의 경우 직접적으로 소음과 진동 및 낙반 등의 위험에 노출되어 있으나, TBM은 Rock support의 자동화 설치로 D & B보다 낙반으로 인한 위험에 보다 안전하며, 운전자의 정신적 스트레스를 절감시켜준다.

10.6 선진국의 TBM 공법 적용사례

10.6.1 노르웨이의 경우

북부의 경암지대인 노르웨이에서는 TBM 적용 초기에 Drag Bit를 사용하는 과오를 범했으나, 추후 개발된 Disk Cutter의 적용으로 터널굴착이 기계화로 발전되었다. 초창기 기계화 시공은 굴진율이 느렸으며, 공사비도 많이 들었다. 그러나 노르웨이인들은 이러한 많은 난관을 극복하였고, 장차 기계화 시공의 장래성을 내다보고, 시행착오를 하면서도 계속적으로 본 공법을 적용해왔다는 것이 국내와는 다른 점이라 할 수 있다. 이러한 터널 설계 및 시공으로부터 얻은 경험을 바탕으로 노르웨이는 TBM 터널 시공 기술을 외국에까지 수출하는 발판을 마련하였다.

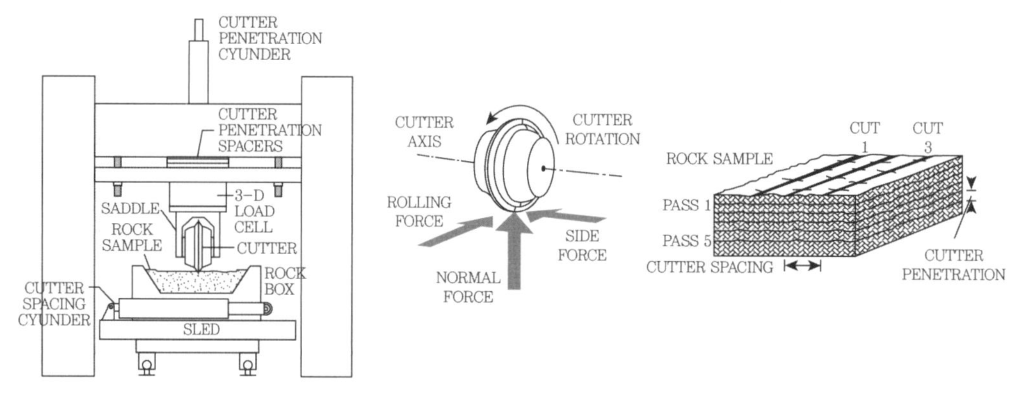

그림 10.2 Linear Cutting Machine of Earth Mechanic Institute of CSM

10.6.2 CSM Model과 NTNU Model의 비교 검토

최근 경암용 TBM의 가동과 비용 산출에 관련한 중요한 이슈가 연구되었다. 전 세계적으로 가장 범용적으로 사용되고 있는 TBM의 공정분석에서 일반적인 접근법이 제시되었다. 가장 신뢰성 있는 가동예측모델인 콜로라도공대 모델(CSM)과 노르웨이 국립 과기대 모델(NTNU)을 이용하여 서로 다른 프로젝트에서 두 모델의 결과들을 표 10.1, 표 10.2에 비교 검토하였다. CSM모델에 사용되는 암석물성은 압축강도와 인장강도를 포함하여 대부분의 지반조사 보고서에서 일반적으로 제시되는 매우 기본적인 실험에서 얻어지는 값들이다. 그와는 달리 NTNU모델 입력값은 암석강도 변수들과 관련된 지수들로 구성되어 있으나, 특별한 지수의 항목으로 시험되고 측정해야 되는 값들이다.

또한 Cutter 수명산출을 위하여 CSM모델은 Cerchar모델의 경도지수(CAI)를 사용하는 데 반해 NTNU모델은 특별한 경도값(AV)을 사용한다. 이러한 변수들은 서로 연관되어 있다. 이러한 변수들과 관련된 여러 가지 그래프와 차트에는 DRI-UCS, CAI-AV & CLI 등이 있다. CSM모델은 일정기계에 추력－토크－관입률 관계를 도출할 수 있으며 이로부터 관입률을 계산할 수 있다. NTNU모델은 이와 유사하게 주어진 기계추력에서 관입률(Penetration rate)을 산정할 수 있다. 두 모델 모두 굴진율(advance rate) 산정을 위한 표준활용계수를 사용한다. 두 개의 예측모델은 여러 번 비교·검토하였고, 서로 매우 유사하다는 결론을 내었다. 특히 천공성능(boreability)이 절리나 불연속면에 의해 영향을 받지 않는 신선암의 경우 두 모델의 결과는 거의 똑같았다.

표 10.1 CSM모델과 NTNU모델의 입력값과 결과값 비교

	CSM모델		NTNU모델	
	변수	단위[1]	변수	단위[2]
입력값	Cutter 반지름 Tip 폭 간격 관입깊이	(in) (in) (in) (in)	파쇄 취성 천공능력 마모도 간극비 Cutter 직경 Cutter 하중 간격 기계직경	등급(0~IV) S_{20} 지수 Sievers J지수 AV 지수 % (mm) (kN) (mm) (m)
	암석의 일축압축강도	(psi)		
	인장강도 사용 TBM의 직경 RPM Cutter 수 추력 토크 파워	(psi) (ft) rev/min # (lbs) (ft-lbs) (hp)		
출력값	커팅력 수직-추력 회전력/토크 파워	(lbs) (lbs) (lbs/ft-lbs) (hp)	Cutter 수 RPM 추력 파워 순관입력 관입률 토크 가동율 굴진율 Cutter 수명	# rev/min (TON) (KW) (mm/rev) (m/hr) (kN-m) % (m/day) (hr/cutter)
	순관입력 Basic Penetration)	(in/rev)		
	관입률 Head 균형 기계제원	(ft/hr) 힘/모멘트 (th, tq, hp, etc.)		
	수행 곡선	그래프 (rop-vs-th, tq-vs-th)		
	가동률	%		
	굴진율(advance rate)	(ft/day)		
	Cutter 수명	(hr/cutter)		

1) M 단위계 사용을 위해서는 식과 변수에 대한 변환이 필요함
2) NTNU에서 필요한 특별시험과 지수

두 모델은 수많은 TBM 현장사례를 통하여 비교·검토해왔으며, 상당한 수준의 성과를 보였다. 표 10.2는 Yucca산 프로젝트에 사용된 두 모델을 비교한 것이다. 경험적 분석 시스템은 암반물성과 지반조건을 직접적으로 예측값과 연관시킬 수 있다. 또한 Cutter 헤드 배열, 기계 특별시방을 최적화하고 Cutter헤드 균형을 검토할 수 있게 한다. 이러한 분석 시스템은 강도 계산방법을 사용하여 기계특별시방에서 적용할 수 있는 능력을 제공하고, 수행 예측을 하는 동안 암반과의 영향을 설명할 수 있도록 두 모델을 보편적 시스템으로 전환한다.

표 10.2 실제 프로젝트에서 사용된 누 모델의 비교

프로젝트	변수	Standard TBM		High Power TBM	
		CSM	NTH	CSM	NTH
Yucca Mountain 풍화된 응회암(Tuff) (Bruland et. al. 1995)	관입률(mm/rev)	6.09	5.94	8.88	7.89
	IPR(m/hr)	2.33	2.28	3.73	3.31
	Cutter 수명(m/cutter)	3.44	5.26	6.86	9.48
Stanley Canyon (Deer et. at. 1995)	Windy Point 화강암		ClassI	현장 거동	균열등급 II(3.64m/hr)
	관입률(mm/rev)	3.26	3.35-3.38		
	IPR(m/hr)	2.34	2.39-2.41	2.96	
	Cutter 수명(m/cutter)	분석 불가	1.26		
	Pikes Peak 화강암				
	관입률(mm/rev)	3.16	3.19-3.25		
	IPR(m/hr)	2.25	2.27-2.32	2.26	
	Cutter 수명(m/cutter)	분석 불가	1.68		

디스크 Cutter의 실내시험과 TBM의 현장 거동으로부터 얻어진 경험을 통하여 신뢰성 있는 거동예측모델을 발전시킬 수 있었다. 현재 경암에서 TBM의 거동예측에 유용한 모델들 중에서 NTNU와 CSM모델이 산업계에서 가장 광범위하게 사용되고 있다. 비록 이러한 모델들이 서로 다른 배경을 가지고 개발되었지만, 그들의 결과는 매우 비교해볼 만하다.

위와 같은 우수한 모델들이 개발되었음에도 불구하고, 암석절삭과정에 대한 깊은 이

해가 부족하여 이러한 모델을 사용하여 추정하는 데 부정확한 값을 발생시키기도 한다. 이러한 경우는 암석이 조금 다른 절삭 거동을 보여주는 곳에서 발생한다.

추정작업을 제거하고 암석절삭 거동에 대한 직접 정보를 제공하기 위해서는 실 규모 절삭 테스트를 통하여 보다 신뢰성 있는 관련 정보와 거동을 예측한다. 현재 CSM모델은 기계 설계를 개선할 수 있는 능력을 제공하며, 순 관입률 산정에 사용된다. 그리고 NTNU모델은 CSM 추정값을 조정하고 암반에서 불연속면의 영향을 고려하기 위해서 적용된다.

10.7 국내 TBM 공법의 정착

국제적 관점으로 볼 때 장대터널 프로젝트를 기계화 시공으로 수행하는 데 TBM의 적용은 공사비, 안전, 환경 문제 등 모든 부분에서 적정 공법임에 누구나 동의 할 것이나, 정작 국내의 장대터널의 경우 대부분은 D & B로 시행되고 있는 실정이다.

국내 TBM 공법의 정착을 위해서는 다음과 같은 사항에 노력해야 할 것이다.

- TBM 장비의 보다 완벽한 설계를 위해서 보다 정밀하고 자세한 지반조사를 실시하여, 대상 지층의 지질조건과 지하수리 상황을 분석해야 함
- 장비의 적정 규격 선정을 위해서 세계적으로 인정받는 CSM Model 또는 NTNU model을 설계에 반영하는 것이 필요함
- 국내에 없는 최신 대구경 HP TBM에 대한 상세 정보가 필요함
- 공사비의 20%를 차지하는 고가의 TBM Cutter의 국산화 대체가 필요함
- 기계화 시공을 위한 설계, 시공, 감리 기술자의 배출이 필요하며, 미래 지향적인 기계화 시공에 대한 연구 및 프로젝트 확대 적용이 필요함

CHAPTER 11
연약지반의 TBM 터널굴착공법

CHAPTER 11

연약지반의 TBM 터널굴착공법

11.1 서론

최근 연약지반상의 도심지 굴착사례가 증가하면서 터널굴착 중 전석(Boulder) 처리가 문제점으로 대두되고 있다. 터널굴착 중 갱도에 전석이 출현하는 경우를 전석 장애라고 하며, 전석 장애는 추가적인 처리 비용을 유발하게 된다. 전석 장애의 형태는 '장애를 일으키는 전석이 너무 커서 일반적인 방법으로 파쇄하거나 버력처리 시스템(Mucking system)으로 처리하기 어려운 경우' 또는 '전석 제거를 위해 갱도 또는 터널 외부에서 이루어지는 천공 및 파쇄(또는 발파)와 같은 보조공법이 필요한 경우'로 구분할 수 있다.

전석이란 일반적으로 조약돌 또는 자갈보다 치수가 큰 암석을 의미하지만, 현장의 기반암보다 그 크기가 훨씬 작아 설계 및 시공 단계에서 노선상의 전석을 직접 간파하는 것은 쉽지 않다. 그러나 설계자가 어떠한 지층에 대해 전석의 존재 가능성과 관련 정보를 인지하고 있다면, 물리탐사를 보다 효과적으로 수행할 것이며, 굴착작업 중 전석 탐지에 초점을 맞춰 막장관찰을 실시할 것이다.

전석 장애물의 제거는 추가적인 처리와 비용이 요구되지만, 기본 굴진율과 생산성에 고려되지 않는 것이 현실이다. 전석 장애물 제거는 공기지연을 유발하며, 직간접적으로 보상을 필요로 하게 된다. 보상문제는 전석 장애물 제거를 직접 공정에 포함시키는 방법과 별도의 부수적인 공정으로 분리하는 방법이 고려될 수 있다. 두 가지 경우 모두 전석 제거에 대한 비용을 산정해야 한다는 공통점을 내포하므로 전석의 크기 및 특성에 대한 정보 수집이 필수적이라 할 수 있다.

이 장에서는 연약지반상의 터널굴착 시 전석 장애물을 탐지하는 방법 및 처리기술을 소개하고, 비용상의 보상문제를 언급하였다. 또한 전석 장애물 보상문제와 관련된 해외 프로젝트 사례 8개를 제시하였다.

11.2 전석 탐지기술

11.2.1 지반조사 및 물리탐사

전석 장애물에 대한 보상방법을 선정하기 전에 매장된 전석의 지질학적 특성과 전석이 발생할 확률을 평가해야 한다. Hunt & Angulo(1999년)는 지반조사 및 물리탐사를 이용하여 다음 6개 항목의 전석 발생 특성을 제안하였다.

- Frequency(발생빈도)
- Distribution(발생분포)
- Sizes(크기)
- Shapes(형상)
- Rock composition(암석 구성)
- Matrix soil composition(토층 구성)

전석의 상태를 적절히 평가하기 위한 조사방법으로 대구경 시추조사, 시험굴 굴착,

물리탐사 기법, 조사터널 굴착 등이 고려될 수 있다, 그림 11.1은 전석 및 암석 시추가 가능한 대구경 시추장비이며, 이를 이용하여 시추된 전석들의 형상이 그림 11.2에 제시되어 있다.

그림 11.1 대구경 시추장비

그림 11.2 대구경 시추장비로 시추된 전석들

전석 탐지를 위한 물리탐사 기법으로 탄성파 탐사가 있다. 탄성파 탐사는 인위적으로 발생시킨 탄성파가 지하 매질을 통해 전파할 때, 매질에 따라 전파속도가 변화하며, 매질의 경계부에서 굴절 또는 반사하는 성질을 이용한 것으로 그림 11.3은 전석 탐지가 가능하도록 탄성파 탐지 시스템을 장착한 TBM 장비를 보여주고 있다. GPR 탐사는 고주파수를 이용하여 목표물의 탐지 및 위치를 파악하는 방법으로 전석 탐지를 위한 효과적인 방법이 될 수 있다. 이 밖의 물리적인 탐사기법으로 시추공 탄성파 탐사, 시추공 레이더 탐사 등이 있다.

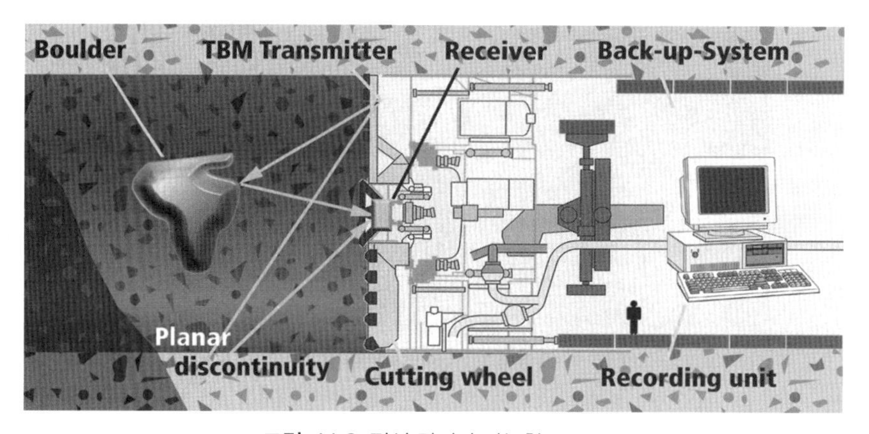

그림 11.3 전석 탐지가 가능한 TBM

11.2.2 전석 장애물의 정량적 평가

굴진율에 영향을 주는 전석의 특징들을 파악하기 위해서는 전석의 구성, 모양, 분포, 토층, 위치와 같은 사항들이 고려되어야 하나, 처리 비용 산정 시 이들 사항을 종합적으로 고려하는 것은 쉽지 않다. 전석을 정량적으로 평가하는 방법으로 Geotechnical Baseline Report for Underground Construction(Technical Committee, 1997)와 Essex & Klein(2000)이 제안한 방법을 인용하면 다음과 같다.

- 예상되는 전석 장애물의 횟수

• 예상되는 전석 장애물의 양

• 전석 장애물 제거 시간(TBM 비가동 시간, 마모된 커터를 보수하는 시간을 포함)

Hunt & Angulo(1999)는 미국 밀워키(Milwaukee) 지역 프로젝트에 대하여 전석 장애물을 정량적으로 평가하고, 이들을 데이터베이스화하여 두 가지 방법으로 전석을 평가하였다. 첫 번째 방법은 전석의 양을 터널 굴착량의 백분율로 표현하고 대략적으로 산정하는 방법이며, 두 번째 방법은 터널 굴착량에 대한 전석의 백분율을 결정하기 위해, 시추작업 시 분석된 전석 빈도를 이용하여 반경험적 상관관계로부터 밝혀내는 것이다. 이들은 밀워키 지역에서 수행된 5개 프로젝트를 분석하였으며, 3개 프로젝트를 추가 분석하였다. 표 11.1은 밀워키 지역에 대하여 추가로 실시한 3개 프로젝트에 대한 전석 평가 결과를 보여 주고 있다.

표 11.1 밀워키 지역 전석 평가 결과

Case No.	1	2	3
Project Name	Oklahoma Ave. Relief Sewer	Oak Creek Southwest	Miler, 37th and State MIS
Tunnel Length	725m	1524m	383m
Excavated Diameter	1.52m	1.40m	2.64m
No. of Borings	12	12	9
Avg. Boring Spacing	68.6m	132.6m	44.2m
Boulder Length/Boring Length in Till/Outwash	4.7%	1.8%	8.9%
Est'd No. of Boulders	15	11	29
Reported No. of Boulders in Tunnel	151	156	346
Reported No. of Boulders Obstruction	71	156	60
Avg. Boulders per 30m of Tunnel	6.2	3.1	27
Max. Boulders per 100m of Tunnel	59	-	154
Estimated Boulder Volume, m^3	12.3	36.8	33.7
Avg. % Boulders by Volume in Tunnel	0.93%	1.57%	1.62%
Max. % Boulders by Volume, 60m(200ft) Tunnel Segment +/−	2.3%	−	2.9%

그림 11.4는 시추 시 분석된 전석 데이터에 대응하는 전석의 백분율 상관관계를 나타내고 있다. 연구 결과에 의하면 이 지역의 전석 체적은 평균적으로 터널굴착 체적의 0.01~1.82% 범위에 있는 것을 알 수 있다.

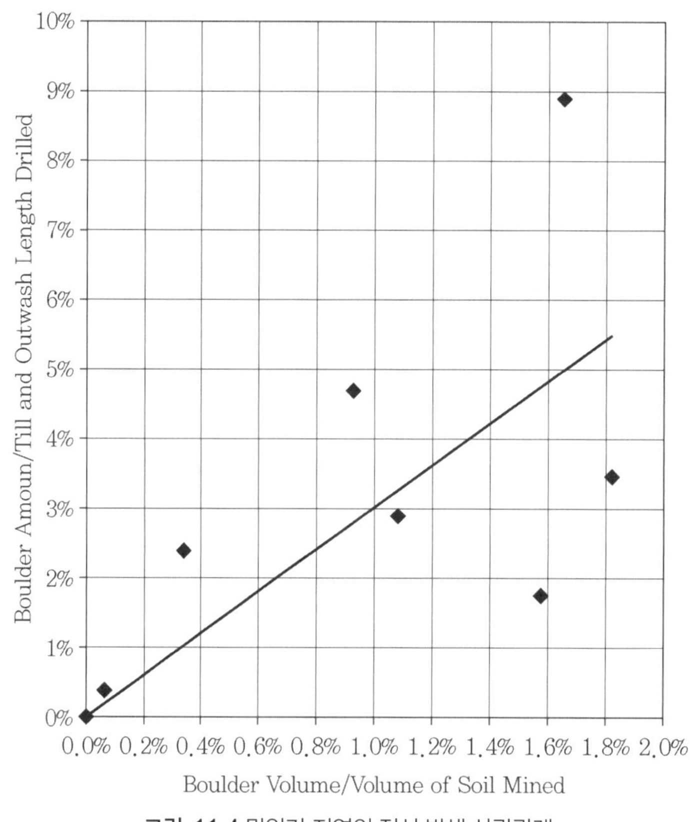

그림 11.4 밀워키 지역의 전석 발생 상관관계

11.3 전석 장애물 제거방법

11.3.1 측방으로 밀어내는 방법

TBM의 주변 둘레에 부분적으로 접하고 있는 전석은 측방으로 밀어내는 방법이 적용될 수 있다. 이 방법을 적용하기 위해서는 TBM에 부분적으로 폐쇄된 면이 존재해야

하며, 전석이 주변 지반에 근입이 가능하도록 지반이 적당히 느슨해야 한다. 그러나 전석이 너무 커서 측방으로 밀어낼 수 없는 경우가 있으며, 연약한 토층에서 만나는 전석이 커터헤드를 따라 회전하거나 헤드의 개구부에 박혀버리는 경우도 발생한다. TBM의 주변 둘레에 부분적으로 접하고 있는 전석은 측방으로 밀어내는 방법이 적용될 수 있다. 이 방법을 적용하기 위해서는 TBM에 부분적으로 폐쇄된 면이 존재해야 하며, 전석이 주변 지반에 근입이 가능하도록 지반이 적당히 느슨해야 한다. 그러나 전석이 너무 커서 측방으로 밀어낼 수 없는 경우가 있으며, 연약한 토층에서 만나는 전석이 커터헤드를 따라 회전하거나 헤드의 개구부에 박혀버리는 경우도 발생한다.

11.3.2 원 상태로 수집

TBM 헤드의 개구부가 전석을 통과시킬 정도로 충분히 큰 경우 원 상태로 수집될 수 있다. 헤드의 구멍을 통과하는 전석의 크기는 전석과 헤드 구멍의 크기와 형상에 따라 달라진다. 매끄럽고 둥근 형상은 직사각형 또는 각진 전석보다 쉽게 TBM 헤드의 개구부를 통과할 것이다. 각진 형상의 전석은 파쇄될 때까지 헤드의 전면을 따라 회전하거나 구멍에 박혀 있을 것이다. 대부분의 TBM은 굴착직경의 15~30% 이하 크기의 전석을 처리할 수 있다. 일단 전석이 헤드 부분을 통과하면, 버력처리 시스템을 통과해야 한다. 그러나 커다란 전석의 경우 분쇄하는과정이 부수적으로 필요하다.

11.3.3 분쇄 후 처리

1) 커터를 이용하여 분쇄

전석을 분쇄하는 커터의 능력은 커터 종류, 마모 정도, 암석의 구성, 강도, 전석의 형상, 방향, 토사층의 강도 등에 따라 결정된다(Dowden & Robinson, 2001). 커터의 종류에는 드래그 픽(drag pick), 롤러 커터(roller cutter), 디스크커터(disc cutter) 등이 있다.

드래그 픽은 강도가 약한 암석이나 적당히 산재된 경암 전석을 분쇄할 수 있으나,

무리지어 있는 전석에는 효과적이지 못하다. 롤러 커터는 전석을 조각으로 잘라낼 수 있으나, 전석의 강도가 강할 경우 절삭속도가 느려지는 경향이 있다.

그림 11.5 드래그 픽과 디스크커터가 장착된 쉴드 TBM

디스크커터(그림 11.5)는 전석이 분쇄되는 동안 전석을 잡아줄 수 있을 정도로 토층이 충분히 단단한 경우 매우 효과적인 방법이다. Navin 등(1995)은 커터에 작용하는 힘에 대한 근입된 전석의 지지력을 비교하여 요구되는 토층의 강도를 제안한 바 있다. 만일 토층이 너무 느슨하거나 연약하면, 전석은 커터 주위를 회전하거나 커터를 손상시킬 것이다.

2) 기계적으로 분쇄

터널 내부를 통해 헤드 부분으로 접근이 가능하고, 막장이 그라우팅 보강 등으로 안정화된 경우 전석 장애물은 헤드의 개구부를 통해 다음과 같이 기계적으로 분쇄할 수 있다.

• 전석에 폭약을 설치하여 발파

• 천공홀에 유압을 작용하여 분쇄

• 천공홀에 급팽창 모르타르를 삽입하여 분쇄

3) 충진공간 내에서 분쇄

슬러리 쉴드 TBM은 일반적으로 충진공간 내에서 전석을 파쇄하기 위해 암석 분쇄기를 장착하고 있다. 전석은 슬러리 상태로 펌핑될 수 있도록 충분히 작은 크기로 컷팅 헤드의 구멍을 지나게 된다. 일반적으로 굴착직경의 20~35% 크기의 전석을 처리할 수 있으며, 전석의 크기에 따라 커터헤드의 구멍 및 암석 분쇄기의 용량이 결정된다. 암석 분쇄기의 종류에는 Roller, Cone, Jaw 타입이 있다.

11.3.4 TBM 외부에서 제거

1) 천공홀로 밀어내는 방법

이 방법은 굴착할 위치로 지표 접근이 필요하므로, 지상에 중요한 구조물이 없어야 한다. 또한 굴착 장비는 0.8~1.2m 정도의 천공홀을 형성할 수 있어야 하며, TBM 아래로 1~2m 정도 추가 굴진이 가능해야 한다. 이 방법은 밀워키 지역에서 전석 제거를 위해 부분적으로 적용되었다(그림 11.6). 전석 제거 후 천공홀은 뒤채움이 되며, 전석 주변의 공극은 그라우팅으로 채워져야 한다.

2) 지표 천공 후 발파

만일 발파가 가능한 여건이면 지표에서 전석 안으로 천공을 하고 이를 발파하는 것도 가능한 방법이다. 이 방법은 적절한 위치에 천공을 하고 장약을 충진하는 것이 관건이다.

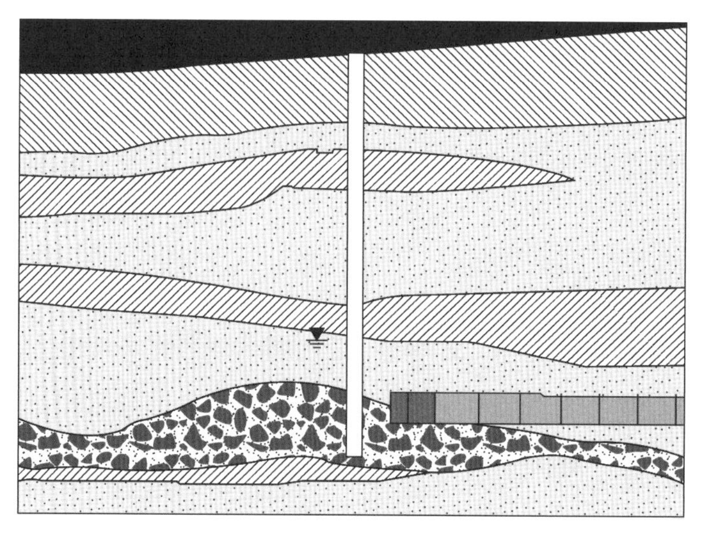

그림 11.6 천공홀 속으로 전석을 밀어내는 TBM

3) 임시 수직갱을 통해 제거

1~2m 직경의 케이싱 홀 또는 라이닝 수직갱을 이용하여 지표로부터 접근이 가능한 경우 임시 수직갱을 통해 전석 장애물을 제거할 수 있다.

4) 접근 터널을 이용하여 제거

작업갱 근처에서 인력으로 접근 터널을 굴착하여 전석 장애물을 제거할 수 있다. 임시 지보재는 목재, 강관, 강판 등이 사용된다.

11.4 전석 장애물에 대한 보상문제

11.4.1 잡비 처리

전석 장애물이 얼마 되지 않고, 제거 비용이 그다지 높지 않을 때, 전석 장애물 제거 작업은 잡비로 처리할 수 있다. 전석 장애물이 잡비로 처리된다면, 전석 장애물에 대한 정량화 작업이 더욱 상세히 이행되어야 한다. 전석 장애물에 대해 이러한과정이 무시된다면, 저가 입찰자는 전석 장애물이 예상되지 않는다고 가정할 것이며, 설상가상으로 전석 장애물 처리가 불가능한 장비를 선정할 수도 있다. 이러한 경우 전석 장애물이 굴착 중에 나타나고, 제거 비용이 발생한다면, 시공사는 상이한 현장 여건과 시방서의 결함에 대해 추가 비용과 함께 공기 연장을 요구할 것이다.

11.4.2 계약 수정

계약 수정에 의한 전석 장애물 보상 비용 산정방법은 효과적인 방법이 될 수도 있고 그렇지 않을 수도 있다. 만일 전석 장애물이 예상되고, 시공사가 이를 신속하고 효과적으로 제거할 적절한 장비를 보유하고 있다면, 이 방법은 좋은 선택이 될 수 있다. 이 방법은 전석 장애물이 예상되지 않거나, 입찰 전에 전석 장애물 제거 작업의 범위를 충분히 결정할 수 없을 경우 실용적인 방법으로 고려할 수 있다.

11.4.3 별도 공정으로 보상

1) 조우 회수를 기준으로 보상

전석 장애물을 보상하는 간편한 방법은 장애물의 조우 회수에 근거하여 1개의 장애물에 대해 단위 비용으로 보상하는 것이다. 구체적으로 언급하면 15분 정도 소요되는 1회 발파로 비교적 작은 전석 장애물을 제거한다고 가정할 때, 이에 대하여 동일한 단위 비용을 적용함을 의미한다. 하지만 규모가 큰 전석의 경우 1회 이상의 발파가 필요할 것이며, 시간도 15분 이상이 소요될 수 있다. 또한 전석 제거를 위해 막장을 보강할 경우가 발생하는데 이 방법은 모든 경우에 대해 동일한 단위 비용을 적용하는 문제점이 있다.

2) 크기를 기준으로 보상

전석의 크기를 기준으로 전석 장애물을 판단하는 방법은 앞서 언급한 방법보다 좀 더 공정한 보상방법이지만, 크기를 측정하는 것은 쉬운 일이 아니다. 이 방법을 적용하려면 크기에 대한 기준을 명확히 할 필요가 있다. 예를 들어 TBM의 버력처리 시스템을 통과하는 비교적 작은 크기의 전석은 보상에서 제외하고, 보상의 범위에 있는 전석의 크기를 2~3개 정도로 분류하여 각 크기에 대해 보상에 차등을 두는 것이다.

3) 체적을 기준으로 보상

체적을 이용한 보상방법은 전체 전석 또는 조각이 터널 막장으로부터 쉽게 제거되어 측정이 용이할 때, 실용적인 방법이 될 것이다. 그러나 전석은 불규칙한 형상이며, 대략적인 체적은 치수를 근거로 계산된다는 점에서 앞서 언급한 크기를 기준으로 보상하는 방법과 별반 차이가 없다.

4) 중량을 기준으로 보상

중량으로 전석 장애물을 보상하는 방법은 체적보다 측정하는 것이 용이하다. 보상기준이 되는 전석은 적정 중량 이상으로 표현이 가능하다. 그러나 보상기준이 되는 전석을 구분하고, 중량을 측정하는 일은 추가적으로 수반되어야 한다.

5) 작업시간을 기준으로 보상

이 방법은 전석 장애물로 발생하는 TBM의 굴진정지에 대하여 장애물 제거로 소요되는 작업 시간을 기준으로 보상하는 방법으로 가장 합리적인 방법이 될 수 있다. Manson, Berry, Hatem(1999)는 장애물 제거를 위한 작업시간에 대한 기준을 전체공정의 125%로 하였으며, 이를 초과하지 않으면 공기에 영향을 주지 않는다고 제안하였다.

11.5 프로젝트 사례

11.5.1 Case 1-Interplant Solids Pipeline

몇 개의 분산된 전석이 설계 단계에서 예상되었으나, 장애물의 양이 결정되지 않았고, 비용 항목으로 고려되지도 않았다. 시공 단계에서 232개의 전석 장애물이 발생하였으며, 커터헤드의 개구부를 통해 발파하여 제거하는 데 82.5시간이 소요되었다. 전체 장애물 제거에 총 $57,123이 소요되었으며, 굴진 중 자연 파쇄된 전석을 제외하면, 전석 장애물당 $372의 비용에 해당된다. 이를 전석 장애물당 작업시간으로 환산하면, 평균 21분에 해당된다.

11.5.2 Case 2-South Pennsylvania Ave.

이 사례의 경우 전석 장애물이 예상되었으나, 장애물의 양이 기록되지 않았으며, 제거 비용 또한 예산에 포함되지 않았다. 계약상에는 "기술자의 검토 후 계약수정"하도록 되어 있었다. 시공사는 막장개방형 TBM을 선택하였으며, TBM 굴진 중 262개의 전석을 적절히 발파하였다. 이 전석들은 대부분 실트질 점토로 이루어진 빙역토에 근입되어 있었으며, 발파하는 동안 막장의 불안정은 문제되지 않았다. 발파 작업동안 굴착 지연시간은 전석당 15~60분이 소요되었으며, 평균 32분으로 기록되었다. 전석 처리 비용은 전석당 $1,620으로 산정되었다. 이 프로젝트의 경우 시방서에 전석 등을 고려하여 TBM 장비를 선정할 것을 명시하지 않았다. 이 프로젝트의 최종 입찰자는 막장개방형 TBM 장비가 적절하다고 선정하였지만, 두 번째로 낮은 입찰가를 제시한 입찰자는 단지 $50의 차이를 보였고, 커터헤드가 막혀 있는 마이크로 터널링 TBM의 일종인 Iseki Unclemole(그림 11.7)를 계획하였으며, 이는 단지 자갈과 매우 작은 전석만을 처리할 수 있다. 이 입찰자가 선정되었다면, 전석에 대한 계약 수정 비용은 5~10배 높았을 것이다. 이 사례를 볼 때 장비 선정의 중요성과 조사 단계에서 반드시 전석의 양이 기록되어야 함을 알 수 있다.

그림 11.7 Iseki Unclemole TBM

11.5.3 Case 3-Ramsey Ave. 하수터널

전석 장애물이 지반조사 보고서에 기록되어 있으며, 2개의 전석 장애물에 대해 비용 항목으로 기록되어 있다. 최소 가격이 명기되어 있지 않았지만 최소 제거 범위가 다음과 같이 계약상 명시되어 있었다.

"장애물 발생은 터널굴착 장비로 굴착할 수 없는 크기의 전석과 기타 장애물을 만나는 경우로, 계약자는 장애물을 제거할 적절한 방법을 결정해야 한다. 방법에는 장애물 근처로 사람이 접근할 수 있도록 갱을 굴착하거나, 장애물을 밀어 넣을 수 있는 공간을 확보하는 것이다."

시공사는 Iseki Unclemole를 선정하였다. Iseki Unclemole는 앞서 언급한 바와 같이 막장으로 접근이 불가능하고, 자갈은 처리가 가능하나 전석은 불가능하다. 터널 굴진율 80%까지 전석 장애물은 발견되지 않았다. 그러나 6.4m를 남겨두고 물을 포함한 조립토층에 근입된 직경 600mm의 고강도 화성암 전석에 의해 굴진이 정지되었다. 시공사는 인력으로 외부에서 접근 갱을 굴착하였으며, 전석을 신속하게 제거하고자 별도의 막장 안정처리를 하지 않았다. 그러나 액상화 현상이 일어나는 등 막장이 불안정하자 결국

지반 그라우팅을 실시하여 전석을 제거하였다. 비록 전석 장애물이 예상되었고, $5,000의 비용 항목으로 고려되었으나, 대략 $600,000의 비용이 발생하였다. 비용을 청구하였으나, 청구는 거절되었고, 소송을 피하기 위해 전석 처리 비용은 입찰가 $5,000에서 화해 금액 $100,000으로 합의되었다.

11.5.4 Case 4-CT-7 Collector System

이 사례에서는 전석이 분산된 것으로 예상되었으나, 양이 기록되지 않았고, 비용 항목으로 지정되지도 않았다. 굴진 중 5개의 전석이 나타났으나, 실제 굴진에는 영향을 주지 않았다. 전석들은 투수성이 낮은 실트질 점토층에 존재하였으며, 전석이 버력처리 시스템을 모두 통과한 사례이다.

11.5.5 Case 5-Elgin Northeast Interceptor

이 프로젝트에 대한 계약문서에는 전석 장애물에 대한 리스크를 기술하지 않았고, 지불 준비도 하지 않았다. 시공사는 전석이 발생할 것을 대비하여, 막장으로 접근이 가능한 막장개방형 TBM을 선정하였다. 굴진 중 112개의 전석 장애물을 만났고 40L/sec (640g/min)의 유입수가 발생하였다. 지반조사 보고서는 많은 전석의 양과 높은 지하수 유입을 예상치 못했으며, 시추조사는 터널 인버트 아래 0~2m까지 실시하는 데 그쳤다. 터널 영역의 대수층은 터널 아래 10m 이상까지 확장되어 있으며, 예상했던 것보다 투수율이 매우 높았다. 이러한 악조건들은 전석 장애물당 평균 약 $1,500의 추가 비용을 발생시켰다. 시공사는 상이한 현장 조건에 대해 추가 비용을 청구하였다. 청구건은 거절되었으며, 결국 법원에서 소송으로 결말이 났다. 이 사례를 통해 전석 장애물에 대한 부적절한 조사가 추가 비용 발생 및 분쟁의 소지가 됨을 알 수 있다. 또한 계획 단계에서 예상 전석 장애물을 비용 항목으로 고려하는과정이 필요함을 시사한다.

11.5.6 Case 6-Oklahoma Ave. 하수터널

이 사례에서 전석 장애물은 다음과 같이 지반조사 보고서상에 기록하였으며, 전석 장애물을 25개로 예상하여 비용 항목으로 고려한 경우이다.

“전석 장애물은 터널 막장에서 커다란 전석을 만나고 굴진이 정지되고, 전석이 너무 커서 버력처리 시스템을 통해 파쇄 또는 흡입이 곤란할 때를 의미한다. 이러한 경우 막장 또는 TBM 외부를 통해 제거해야 한다. TBM 직경의 30% 이상인 크기의 전석은 TBM을 통해 분쇄하거나 흡입하기 어려운 것으로 본다. 30% 이하의 크기는 부수적인 방법 없이 TBM을 통해 분쇄 또는 흡입이 가능한 것으로 본다.”

시공사는 전석 장애물을 예상하고, 막장 접근이 가능한 막장개방형 TBM을 선택하였다. 25개의 전석 장애물이 예상되었으나, 실제 71개의 전석 장애물이 나타났다. 이 지역에 실시된 시추깊이는 터널 인버트 아래 2~3m이며, 기반암 능선 표면을 파악하지 못한 것이 원인이었다. 기반암 근처 굴착으로 예상보다 매우 높게 전석 집중이 나타났다. 하지만 전석을 사전에 예상하여 막장 접근이 가능한 장비를 선정하였기 때문에 추가로 발견된 전석을 제거하는 것은 문제가 되지 않았다. 추가로 발견된 46개의 전석을 발파하면서 지연된 시간에 대해 작업시간으로 보상이 이루어졌다. 입찰 시 예상했던 25개의 전석에 대한 비용은 전석당 $2,500이었으나, 추가적인 46개의 전석 장애물에 대한 평균 비용은 각각 $630에 불과했다. 이 사례를 볼 때, 전석 장애물에 대해 작업시간으로 보상하는 방법이 장애물당 단위 비용으로 처리하는 것보다 합리적임을 알 수 있다.

11.5.7 Case 7-Oak Creek Southwest Interceptor

이 사례의 경우 전석 장애물이 예상되었고, 3가지 비용 항목으로 구분하여 전석 장애물에 대한 보상을 고려하였다.

- 300～600mm 전석 장애물 400개
- 600～1,200mm 전석 장애물 70개
- 1,200mm 이상의 전석 장애물

시공사는 작은 크기와 중간 크기의 전석 제거 비용에 대하여 각각 80$와 100$에 입찰을 하였다. 이러한 낮은 비용은 쉴드 내에서 인력으로 터널을 굴착할 계획에 기인한다. 얼마 지나지 않아 인력으로 터널을 굴착하는 것이 너무 어렵고 속도가 너무 느리다는 것을 알게 되었고, 막장개방형 TBM을 동원하였다.

크기로 전석 장애물을 정량화하는 방법은 정확하지 않다. 실제 이 프로젝트에서는 156개의 전석 장애물이 발생하였는데 이 중 실제 크기가 1200mm 이상인 전석 장애물을 중간 크기로 간주되어, 시공사는 입찰단가보다 시간으로 보상해야 한다고 주장하기도 하였다. 크기에 근거한 보상방법은 정확하지 않으며, 실제 발파와 제거 이후 그 크기는 정확히 측정될 수 없다. 만약 전석 장애물이 시간과 비용에 따라 보상된다면, 크기는 문제시되지 않을 것이다.

11.5.8 Case 8-Miller 37th & State 하수터널

전석 장애물에 대한 사항이 지반조사 보고서에 수록되어 있으며, 다음과 같이 정의된 55개의 전석 장애물이 비용 항목으로 수록되어 있다.

"전석 장애물은 전석이 너무 커서 버력처리 시스템을 통하여 파쇄하여 흡입을 할 수 없어 굴진이 정지되거나 작업이 방해될 때 발생한다. 이 경우 터널의 입구에서 천공 또는 파쇄와 같은 보조수단 또는 터널 외부로부터의 굴착에 의해 제거해야 한다. 터널 직경의 20% 이상인 크기의 전석은 전석 장애물로 고려된다. 굴착되는 터널 직경의 20%보다 작은 크기의 전석은 전석 장애물로 고려될 수 없다."

대략 346개의 전석이 발견되었으며, 이 중 60～65개의 전석이 전석 장애물로 고려되었다. 60여 개의 전석 장애물에 대한 보상 비용은 입찰 시 장애물당 보상 비용 3,480$으로 산정되었으며, 터널 직경의 20%보다 작은 286개의 작은 전석들에 대해서는 보상 비용으로 고려되지 않았다.

굴착 중 커터가 심하게 손상되었으며, 커터 교체를 위해 굴진을 2회 멈춰야 했으며, 커터헤드 개구부를 통해 인력굴착을 실시해야 했다. 커터 교체로 인한 공기 지연과 추가 비용 발생에도 불구하고, 손해배상은 인정되지 않았다. 이는 지반조사 보고서에 지반의 전석 특성을 적절히 나타내고 있으며, 비용 항목으로 55개의 전석 장애물을 나타내고 있기 때문이다. 실제 발생한 전석 장애물은 60개로 55개와 차이가 있으나, 그 차이는 15%에 불과하다. 전석에 대한 계약상의 적절한 비용조항 및 지반조사가 선행될 때 손해 배상으로 인한 논쟁을 최소화할 수 있음을 이 사례로부터 알 수 있다.

11.6 결 론

전석 장애물에 대한 정확한 보상 비용을 산정하기 위해서는 적절한 지반조사와 물리탐사가 무엇보다 중요하며, 전석 장애물이 예상된다면, 장비 선정에서 이를 충분히 반영시켜야 한다.

전석의 양을 결정하는 방법으로, 첫 번째 방법은 전석의 양을 터널 굴착량의 백분율로 표현하여 산정하는 방법이며, 두 번째 방법은 터널 굴착량에 대한 전석의 백분율을 결정하기 위해, 시추작업 시 분석된 전석 빈도를 이용하여 반경험적 상관관계로부터 예측하는 것이다.

전석 장애물을 제거하는 방법으로 측방으로 밀어내는 방법, 원 상태로 수집하는 방법, 분쇄 후 처리하는 방법, TBM 외부에서 천공홀 등을 이용하여 접근 후 처리하는 방법 등이 있다.

전석 장애물은 발파 후 그 크기를 정확히 측정할 수 없으며, 예상 제거 비용과 실제 비용의 차이가 있는 점을 볼 때, 전석 장애물의 보상방법에서 체적 또는 무게를 이용한 전석 장애물 제거 비용 산출은 합리적이지 못하며, 작업시간에 따른 보상 비용 산출이 논란을 최소화할 수 있을 것으로 판단된다.

향후 합리적인 전석 탐지 시스템의 개발이 필요하며, 전석 장애물로 인한 보상 비용을 설계 단계에서 반영하려는 노력과 함께 전석을 효과적으로 분쇄할 수 있는 커터 및 TBM 장비 개발이 요구된다.

11.7 연약지반 TBM 터널굴착공법

11.7.1 서론

현재 연약지반에서 터널 막장안정에 대한 다양한 의견들 발표됨으로써 이를 정리하며 소개를 하는 차원에서 DAUB의 권유사항을 풀어 설명하였다. DAUB의 막장안정 권유사항으로 기존에 있는 기계터널굴착에서 막장안정평가에 대한 정보를 제공하며 막장지보압 계산과정의 실용적이며 현재 가장 정확한 지침을 제공한다. 또한 이러한 기술적 권유사항으로 예상 지반조건에 따라 기존에 있는 계산방법 중 가장 적절한 계산방법 선택하는 데 도움을 줄 것이다. DAUB 권유사항에서는 다음과 같은 두 가지의 과제에 대한 차이점을 지정하지만 이는 상황에 따라 중복되기도 한다.

- 막장안정 계산
- 지표 침하량을 평가하기 위한 기계-지반 상호작용 분석

DAUB에서 발간한 권유사항은 7개의 장으로 나누어져 있다(서론, 참고자료 외). 2장은 터널 막장안정 평가에 대한 일반적인 목적을 소개하고 터널 막장안정 중심으로 연약지반 기계굴착기술에 대해 간략히 설명한다. 독일위원회의 막장안정 평가에 대한 안

전 관념은 3장에서 설명한다. 이에 따라 막장안정 계산법의 가장 중요한 과학적 접근법은 4장에서 논하며 여기서는 터널 막장에서 토압으로 인해 일어나는 지보압에 중점을 두어 설명한다. 5장은 이에 따른 지하수압으로 인한 토압으로 요약하여 설명한다. 6장에서는 실제적인 쉴드 터널굴착과 관련된 계산방법을 상세히 설명한다. 아울러 막장안정에 대한 추가적인 사항들은 7장에서 논하였다. 막장안정압에 대한 2가지의 예시는 문서의 마지막 부분인 8장에서 제공된다.

이 권유사항의 영문파일은 다음 링크에서 다운로드할 수 있다.

http://www.daub-ita.de/fileadmin/documents/daub/gtcrec1/gtcrec10.pdf

11.7.2 연약지반 막장안정 계산법에 대한 관점

터널 막장안정평가의 목적은 터널 막장에 가해지는 지하수압 및 토압을 조사하고 이에 대한 지지력을 분석하는 것이다. 만약 터널 막장의 자체적인 지지력이 부족하다면 이를 터널 막장지보재가 보완해야 한다. 이러한 경우 지지 매체가 토압 및 지하수압에 적절히 대응해야 터널 막장을 안정시킬 수 있다.

터널 막장지보 설계에 대해 기본적으로 두 가지의 관점이 있다. 첫 번째 관점은 터널 막장압 계산과정이 오직 터널 막장안정에 대해서만 다루는 것이다. 이러한 계산법들은 권유사항의 중간 부분에 찾을 수 있다. 또한 여기서 터널 막장에 가해진 막장압을 계산할 시 지반변위를 꼭 필요한 조건이 아니라고 여긴다. 이러한 접근법은 '극한상태접근법(Ultimate Limit State Approach)'이라고 불리는데 이는 터널 막장 붕괴를 방지할 수 있는 최소의 막장지보압을 요구하기 때문이다.

두 번째 관점은 지반변형을 미리 설정된 한계 값 아래로 두는 것을 중점으로 둔다. 따라서 이는 지보압(이에 따라 tail void grouting pressure와 같이)을 지정하고 최소 지반변형한계값으로 둔다. 이러한 접근방법은 굴착 시 지반변형을 주 설계 기준이라고 여기기 때문에 '사용한계상태접근법(Serviceability Limit State Approach)'이라고 명할 수 있다.

11.7.3 막장안정계산법에 대한 독일 DAUB 안전 관념

독일 기준 ZTV-ING(2012)에서는 하한(lower limit)과 상한(upper limit)으로 지보압에 대한 두 가지의 운영한계가 지정되어 있다. 참고로 여기서 RiL 853(2013)은 지보압 계산 과정에 대해 ZTV-ING를 참고한다. 하안 지보압(그림 11.8)은 최소지지력(Sci)을 확보해야 하는데 이는 두 가지의 요소와 이에 따른 안전계수(식 (11.1))로 구성되어 있다. 지지력의 첫 번째 요소(Emax, ci)는 토압의 균형을 유지해야 하고 이는 터널 막장의 운동학적 활성 파괴 메커니즘에 기반을 둔다. 지지력의 두 번째 요소(W_{ci})는 지하수압의 균형을 유지시켜야 하고 이는 터널 천장부 위에 있는 지하수위의 크기에 따라 지정된다.

$$S_{ci} = \eta_E \cdot {}_{\max, ci} + \eta_W \cdot W_{ci} \tag{11.1}$$

η_E: 토압력 안전계수(=1.5), [−]

η_w: 수압력 안전계수(=1.05), [−]

S_{ci}: 필요 지지력(원형 터널 막장), [kN]

$E_{\max, ci}$: 토압으로 인한 지지력(원형 터널 막장), [kN]

W_{ci}: 지하수압으로 인한 지지력(원형 터널 막장), [kN]

상한 지보압(Scrown,max)은 터널 상부 상재 하중(overburden)의 붕괴(break-up)를 방지하거나 지보 매체의 파열(blow-out)을 방지하기 위한 한계압력으로 정의된다. 따라서 최대지보압은 터널 첨단부에서 총 수직응력(σ_v, crown, min)보다 90% 더 작아야 한다. 이에 유의할 점은 높은 지보압력으로 인한 터널 막장의 수동적인 붕괴는 일어나지 않을 확률이 크다는 것이다. 따라서 이러한 한계점을 도달하기 전에 지보 매체는 굴착 체임버에서 파열될 것이다.

붕괴(break-up)/파열(blow-out) 안전계수는 다음과 같다.

$$1 \leq \frac{0.9 \cdot \sigma_{v,crown,\min}}{S_{crown,\max}} \tag{11.2}$$

$\sigma_{v,crown,\min}$: 토양의 최소 단위 무게를 고려한 터널 첨단부의 총 수직 응력[kN/m^2]

$S_{crown,\max}$: 붕괴/파열 안전을 위한 터널 첨단부의 최대 허용 압력[kN/m^2]

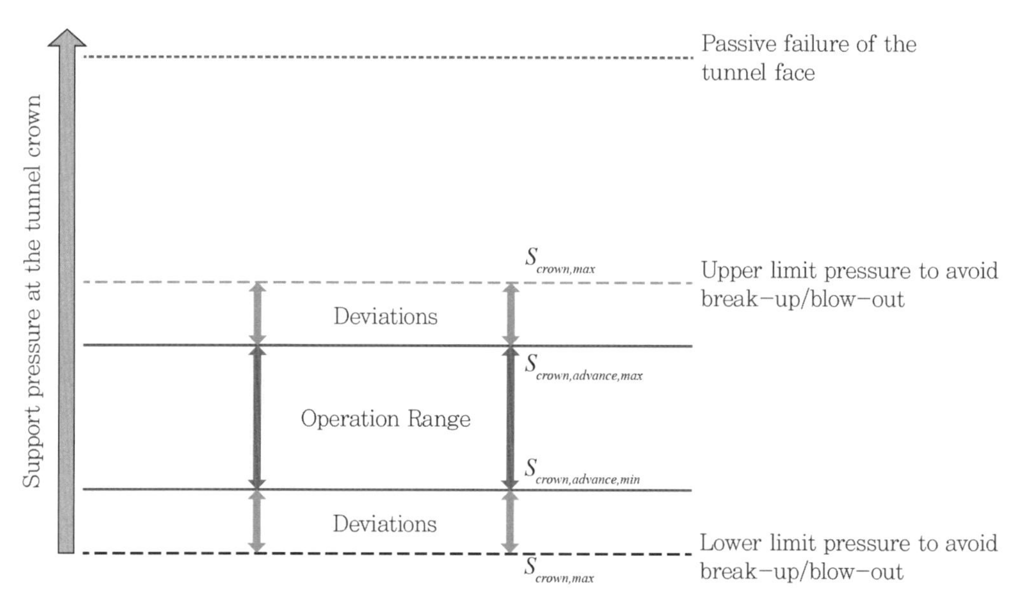

그림 11.8 Allowable operational pressures at the tunnel crown of a shield machine

11.7.4 막장지보 계산방법 개요

토압으로 인한 필요 지보압을 지정할 수 있는 다양한 방법들은 권유사항에 제공되었다. 이용할 수 있는 모든 계산방법은 기본적으로 4개의 분류로 나눌 수 있다.

- 해석적 방법(Analytical Method)

- 경험적 방법(Empirical Method)
- 실험적 방법(Experimental Method)
- 수치적 방법(Numerical Method)

본 11장에서는 해석적, 경험적 그리고 실험적 방법에 중점을 두어 설명할 것이다. 해석적 방법들은 한계평형 그리고 한계상태 방법들을 포함한다. 이러한 방법들은 터널 막장의 붕괴 메커니즘 가능성 혹은 지반에 응력분포를 가정하고 이러한 값으로 붕괴 발생 시의 지보압을 지정한다. 대부분 해석적 방법의 공통적인 특징은 토질역학에 널리 사용되는 파괴 법칙에 기반을 둔다. 여기서 Mohr-Coulomb 파괴 법칙은 마찰 소재 혹은 응집성 마찰 소재에 널리 사용되고 여기서 연관된 유동 법칙이 이러한 공식들의 핵심 부분을 차지한다. 반면 Tesca 파괴 법칙(연관)은 대부분 순수 응집성 소재에만 사용된다.

한계평형방법은 터널 막장의 운동학적 파괴 메커니즘을 가정하여 분류할 수 있다. Horn(1961)이 한계평형파괴 매커니즘을 처음으로 제시하였다. 이는 터널 막장 앞에 밀림쐐기(sliding wedge)가 지형지평면까지 이어지는 직각프리즘에서 하중을 받고 있는 것을 가정한다(그림 11.9). 이러한 터널 막장안전조사를 위한 밀림쐐기 메커니즘은 Anagnostou & Kovari(1994)와 Jansecz & Steiner(1994)가 기계굴착에 처음 도입을 하였다. 이 방법의 추가적인 개선사항은 Anagnostou(2012) 혹은 Hu et al.(2012)이 실시하였다. 밀림(sliding) 메커니즘에서 가해진 힘의 평형 조건을 먼저 구한 다음 필요 지지력이 지정된다.

터널 막장안정의 다른 해결법은 가소성 이론의 한계 정리에 기반을 두어 공식화하였다. 이러한 접근법 분류는 '한계상태방법'(limit state methods)이라 불린다. 터널 막장안정의 해답은 가소성 이론의 상한선과 하한선을 사용하여 구할 수 있다. Davis et al.(1980), Leca & Dormieux(1990) 혹은 Mollon et al.(2010)의 소개로 이러한 방법으로 한계정리가 사용되었다.

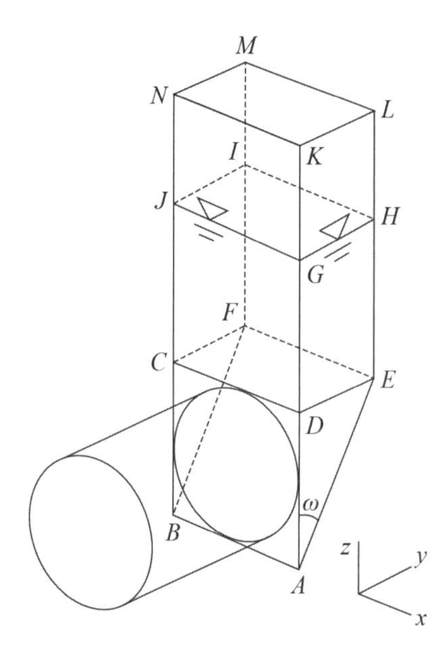

그림 11.9 Horn's sliding mechanism(Anagnostou & Kovari, 1994)

Broms & Bennermark(1967)의 안정성 비율방법이 실험적/경험적 방법 중에 가장 중요한 계산 접근법이다. Broms & Bennermark(1967)은 널말뚝 벽에 수직 원형 구멍을 통해 점토질 흙의 압출 안정성을 실험실 실험으로 측정하였다. 안정성 비율은 구멍을 지보하는 압력을 구멍의 수직응력에서 뺀 다음에 토양의 비배수 전단강도로 나누어 구한다. 따라서 이러한 방법을 터널 상부 안정조사에 사용하는 것을 권유하였다.

토질형태에 따라 토질은 굴착/중단/정지 시 배수 혹은 비배수 작용을 보여준다. 따라서 특정한 지반조건에 따라 특정한 계산방법을 적용해야 한다. 터널 막장붕괴가 일어날 때 이론적으로 계산하는 압력은 대부분 실제 실규모 실험으로 입증되지 않았다. 이러한 이론값의 계산방법을 입증하는과정은 주로 실험실에서 실행하였다. 배수 조건에서는 이론적인 계산 값과 실험의 가장 최적화된 값은 Anagnostou & Kovari(1994) 혹은 Jancsecz & Steiner(1994)가 만든 한계평형방법과 Leca & Dormieux가 만든 한계상한에서 찾을 수 있었다. 그러나 파괴 메커니즘이 실제 상황과 가까울 때 상한 계산과정은 매우 복잡해진다. 따라서 밀림쐐기의 한계평형에 대한 다양한 공식들이 실제적으로 많이 사용되고 있다. 참고로 배수조건에서 모델의 결과 값은 토압으로 인한 필요 지지력만 보여준다(식 (11.1)).

비배수 작용을 보여주는 토질에서는 원통 터널 모델을 가정한 한계상태방법이 붕괴 시 지보압을 가장 잘 예상하는 것으로 알려졌다(Davis et al., 1980). 저자들은 필요 지보압을 안정비율접근법으로 구하였다(Broms & Bennermark 1967). 이러한 계산방법은 간단하며 이에 대한 개념들은 비배수 작용을 보여주는 순수 응집성 토양 굴착의 기준이 되었다.

11.7.5 실무적인 계산을 위한 가장 중요한 추천사항

한계평형방법은 비응집성 토질 외에 터널 막장에 응집성과 비응집성 토층이 교차적으로 일어날 때도 적용된다. 이러한 경우에 토층의 유효(배수)전단 매개변수를 가정한다. 일반적으로 한계평형접근법의 계산과정에서 비배수 전단토질매개변수를 사용하는 것을 권유하지 않는다. 더구나 한계평형법은 지반이 이론적으로 불안정할 때 최소 지보압력을 제공한다는 것을 필히 참고해야 한다. 이는 안정계수와 취득한 지보압을 적용하여 지반변형이 상대적으로 허용 가능하게 될 때 달성할 수 있는 것이다. 모든 토질형의 채택된 안정변수가 일반화되어 있기 때문에 확보한 변형 값은 실제 지반 강성도(stiffness)에 따라 달라진다.

채택된 한계평형 접근법의 공식에 따라 계산된 최소지보압은 상대적으로 비응집성 토질의 넓은 분산을 보인다. 이러한 분산은 Vu et al.(2015) 혹은 Kirsch(2009)를 통해 알려졌다. 응집성 마찰 토질에서는 분포의 계산된 크기는 감소한다. 한계변형방법에서 변수를 계산할 때 사용되는 모든 가정사항들이 채택된 토질 전단 저항의 유동성과 일관성 확인을 권유하고 있다.

비배수 조건에서 안정비율방법을 사용한 막장안정계산과정에서는 임계안정비와 비배수 토질 응집 양의 가정사항들이 결과 값을 지정하는 핵심요소이다. 이러한 임계안정비는 지역경험과 개개의 사례에 따라 채택되어야 한다. 더구나 비배수 응집 양은 보수적으로 평가해야 한다. 그럼에도 불구하고 임계안정비 방법은 지보압 계산에서 적용되는 지하수압이 결정적인 요인이라는 것을 빈번하게 보여준다.

특정한 지반조건에서 터널굴착 시 지보압을 설계할 때, 부적합한 설계로 인해 파괴 혹은 침하와 같은 결과 범위를 고려해야 한다. 여기서 최악의 시나리오가 얼마나 안 좋은지에 따라 계산법이 얼만큼 보수적이어야 하는지 결정한다. 일반적으로 부적합한 지보압이 이수식 쉴드와 비응집성 지반 조합이 적용될 때 지반 표면까지 즉각적인 파괴가 일어날 수도 있다. EPB 쉴드와 응집성 토질의 조합인 경우 '대대적인 표면 변형만' 일어나고 지반 표면까지 파괴가 일어나지 않을 수 있다. 이러한 경우의 결과는 overburden의 높이에 따라 달라진다. 따라서 까다로운 지반조건에서는(예: 복잡한 연약지반 혹은 표면아래 시공(undersurface construction)) 지보압의 해석적 계산을 항상 기계-지반 수치해석분석으로 보충하는 것을 권유한다.

마지막으로 계산에서 중요한 요소는 굴착 시 채택된 지보압 편차이다. 지보압 편차는 계산과정에서 고려해야 하고, ZTV-ING(2012)에 의하면 다음과 같다.

표 11.2 Deviations for various shield TBM support pressures

Classification	Deviations
Slurry Shield	+/- 10kN/m^2
Compressed Air-support Mode of Both Shield Types	+/- 10kN/m^2
EPB Shield	+/- 30kN/m^2

EPB 쉴드에서는 편차 범위는 더 크게 정의되었는데 이는 지보압 규칙에 대한 더 높은 정도의 불확실성 때문이다. 이러한 편차는 하한지보압에 더하고 상한지보압에서 감해 준다(그림 11.8에서 비교). 하지만 EPB 쉴드의 넓은 편차 범위가 EPB 쉴드 드라이브의 때로 제한된 타당성을 유발할 수 있다. 특정한 경우와 적당한 정당성이 보일 때 EPB 쉴드 편차를 줄일 수 있다. 이러한 편차 감소는 상한지보압에 중심을 두어야 한다. 이는

EPB의 경우 overburden 붕괴(break-up) 혹은 지보 매체의 붕괴가 비교적 낮기 때문이다. 따라서 이러한 감소를 적용하려면 최적화된 쉴드 운영, 공정관리 그리고 굴착과정의 최적화된 설계가 필요하다.

11.7.6 결론

단층 파쇄대가 관찰되는 지질구간에는 지질변화에 대한 예측이 어려우며 붕락사고에 대한 대처가 힘들기 때문에 막장관찰, 변위계측, 지반평가 등이 수행되어야 할 뿐만 아니라 정확한 막장지보 계산법을 적용해야 한다. 본 11.7절은 DAUB에서 발간한 TBM 막장지보 계산법에 대한 논의를 설명하였다. 현재 기계식 굴착에서 터널 막장안정평가에 가이드라인을 제공하며 막장지보압 계산법에 관한 가장 좋은 방법을 제공하는 것에 중점을 두었다. 하지만 전반적으로 보았을 때는 최적화된 쉴드 TBM 운영, 운영관리, 또는 기본 굴착설계가 잘 되어야 계산에 따른 편차를 줄일 수 있다고 볼 수 있다. 또한 지질조건에 따른 변동성이 크므로 이 장에서는 필요한 계산법과 안정성 개념을 엄격하게 따르면 안 된다. 사례 혹은 개별적으로 엔지니어링 경험에 의한 판단 또한 필요하다.

CHAPTER 12

TBM 장비의 조달방안

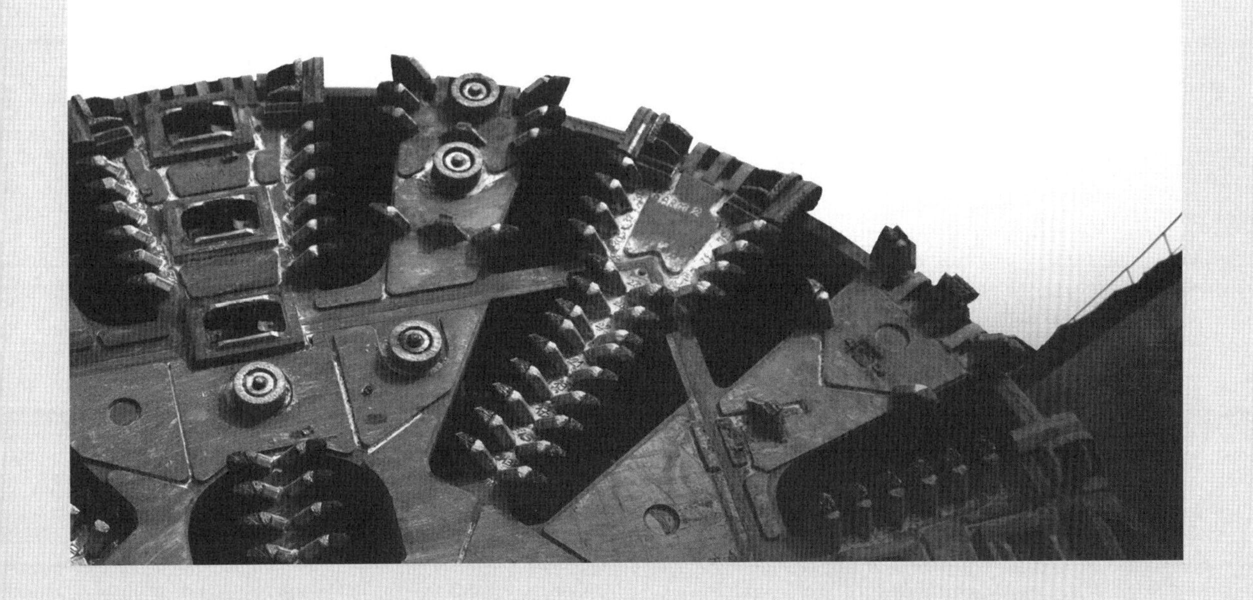

CHAPTER 12

TBM 장비의 조달방안

12.1 TBM 공법의 국내 적용사례 문제점

국내의 Open TBM 터널공법은 주로 교통터널이 아닌 장대 선형 도수로터널의 시공에 주로 적용되었다. TBM 장비 가동 시 사갱건설에 의한 추가 Risk가 적고, 직경이 적어 터널의 구조적 문제가 적기 때문이었다. 이러한 TBM 공법의 활용도가 적은 국내 터널기술에 관한 문제점을 정리하면 다음과 같다.

12.1.1 국내의 불규칙한 지층조건

국내 기계화 시공에 가장 불리하게 작용하는 문제점은 불규칙적인 지층의 발달로 인해 층리와 습곡 등이 심하게 발달되어 있다는 점이다. 추가로 국내 암층의 강도 이외에 질긴 점착 특성과 편마구조 등에 의한 Cutter의 묻힘 작용 등도 들 수 있다. 이와 같은 불리한 지층에 대하여 적정 장비 선정과 적정한 Cutter 선정을 위한 기본적인 Linear Cutting Test를 해본 경험이 과거 전무했다는 것도 기계화 시공의 주요 실패 사인임을 간과할 수 없다. 또한 TBM 장비의 설계에 필요한 지반조사와 각종시험, 상세한 지질조사와 지하수리 조사가 이뤄진 경우가 거의 없는 실정이다. 상황이 어찌됐던 장비 크기에 따라 100억에서 1,000억 원에 이르는 TBM 장비의 선정과 Cutter 선정을 공인기관의 절삭시험 없이, 공기도 TBM 가동률 Program에 따른 합리적인 방법 없이 주먹구구식으로 이루어졌다는 것을 상식적으로 납득하기 어려운 것이 사실이다. TBM Cutter나 Cutterhead Design을 터널기술자가 Lead하여 기계 파트, 전기 파트, 유압 파트를 끌고 가야지 그냥 이 일을 터널 외 분야에 던져버린다면 현장 조건에 적합하지 않은 주인 없는 묘한 장비가 나오게 된다.

12.1.2 굴착장비 운용상의 문제점

현장 책임 기술자, 외부 전문가 집단의 효율적인 공조 없이 터널 시공 경험이 부족하고, 운전 경력도 짧은 Operator의 단독 현장 운영으로 인한 피해는 매우 크다. 이는 유사시 대처 능력 부족으로 인해 터널 붕락, 장비의 터널 내 Jamming 현상, 운행 부주의로 인한 사행현상으로 이어진다. 또한 공사운영 미숙으로 인한 Spare parts의 공급 불량, 기계 및 전기에 대한 지식미비 등으로 인한 고가의 장비 운행 중지 등으로 공기가 연장되어 추가 공사비의 부담으로 이어진다.

국내의 경우 TBM 장비를 과다 보유한 DJ건설, U건설들은 이러한 TBM 공법 적용 시 발생할 수 있는 여러 문제점들을 인식하지 못해 TBM 장비의 장점을 살리지 못해 부도가 나는 사태까지 이르렀고, 이러한 TBM 공법 자체에 대한 부정적인 사고들이 국내 업계에 만연하게 되어 지난 10년간 국내에 TBM 공법의 적용은 매우 미비하였다. 결국 오늘날 국내에 잔존하는 TBM 장비 자체도 20년 이상 오래된 고물 구형으로 남게 되었고, 현재 새로운 TBM 공법을 제안하여도 20년 전의 실패담에 대한 부정적인 생각이 건설업계에 널리 퍼져 있어 이를 극복하는 것도 TBM 공법 적용을 위해 극복해야 할 현실이다.

12.1.3 TBM 공사비의 의혹

TBM 장대터널의 설계를 하다 보면 공사비 산정에 큰 어려움을 겪게 된다. 해외의 저가의 많은 TBM Operator사에 접촉이 쉽지 않아 몇 개 안 되는 국내 TBM Contractor와 협의를 통해 공사비를 산정한다. 이때 TBM 공법의 장점보다 국내 전문 업체가 제출한 공사비 견적이 TBM 기계화 시공의 앞길을 막는 경우가 많다. 거기에는 이유가 많겠지만 자꾸 자신이 보유한 20년도 더 된 고물 TBM을 사용하려 하고, 따라서 굴진율에서 국제적인 감각이 부족하고, 부품 가격, 인건비, 버력처리 비용, 현장 관리 비용 등 기존의 발파공법보다 공사비 견적서가 늘 비싸게 들어온다.

문제는 신 TBM 장비에 대한 기술력이 없는 상태에서 은퇴하여 박물관에 가야 할 구식장비에 대한 기술력밖에 없다는 데 원인이 있다. 이런 이유는 TBM 전문 시공업체가 New TBM의 기술을 도입하고 장비를 구입하는 데 큰 걸림돌이 되고 있다. 최근의 TBM 장비는 엄청 발달하여 가동이 간편해져서 누구라도 굴착 운용할 수 있는 건설 중장비일 뿐이다. 또한 초기 300m는 제작사가 굴착하며, 장비 운전 기술을 전수함으로써 특수장비에서 일반화했다고 할 수 있고, 장비의 재사용도 가능하며, 제작사의 Buy Back System 등도 활성화하여 공사비를 줄일 여지가 많다. 그럼에도 과거의 장비와 과거의 미흡했던 기술력을 고집하여 새로운 발전된 Modern TBM 기술의 도입이 늦어지고 있다. 왜 항상 TBM 공법이 공사비가 발파공법보다 비싸지? 왜 이렇게 비싼 공법을 중국과 러시아, 싱가포르 등에서는 여과 없이 사용하고 있을까? 베일에 싸인 국내 TBM 공사비 견적서에 대한 투명한 연구가 학회 차원에서 필요하고, 거기에는 명백한 독과점의 오류가 깔려 있음을 간과해서는 안 된다.

12.2 TBM 장비 발주방법의 선진화 사례

미국 캘리포니아주의 산타클라라 벨리 교통공단(Santa Clara Valley Transportation Authority)

과 계약하여 프로젝트 수행 중인 Hatch Mott MacDonald사 및 Archer Walters사의 Dr Alastair Biggart, Gary Kramer, Jimmy Thompson은 최근에 TBM 터널굴착 산업 내에서 발주처구매방식(OPP: Owner Procurement Process)이 어떤 방식이며, 이를 통해 TBM 터널 프로젝트의 완공을 앞당기고, 공사 중 발생할 위험요소를 관리하는지를 발표한 바 있다. 일반적으로 현재 전 세계적으로 OPP 방식이 TBM Project에서 가장 적합한 장비 조달 방식으로 알려져 있다. 국내의 열악한 기계화 시공의 문제점은 기존의 터널공사와 같은 저가입찰(Lower Bidding) 방식을 TBM Project에도 적용하여 Project에 적합한 고급의 장비가 국내에 들어오질 못했고, 저가 입찰자들은 예산 등을 이유로 설계에 적용된 우수장비보다는 저가 장비나 중고 장비를 국내 터널 현장에 투입하여, 많은 시행 착오를 겪은 바 있다. 장비의 구입도 주계약자가 사지 않고, 하도급 전문업체가 구입하도록 하여 장비에 대한 구입 예산은 더욱 적게 되고, 좋은 장비를 구입할 여력은 점점 떨어지고, 그럼에도 불구하고 규모가 작은 하도급 업체는 장비구입에 따른 금융 비용에 대한 큰 부담을 지게 된다.

TBM 장비 설계에 대한 설계자의 Spec 선정이 Cutting Test 등을 이용한 CSM Model 이나 NTNU Model 등을 이용하여 적정하게 이뤄져야 하겠지만, 구입 시 설계에서 적용한 Spec을 갖춘 장비가 들어올 수 있도록, 장비 조달 방식과 검수 방식이 국제적인 OPP 방식을 국내에도 적용하는 것이 필요하다. 특히 쉴드 TBM을 사용할 경우, PC Segment Lining System이 일반화되고 있어, 터널의 굴진 속도를 높이고, 라이닝의 품질도 150년 이상의 사용연한을 보장해주고 있다. 국내에서 PC Segment 라이닝 적용이 어려운 것은 단순 공사비 비교만으로는 설계자가 결코 현장 타설 콘크리트 라이닝 시스템보다 비싼 PC Segment 라이닝 시스템을 적용할 수가 없기 때문이다. 또한 이 방법이 공기를 줄이는 데 중요한 역할을 하지만, 우리나라 같은 고무줄 계약 공기 상태에서는 크게 Appeal 하지 못하는 것 같다. 따라서 공기를 지키거나 줄이고 터널 라이닝의 수명을 높이려는 발주처의 의지가 필요하고, 공사 지체에 따른 지체 보상금 제도를 실현하고, 값은 비싼 편이나 품질 좋은 PC Segment도 Owner가 직접 OPP 방식으로 발주하여 공사 계약금 총액을 줄이고, 원활한 PC Segment의 현장 적용을 위해서 조달 방식 변경도 뒤따라야 한다고 판단된다.

최근에는 국내에서 공사 완료 후 TBM 장비의 손료 및 소유현황, 재활용에 대한 문제점들을 야기한 바 있는데 이를 해결할 좋은 발주 방식인 OPP 방식을 소개한다.

12.2.1 실리콘밸리 고속전철 Project 사례

산타클라라 벨리 교통공단(VTA)은 캘리포니아주 서부의 도시 San Jose에 SVRT(the Silicon Valley Rapid Transit, 실리콘 벨리 고속철도 운송 체계) 프로젝트(26.2km 확장공사)를 수행할 예정이다. 이 노선에는 6개의 정거장(3개 지하 정거장) 및 연장 8.2km의 단선 병렬터널과 개착식 구조물로 구성되어 있으며, San Jose 도심지를 통과하도록 계획되어 있다(그림 12.1). 지하수위 바로 아래에 위치한 충적토층을 프리케스트 콘크리트 세그먼탈 라이닝 설치장비가 장착된 2대의 EPBM을 사용하여 굴착할 예정이다. 터널 천

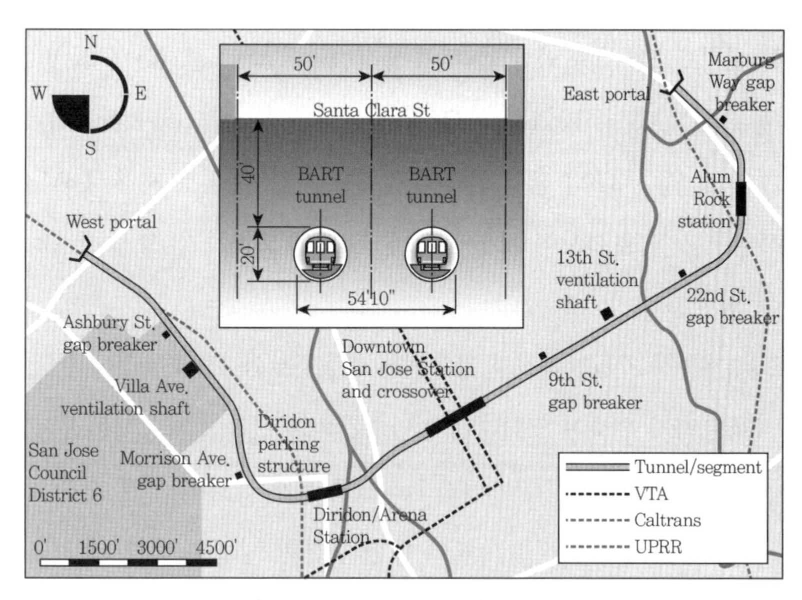

그림 12.1 The planned SVRT tunnel

단에서부터 지표면까지 높이는 통상 12m가 정도가 될 예정이다. Hatch Mott MacDonald의 Joint Venture와 Bechtel Infrastructure에서는 설계 및 터널구간의 공사관리를 VTA (Valley Transportation Authority)를 통하여 지속적으로 관리 유지해오고 있었다.

VTA를 통해서 공사의 위험요소를 관리하고 프로젝트 스케줄을 가속시키기 위하여 그들의 계약전략의 일환으로 OPP를 이용, 발주처가 제공하는 ϕ6.2m TBM 2대를 사용하기로 결정하였다.

12.3 TBM과 시공 위험 부담

세계 어디서나 터널 시공에서 예측할 수 없는 지반조건 및 거동과 관련된 위험요소가 계약 관련 부분들에서 계속해서 드러남에 따라 계약상의 클레임도 잦다. 결과적으로 선택계약방법(alternative contracting method)을 지속적으로 개발하고, 배분하려고 노력한다면, 위험요소를 최소화하고 완화시킬 수 있다.

TBM과 TBM의 타당성에 관한 문제에는 어마어마한 잠재된 비용과 스케줄 충돌이라는 중요한 위험요소가 내포되어 있다. 통상적인 프로젝트 순서는 오직 발주처로부터 공사 진행 통보서(Notice to Proceed, NTP)를 받아야만 TBM 오더가 확인되어 시공사가 장비 구매를 하게 된다. TBM 장비 의뢰에 필요한 시간, 재검토 시간, TBM 제작 및 현장에 납품하는 시간을 포함하여 보통 현장에 TBM이 도착하기 전, 최소 10~12개월이 걸리는 것이 일반적이다.

상대적으로 전통적인 입찰과정의 경우에는 지질자료와 TBM 특징에 관한 극히 중대한 결정을 재검토하기 위하여 입찰자에게 단기간의 시간만이 제공되는 반면에, 발주처와 그들의 컨설턴트는 기본계획 및 설계 Project를 통해 상당히 오랜 기간 동안 지반조사를 해오고 이를 통해 TBM 장비 Spec에 대한 충분한 정보를 갖게 된다. 그러나 현행 제도하에서는 최소한의 정보를 가진 시공자가 가장 중요한 결정에 관한 모든 책임을 떠맡게 되는 기형적인 계약 상태를 가져온다. 입찰과정이 길어질수록 오직 프로젝트 완공 시간만이 연장될 뿐이다. 더 나아가서 터널 시공사와 TBM 제작사 양쪽 다 경쟁입찰이란 불안한 상황에 놓이게 된다. 이런 상황은 TBM 선택과 특징에 관해서 충분한 기술적 검토와 가격에 대한 협상 없이 시간에 쫓겨 Project에 적합하지 않은 장비로 상업적, 정치적으로 억지로 강요되어 결정되는 불합리성을 안게 된다.

발주처가 TBM 공사의 위험요소 분담을 고려하지 않는다면, 프로젝트의 문제가 커져 갔을 때의 경험에서 비춰보면 시공사의 저가 입찰로 인해 장비 예가가 너무 낮아지거나 또는 현장지반조건이 상이하거나, 이를 인정하거나 그렇지 않거나 프로젝트의 위험요소는 증대하게 된다. 인정한 변경사항 및 상이한 지반조건 등으로 인해 발생되는 추가 비용은 결국 발주처에게 추가적인 비용 부담으로 위험요소로 남게 된다.

12.4 발주처에서 조달한(OPP) TBM

OPP는 국제적으로 증명된 선택계약 인도방법으로 수많은 터널 프로젝트에 적용할 수 있는 잠재력을 가지고 있다. OPP의 목표는 프로젝트에 발생할 수 있는 위험요소를 감소시키고, 프로젝트 스케줄을 가속시키는 데 있으며, 발주처 요구명세서, TBM 조달, 터널계약구매에 앞선 터널 세그먼트 라이닝 등을 터널 시공사에 제공한다.

이 프로세스는 1970년대 초기에 호주에 있는 Melbourne시에서 최초로 사용되었고, 적어도 전 세계 10곳의 발주처에 사용되었으며, 최근에는 중국과 러시아, 인도 등 비선진국에서도 일반화되고 있는 실정이다(표 12.1).

일반적으로 OPP는 다음과 같은 사항이 포함되어 있다.

- 본선터널 계약 중 기본설계를 하는 동안 발주처는 필요한 TBM Spec을 결정한다.
- TBM 제작회사는 최종 실시설계를 하는 동안 채택되고, 동시에 발주처는 터널 라

이닝(PC Segment의 경우)도 직접 조달한다.

- 이 프로세스에 PQ 터널 계약자가 포함되어 있다.
- TBM과 라이닝은 채택된 터널 시공사에 공급한다.

표 12.1 Listing of known projects with owner procured TBMs

Project	Owner	Location	Year	Use	Ground	Machines	Length
London Water Ring Main	Thames Water Authority	London, UK	1991	Water	Clay, sands, gravels	3×2.95m EPB/Open	33km
St.Clair River Tunnel	CN North America	Ontario/ Michigan	1992	Rail	Soft clay	9.5m EPB	1.8km
Sheppard Subway	Toronto Transit Commission	Toronto, Ontario	1996	Subway	Glacial till	2×5.9m EPB	3.9km each
Rio Subterraneo	Aguas Argentinas	Buenos Aires, Argentina	1995	Water	Soil	2×4m EPB	15.2km
Changi Metro Line	Land Transport Authority	Singapore	2000	Subway	Weak rock	2×6.1m EPB/Open	3.5km
Various Sewer Projects	City of Edmonton, Alberta	Edmonton, Alberta	13 machines since 1972	Sewer	Glacial till	12 Open face & EPB (2.4 to 6.7m)	100km
Melbourne Rail Loop	Melbourne Underground Rail Loop Authority	Melbourne, Australia	1972	Metro	Weak rock	2×6.85m	4drives 2800m each
Nuclear Waste Repository Study	US Department of Energy	Yucca Mountain, Nevada	1994	Nuclear waste	Welded tuff	7.6m	7.3km
Lower Kalamazoo Mine	Magna Copper Company	Oracle, Arizona	1993	Mine	Hard rock	4.6m Open gripper	9.7km
Stillwater Mine, East Boulder Project	Stillwater Mining Company	Nye, Montana	1996 1987	Mine Mine	Rock Rock	2×4.6m 1×4.1m	5.6km each Not known

각각의 계약사항에 관하여 경쟁 입찰과정에 유리하게 하기 위하여 여전히 발주처는 OPP를 선호하고 있다. 최종 결론은 발주처, 발주처의 컨설턴트, TBM 제작사, 장래의 터널 시공사의 공동작업에 의하여 총괄한 Spec 명세서와 TBM에 공급하기 위한 기계

디자인은 전통적인 저가 입찰 시스템에 제공되는 것보다 훨씬 우수하다는 것이다. 전체 프로젝트 위험요소가 감소됨에 따라 각각 부분적인 위험요소 또한 감소되며 이는 공기 절감과 공사비 절감으로 연결된다.

12.5 OPP의 적용 가능성

수많은 선택적 계약 납품방법(alternative contract delivery method)과 같이 OPP에 엄격한 조항들은 적합하지 않을 뿐만 아니라 발주처에서 조달하는 TBM과 라이닝 공급 역시 모든 프로젝트에 적합하다 할 수는 없다. 이 프로세스는 모든 발주처, 프로젝트, 컨설턴트 또는 시공사에 적합하다 할 수는 없다. 하지만 현재 수행된 경험에 의하면 단점보다는 장점이 많고, 좋은 장비의 도입을 가능하게 해주어 Project를 긍정적으로 활성화 시켜주며 기계화 시공에서 장비 개선 및 좋은 장비의 공급을 가능하게 해준다.

- 발주처: 많은 발주처가 계약납품의 선택 형태를 잘 알고 있으나, OPP는 모든 발주처들에게 적합하다고 단정 지을 수는 없다. 발주처의 조직 내에서 OPP를 소화 할 수 있는 계약과 구매문화에 성공의 열쇠가 달려 있을 것이다.
- 프로젝트: SVRT 프로젝트 조건에서 OPP의 적용 가능성에 관해서는 다른 프로젝트에 지침서로 사용될 수 있다.

－까다로운 지반조건: 높은 지하수위를 포함한 충적토층
－도심지 구간 터널굴착 주변 환경으로 인한 매우 큰 위험요소
－무리한 노선설정: 급커브 구간, 파일에 근접, 장애물에 접근 가능성
－촉박한 스케줄
－다음에 오는 사항들은 OPP와는 잘 어울리지 않는 유사한 프로젝트의 조건을 보여준다.

– 통상적으로 사용되고, 매우 작은 직경의 터널
– 작은 규모의 프로젝트
– 예측 불허의 터널굴착과 지반조건
– 침하로 인한 영향 또는 막장면의 불안정성이 최소화되는 지역
– 터널굴착 시공사가 지방의 지질상황을 잘 알고 있는 경우

- 컨설턴트: 설계 컨설턴트는 TBM Spec과 TBM을 조달할 수 있는 능력을 가져야 한다. 컨설턴트는 해당되는 과정 또는 과거 다른 TBM Project를 수행한 시공사 직원으로부터 과거 TBM 장비 구매에 따른 계약사항들에 대한 정보를 취하는 것이 좋으나, 추후 직접적인 경험을 통해 OPP 구매방식을 인지해야 한다. TBM 시공자들의 TBM의 제작에서부터 구매, 가동에 관한 경험을 정보화 해야 한다. OPP를 이용할 때 설계 컨설턴트는 이 프로세스에 연계를 주기 위하여 건설 관리 컨설턴트를 지속적으로 해주는 것이 좋다. 몇몇 컨설턴트들은 대부분 시공사가 TBM 결정을 하는 것이 낫고, TBM 시방서를 토대로 유일하게 TBM 성능을 파악한다고 주장할지도 모른다. 이러한 견해는 컨설턴트가 불가피한 결정을 하기 위해 실제 TBM의 가동에 관한 경험이 너무 부족하다는 것을 자인하는 경우일지도 모른다.
- 시공사: 거의 틀림없이 이 프로세스에 입찰자의 수는 감소할 것이다. 이것은 다른 터널 프로젝트와 달리 계약 특수 조건 등에 관한 것일 수 있다. 그러나 경험에 따르면 이 OPP 프로세스는 입찰의 수가 불충분한 결과를 초래하지 않고, 시공사들의 재정 상태도 대부분 훌륭하였다.

시공사는 발주처가 조달한 TBM의 개념에 관해서 다음 사항을 고려한다.

- 관리 실패로 인한 증가된 위험의 인식
- 재정상 수익 손실: 총경비와 이윤폭 감소

- 기계 제작회사는 시공사의 선택으로 채택되서는 안 될 것이며, '채택된 공급자'로 해야 한다.
- 발주처의 잘못된 경험으로 인하여 질이 떨어지는 하급 TBM을 받을 것이라는 인식
- TBM 제작회사와의 협력관계는 OPP에 의해서 만들어진 계약상의 순서로 인해 대체된다.

그러나 이 프로세스의 채택을 시공사에 알려야 한다. 그 발주처는 융통성 있고, 위험 부담을 잘 알고 있다. 더 나아가 프로세스의 구조상 TBM 기계 특징에서 시공사의 협조가 포함되어 현장 조건에 걸맞은 설계가 된다.

TBM과 터널공사시장의 독특한 본질을 깨닫는 것이 중요하다. 전 세계에 알려진 일부 TBM 제작사의 마케팅은 품질과 기능에 관한 그들의 평판을 크게 기반으로 하고 있다. 따라서 재정과 평판 둘 다 가지고 있는 TBM 제작사들은 그 OPP에서 가능한 최고의 기계를 제공할 의무가 있다. 그 결과로 이 프로세스를 통해 훌륭한 시공사는 자신이 공급할 수 있었던 것보다 더 우수한 TBM 기계를 받는 결과를 초래하였고, 여전히 저가의 입찰자가 되었다. 적임자이고, 사정을 잘 알고 있는 시공사는 혹시 가장 부적합한 기계를 제공받아 발생하는 저가입찰에 위험 부담을 가지지 않으면 안 될 것이다. OPP 방식의 단점은 발주처가 장비를 잘못 선택하거나, 발주처가 소유한 기존의 장비를 Lease 할 경우 장비 사용 시 유지관리 고장 등에 대한 Risk를 시공사가 계약 협상 시 보험처리에 대한 부담비를 공사비에 상계하도록 발주처와 협의하는 것이 좋다.

12.6 추가적인 이점

위험요소 감소와 시간 단축이라는 사전에 언급한 이점 외에 OPP는 다음 항목과 같은 다른 추가적인 잠재적 이점을 갖고 있다.

- 좀 더 현장 지반조건에 적합한 TBM 선정으로 인한 비용을 절감할 수 있다.
- TBM 설계에 따른 적절한 장비 선택으로 터널공사 지연으로 인한 Risk가 줄어들어 추가공사 비용이 많이 들지 않는다.
- 총 계약금액에서 TBM과 세그먼트 라이닝의 비용 제거가 용이하다.
- 발주처는 직접적인 감독으로 TBM 구입 품질을 좀 더 관리하여, 중고 및 적합하지 않은 TBM의 공급은 피할 수 있게 된다.

12.7 OPP와 SVRT 프로젝트

SVRT 프로젝트에서 OPP의 수행항목으로 다음의 사항이 포함되어 있다.

- TBM 제작 PQ
- TBM 설계, TBM 시방서(specification), 입찰
- 터널 세그먼트 라이닝 입찰
- 터널 시공사 PQ
- 기술 협약
- 기술위원회
- 경개(Novation) 협약
- 본선터널 계약
- TBM 가동 및 정비에 관한 시방서

위의 사항들과 계획대로 실행한 절차를 그림 12.2와 12.3에 각각 나타내었다.

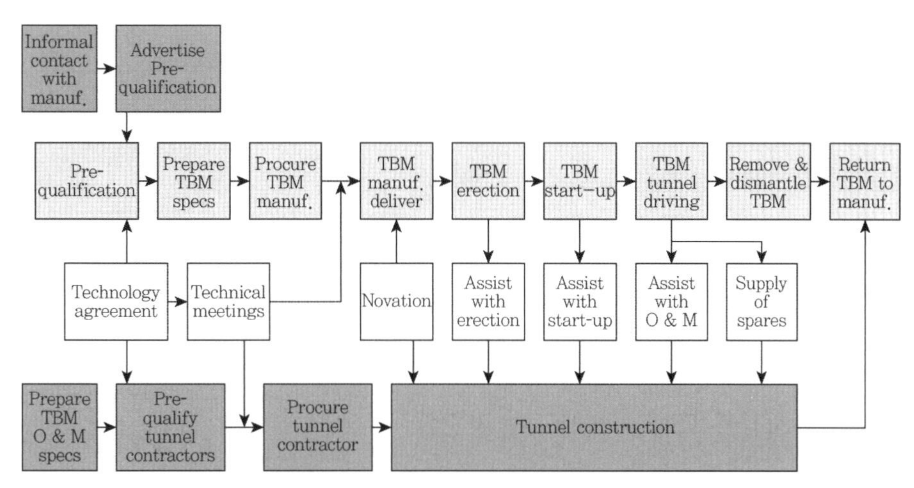

그림 12.2 Planned operation of the OPP on the SVRT project

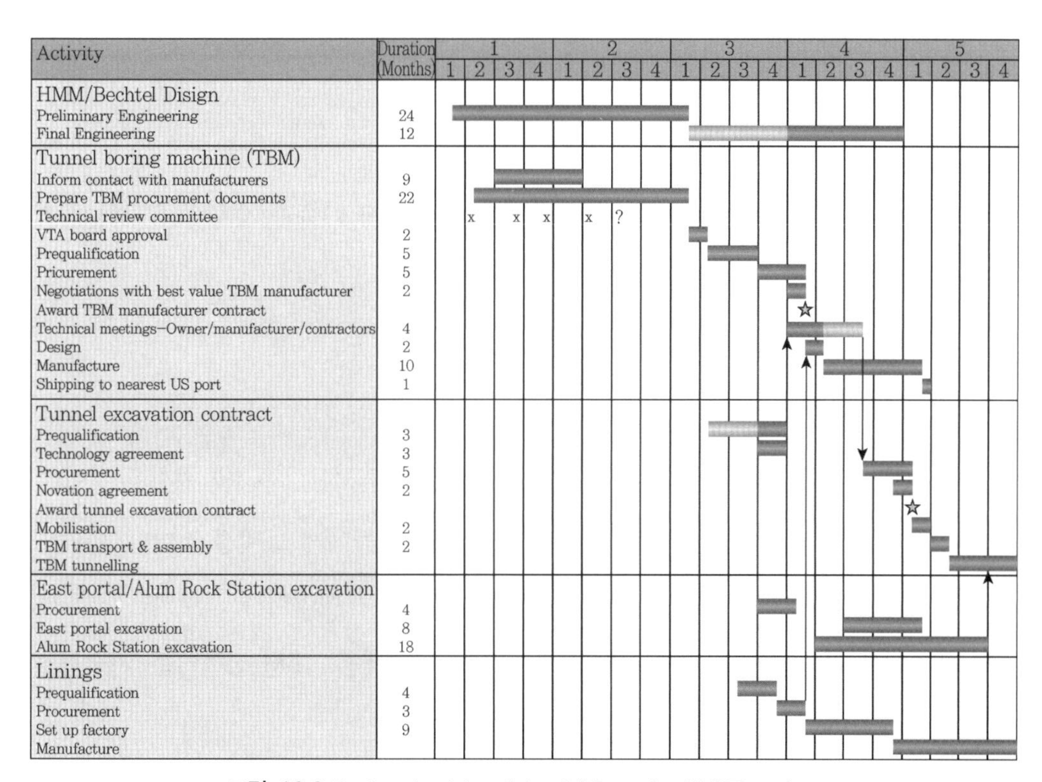

그림 12.3 Draft schedule of the OPP on the SVRT project

12.7.1 PQ와 TBM 단면

TBM 제작회사들의 수와 기술 수준을 사전인증하기 위하여 전 세계에 광고해야 하고, 다음에 오는 PQ 기준을 포함시켜야 한다.

- 유사한 크기와 형태를 가진 TBM 설계의 사전경험 유무
- TBM 시공회사에 OPP를 포함하는 TBM 경개를 기꺼이 다루도록 하고, 터널공사가 완료되는 시점에 TBM을 되사도록 지원함
- 프로젝트 수행 기간 동안 현장에 제작사 자체 엔지니어를 지원해주는 능력
- 그들이 소유한 공장에서 조립 능력 및 TBM 테스트 수행 능력
- 앞선 TBM들의 납품을 '정기적으로 납기 내에 납품 여부' 증명
- 기계의 성능 보증을 기꺼이 해야 함

제작회사는 선정에 필요한 근거에 따라 사용되는 자체 기술과 자체 고유 성분가격을 가지고 그 프로젝트에 관한 '최적가'를 선택해야 할 것이다.

12.7.2 설계와 제작

발주처 측의 프로젝트팀은 일부 규정을 포함한 TBM의 성능 Spec을 제시할 것이다. 이 Spec과 다른 입찰문서들은 PQ로 선정된 TBM 제작자들에게 보내질 것이다. 여기에는 OPP에 관한 설명, 계약도면, 지질학적 자료, 지질학적 데이터가 포함되는 보고서, 터널 세그먼트 라이닝설계, 설계도면 작업, 유지보수 명세서, TBM 침하기준, 기술협정이 포함되어 있다.

12.7.3 터널 라이닝 입찰

SVRT 프로젝트에서는 프리케스트 콘크리트 세그먼트 라이닝과 개스킷방수 시스템

을 사용하도록 계획되어 있다. 턴키 공사의 경우 통상적으로 세부설계는 TBM이 가지고 있는 가능성을 확실히 하기 위해서 시공회사의 설계사에 의해 수행되고, 일반적으로 TBM을 운반하기 위해서는 미국의 경우 최소 9~12개월이 필요하다.

결론적으로 발주처가 조달한 TBM 스케줄상의 이익을 달성하기 위해서는 세그먼트 라이닝 요소 또한 터널 계약에 앞서 발주처가 OPP로 조달해야 한다.

발주처가 조달한 라이닝 시스템에 관한 위험관리 이익은 발주처가 조달한 TBM에 관한 이익과 유사하다. 여기에는 감소된 터널 계약 값의 결합성 증진, 기술 혁신에 관한 증가된 잠재성, 보다 우수한 품질의 라이닝이 포함된다. 라이닝 공급에 관한 계획과정에는 기본설계의 발전, 터널 시공사 투입, TBM 공급자 및 세그먼트 제작자, 입찰 협상에 잇따르는 설계의 사항이 포함된다.

12.7.4 터널 시공사 PQ

터널 시공사 선정 시 과거 TBM 공사 경력이 PQ가 될 수 있으며, OPP 방식에 관하여 추 후 터널 시공사의 동의가 있어야 한다는 것이 중요한 부분이다. OPP의 개요는 관련된 터널 시공사들에게 발송될 것이고, 그로 인해 그들은 그 과정을 이해할 것이다. PQ 기준은 적어도 3번의 유사한 계약의 경험이 필요할 것이다. 여기서 말하는 경험은 SVRT Project의 경우 도심지 연약지반 터널공사와 유사한 크기의 폐합단면 TBM 사용 경험이다.

12.7.5 기술 협정

과정 중에서 핵심 사항은 프로젝트에 가장 적합한 TBM에 관한 의견일치와 개발을 위해서 발주처, TBM 제작사, 터널 시공사는 같이 일하게 된다. 기술 협정은 터널 계약 중 입찰 전에 기계 개발 가이드가 되는 기술위원회에 참여한 예상 터널 시공사와 함께 이루어진다. 적합한 입찰자들은 전문적인 기술 협정을 수행함으로 그들의 PQ 상태를 증명해야 할 것이다.

12.7.6 기술위원회

발주처 대표로 의해 선출된 기술위원회는 PQ 터널 시공사 대표, 발주처 대표, 발주처 컨설턴트, 전문가, TBM 제작사로 구성된다.

위원회의 첫 번째 미팅 전에 PQ 터널 시공사는 기술위원회 미팅보다 앞서서 그들의 정보(input)를 허용하기 위하여 TBM 시방서 초안을 보내야 한다. 이러한 과정이 이루어지는 동안 발주처는 기술위원회 결정사항들을 보유해야 하고, 터널 시공사들은 위원회 결정 승인을 신청해야 한다. 발주처는 시공회사의 정보를 고려하여 TBM 시방서를 수정해야 한다. 기술위원회는 주 계약 입찰 시행 전에 TBM 장비 선정 후 해산해야 한다.

12.7.7 경개 협정

OPP의 본질은 운송(transfer) 또는 시공회사에 발주처로 인한 TBM의 '협정'이다. 경개 협정은 시공회사가 자진해서 TBM의 소유권을 얻는 양도(transfer)와 승인(confirms)에 관한 계약서가 될 것이다. 경개는 발주처와 TBM 제작사 사이의 계약 시 터널 계약의 재정과 함께 발생하고, TBM 제작사와 터널 시공사 사이의 계약이 된다.

TBM의 대폭 수정이 발주처의 동의 없이 허용되지 않는다. 그에 따라 터널 시공사는 지불상환을 대신하고, 터널계약규정을 통하여 발주처로부터 이를 되찾을 수 있다. 도로 제작사가 구입하는 조항(Buy Back)하에 시공회사는 터널공사가 완료되는 시점에 제작사에 TBM을 반환해야 할 것이다. 이 계약에는 '현장'에 제작사의 직원 및 제작사에서 추천된 예비부품 운반 요구와 같은 조력(협력)이 포함되어야 할 것이다.

12.7.8 본선터널 계약

본선터널 계약에는 TBM 구매와 라이닝 공급에 관한 OPP를 커버하기 위해 필요한 개별적인 요소들을 전체적으로 설명해야 한다. 이 과정은 메인 부분 사이에 협조를 필요로 하는 표준보다 훨씬 크게 포함한다. 그래서 계약 형식에 DSCs 와 Disputes Review Board에 관한 규정이 포함되어야 한다는 제안이 있다. 이 계약에는 기술 협정(Technology Agreement)이 포함되어야 한다. 즉 기술위원회 결정과 경개 협정에서 터널 시공회사와 연류된 문서조사가 포함되어야 한다. 시공회사가 입찰서를 제출할 때, 그들은 TBM 시방서를 포함한 입찰을 기술위원회 미팅이 전개되고 있을 때 실시해야 할 것이다.

12.7.9 TBM 가동 및 정비

TBM 가동 및 정비 시방서는 본선터널굴착계약 시방서의 일부분이 될 것이다. 이것은 다음 사항에서 표준시방서와 다르다.

- TBM 가동 및 정비에 관한 시공사의 책임이 좀 더 면밀히 정의될 것이다.
- TBM 제작사에 모든 정보를 보내는 것을 포함해야 한다.
- 터널굴착을 하는 동안 TBM 제작사의 현장 참석을 조건으로 요구해야 한다.
- TBM 제작사로부터 기술적인 제안이 포함되어야 한다.

12.8 발주방법(OPP) 발주에 따른 국내 TBM 공법의 정착

OPP는 비교적 새로운 방법이기 때문에 발주처 기관과 계약 집단 둘 다, 이것을 사용하는 데 제약이 따를 수 있다. 따라서 프로세스의 이익이 반드시 설명되어야 하고, 그 포함된 내용을 상세히 토의해야 한다. 이 장에 포함된 정보는 SVRT 프로젝트에서 계획된 OPP 관련 내용을 고찰한 것이고, 결론적으로 OPP 방식이 이 프로젝트와 다른 프로젝트에서도 성공적으로 수행되었고, 앞으로도 TBM Tunnel 시공 시 성공적인 장비 조달 방식이 될 것이다.

또한 현재 OECD 국가 중 최하의 터널 기계화율을 지닌 국내 TBM 공법의 정착을 위해서는 다음과 같은 사항에 노력해야 할 것이다.

- TBM 장비의 보다 완벽한 설계를 위해서, 보다 정밀하고 자세한 지반조사를 실시하여, 대상 지층의 지질조건과 지하수리 상황을 분석해야 함
- 장비의 적정 규격 선정을 위해서 세계적으로 인정받는 CSM Model 또는 NTNU Model을 설계에 반영하는 것이 필요함
- 국내에 없는 최신 High-Power TBM에 대한 상세 정보가 필요함
- 공사비의 20~30%를 차지하는 고가의 Hard Rock TBM Cutter의 국산화 대체를 위한 원천 기술의 개발이 필요함
- 기계화 시공을 위한 설계, 시공, 감리 기술자의 배출이 필요하며, 미래 지향적인 기계화 시공에 대한 연구 및 프로젝트 확대 적용이 필요함. 이를 위해서 한국터널공학회(KTA)에서 TBM 공법의 저변화를 위해서 현장 교육용 Workshop을 실시하기를 제안한다.

CHAPTER 13

TBM 장비의 재활용

CHAPTER 13

TBM 장비의 재활용

13.1 서 론

오늘날 터널공사에서 중고 또는 재활용(rebuild) TBM 기계를 재사용하는 것이 세계적으로 일반화되고 있는 추세이다. 환경문제 및 경제적 이유로 값비싼 TBM 기계의 재사용은 한 번 사용한 후, 보다 신뢰할 수 있는 안전한 해결책이라고 할 수 있다.

최근에 국제터널학회(ITA)에서 발간한 ITATECH 가이드라인은 지정된 TBM 장비 계약 조건에 맞춘, 재활용 TBM 기계의 정의와 최소 사용기준을 정립하고 있다. 따라서 부족한 국내 TBM 기술력 및 전무한 TBM 장비의 재활용 기준으로 활용될 수 있기를 바라며, 기준 없는 무분별한 TBM 장비의 재활용도 재활용 기준에 따라 새로 정립되어야 할 것이다.

13.2 TBM 재활용 개요

지금까지 터널 공사에서는 재사용 기계의 최소 품질기준에 대한 구체적인 가이드라인이 없었다. 기계의 재활용을 위한 품질수준에 도달하려면 다음 두 가지 재활용

(rebuild) 수준과 그의 최소조건을 구체화해야 한다.

- 재제작(remanufacturing)
- 재보수(refurbishment)

참고로 터널 프로젝트를 위한 굴착 및 지원 시스템 혹은 TBM 종류 선정은 조사 시 예상된 지반조건 및 지하수 상태에 따라 큰 영향을 받는다. TBM 장비의 재사용은 재활용업자(rebuilder)와 지반조건의 사항을 고려하여 협의를 통하여 결정된다.

그림 13.1 여덟 번째 사용된, 동일 Robbins 재활용 TBM

13.2.1 TBM 재활용 가이드라인 범위

이 가이드라인은 쉴드 TBM과 무쉴드 TBM(Open TBM)와 이의 백업 장치에 관한 내용을 담고 있다. 또한 무인 소구경 TBM 터널기계와 이와 관련된 장치(캘리포니아 스위치, 가압펌프장, 지상 지반 전원함, 콘트롤 저장소 혹은 재킹 프레임)도 이 가이드라인 범위에 포함된다.

재활용 TBM 국가 사용 범위에서는 만약 재활용하려는 TBM 장비 사용 국가가 최초 동일 TBM 장비가 사용되었던 국가와 다르면, 먼저 국제 기준과 규정에 일치하는지 여부를 확인해야 한다.

이 가이드라인은 전 기계, 각 하위부품과 기계의 전 구성요소에 적용될 수 있으며, 유압 및 전기 시스템의 일반적 필요조건도 언급되어 있다.

감압실, 압력용기, 피난실(refuge chamber) 및 크레인 시스템은 이 가이드라인의 범위 안에 포함되어 있지 않다. 이러한 요소의 재사용 자격조건은 사용될 나라의 국가표준과 규제 기준에 따라야 한다.

13.2.2 TBM 총괄 장비 시스템 혹은 하위부품에 대한 재활용 단계의 정의

각 예정된 프로젝트의 조건에 따라(예: 터널 연장 혹은 예상된 사용 기간, 지반조건) 다양한 기계장비 사양의 시방서가 있다. 이러한 조건에 따라 기계장비는 다 신장비로 사용할 수도 있고 혹은 프로젝트 일정과 경제적 요건에 따라 재활용 TBM 장비를 사용할 수도 있다.

재활용 TBM 장비를 사용한다면 가장 고가의 재활용 수준을 지정할 필요는 없다. 따라서 이러한 상황을 고려하여 장비 재활용 절차에 두 가지 단계로 설립되어야 하고 이는 제품의 수명 사이클 단계에 각 부분에 따라 진행된다(그림 13.2).

- 재제작(remanufacturing)
- 재보수(refurbishment)

이러한 재활용 단계의 최소재활용 조건은 가이드라인에 포함되어 있다. 각각의 제작사 혹은 장비 재활용업자의 지정된 보증조건을 달성하기 위해 추가적인 조치를 요구할 수도 있다.

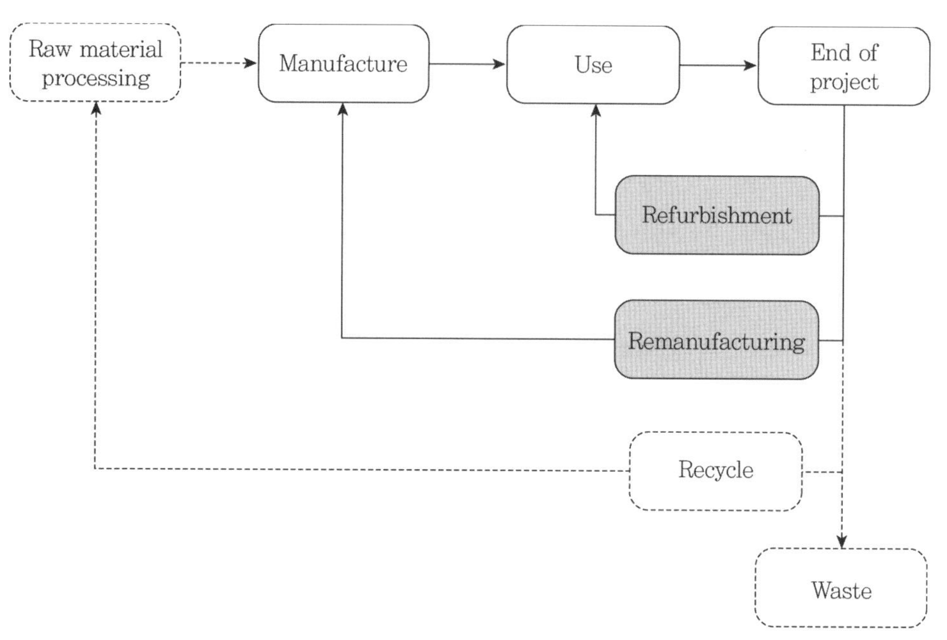

그림 13.2 가이드라인에 포함되는 전 라이프 사이클 절차(full life cycle process)

13.3 TBM 재제작(Remanufacturing)

재제작 TBM이란 TBM 장비총괄 시스템 혹은 하위부품을 다른 프로젝트에서 원본 상태 혹은 변경상태로 사용되는 TBM을 말한다. 재제작 절차의 기본적 원리는 새로운 터널 프로젝트를 완성할 수 있는 새로운 TBM 장비 수명 사이클을 갖추도록 하는 것이다.

참고로 재제작은 전체 부품 수명(full component lifetime)을 갖출 필요가 없거나 '최첨단' 및 특별한 사양의 필요조건이 없는, 즉 특수한 조건이 없는 프로젝트에 일반적으로 적용 가능하다.

재제작 현장에서 볼 때 TBM 혹은 소구경 TBM의 몇 개의 지정된 하위부품 및 주요 구성부품 요소를 한정하여, 이를 재제작 장치와 함께 재사용을 허용하는 것이다. 재제작 과정에서 대다수의 경우에 이러한 하위부품 및 구성요소의 '필수적인 새로운 조건'은 프로젝트 발주자가 정의하고 재제작 기계장비 사용이 허용되는 프로젝트에서는

TBM 공급자가 이러한 복합적인 선택권을 사용할 수 있다.

참고로 이러한 복합적인 장비 선택에는 주요 구성부품의 수명 연장 조건과 기계의 특수적인 필요조건이 있는 **'대단면(High Profile)'** 프로젝트에만 일반적으로 적용된다.

일반적으로 계약 조건 혹은 기계공급 제안 시, 기계의 주 혹은 핵심 구성요소(예: 메인 드라이브, 베어링 및 실(Seal) 시스템, 쉴드 구조 등) 혹은 지반조건 관련 요소(예: 커터헤드, 암반지보재 설치 등)가 '필수적인 새로운 조건'으로 새로운 부품으로 지정되거나, 별도로 특별히 제작되어 한다. 참고로 '새롭다는 것은' 구성부품이 새롭게 제조되어 한 번도 사용되지 않은 것을 이야기한다. 이는 이전 프로젝트에서 먼저 제조되어 예비부품재고에서 빼온 새로운 부품도 해당된다. 재고 물량에서 빼온, 새로운 부품 중 제품의 수명시효(aging)가 해당되는 부품의 남은 수명은 최소한 프로젝트 기간의 2배가 되어야 사용할 수 있다.

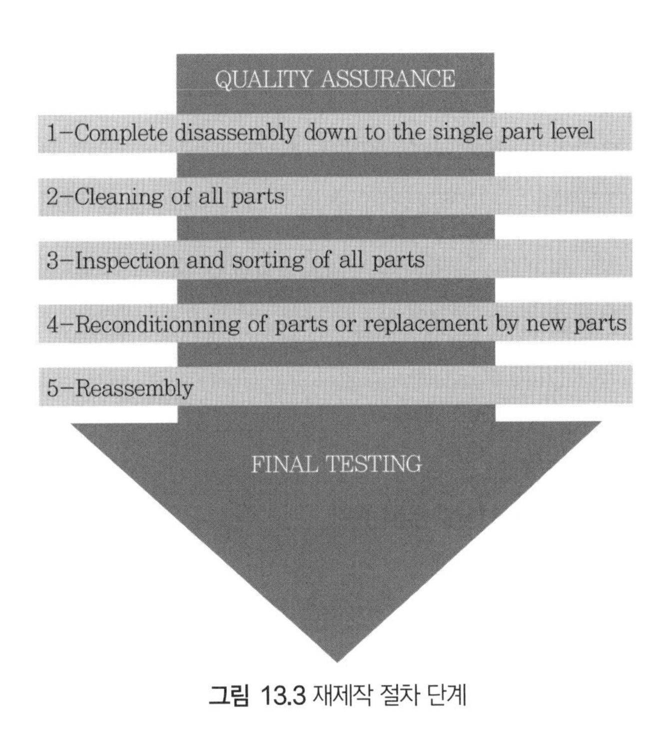

그림 13.3 재제작 절차 단계

13.3.1 TBM 재제작 단계

- 1단계: 분해는 단일부품 수준으로 진행된다. 이는 원래 초기 TBM 조립의 단일부품 정의와 같다. 분해 단계에서 재활용할 수 없는 부품을 폐기하고 일반적으로 실(seal)과 같은 재사용되지 않을 부품과 재활용할 수 있는 부품을 분리한다.
- 2단계: TBM 장비 세정 및 청소(cleaning)는 탈지(degreasing), 녹 제거와 이전 페인트 제거과정들을 포함한다.
- 3단계: 단일부품의 점검은 부품의 분류에 따라 다르며, 이는 외관검사 혹은 그 외 검사방법(균열검사, 전기검사, 압력손실 및 누수검사) 통해 진행된다. 이 단계에서 부품의 재활용 가능성, 재생 가능성 혹은 검사로 인한 재활용 불가능성의 여부는 사전 설립된 기준을 통해 결정되어야 한다.
- 4단계: 부품의 재생은 새로운 장비제작과 유사하거나 같은 제조 절차들이 적용될 수 있다. 조금 더 기술적인 해결책 혹은 구조적 보강에 기여할 수 있는 부품 개선이 이 단계에서 이뤄질 수 있고, 이 절차에는 재사용이 불가능한 단일 부품을 새로운 부품으로 대체하는 과정이 포함되어 있다.
- 5단계: 재조립 단계는 원래 최초 조립방법과 같고 이는 최초 조립과 동일한 절차와 도구를 사용한다. 재조립 후 최종적 검토도 동일한 절차, 검토기준 혹은 입증 필요조건도 최초 조립과 동일한 방법으로 진행이 된다.

13.4 TBM 재보수(Refurbishment)

재보수 TBM이란 이전 시스템과 하위부품을 다른 터널 프로젝트에서 원래의 구성상태나 작은 사양 수정을 한 후 사용하는 TBM을 말한다. TBM 재보수 작업은 주로 '완전정비'(full maintenance) 및 '불량부품 혹은 불량기능 수리 및 교체' 절차를 진행하고 최종 기능 검사를 진행한 다음 이의 완전 장비시험기록절차를 진행한다.

고로 재보수작업은 일반적으로 비슷한 터널 프로젝트를 완수하고 특수한 조건에 맞춘 TBM 기계가 필요 없는 프로젝트에 적용 가능하다. 따라서 원 TBM 장비를 재보수하여 유사터널 프로젝트에 적용할 경우 재사용이 가능해진다.

그림 13.4 TBM 재제작/재보수 과정

그림 13.5 스위스 Gotthard Base 터널의 Amsteg 갱구부 굴착을 끝나고, Gotthard tunnel의 Erstfeld 부분 굴착에 재사용될 Gripper TBM의 재보수 후 모습이다.

13.5 TBM 유압 시스템

표 13.1 유압 시스템 재보수 및 제제작 기준

	재보수	재제작
유압유	새로 교체	새로 교체
필터 카트리지	외관검사	새로 교체
호스	외관검사 수명 초과 혹은 파손될 경우 교체	새로 교체
관(piping)	외관검사, 세정(물청소)	새로 교체
오일 저장탱크(oil reservoir)	외관검사, 세정	분해, 세정, 실 새로 교체, 재조립
유압 실린더	외관검사, 유압시험	분해, 세정, 실 새로 교체, 마모부품 새로 교체, 유압시험
유압 모터>150cm³ 변위 부피	외관검사, 기능시험	분해, 세정, 실 새로 교체, 마모부품 새로 교체, 대상시험
유압 모터<150cm³ 변위 부피	외관검사, 기능시험	외관검사, 단상 대상시험(bench test)
유압 펌프>100cm³ 변위 부피	외관검사, 기능시험	분해, 세정, 실 새로 교체, 마모부품 새로 교체, 대상시험
유압 펌프<100cm³ 변위 부피	외관검사, 기능시험	외관검사, 단상대상시험
밸브, 밸브 뱅크(valve bank)	외관검사, 기능시험	분해, 세정, 실 새로 교체, 마모부품 새로 교체, 대상시험

13.6 TBM 전기 시스템

표 13.2 전기 시스템 재보수 및 제제작 기준

	재보수	재제작
케이블>1000V	외관검사, 절연시험	외관시험, 절연시험
케이블<1000V	외관검사, 절연시험	외관시험, 절연시험
케이블 드럼>1000V	외관검사	분해, 세정, 전기시험
고압 스위치기어	외관검사	분해, 세정, 전기시험
저압 스위치기어	외관검사	분해, 세정, 전기시험
변압기	분해, 세정, 전기시험	분해, 세정, 전기시험
전기 모터	외관검사, 전기시험	분해, 베어링 새로 교체, 전기시험
PLC 하드웨어	기능시험	구식 부품 교체, 기능시험
PLC 소프트웨어	기능시험	새로 교체, 새로 업데이트
센서	기능시험	기능시험
안전 관련 부품	기능시험	새로 교체, 기능시험

13.7 TBM과 소구경 TBM의 시방조건

13.7.1 임시 지보재로 사용되는 쉴드 구조체 및 기계 부품

터널굴착 시 임시 지지대로 사용되는 기계 부품(예: 천장지지구조물) 및 쉴드 구조물이 지반과 지하수에 의해 가해진 하중을 버틸 수 있는 능력이 있는지를 확인해야 한다. 또한 이러한 부품을 예정된 프로젝트에 재사용 시, 굴착 터널 프로젝트의 지하 및 지하수 조건도 고려해야 한다.

13.7.2 지반지보재 설치

암반지보재 설치장비가 제공되는 무쉴드 터널굴착기계에서는 현재 있는 장비의 종류와 암반지보재가 위치되어 있는 설치공간도 굴착 예정 프로젝트에서 확인해야 한다.

프리케스트 세그먼트 설치 능력을 갖고 있는 쉴드 터널굴착기계에서는 쉴드-라이닝 인터페이스뿐만 아니라 핸들링 수용력과 설치장비 운전자의 인체공학적 안정성이 예상 Erector 사용방법과 세그먼트 설계가 현장에서 일치하는지 여부도 확인해야 한다.

13.7.3 메인 베어링

TBM의 메인 베어링은 고부가가치 핵심부품이자 교체사용 수명이 매우 길다. TBM 메인 베어링의 일반 설계수명은 10.000h 혹은 그보다 크다. 이러한 설계수명 수치는 TBM 사용에 관한 예상 굴착조건에서 가정된 하중을 고려한 수치다.

하지만 대다수의 메인 베어링은 처음 적용할 때 설계수명 가까이 도달하지도 않아 다음과 같은 조건만 만족하면 재사용이 가능하다.

• 메인 베어링의 운영 시간이 기존 설계수명의 약 50%에 도달하지 않았을 때
• TBM 데이터 기록 시스템에서 이전 프로젝트에 '경험한' 하중 조건 및 운영시간을

예상된 하중 조건 및 운영시간에 합하여 이의 새로운 설계수명 수치가 예정 프로젝트에 사용 가능하다고 확인되었을 때

• 완전한 베어링 검사와 재생을 진행하고 기존 베어링 제작자 혹은 같은 자격을 가진 기관에서 '사용 가능' 조건이 주어졌을 때

이에 해당하는 베어링 검사의 최소필요조건은 다음과 같다.

• 축방향 및 방사성 베어링 간극 측정
• 베어링의 완전 분리와 세정
• 모든 베어링 부품의 외관검사(raceways, rollers, cages, bolting thread 그리고 bull gear(bull gear가 베어링의 일부분일 때)
• Raceway와 bull gear(bull gear가 베어링의 일부분일 때)의 균열시험
• 위 검사의 결과 기록 및 필요 보충사항 기록

이러한 필요조건의 최소안전기준으로 모든 실(lip 실, O－링)은 베어링을 재조립할 때 모두 교체되어야 한다. 또한 여기서 적절한 부식방지 조치도 진행해야 한다.

메인 베어링 재생의 실현 가능한 방법 중 하나는 Raceway를 다시 갈거나(regrinding) Roller를 새롭게 설치하는 것이다. Regrind 깊이의 한계를 일반적으로 0.5mm로 최댓값을 설정한다. 정확한 베어링 간극의 재조정은 재생과정의 일부분이다. 이러한 작업은 자격이 있는 베어링 제작자나 기존 베어링 제작자가 실행해야 한다.

13.7.4 커터헤드(Cutterhead), 도구 및 폐석 처리 장치

TBM－지반 상호작용, 굴착 및 초기 버력운송 과정의 주 부품 및 하위부품은 프로젝트 장비 사양의 특성에 따라 달라진다. 또한 이러한 부품들은 마모에 매우 노출되어 다

른 터널 프로젝트에 재사용하기에 적합하지 않다.

암반용 커터는 소모성 부품으로, 디스크커터처럼 지정된 OEM 재활용 절차가 따로 없을 시 새로운 커터로 교체해야 한다.

커터헤드 구조물은 TBM 구조 자체와 구조에 통합된 커터집(Tool Socket)에 의해 높은 하중을 받고 연마마모에 노출되어 있다.

각 구조물의 구체적인 시험과 보수 계획 및 보수 절차를 필수적으로 기록해야 한다. 또한 이러한 마모를 방지하는 고정된 마모방지 요소(부품)들이 있는데 이들의 상태와 예상되는 사용 혹은 마모한계가 50%에 도달했을 때 교체되어야 한다. 더구나 커터헤드 구조물의 설계는 지정된 프로젝트의 예상 지반조건에 크게 관련 있다. 도구 종류와 형태, 커터 크기와 간격, 커터 면판의 개구비(opening ratio), 버력 유동, 분포 조건 혹은 flushing port와 같은 지반과 관련된 설계 고려사항은 전체 구조에 큰 영향이 있다. 따라서 커터헤드 재활용은 최초 사용과 장차 예상사용의 지반조건을 고려하고 비교하여 그 타당성이 있음을 증명해야 한다.

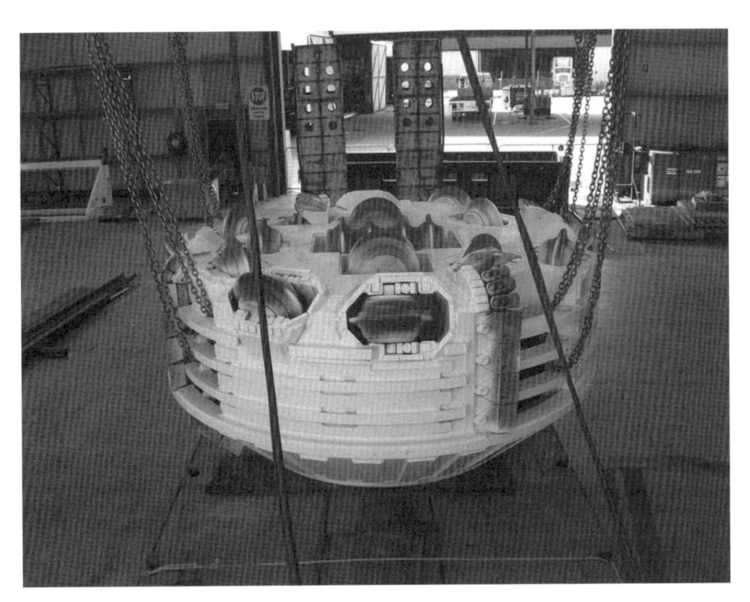

그림 13.6 TBM Cutterhead 재활용 정비

1차적 버력처리 요소와 쇄석기, 나선 컨베이어, TBM 벨트 컨베이어 혹은 쉴드 슬러리 파이프 배관 시스템과 같은 버력 이동방법은 포괄적인 연마마모에 노출되어 있다. 따라서 각 구조물의 구체적인 시험과 보수 계획 및 보수 절차를 필수적으로 기록해야 한다. 고정된 마모방지 요소들은 그의 상태와 예상되는 사용 혹은 마모한계가 50% 도달했을 때 교체되어야 한다. 교체할 수 있는 마모방안요소 혹은 파쇄도구는 소모성 마모부품으로 지정되어 장치 재활용 시 새로운 부품으로 모두 교체되어야 한다.

13.8 기록(Records)

그림 13.1과 그림 13.4에서 포함된 TBM 재활용 과정, 구조검토 과정 그리고 핵심 부품의 품질 보증기록뿐만 아니라 이에 관련된 모든 기록(예: 이전 사용 기간 기록, 이전 프로젝트 기록)을 잘 보존해야 한다.

13.9 장비 재활용업자의 자격과 보증수리(Warranty)

13.9.1 장비 재활용업자(Rebuilder) 자격

터널굴착에 사용되는 기계자체는 매우 복잡하지만 이의 재활용(rebuild) 절차는 높은 수준의 숙련된 기술이 필요하지는 않는다. 기계적 혹은 전기적 부분 외에 안전운영도 이에 관련되어 있다.

- 조항 13.3과 13.4에 정의된 TBM 재제작과 재활용 절차는 주문자 상표 부착 생산자(OEM)에 의한 재제작 혹은 재활용이 가장 바람직한 해결책이다. 이러한 구성으로 기존 제작자의 소유기술력과 기존 설계 혹은 제작 서류, 도면일식, 계산과정, 제어

소프트웨어와 PLC 프로그래밍을 모두 다 재활용(rebuild) 절차에 제공되고 사용할 수 있는 것을 보장하기 때문이다.

- 조항 13.3과 13.4에 정의된 TBM 재제작과 재활용(rebuild) 과정을 같은 산업계의 동등한 대체 제작자가 실행할 때 이도 허용 가능한 해결책이다. 단, 재제작/재활용 과정을 진행하는 제작자는 TBM 장비에 대한 적절한 기술기록물에 접근할 수 있어야 한다.
- 조항 13.4에 정의된 TBM 재제작과 재활용(rebuild)을 중장비 건설기계취급 및 재생 자격/경험이 있는 기관이 실행할 때 이도 허용 가능한 해결책이다. 단, 재제작/재활용 과정을 진행하는 기관이 TBM 장비에 대한 적절한 기술기록물에 접근할 수 있어야 한다.

13.9.2 품질 보증

- TBM 재활용(rebuild) 절차를 진행 혹은 지원하는 기관에 따라 예상된 장비에 따른 다양한 품질 보증 수준을 갖는 것이 일반적이다. 이러한 조건은 재활용 계약에 따른 각각 협상에 달려 있다.
- 만약 OEM으로 인한 장비 재활용(rebuild)을 진행할 때 품질 보증은 새 TBM 장비와 비슷한 수준에 도달한다.

CHAPTER 14

장대 철도터널의 설계사례

CHAPTER 14

장대 철도터널의 설계사례

14.1 장대 철도터널의 설계사례

스페인의 Guadarrama 터널은 TBM 고속굴진을 위한 모든 조건을 다 갖추었으나 실제로 굴진공정은 순조롭지 못했다. 오히려 4대의 TBM을 각각 단거리 레이스로 굴착하는 것이 안전하다고 판단하였다. 위험요소를 좀 더 경감시키기 위하여 총연장 28.377km 장대터널을 Herrenknecht사 TBM 2대와 WIRTH-NFM사 TBM 2대를 채택하였다. 결국 개별적인 TBM 굴착에서 TBM 운영전략 및 전체 성능에 관한 문제라는 난관에 직면하였다. 굴착이 모두 끝날 시점에서야 전반적인 TBM 관련 내용과 지보 시스템 그리고 TBM 관련 노무자들이 훌륭하게 임무를 수행했다는 것을 말할 수 있었다. 이 프로젝트는 경암지반의 단선병렬터널로 외경이 9.5m이고, 총 굴착할 연장은 56.8km이다. 각각의 TBM 공기의 총합계는 118개월이고, 2002년 9월 9일부터 2005년 6월 1일까지 총 33개월이 소요되었다. 그림 14.1은 해당 프로젝트 지역과 Guadarrama 터널의 위치를 나타내었다.

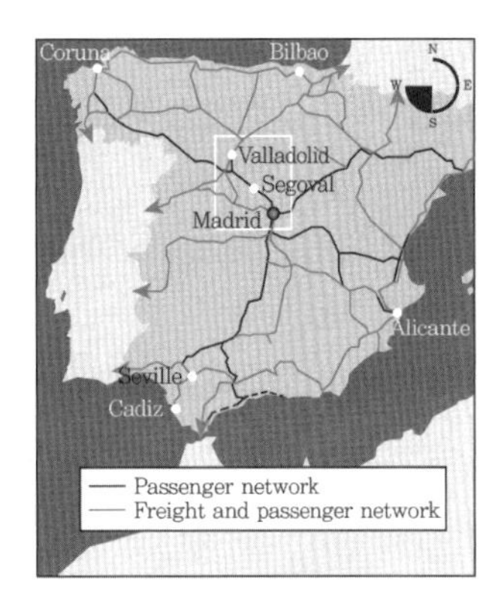

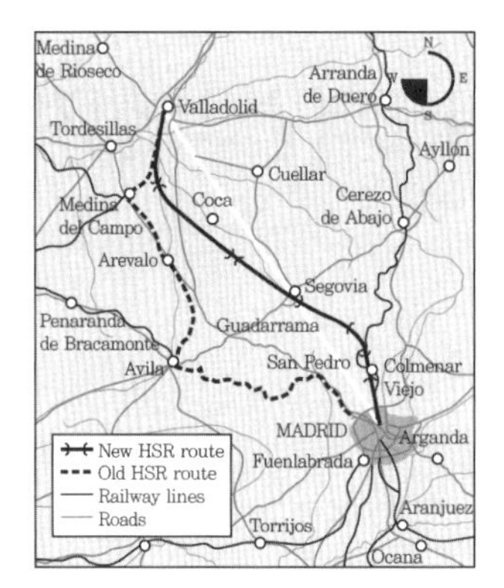

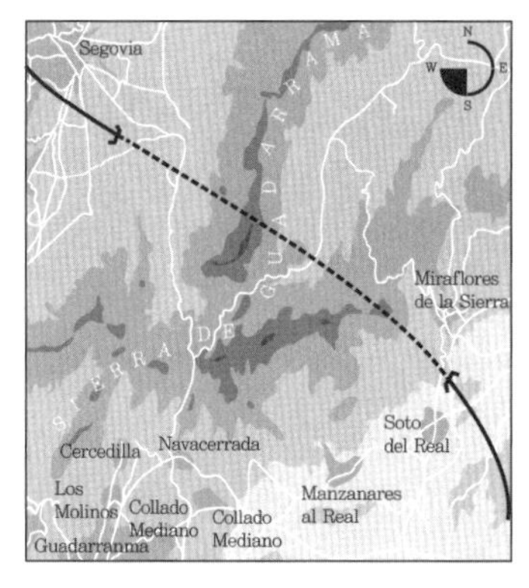

그림 14.1 Spain, with its capital, Madrid, at the centre of the country, is well suited to high-speed rail. Several lines are now in operation with others in construction, design and planning.

14.2 위기관리

프로젝트를 시작하기 위해서 적어도 서로 다른 제작사로부터 제작된 4대의 TBM 사용이 고려되었다. Guadarrama는 전 세계 TBM 터널 중에서 가장 길고, 오직 4개의 갱구를 이용해서 굴착할 수 있었다. Guadarrama 국유지 중 환경보호지역 하부로 터널이 통과하기 때문에 터널 노선 중간지점에 공사용 횡갱, 수직갱의 설치가 배제되어야만 했다. 실제로 보존지역 외곽으로 4곳의 TBM 진입로를 확보하기 위하여 원래의 선형에 3km가 더 추가되었다.

6년 반이라는 기간 안에 설계에서 시공까지 프로젝트를 수행해야 하는 난관에 부딪혔다. 이 기간 동안 총 4대의 TBM을 제작에서부터 운반까지 한다는 것은 제작사 스케줄에 볼 때 거의 불가능했다. 스페인의 북 ↔ 북서에 위치한 고속철도 건설감독(ADIF)인 Jose Antonio Cobreros Aranguren는 다음과 같이 말하였다. "우리는 하나의 바구니에 우리의 모든 달걀들을 넣기를 원하지 않는다. 분리계약과 TBM을 소유한 4개의 서로 다른 계약그룹을 통하여 각기 다른 4곳에서 굴착하도록 권고한다. WIRTH사 TBM 2대와 Herrenknecht사 TBM 2대를 채택하고, 각기 다른 갱구로 양방향에서 굴착하도록 하였다. 다른 TBM 제작회사들에게는 위임하지도 자격을 주지도 않았다. 또한 우리들은 TBM을 제작하는 중에 회사가 부도가 나거나 그 프로젝트의 위임을 포기하는 위험도 감수해야만 했다. 이것은 가망이 없었지만 최대한 가능하도록 심사숙고 해야만 했다. 이러한 직경, 길이, 지질구조를 가진 터널은 표준 시스템(prototype systems)을 사용한 최첨단 암반지대 터널공사였다. TBM 제작사들에게 이 프로젝트를 위임하는 것이 불가피하였다."

Herrenknecht사 TBM 2대와 WIRTH사 TBM 2대를 터널의 양끝 지점에 분리하여 제작회사들에게 경쟁을 붙였다. WIRTH사 판매부장 Detlef Jordan은 다음과 같이 말하였다. "이러한 요구는 2곳의 현장 배치를 만들었고, 예비 부속품들과 기술적인 지원에 드는 비용을 현저하게 증가시켰다. 그러나 각각의 TBM 배치는 시공사 그룹들의 개인적인 문제이고, 우리가 충분히 납득할 수 있는 위험요소를 감소시키기 위한 결과였다."

한 번은 독립적인 계약을 맡게 하였으나, 시공사 그룹들은 막바지에 이르러 각기 다른 출입구로 단독 운영하기 위하여 서로 협력하였다. 이 프로젝트의 시공사들은 모두 스페인 회사이다. 유일한 외국 참가사인 독일 시공사 Hochtief는 남쪽 출구 JVs 중 한 부분을 조기에 철회하였으나, 여전히 그 그룹의 기술고문 역할을 수행하였다. Dragados는 그 4개의 계약이 지급된 이후 ACS에서 계약권리를 돈으로 사서 유일하게 터널 갱구 양쪽 시공이 모두 포함된 시공사이다.

14.3 차별화된 특징

설계에서 총 4대의 TBM 외경은 9.5m로 동일하고 모두 더블쉴드로 설계되었다. 이 더블쉴드 TBM은 암석의 일축압축강도(UCS)가 200MPa 이상인 편마암과 화강암에서 작업이 가능하며, 프리케스트 콘크리트 세그먼트 라이닝의 조립이 가능하다. 그리고 연속적인 컨베이어 버력처리장치(conveyor muck hauling systems)를 갖추도록 제작되었다.

계약에 의하면, 각각의 TBM은 24hr/day, 7day/week, 363days/year(크리스마스, 신정 휴무)의 공정으로 평균 굴진율 500m/month/machine을 달성하도록 계획되었다. Herrenknecht사 TBM 2대는 15km를 굴착하고, WIRTH사 TBM 2대는 13.377km를 굴착하도록 4개의 공정으로 분할되었다.

"공사가 완료됐을 때, 평균 굴진율은 이 범위 안이다."라고 ADIF의 현장 감독관 Manuel Moreno Cervera는 말하였다. "2002년 9월에 Herrenknecht사 TBM 2대가 굴착을 시작하였고, 거의 굴착이 완공되어 현재는 레일 설치작업 중이다. 남쪽 출입부로부터 WIRTH사 TBM이 처음으로 관통되었고, 최대 굴진율 982m/month를 기록하였다. 비가동시간을 포함하여 총 4대 TBM들의 일일 평균 굴진율은 16.8m/24hr이었다. 모든 터널 굴착이 완료되었을 때 전체 TBM들 사이의 레이스의 결과는 무승부라고 말할 수 있으나 그 이상의 의미가 있다. 바로 각각의 다른 출입구로 굴착하여 얻은 경험 중 특별한 양상을 다른 굴착 현장에 제공한 것이 다른 프로젝트와 비교해볼 때 가장 주목할 만한 차이점이다.

다음에 오는 사항들은 TBM과 터널굴착작업에서 특별히 차별화된 특징들을 나열하였다.

- 전체 TBM들은 커터헤드에 17″커터가 장착(WIRTH TBM: 65개, Herrenknecht TBM: 61개)되어 있다.
- 전체 TBM은 더블쉴드와 싱글쉴드 형태의 작업병행이 가능하다. 더블쉴드 모드에서는 쉴드를 통하여 나오는 그리퍼(gripper)로 터널 벽면을 밀어 붙이고, 싱글쉴드 모드에서는 세그먼트 라이닝을 설치한다.
- 장착된 최대 파워(더블쉴드 형식에서 최대 전방 추력)와 커터헤드의 회전력은 표 14.1과 같다.

표 14.1 Maximum installed power, maximum forward thrust in double-shield mode, and cutterhead torque

WIRTH TBMs	Herrenknecht TBMs
• 파워: 0~5rpm일 때 4,000kW • 추력: 21,000kN • 1.8rpm일 때 회전력: 20,750kNm	• 파워: 0~5rpm일 때 4,200kW • 추력: 16,000kN • 1.85rpm일 때 회전력: 20,447kNm

- WIRTH사 TBM의 싱글쉴드 작업을 할 때 세그먼트 라이닝에 공급되는 최대 보조 추력은 108,000kN이고, Herrenknecht TBM은 101,200kN이다. 또한 비상시 부양 용량(boost capacity)을 위하여 500bar의 보조 수압펌프를 배치하였다.
- 각각의 TBM에서 한 개의 커터에 걸리는 최대 하중(load/cutter)은 다음과 같다.
- WIRTH: 250kN 또는 25.5ton/cutter, Herrenknecht: 267kN 또는 27ton/cutter
- 전체 4곳 현장에 굴착된 부분에는 6개로 구성된 동일한 세그먼트 라이닝(각각 320mm×폭 1.6m)과 key 세그먼트가 설치되어 최종 터널 내경은 8.5m로 완성되었다. 시공기간을 최적화시키고, 굴착 즉시 터널 라이닝을 설치하기 위하여 최종 지보재로서 세그먼탈 라이닝(one-pass segmental lining)을 암반터널에 적용하였다. 세그먼트를 생산하기 위하여 4개의 생산공장이 설립되었고, 터널 자재는 세그먼트 생산제품과 함께 사용이 가능한 곳에서 가공되었다.
- 전체 TBM들은 진공 세그먼트 이렉터(vacuum segment erectors)를 갖추고 있고, 세그먼트를 통하여 주입하는 환형형태(annulus)의 그라우팅이 가능하도록 하였다.
- 각각의 수평갱에 있는 컨베이어 버력처리 시스템의 최대 용량은 1,250ton/hr이다. 굴착이 끝나갈 시점에 컨베이어의 총 운송 거리는 60km 이상(각각의 갱구부에서 30km 이상)이다.
- 4대의 TBM들의 비용은 유사하였으며, 한 대당 비용은 대략 US$21.3M(약 201억 원)이다.
- 제작회사 모두 커터 소비량에 대한 계약을 맺었다.

14.4 환경보호 비용의 증대

2000년 12월에 4개의 design-build civil + M & E installation tunnel 계약이 지급되었을 때 Madrid와 Valladolid를 잇는 초고속선의 새연장 180km 중 Guadarrama 구간의 총비용(남쪽 출입구에 위치한 계곡을 가로지르는 길이 700m의 고가교와 지상 작업을 위한 5번째 계약이 포함된 금액)은 pesetas(Euro 통합 전 스페인 화폐 단위)로 156.6bn(약 1조 1천억 원)으로 결정되었다. 그러나 이 기간에 환경영향평가보고서는 승인되지 않아서 중대한 결과를 초래하게 되었다. 국립보전지역 외곽으로 터널 출입구가 총 3km 연장되었고, 북쪽출입구에서는 세그먼트 생산품을 저장소에서부터 작업구간까지 이동하기 위하여 지상 컨베이어가 5km 이상 필요하게 되었다.

2001년 9월에 공사를 착수하기 위해 최종허가가 승인되었을 때 터널은 10% 연장되었고, 공사비는 203bn pesetas(약 1조 4,000억 원)로 26% 증가되었다. 이 금액은 유럽연합 단결기금(Cohesion Fund of European Union)에서 투자한 비용 중 73%를 포함한 노선에 승인된 총예산의 절반 이상으로 보고되었다. 더군다나 계약채결 이후 2차, 3차 지질조사를 착수했을 때 장대터널 구간의 중간지점에 주요 앙고스튜라(Angostura) 단층대가 조사되었다. 이러한 사항은 2가지 중요한 결과를 초래하였다. 첫 번째는 단층대를 좀 더 양호한 지반으로 가로질러 통과하기 위하여 터널노선을 동쪽으로 220m 이동하였고, 두 번째는 터널 종점부 계약이 변경되었다.

이 프로젝트의 처음에는 2대의 Herrenknecht사 TBM이 앙고스튜라 단층대를 통과(양방향 진입로)하기로 계획되었고, 그들이 계획한 15km 끝지점으로 관통하여 나왔다. 주요 단층구간과 암질이 나쁘게 예상되는 구간은 별도의 문제로 하고, 지질조사 결과 소량의 지하수를 포함한 매우 견고하고 거친 암석구간이 예상되었다(그림 14.2). 남쪽으로 진입하는 굴착구간은 매우 견고하고 가장 거친 암석에 직면하였다.

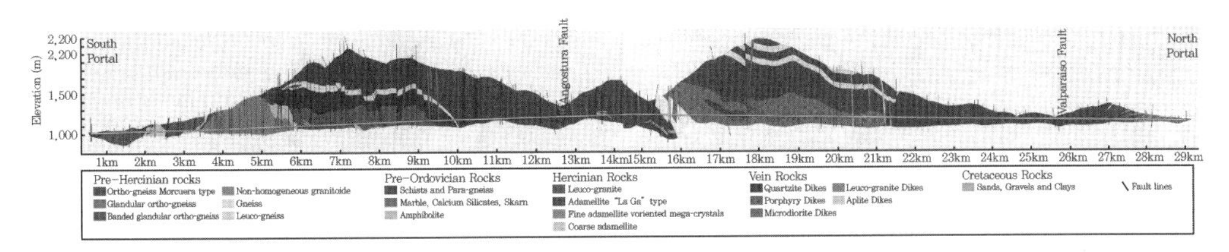

그림 14.2 Longitudinal geological section of the 28.4km long twin tube Guadarrama tunnel

이런 상황 때문에 2대의 북쪽 입구로 진입한 TBM들은 좀 더 유리한 지반조건을 통과하게 되어 계획보다 3개월 앞서 굴착을 완료하였다. 이것은 남쪽 구간보다 4개월 앞서 굴착 완료한 것이다. 두 대의 북쪽 TBM들도 앙고스튜라 단층대를 통과하여 굴착을 완료하였다. 북쪽에서 진입해오는 WIRTH사 TBM은 양호한 상태에서 공사를 훌륭히 진척해왔다. 남쪽 진입로와 대응하여, WIRTH사 TBM은 북쪽 Herrenknecht사가 운행한 방향의 돌파구에 600m 앞서 전진하였다. 그리고 남쪽 Herrenknecht사 TBM은 연장된 북쪽 출입구의 WIRTH사 TBM 운행방향으로 계획보다 600m 빨리 강행하여 관통하였다. 표 14.2는 프로젝트에 사용된 TBM들의 기계제원을 나타내었다.

표 14.2 Technical data of the TBMs used on the project

	Technical data	Herrenknecht	WIRTH-NFM
TBM	Length	218m	145m
	Excavation diameter	9.5m	9.46m
	Installed power	5,436kW	5,700kW
	Total weight	1,950t	1,750t
Cutterhead	Working torque	6,000~20,000kNm	7,300~27,000kNm
	Release torque	26,000kNm	27,000kNm
	Maximum thrust	16,000kN	21,000kN
Cutters	Type	17"(432mm)	17"(432mm)
	Number	61	65
	Spacing	90mm	80mm
	Thrust/cutter	267kN	250kN
	Penetration	100mm/min	100mm/min
Front Shield	Diameter	9,440mm	9,390mm
	Length	5.9m	5.04m
	Main thrust cylinders	18	16

표 14.2 Technical data of the TBMs used on the project(계속)

	Technical data	Herrenknecht	WIRTH-NFM
Telescopic Shield	Diameter Length Weight	9.24m 2.4m 90t	9.375m 3.31m 80t
Gripper Shield	Diameter Length Auxiliary thrust	9.4m 5.45m 101,000kN	9.375m 3.9m 108,000kN
Tail Shield	Diameter Length	9.38m 3.94m	9.375m 4.2m

14.5 진행성과

"전체 4대의 TBM들은 상호 간에 똑같이 과업을 잘 수행하였으나, 한때는 공사 진척도가 다른 때도 있었다."라고 ADIF의 레지던트 엔지니어 Carlos Conde Basabe는 말하였다. 그러나 4대의 TBM들은 서로 다른 경험들을 겪었다. 모두 몇 가지 기술적인 문제점을 겪었다. 2대의 WIRTH사 TBM들이 구동모터가 설치된 프레임(frame)의 개조를 위해서 조기에 운행을 멈춰야 했다. 조사에 따르면 북쪽 WIRTH사 TBM은 기관차에 불이 붙어 4일 동안 운행을 멈췄다.

유지보수로 운행이 가장 길게 중단된 장비는 남쪽 진입로의 Herrenknecht사 TBM이었다. 12일 동안 운행이 중단된 동안 TBM 메인 베어링의 마모된 링(wear ring)도 4일에 걸쳐 교체하였다. 이 TBM은 남쪽 진입로로부터 견고하고 거친 암석을 12km 이상 줄곧 굴착해오고 있었다. 그리고 남쪽 진입로 계약그룹의 프로젝트 매니저 Antonio Muňoz Garrido는 다음과 같이 설명하였다. "마모된 링의 교체는 파괴로 인한 문제를 사전에 예방을 할 수 있었다." 그리고 "TBM 고장 이후에 멈추지 않고 2,265m 이상을 굴착해나갈 수 있었다."

TBM이 관련되지 않고 가장 긴 시간 동안 굴착이 중단된 원인은 지질학적 문제였다. 2003년 6월에 북쪽 진입로로 약 3.4km 굴착해오던 Herrenkencht사 TBM은 연약대 지반인 Valparaiso 단층의 점토를 견고하게 만들기 위해서 지표면으로부터 그라우팅하기 위한 대기시간으로 인해 한달 이상 운행이 중단되었다. 또한 연장된 터널구간 중 10m 미만의 표토 아래의 풍화된 지반과 지표면이 함몰되거나 싱크홀(sink hole)이 있는 구간 그리고 과굴착의 원인에 의해 전체 4대의 TBM이 굴착하기 시작하자마자 중단된 적도 있었다. 선두를 맞은 2대의 Herrenknecht사 TBM 측은 뒤따라오는 WIRTH사 TBM 운영자들에게 꾸준히 정보를 제공하여 안전한 상태에서 굴착할 수 있도록 도왔다.

"이러한 연약지반에서 길이가 긴 더블쉴드 TBM(대략 2,000ton)은 매우 약한 암석을 굴착해나가기에는 너무 무겁다."라고 Cobreros는 말하였다.

"정보는 멈추지 않거나 천천히 그리고 끊임없이 유지되어간다. 우리들은 막장면에 전방 프로빙(probing) 또는 선진굴착공법을 사용할 수가 없었고, 쉴드를 통한 드릴 출입구는 막장면으로부터 대략 12m에 있었다. 그리고 그라우트 배열로 대비하기에는 시간과 비용의 영향이 너무 컸다. 변형이 큰 지역에서는 전진하기가 어려웠다. 무거운 쉴드를 전방으로 밀어내기 위하여 세그먼트에서 떨어진 보조 추력 잭(auxiliary thrust jacks)은 최대 10,000ton의 힘이 필요하였고, 간혹 세그먼트의 하중 재하력을 증가시키기 위하여 건축용 임시 강재추력프레임(steel thrust frame)도 필요하였다." 표 14.3에는 TBM 굴착 공기에 대해서 나타내었다.

표 14.3 TBM drives as completed

진입방향		제작사	착수	완공	연장	공기
북쪽 진입	동쪽 터널	HERRENKNECHT	2002/09/11	2004/11/23	14,328m	28개월
	서쪽 터널	NFM WIRTH	2002/10/02	2005/01/11	14,085m	27개월
남쪽 진입	동쪽 터널	HERRENKNECHT	2002/11/08	2005/05/05	14,091m	30개월
	서쪽 터널	NFM WIRTH	2002/09/09	2005/06/01	14,323m	33개월

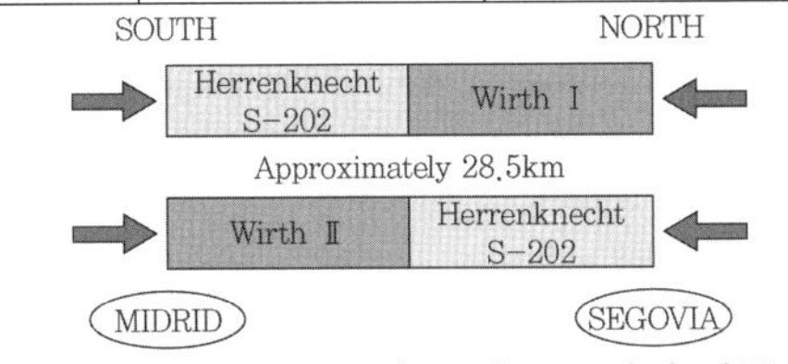

※ 남쪽 진입로 TBM들은 양쪽 다 2005년에 관통하였음

14.6 환형 뒤채움

환형의 라이닝을 뒤채움 하기 위하여 북쪽 입구 시공회사들은 남쪽 입구 시공회사들이 콩자갈과 주입재의 조합(pea gravel+grout)을 사용하는 동안 몰탈(mortar) 주입재만을 사용하는 것이 좋다고 결정하였다. 콩자갈과 주입재의 조합된 시공방법은 먼저 인버터(invert) 구간 속에 그라우팅한 다음 아치 위에 콩자갈을 채워 넣고, 마지막으로 굴착해나가는 전방부와 간격이 벌어지게 되면 콩자갈 속에 시멘트를 주입한다. 몰탈만을 사용하는 시스템은 지반 내 미세한 균열까지 주입하기 좋지만 터널 막장 부분에서는 콩자갈로 충진하는 것이 가능하므로 콩자갈 시스템을 이용하여 균열이 발달되는 공동을 재빨리 충진하는 것이 더 좋다.

인버터 내부뿐만 아니라 아치 위에 콩자갈을 채워 넣어 사용한다는 설이 있었으나 시멘트 그라우트를 병행하는 것이 더 좋은 방법으로 사용되었다. 수평갱에 콩자갈로 뒤채움했을 때의 코어(core)는 프리케스트 세그먼트와 환형 충진층 사이에 경계가 없다고 말할 수 있다.

적어도 TBM 공정에서 85%는 더블쉴드 모드였고, 나머지는 싱글 모드였다(그림 14.3). 굴착 중 링 형성을 위해 가동을 중단해야 했을 때 더블쉴드 모드에서는 51~61분에 1.6m의 한 싸이클이 완성됐고, 싱글 모드에서는 56~70분 사이에 완성되었다. 굴착 및 라이닝을 동시에 할 수 있는 더블쉴드 모드에서는 라이닝 공정에서 굴착이 지연되지 않는다.

커터 교체를 포함하는 유지보수는 24hr/day 이내로 계획되었고, 3교대 형식이었다. 전체 TBM 가동시간은 유지보수시간을 포함하여 40.45~48.63% 사이였고, 전체 비가동시간의 12.5~23%가 커터 교체에 소요된 시간이었다.

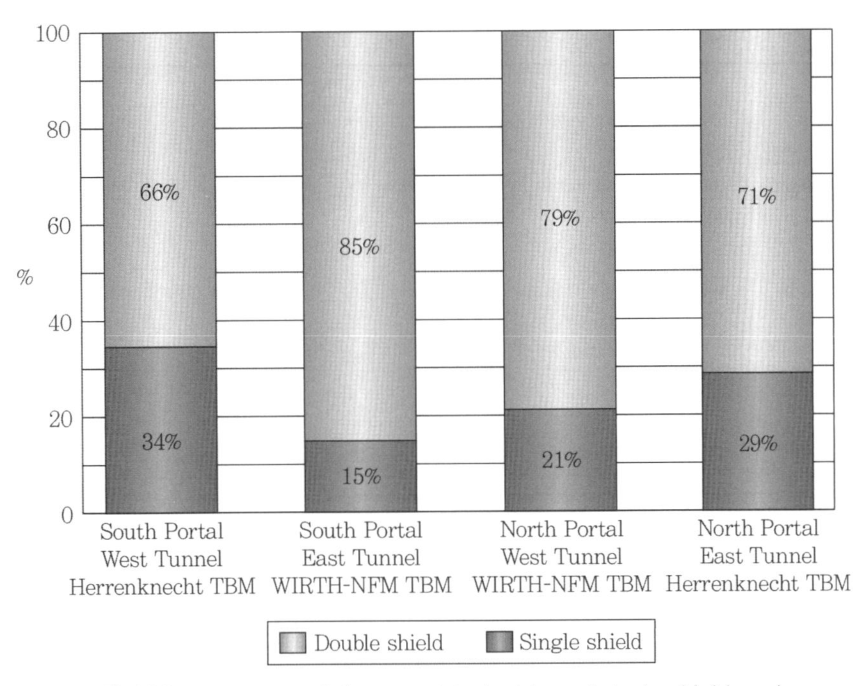

그림 14.3 Percentage of time spent in double-and single-shield mode

14.7 커터 소비

전체 수평갱에서 예상했던 것보다 커터 소비가 매우 컸다. 특히 남쪽 입구에서 굴착하는 시공사들은 예상했던 것보다 커터 마모가 매우 심했다. 설계사들은 현장조사를 통하여 마모가 매우 클 것이라고 예상했었다. 최첨단 기술을 사용하여 현장조사를 수행하였으나, Guadarrama 보호구역 내에 코어채취가 제한되었고, 해발 980m 이상에서의 코어 채취는 매우 부담스러운 작업이었다.

북쪽 진입로부터 총연장 28,413m의 암반을 굴착하는 동안 총 10,692개의 디스크가 소비되었다. WIRTH사 장비는 5,094개, Herrenknecht사는 5,598개가 소비되었다. 남쪽 진입로의 총연장 28,412m의 극경암층을 굴착해나가면서 소비된 커터는 총 12,532개 이며, WIRTH사 장비는 5,806개, Herrenknecht사 장비는 6,726개를 소비하였다(표 14.4, 그림 14.4, 그림 14.5).

표 14.4 Cutter consumption and productivity data for the two North Portal TBMs

	WIRTH-NFM TBM	Herrenknecht TBM
전체 커터 수	65	61
마모로 인한 커터 교체 수	4,215	3,794
장애물에 의한 커터 교체 수	733	1,393
기타 이유에 의한 커터 교체 수	81	350
전체 커터 교체 수	5,094	5,598
Lining rings/cutter	1.77	1.60
Linear m/cutter	2.84	2.60
m^3/cutter	199.57	181.40

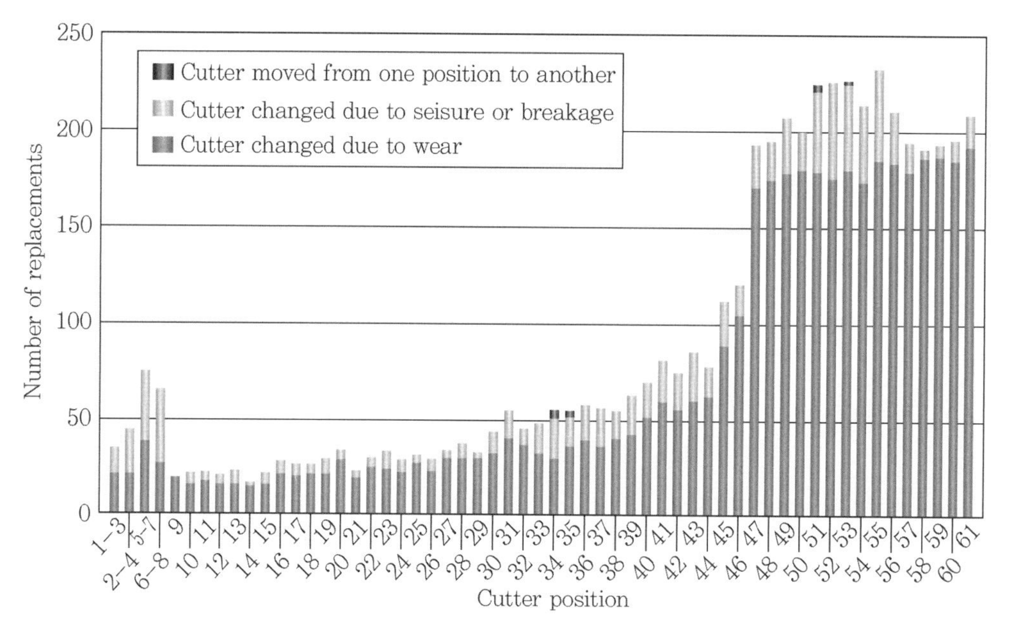

그림 14.4 Disc cutter changes data for the North Portal Herrenknecht TBM

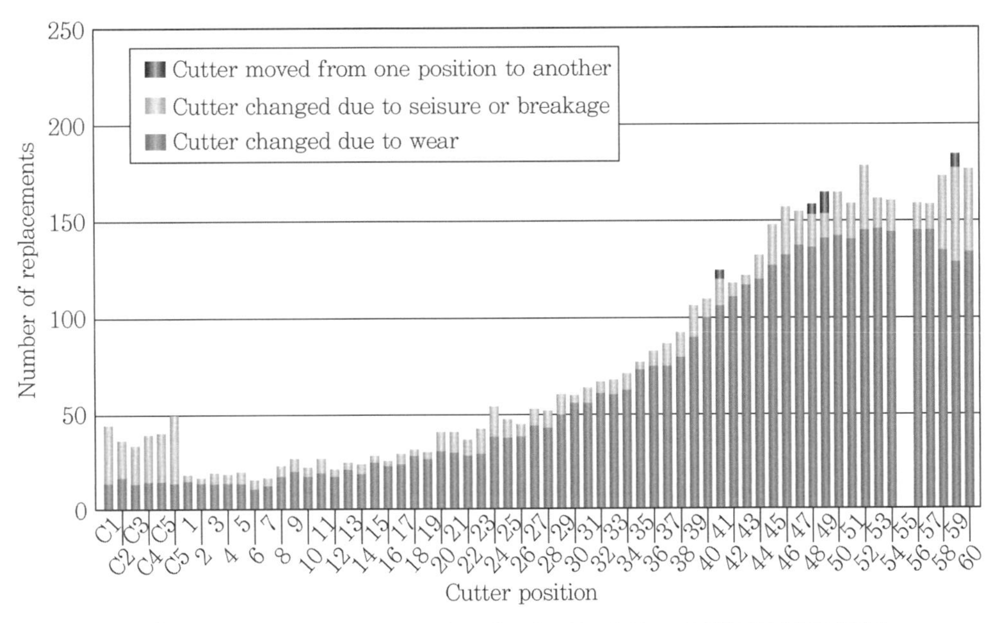

그림 14.5 Disc cutter changes data for the North Portal WIRTH-NFM TBM

커터 마모와 소비량에 미치는 중요한 인자에는 커터헤드 디자인(디스크 간격, 버력 버킷 설계 등), 커터 디자인, 링 프로파일, 제조 및 커터 재질 등이 있다. Herrenknecht사 TBM 커터 소비량이 더 많은 또 다른 이유는 다음과 같다.

양쪽 진입방향에서 Herrenknecht사 TBM 2대가 굴착을 시작하였고, WIRTH사 TBM보다 앞서 갔다. 따라서 WIRTH사 TBM은 암질에 관한 정보를 알고 굴착해나갔기 때문이다.

커터 소비량이 많았던 또 다른 이유가 있었다. Herrenknecht사 TBM은 커터헤드 추진 제어 램(ram)이 세트로 장착되어 커터헤드에 추력을 가하게끔 디자인되었다. 이것은 예전 방식인 메인 추진 실린더로 직접 힘을 가하는 것보다 정확히 커터헤드 힘을 제어할 수 있었고, 각각의 커터에 전달되는 힘을 극대화(최대하중/커터, 27ton×61개 커터)할 수 있었다.

이러한 기술은 굴진율을 증가시켰을 뿐만 아니라 커터 하중이 초과되는 가능성도 증가되어 마모와 파손으로 인해 커터 소비가 증가하는 결과를 만들었다. WIRTH사 장비 작업자들은 커터 하중을 정밀하지 않은 방법을 사용하였다. 그 당시 좀 더 주의하였더라면 굴진율은 느렸겠지만, 커터 마모와 커터 교체가 좀 더 적었을지도 모른다.

14.8 친환경 High-power TBM

1997년에 타당성 조사가 마무리되고, 1998년 9월에 스페인 정부의 승인이 났다. 그리고 2000년 10월에 Design-Build 계약이 주어졌고, Madrid에서부터 Valladolid까지의 총연장 180km의 신설노선이 2007년 6월에 서비스를 시작하도록 계획되었다. 이것은 환경승인 절차가 길어져 지연되었으나, 그래도 현 시점에서는 전체 공기 중 최초의 치명적인 요소인 Guadarrama 터널굴착문제를 친환경적인 High-power TBM 공법으로 해결했다. 이 프로젝트 전에는 해야 할 일이 많았으나 최근 Guadarrama 프로젝트가 완료되어, 공기 내 프로젝트를 끝낼 수 있다고 장담할 수 있게 되었다.

Guadarrama에서 시공사들은 굴착을 완료해야 했고, 전체 노선의 중간지점에 50m 간격으로 각각의 터널로 대피할 수 있는 500m 길이의 비상피난갱뿐만 아니라 터널 사이에 250m 간격으로 길이 21m의 횡단비상통로(cross-passages) 121개를 현장 타설 콘크리트 라이닝으로 완료해야 했다.

추가로 그 노선에 있는 3개의 다른 터널을 그림 14.1에 나타내었다. 한개는 마드리드에서 가까운 San Pedro 복선터널로 연장이 9km이고, 나머지 2개의 터널은 2.5km 이하의 매우 짧은 터널이다. 환경보존의 이유로 총연장의 1/3이 개착식 단선병렬터널로 설계되었다. 마드리드에 위치한 터널은 180km의 신설노선 중 터널의 전체 길이는 43km이고, 최근에 완공된 스위스 Lötschberg base 터널 프로젝트에서 사용한 2대의 Herrenknecht open gripper TBM을 간신히 사용하여 시작하였다. 현재 시공사들(터널 하나는 OHL이고 나머지 터널은 Adesa의 JV, Copasa, Sando, Tapusa)은 남쪽 진입로에서 얕은 토피 내로 TBM을 발진시키려는 참이다.

세그먼트를 사용하지 않고 라이닝을 통과하는 현장 타설 콘크리트를 사용해야 했으며, 신설노선을 위하여 공정에 치명적인 경로를 현재 Guadarrama에서 San Pedro로 방향을 바꾸었다. Cobreros와 Javier Varela Gorgojo의 말에 의하면 이 라이닝은 터널굴착과 동시에 설치될 것이라고 하였다. 남쪽 진입로 건설그룹의 현장 매니저는 이를 수용하였고 "아직도 Guadarrama에 갈 길이 먼데다가 현재 본선터널 굴착만이 완료되었다는 것을 기억해야 한다."라고 말하였다.

사전에 대형 터널 프로젝트의 사례 경험에 의하면 다른 공정보다 굴착이 먼저 완료되어도 M&E 서비스 시설은 빈번히 굴착 단계보다도 더욱 지연되어, 시간과 예산상의 문제를 야기하였다.

Guadarrama 터널로 인하여 환경친화적인 4대의 High-power TBM이 암지반을 굴착하여 직경 9.5m, 연장 56.8km의 세그먼트 라이닝으로 마감한 단선철도터널을 3년 내에 완공한 것은 명백한 사실이다. 이 프로젝트는 관련 업계에 새로운 기준 척도를 상세히 구축하였다.

CHAPTER 15
산악터널의 갱구부 설계

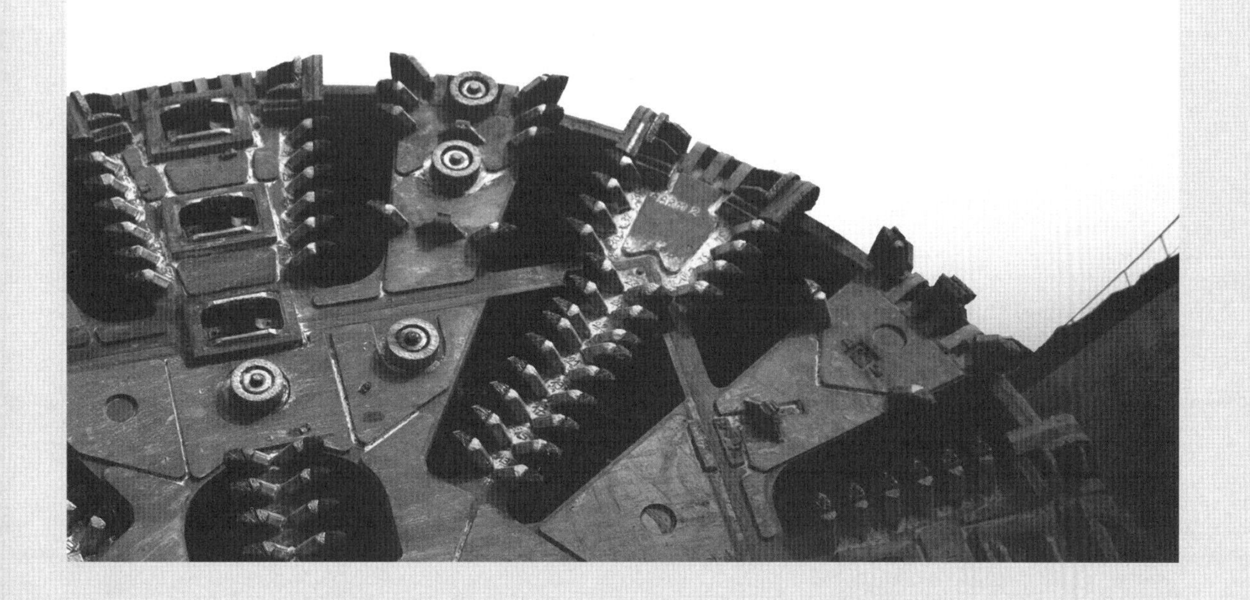

CHAPTER 15

산악터널의 갱구부 설계

15.1 서 론

갱구부를 설계할 때는 갱구 부근의 지형, 지질, 지하수, 기상 등의 자연조건과 민가, 구조물의 유무 등의 사회적 조건 파악에 힘쓰고 경사의 안정, 기상재해의 가능성, 주변 경관과의 조화, 차량의 주행에 미치는 영향을 고려하여 갱구부의 구조, 갱문, 유지관리용 시설 등의 설계를 적절히 해야 한다.

여기서, 갱구의 설계란 터널의 갱구부, 갱문 및 그 전후 도로구간 사이 이뤄진 설계를 총괄한 것이다.

- 터널은 특수한 도로 구조물로 교통흐름의 연속성에 많은 영향
- 갱구 부근은 밝은 곳과 어두운 곳이 접속되는 장소이므로 폭원의 감소, 터널 벽의 위압감, 조도 변화에 수반되는 순응성의 저하로 인해 속도 저하를 초래
- 터널 갱구는 지반조건이 불안정
- 터널굴착이나 지표면 변화 등으로 인한 비탈면 붕괴 가능성이 높음

- 편토압으로 인한 국부적인 응력 집중
- 도로 이용 시에는 낙석과 눈사태 등 자연 기상재해의 영향을 받기 쉬운 곳(자연조건)
- 토피가 적은 터널 위에 구조물들이 있고, 민가가 근접한 터널 갱구 등(사회적 조건)
- 갱구의 설계에는 터널의 규모에 따라서 유지관리용의 제반시설도 고려

15.2 갱구부 설계

15.2.1 갱구부 계획

- 일반적으로 갱문구조물 배면으로부터 터널길이의 방향으로 **터널 직경의 1~2배 정도**의 범위 또는 **터널 직경 1.5배 이상의 토피가 확보**되는 범위까지
- 단 원지반 조건의 양호한 암반층 또는 붕적층, 충적층 등의 미고결층에서는 별도의 구간을 갱구범위로 정한다.

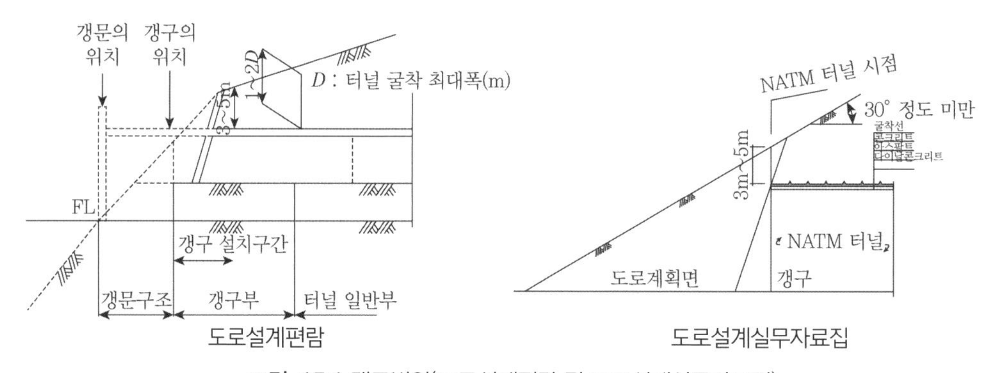

그림 15.1 갱구범위(도로설계편람 및 도로설계실무자료집)

15.2.2 갱구부 위치 및 갱구 연결

- 기본적으로 비탈면과 직교하는 위치에 계획하며, 공사용 설비의 배치에 대해서도 고려

• 갱구설치 시 토피는 최소 3~5m 정도를 확보해야 하며, 절토면은 필요에 따라 숏크리트나 록볼트에 의한 보강

- 갱구의 위치 및 설치방법
- 갱구부로 시공되는 범위
- 갱구부의 굴착공법, 지보구조, 보조공법 등
- 갱구비탈면의 지표수 및 지하수 배수 대책
- 갱구비탈면 안정검토와 필요한 비탈면 안정공법
- 기상재해의 가능성과 필요한 대책공법
- 지표면 침하 등 갱구 주변의 구조물에 미치는 영향
- 비상사태 발생 시 구난활동의 유지관리 방안
- 갱구비탈면 및 구조물의 공사 중 및 운영 중 유지관리 방안
- 작업공간 및 기타 설비 공간, 공사용 설비계획 등

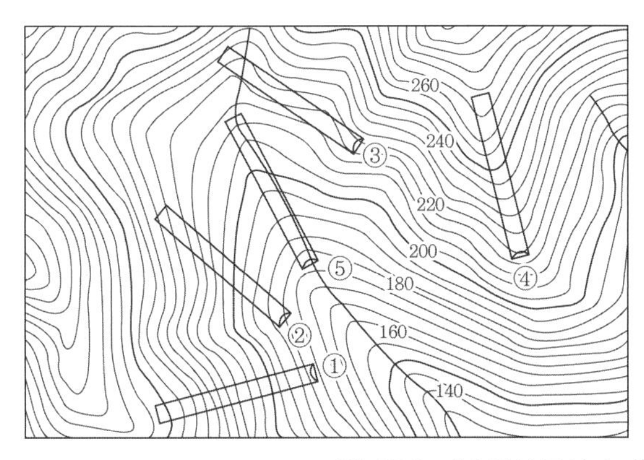

① 비탈면 직교형
② 비탈면 경사교차형
③ 비탈면 평행형
④ 능선평행형
⑤ 골짜기 진입형

그림 15.2 터널 중심 축선과 지형과의 관계

표 15.1 비탈면 직교형

측면도	정면도	설명
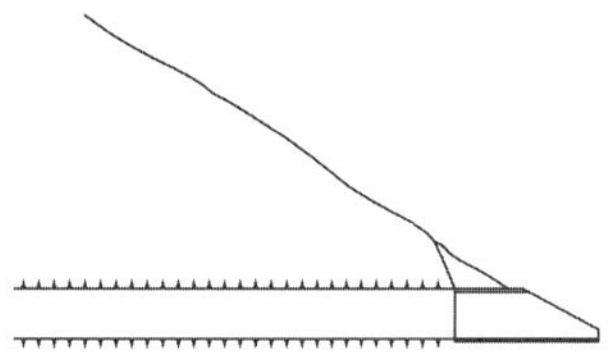	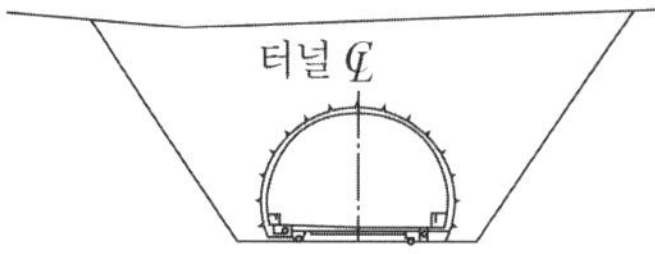 터널 ℄	• 가장 이상적인 터널 축선과 비탈면의 위치관계 • 비탈면 하단보다 상부지역에 갱구부가 계획될 경우에는 공사용 도로의 확보나 설치되는 도로 구조물의 관계 등 시공상의 특별한 배려가 필요

표 15.2 비탈면 경사교차형

측면도	정면도	설명
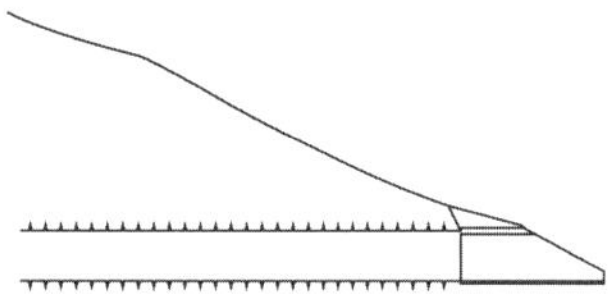	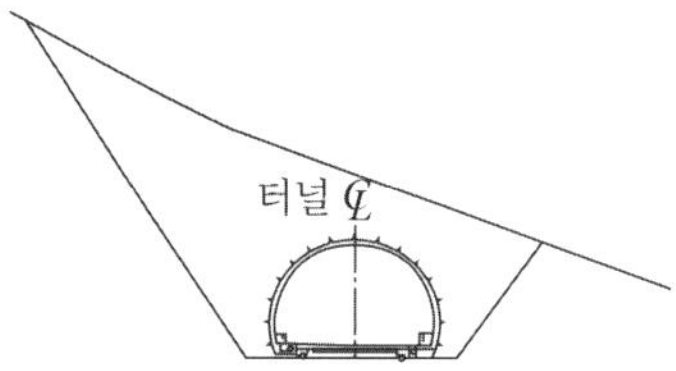 터널 ℄	터널 축선이 비탈면에 비스듬하게 진입하기 때문에 비대칭의 절취 비탈면이나 갱문을 설치하게 되므로 **편토압 및 횡방향 토피 확보** 여부에 대한 검토

표 15.3 비탈면 평행선

측면도	정면도	설명
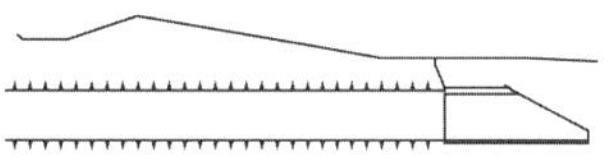	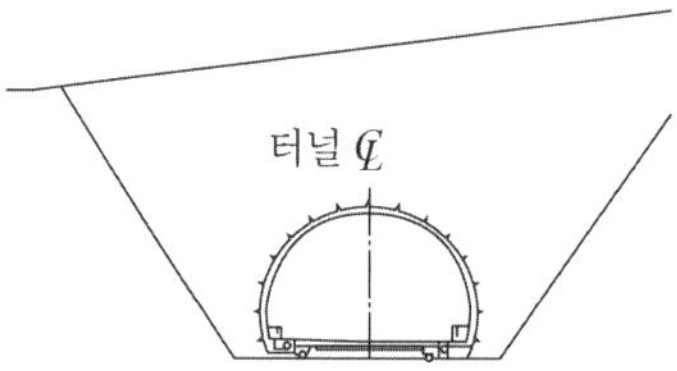 터널 ℄	**경사교차가 극단적일 때**이며 가급적 피해야 하는 경우이며, 긴 구간에 걸쳐 골짜기 쪽의 토피가 극단적으로 얇아질 때가 있어 편토압에 대해 특별한 검토

표 15.4 능선평행형

측면도	정면도	설명
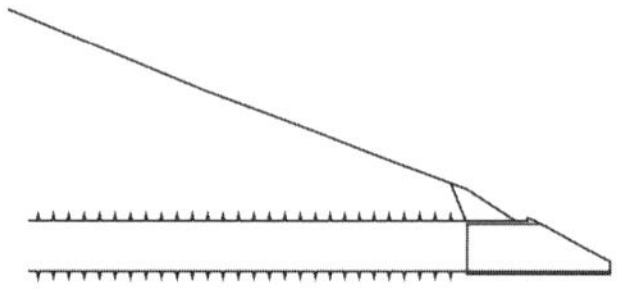	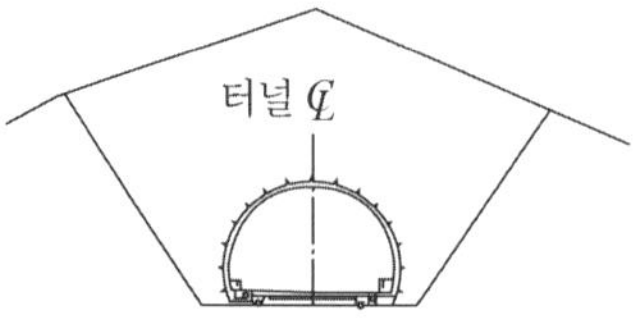 터널 ℄	• 터널 양쪽 면의 토피가 **극단적으로 얇아질 때가 있어 횡단면의 검토가 요구되며** 암선이 좌우 비대칭일 경우가 많음 • 선형상으로 갱구부의 **굴착량이 최소가 되어 경제적임**

표 15.5 골짜기 진입형

측도	정면도	설명
	터널 ℄	• 암질이 불량한 경우가 많고, **지하수위가 높음** • 재해 발생 위험이 높음 • 배수계획 고려

- 터널 축선과의 관계에서 볼때, 시공실적을 감안하여 가능한 **비탈면과 직교하는 위치에 선정**
- 비교적 편토압 발생이 매우 적고 문제 발생 시 대응이 쉬움
- 선형상의 제약으로 직교가 어려울 경우, 축선과 비탈면의 등고선과의 60° 이상의 교차각도로 하는 것이 바람직함

◎ 편토압 조건

- 되메움 지반의 경사를 고려한 편토압 조건일 때, 개착터널 해석 시 하중의 산정은 원지반의 경사로 산정
- 시공 시 다짐높이 차이에 의한 편토압

－다짐두께를 고려하여 되메움 흙의 소요 두께를 0.3m로 하여 콘크리트 라이닝 주위를 되메움할 때, 라이닝 정상까지는 좌우 교대로 되메움, **좌우의 성토높이 차이가 0.9m 이상 되는 경우 편토압 검토**

15.2.3 갱구비탈면

- 갱구설치에는 일반적으로 절토가 따름
- 갱구설치가 비탈면에 미치는 영향, 주변 경관과의 조화, 갱구부의 시공법 등을 고려하여 적정 토피 확보
- 터널의 길이를 줄이기 위해 갱구를 산 중앙으로 깊이 들어가면 비탈면의 불안정으

로 붕괴나 지반활동

- 특히 애추층(talus)이 분포하는 경우 위험성이 크고, 과다굴착으로 주변과의 부조화와 차량 주행에 지장
- 갱구 부근은 암질이 좋지 않고 터널굴착 시 발파진동 등에 의해 강도저하의 가능성이 높으므로 검토 요망

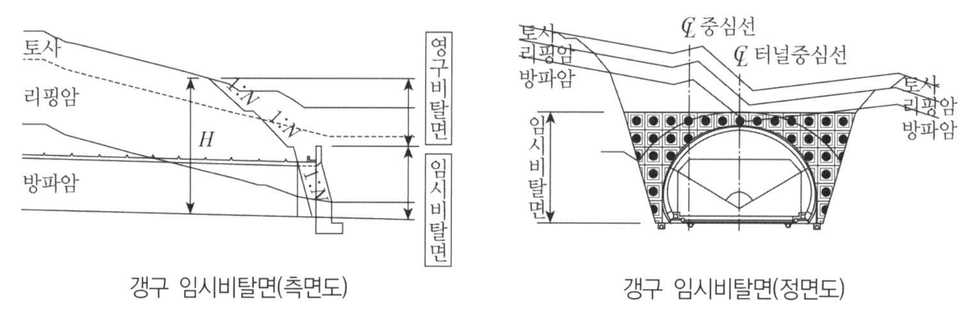

그림 15.3 갱구 임시비탈면

- 깎기 기울기는 영구비탈면이 발생하는 구간에서는 토공구간의 깎기 기울기를 유지
- 갱구부 되메움이 발생하는 구간(임시비탈면)의 경우 갱구설치의 시공성과 원지반 조건을 고려하여 급경사로 하는것이 바람직함
- 필요에 따라 숏크리트나 록볼트로 보강하고, 터널 시공 갱구부 배면의 기울기는 1 : 0.3∼1 : 0.5
- 갱구부 비탈면이 양호한 암질이고 적당한 비탈면 경사로 놓여 있을 때는 그 비탈면에 직접 갱구설치
- 터널 축선이 비탈면과 비스듬히 교차하고 불안정한 원지반이 있을 때는 성토 후 비탈면의 안정성 확보 후 터널굴착
- 비탈면 숏크리트는 10cm 정도의 두께로 하는 경우가 일반적이며, 필요에 따라 철망을 병용

- 비탈면 보강 록볼트는 절리가 많은 원지반이나 풍화암에 대해 숏크리트와 병용하여 사용
- 록볼트 ϕ25~32mm의 철근으로 시멘트 밀크나 몰탈에 의한 전면 접착형
- 터설 간격은 2~4m^2에 1개소, 천공지름은 주로 ϕ100~120m

표 15.6 골짜기 진입형

측면도	정면도	설명
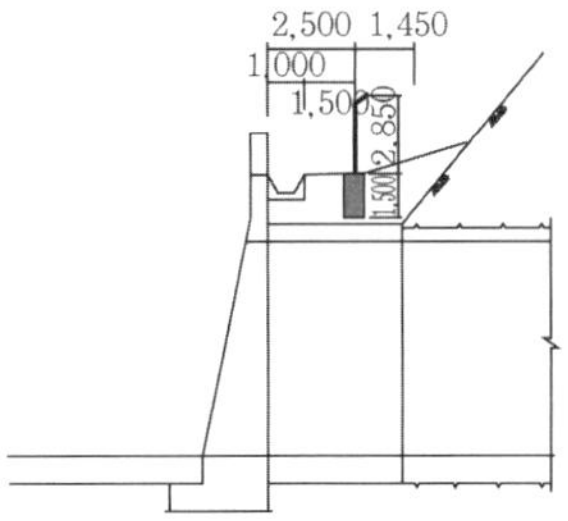	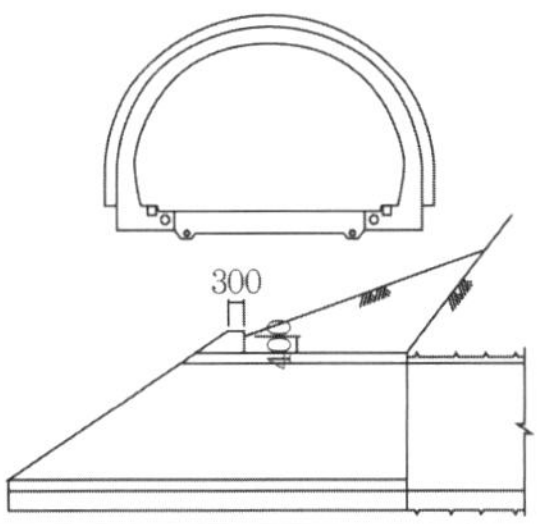	• 깎기 비탈면은 장기적 풍화, 동결 융해, 집중호우로 인한 비탈면 붕괴 및 균열로 인한 낙석 발생 가능 • 주행 차량의 안전사고 예방을 위해 낙석방지 울타리 및 **파라페트를 설치**

15.2.4 비탈면 안정검토

- 토사: 원호파괴, 평면파괴, 유동파괴
- 암반: 원호파괴, 평면파괴, 쐐기파괴, 전도파괴, 낙석

※ 파괴 원인: 갱구부 터널굴착으로 인한 갱구부 비탈면, 지하수압의 증가 점진적인 강도저하, 진동, 반복하중 등(지진, 발파)

표 15.7 비탈면 안정검토

측면도	정면도
침식에 약한 토질	수침 시 전단강도에 의한 풍화토의 안정성 검토
고결도가 낮은 토사나 풍화암	배수대책과 안정검토
풍화가 급속히 진행된 암석	풍화가 빠른 암반에서의 안정검토
붕적층 혹은 퇴적층인 경우	배수대책과 안정검토
현재까지 비탈면 활동, 산허리 붕괴의 이력이 있고 불안정한 상태에 있는 지반	현장 정밀조사 후 안정검토
지하수위가 높고 용출수가 많은 곳	배수대책과 안정검토
주변의 기존 구조물(철탑 등)에 나쁜 영향을 미칠 것으로 예상되는 경우	배수대책과 안정검토

15.2.5 안정해석(토사비탈면)

- 한계평형해석에 근거한 안전율로 판단
- 응력상태나 지하수 흐름, 변위결과를 알기 위해 연속체 해석적용
- 해석방법: 수치해석법(유한요소법, 유한차분법, 개별요소법), 한계평형해석법(fellenius, Bishop)

유의사항

- 불연속면이 없는 균질한 비탈면의 경우, 활동면을 원호로 가정
- 무한 비탈면은 일반적으로 직선적으로 활동
- 기존 파괴면을 따라 발생하는 활동은 반드시 잔류강도 적용

15.2.6 안정해석(암반비탈면)

- 해석방법: 한계평형해석법, 블록이론을 이용한 방법, 평사투영망을 이용한 방법, 수치해석법

15.2.7 내진해석

- 토피가 작고 지반이 연약한 갱구부
- 갱구부 비탈면의 불안정에 따른 편토압 발생구간 등

15.3 갱구비탈면 보강

표 15.8 비탈면 보강 및 보호공법(보강재를 이용한 방법)

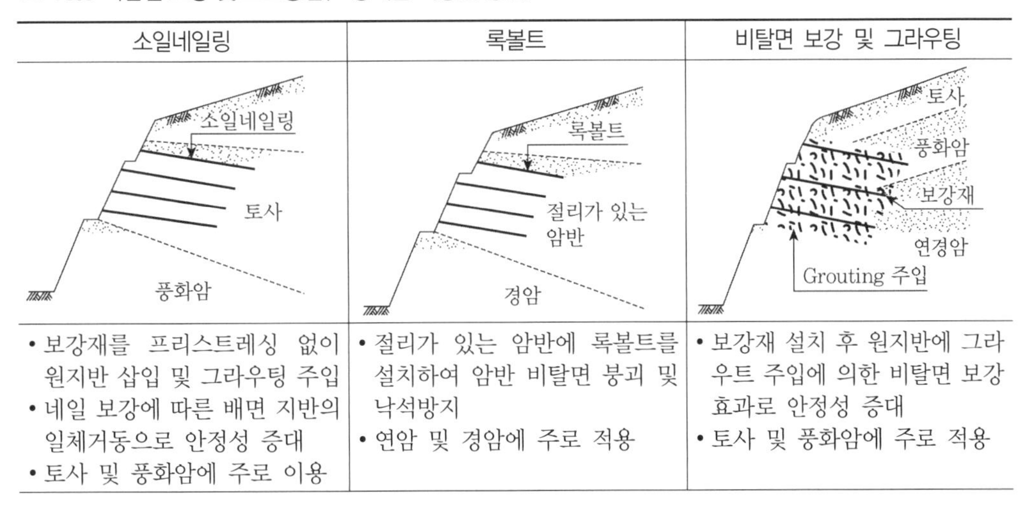

소일네일링	록볼트	비탈면 보강 및 그라우팅
• 보강재를 프리스트레싱 없이 원지반 삽입 및 그라우팅 주입 • 네일 보강에 따른 배면 지반의 일체거동으로 안정성 증대 • 토사 및 풍화암에 주로 이용	• 절리가 있는 암반에 록볼트를 설치하여 암반 비탈면 붕괴 및 낙석방지 • 연암 및 경암에 주로 적용	• 보강재 설치 후 원지반에 그라우트 주입에 의한 비탈면 보강 효과로 안정성 증대 • 토사 및 풍화암에 주로 적용

기타: Anchor + 현장 타설 격자블럭, Earth Anchor, FRP 보강 그라우팅 공법 등

표 15.9 비탈면 보강 및 보호공법(옹벽을 이용한 방법)

압축력을 이용한 옹벽	가시설과 영구앵커	RC 옹벽공법
토사 풍화암 연암 경암 어스볼트	토사 풍화암 연암 경암 영구앵커 가시설	토사 풍화암 연암 경암 RC 옹벽
• 전면 패널과 보강재 그라우팅 주입 후 원지반에 압축력 도입 • 소단에 식재 및 녹화를 병행하여 경관 개선 및 낙석 방지	• 주동보강공법으로서 보강효과 발휘 • 가시설 시공 후 영구앵커를 병행하여 시공 후 원지반 결속력 증대	• 비탈면 깎기 후 옹벽 설치를 통한 안정성 확보 • 시공공정 단순

15.4 환경을 고려한 갱구 설계

- 지형 및 지질조건, 주변 환경을 고려하여 자연환경 훼손 최소화의 환경 친화적인 비탈면이 되도록 해야 함
- 갱구위치 선정 시 갱구부 터널의 안정성에 중점을 두어 기반암 출현지역으로 갱구 위치할 경우 과도한 깎기고가 증가→장기적 안정성 감소, 유지관리 비용 증가

- 보조공법이 가능할 경우 깎기고가 최소화되는 위치
- 갱구부는 지형조건을 고려하여 개착터널 연장 증가를 통해 원형지형 복원이 이루어질 수 있도록 계획하는 것이 바람직함
- 원지반의 기울기 등을 파악하여 갱구부에 가시설 공법 적용으로 비탈면 깎기 감소. 되메움을 통한 원지형 복원

과도한 깎기고 발생

깎기고 최소화 계획

그림 15.4 과도한 깎기고 발생 및 깎기고 최소화 계획

15.5 굴착공법과 시공순서

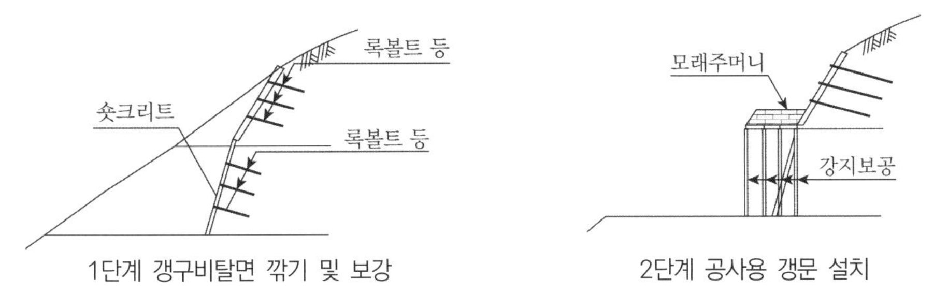

그림 15.5 굴착공법 시공순서 1, 2단계

그림 15.6 굴착공법 시공순서 3, 4단계

표 15.9 굴착보조공법의 적용성

제안	목적	공법	지반조건			비고
			토사	연암	경암	
지반강화 및 구조적보강	천단안정	훠폴링	△	○		
		강관다단그라우팅	○	△		
		수평제트그라우팅	△			
		주입공법(갱내)	○			
	막장면, 바닥면 안정	막장면 숏크리트	○	△		
		막장면 록볼트	△	△		
		링컷(코어설치)	○	△		
		가인버트	△	△		
	지반보강	지상수직그라우팅	△			
		마이크로파일	△			
용출수대책	차수/배수	약액주입공법	○	○	△	
		배수공	○	○	△	
		웰포인트공법	△			
		딥웰공법	△			

15.6 갱문 설계

15.6.1 갱문 일반사항

- 원지반조건, 주변 경관과의 조화, 차량에 주는 영향, 유지관리 등을 고려
- 갱문배면에는 개통 후 낙석, 눈사태 등의 재해대책 필요
- 적절한 배수공법

15.6.2 갱문 위치

- 기상 및 자연재해 영향 최소화, 지반조건, 땅깎기, 비탈면 안정성을 고려
- 낙석, 토사붕괴, 눈사태, 지표수 유입 등 갱구부를 보호하고 지반조건이 허용하는 최소 토피구간
- 지형의 횡단면이 터널 축선에 대칭이 되는 위치로 하고 편토압이 없는 곳
- 늪이나 시냇물과 교차하지 않고, 부득이할 경우 충분한 배수시설 설치
- 교량 근접 시 갱문 기초의 지지력 분포 범위와 교대 굴착선과의 관련 검토
- 유지관리 시설의 배치 고려

15.6.3 갱문 형식

표 15.10 면벽형 및 돌출형 갱문 장단점

제안	면벽형	돌출형
장점	• 터널 갱구부 시공이 용이 • 터널 상부 되메우기가 불필요 • 터널 상부에서 유하하는 지표수에 대한 배수처리가 용이	• 터널 진입 시 위압감이 적음 • 주변 지형과 조화를 이루어 미관 양호
단점	• 인위적 구조물 설치에 따른 주변 경관과의 조화를 이루기 어려움 • 정면벽의 휘도 저하를 고려할 필요가 있음	• 갱구부 개착터널 길이가 길게 됨 • 갱구부 터널 상부에 인위적인 흙쌓기 필요 • 터널 상부 지표수에 대한 배수처리 필요
적용지형	• 갱구부 지형이 횡단상 편측으로 경사진 경우 • 배면배수처리가 용이한 지형 • 갱문이 암층에 위치한 경우 • 갱구부 지형이 종단상 급경사인 경우	지형이 편측 경사가 없고 갱문 전면 땅깎기가 적어 개착 터널 설치 후 자연스럽게 조화를 이룰 수 있는 지형

표 15.11 종류 및 특징

구분	중력형(중력·반중력식)	면벽형(날개식)	면벽형(아치날개식)
개념도	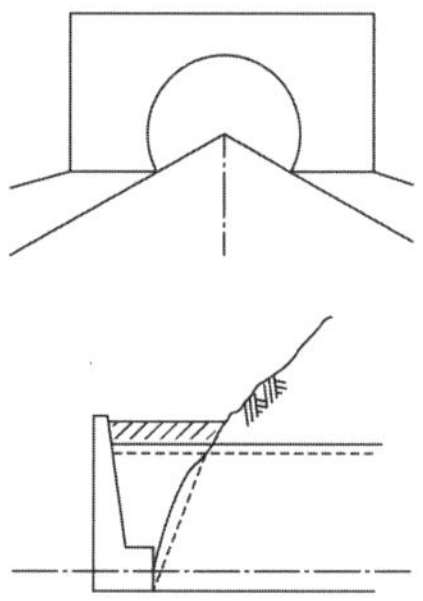	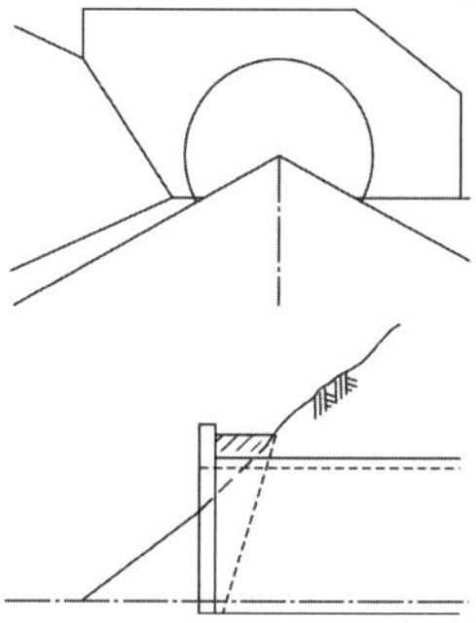	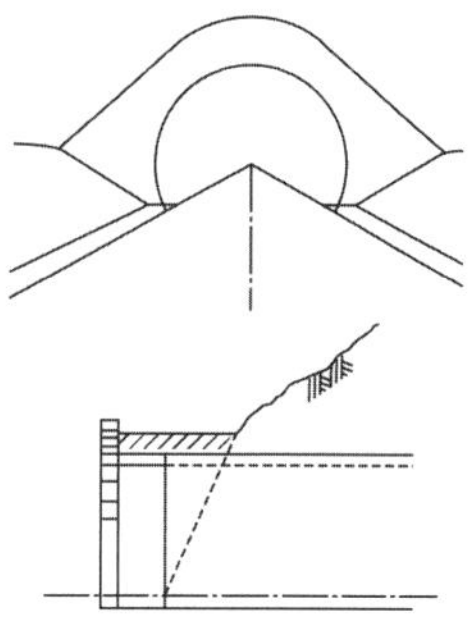
적용성	• **급경사 및 낙석 예상구간** • 배면 배수처리 용이구간	• **양측면 깎기 할 경우** • 배면 토암 전면부 작용 • 적설량이 많은 경우 방설공 병용	• **비교적 완만한 경우** • 좌우 측면 깎기 비교적 적음
시공성	지반불량 시 깎기부 과다 발생 비탈면 안정대책 요망	• 비탈면 안정대책 • 터널 본체와 일체화된 구조로 계획	• 지형에 따라 일부 라이닝 필요 • 다소의 흙쌓기 보호 필요
경관	• 정면벽의 휘도 저하 고려 • 안정감 있으나, 위압감	• 정면벽의 휘도 저하 고려 • 안정감 있으나, 위압감	• 아치부 곡선 지형과 조화

표 15.12 종류 및 특징

구분	파라페트식	돌출식	원통절개식	벨마우스식
개념도				
적용성	• 능선끝단의 지형에서 좌우 구조물과 관계가 적은 경우 • 적설지 가능 • 갱문지질이 비교적 안정한 경우	• 압성토를 시공할 경우 • **지반조건이 불량한 경우** • 적설지 가능 • 깎기 등 성형이 용이	• 주변 지형이 완만한 경우 • 조경이 요구됨 • 적설지에는 눈이 많이 쌓임	• 지질이 양호 • 적설지에는 눈이 많이 쌓임
시공성	**갱구부 길게 연결 필요**	• **가장 경제적** • 지반조건 불량 시 압성토할 경우 두께를 두껍게 해야 함	• 거푸집 및 배근 등 **공사비 고가**	• **특수거푸집 필요** • 공기 과다 • **공사비 고가**
경관	지형과 비교적 일치	지형과 비교적 일치	지형과 조화	진입 시 위압감

중력형: 팔당4터널

면벽형(날개식): Stratena터널/슬로바키아

면벽형(아치날개식): 화천터널

그림 15.7 중력형 및 면벽형 터널 예시

돌출형(파라페트): 이태리 도로터널

돌출형(원통절개): Eichelberg터널(독일)

돌출형(벨마우스): 淸水谷第1터널(일본)

그림 15.8 돌출형 터널 예시

15.6.4 기타 시설-관리용 시설

- 연결송수관 설비
- 공동구
- 터널 내 타일세척수 저장소
- 비상용 개구부 및 제설장
- 결빙방지시설
- 갱구비탈면 점검로

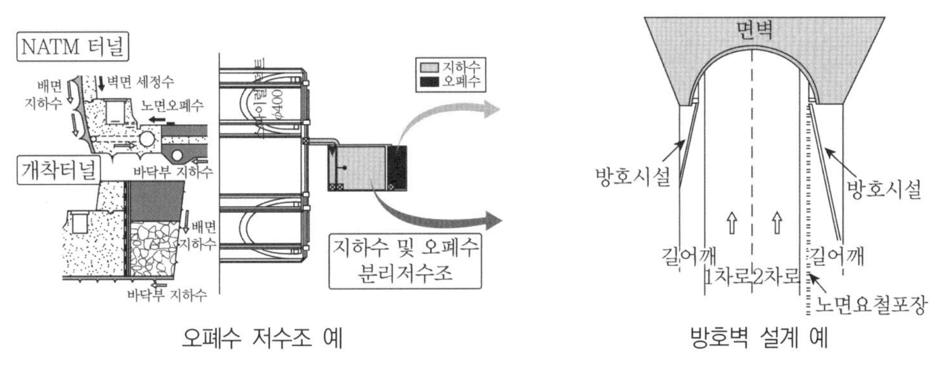

그림 15.9 안전시설

- 터널 입구부 방호시설
- 충격흡수시설: 2-Arch 터널 중앙부
- 종류: 터널 확폭

-갱문하부단면 연장

-공동구 벽체 연장

-가드레일 설치

15.6.5 기흥~용인 설계개요

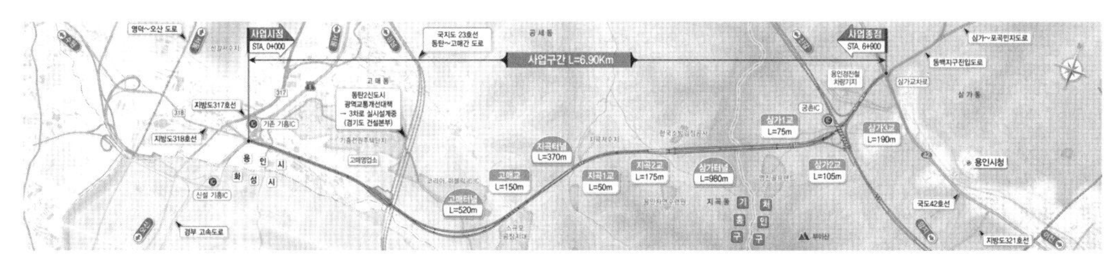

그림 15.10 기흥~용인 설계개요

표 15.13 사업규모

구분	내용
사업명	기흥~용인도로 민간투자시설사업
사업구간	경기도 용인시 기흥구 기흥동~처인구 역삼동
공사 기간	2011~2014년(총 36개월)
연장	L=6.98km
설계속도	V=80km/h 이상
차로수	왕복 4차로
토공	L=4,285m
교량	L=745m/6개소(교차로 제외)
터널	1,870m/3개소
출입시설	1개소(삼가IC)
영업소	본선 1개소(고매영업소)
출자자	한신공영 외 6개 사

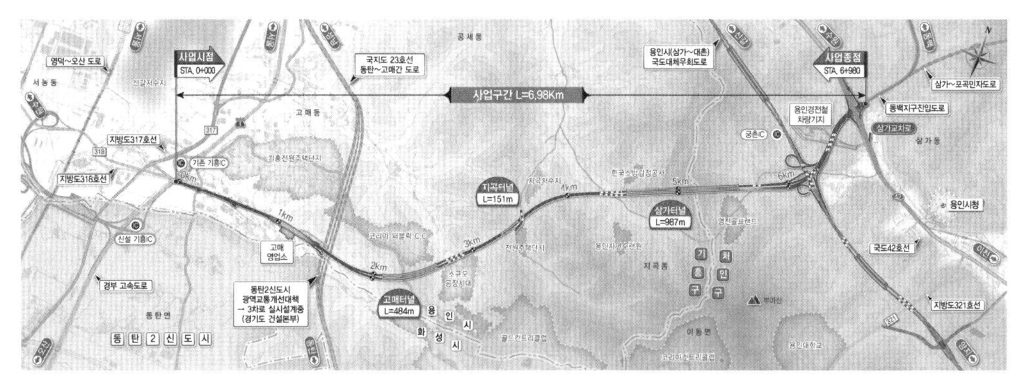

그림 15.11 기흥~용인 터널계획

표 15.14 기흥~용인 터널사항

터널명	방향	연장(m)	종단경사(%)	평면선형	환기방식	갱문형식	
						시점	종점
고매터널	기흥방향	471	S=(−)2.00	R=900.0	자연환기	확폭 원통절개	확폭 원통절개
	용인방향	484	S=(+)2.00	R=830.0		확폭 원통절개	확폭 원통절개
지곡터널		151	S=(+)3.00	R=1,600.0	자연환기	확폭 원통절개	확폭 원통절개
삼가터널	기흥방향	987	S=(−)1.95	직선	기계환기	확폭 원통절개	확폭 원통절개
	용인방향	987	S=(+)1.95	직선		확폭 원통절개	확폭 원통절개

표 15.15 평면선형

구분	고매터널		지곡터널	삼가터널	
	기흥방향	용인방향		기흥방향	용인방향
최소평면선형(m)	R=900.0	R=830.0	R=1600.0	직선	직선
최대편경사(%)	−4	+4	+3	−2	−2

표 15.16 종단선형

구분	연장(m)	종단경사(%)	비고	최대 3% 이하 종단경사	최소 1.95% 이상 종단경사
고매터널	484	S=(+)2.00	용인방향		
지곡터널	151	S=(+)3.00	−		
삼가터널	987	S=(+)1.95	용인방향		

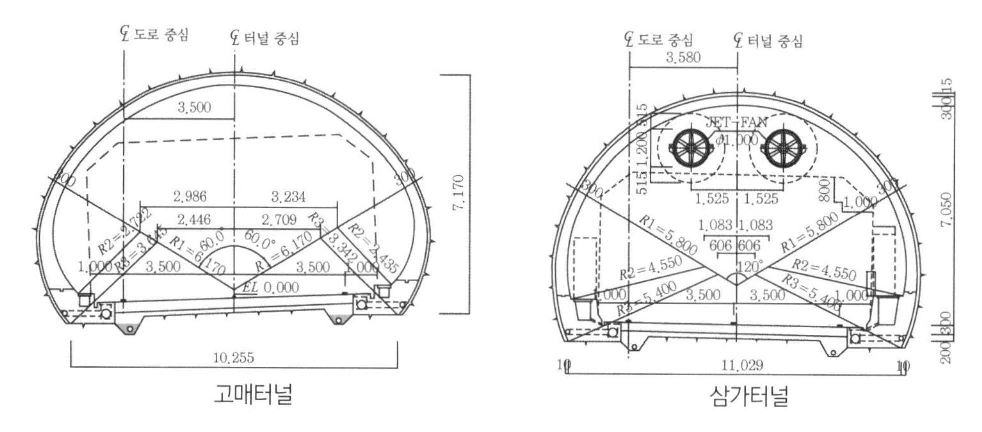

그림 15.12 고매 및 삼가터널 단면도

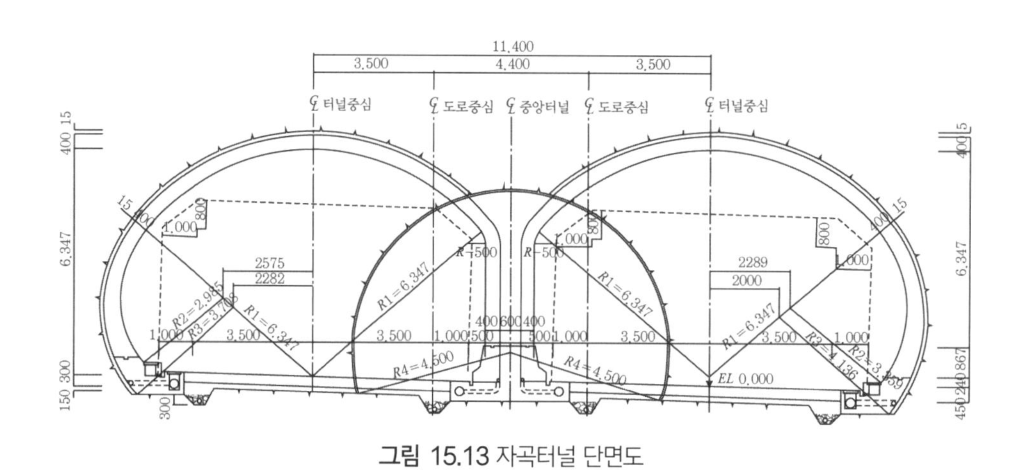

그림 15.13 자곡터널 단면도

표 15.17 원통절개형 갱구

구분	원통절개형	확폭형 원통절개
개요도		
특징	갱구부 경사가 완만(30° 미만)하며, 낙석 가능성이 적은 구간	•터널 입구가 확폭되어 충돌사고 예방 •개방감 있는 형식으로 디자인 계획

표 15.18 고매터널 갱구계획

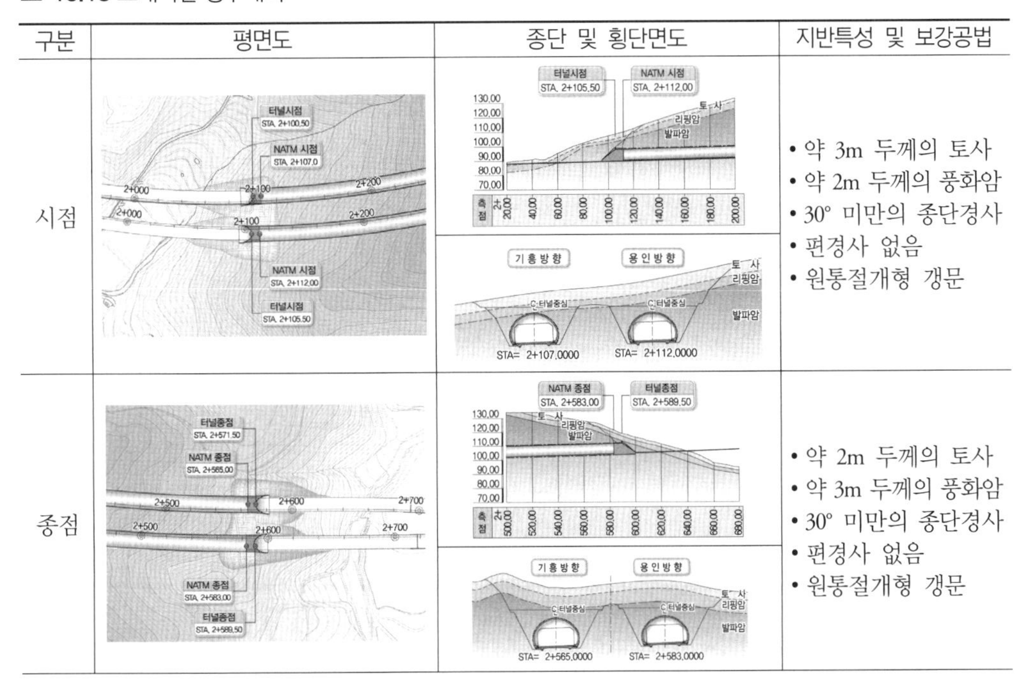

구분	평면도	종단 및 횡단면도	지반특성 및 보강공법
시점			• 약 3m 두께의 토사 • 약 2m 두께의 풍화암 • 30° 미만의 종단경사 • 편경사 없음 • 원통절개형 갱문
종점			• 약 2m 두께의 토사 • 약 3m 두께의 풍화암 • 30° 미만의 종단경사 • 편경사 없음 • 원통절개형 갱문

표 15.19 표지곡터널 갱구계획

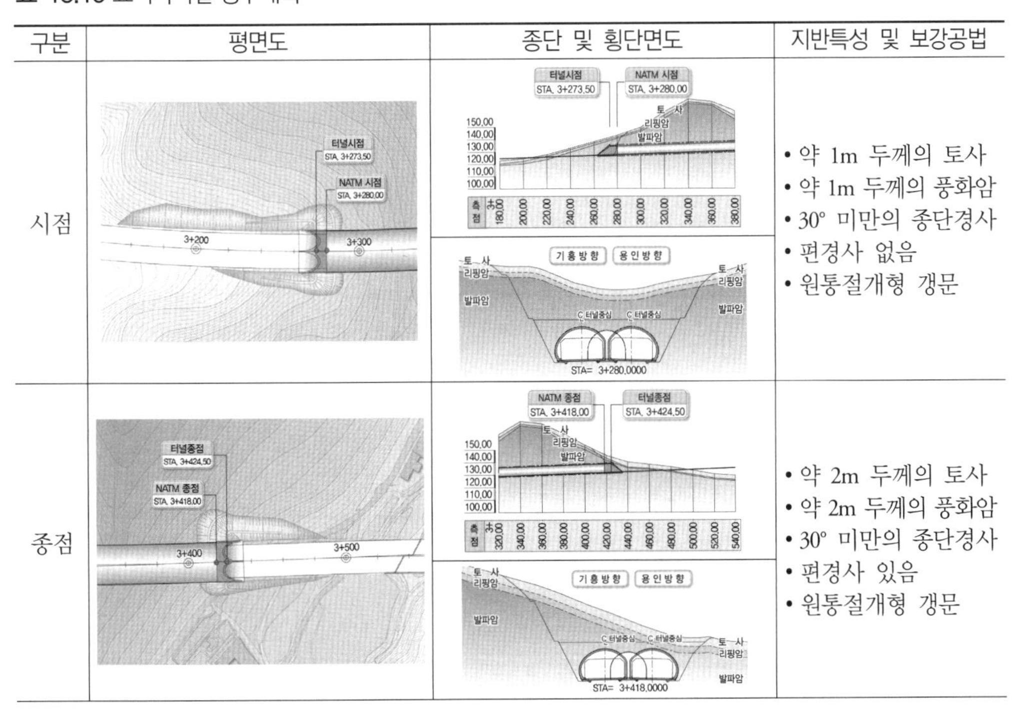

구분	평면도	종단 및 횡단면도	지반특성 및 보강공법
시점			• 약 1m 두께의 토사 • 약 1m 두께의 풍화암 • 30° 미만의 종단경사 • 편경사 없음 • 원통절개형 갱문
종점			• 약 2m 두께의 토사 • 약 2m 두께의 풍화암 • 30° 미만의 종단경사 • 편경사 있음 • 원통절개형 갱문

표 15.20 삼가터널 갱구계획

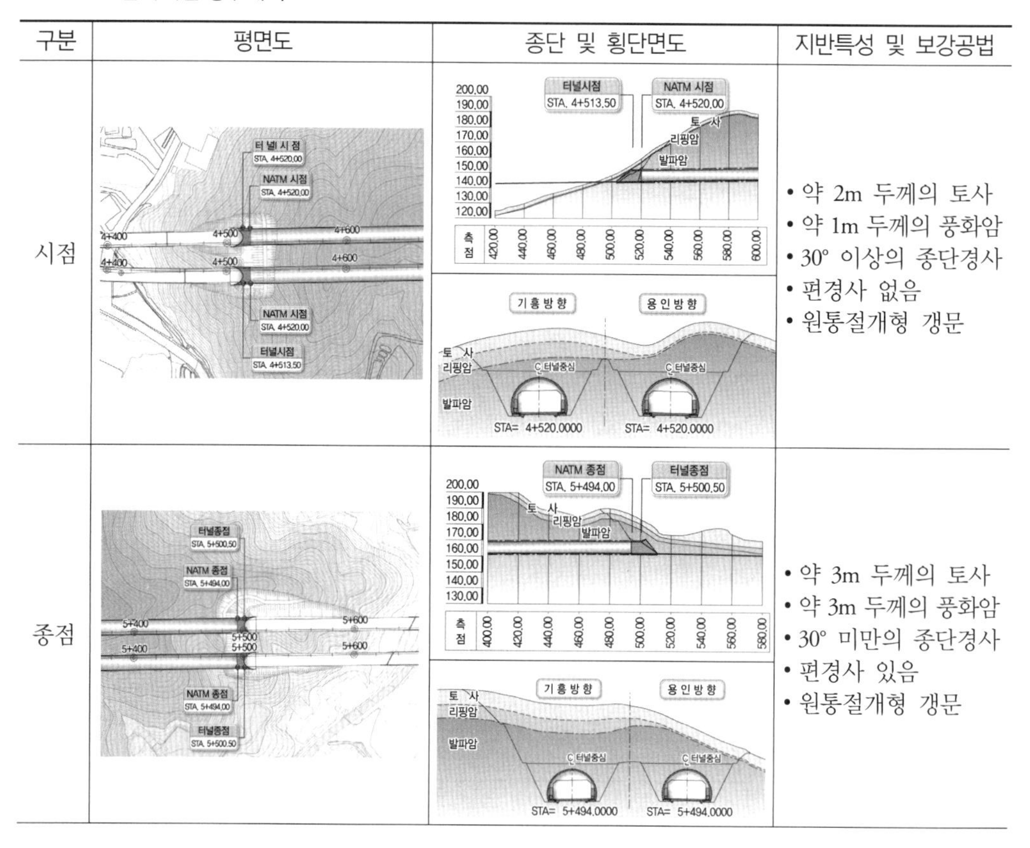

구분	평면도	종단 및 횡단면도	지반특성 및 보강공법
시점			• 약 2m 두께의 토사 • 약 1m 두께의 풍화암 • 30° 이상의 종단경사 • 편경사 없음 • 원통절개형 갱문
종점			• 약 3m 두께의 토사 • 약 3m 두께의 풍화암 • 30° 미만의 종단경사 • 편경사 있음 • 원통절개형 갱문

APPENDIX

부 록

TBM을 이용한 장대철도 터널굴착공법(원주~강릉 고속천철)

High Power TBM for Railway Tunnel Excavation

One of the longest tunnel, Daekwanryung No.1 railway tunnel has been designed by the modern High-Power TBM to excavate the main twin tunnels in a given construction periods. The geological conditions along the alignment were analyzed carefully to supply the required information before we decided the tunnel construction methods as a mechanized tunnelling system. TBM performance prediction will be carried on by the new developed KICT model to estimate the construction period and necessary specification of the TBM machine to procure.

The longest tunnel has been halted at Daekwanryung by the failure of the host country of the Winter Olympiad in 2014, but High-Power TBM will come to Korea to excavate these long tunnels to establish the better horizontal connection between the western and eastern countries to improve the strong powerful logistic strategy of Korean peninsula. Train operation provides a key function of air movements in a long underground tunnel, and heat generation from transit vehicles may account of the most heat release to the ventilation and emergency systems. This paper indicates the optimal fire suppress services and safety provision for the long railway tunnel which is designed twin tunnel with length 22km in Gangwon province of Korea. The design of the fire-fighting systems and emergency were prepared by the operation of the famous long-railway tunnels as well as the severe lessons from the real fires in domestic and overseas experiences. Designers should concentrate the optimal solution for passenger's safety at the emergency state when tunnel fires, train crush accidents, derailment, and etc.

Train operation provides a key function of air movements in a long underground tunnel, and heat generation from transit vehicles may account of the most heat release to the ventilation and emergency systems. This report shows the better fire suppress services and safety provision for the long railway tunnel which is designed twin tunnel with long length 22km in Gangwon province of Korea. The design of the fire-fighting systems and emergency were prepared by the operation of the famous long-railway tunnels as well as the severe lessons from the real fires in domestic and overseas experiences. Designers should concentrate the optimal solution for passenger's safety at the emergency states as tunnel fires, train crush accidents, derailment, and etc. The optimal fire-extinguishing facilities for long railway tunnels are presented for better safety of the comfortable operation in this hard rock tunnels and the most favorable railway tunnel system was discussed in details; twin tunnels, distance of cross passage, ventilation systems, etc.

Introduction of the D1 railway tunnel project

Over the last few years, there have been a number of services and well-documented underground fires in road and railroad tunnels in Europe. It was a terrible coincidence that the tunnel fires, safety and refurbishment issue should be the critical real news comes in of a horrific terrorist bomb attack on London recently.

The focus of this project is to provide the safety of passengers and rescue personnel in the event of emergency within tunnel systems. The purpose of the new railroad construction of the Wonju-Gangneung line is to establish a link to the existing Seoul-Wonju line to improve the horizontal logistic axis of the Korean peninsula. The dramatic reduction of traveling time will lead to create reasonable competition for the existing local highways and it will support the opening of 2018 Pyungchang Winter Olympiad in this beautiful mountains site of eastern

Korea.

In a 10years, railway passengers will gain over one and half an hour between Seoul and Gangneung alone. The D1 tunnel, which will stretch from Jinbu to Gangneung and have a length of 22km single track twin tunnels, including a deep passenger tunnel station near to the famous Yong-Pyoung ski resort that will be the central base of Winter Olympiad in 2018.

Once it is completed, it will be the longest railroad tunnels in Korea. It will be even longer than the current constructing single track Solan railroad tunnel(L=16.2km) of Young Dong Line at the same eastern Kangwon province.

The D1 tunnel will be built as a twin tunnel construction with a 9.5m diameter of TBM(Figure 1).

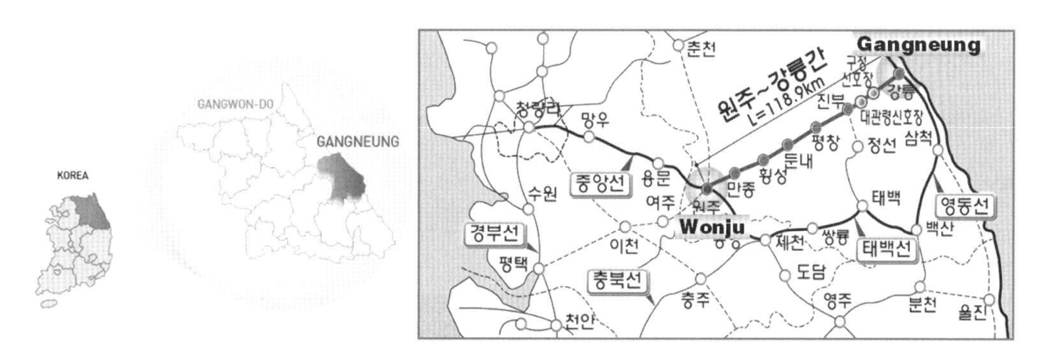

Figure 1 New alignment of D1-tunnel project in eastern Korea

A distance of 20meters between two tunnels will be kept in order to increase the safety in long tunnels of mountainous places and also to reduce the land compensation cost for the better budget plan. Cross passages are designed to be driven into the rocks every 400meters based on the Korean railway construction and design criteria. Cross connection tunnel will hold railway equipment and installations and serve as escape routes for passengers in the event of emergency. Crossover facility will be possible to change the tracks and entering the neighboring tunnel if necessary cases. The planned theoretical speed of passenger trains will be up to 200km/h and that of cargo trains up to 130km/h. For the alignment, the curve radius will not be less than 2000meters in order to allow for the scheduled traveling speeds.

Geotechnical Condition

Geotechnical analysis is performed based on the existing geological data and maps, but the detail geotechnical investigation will be done after fixing the railway alignment design.

Geologically, this project area is composed of Daebo granite of the Mesozoic era, Daebo gneiss and some sedimentary rocks including coal seams. There is no special geological structures except small faults at the starting point of this construction lot as far as we know.

Tophographically, most of the project area is consisted of high mountains of Taeback, and its altitude is high in east down to west, it has a steep slope trend from the Taebaek mountains to the east coast.

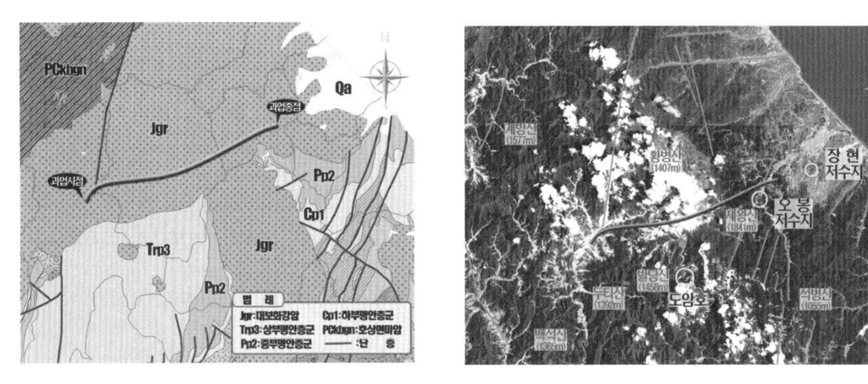

Figure 2 Geological and topographical characteristics of project area

Tunnel Profile and Aignment Design

The design criteria of tunnel profile should be considered plenty of important system factors related to the construction methods. First of all, the alignment design of this long railway tunnel of which 22km length should be adopted the twin tunnel systems for the better safety and fire protection, rescue purposes, and so on. Since the serious tunnel fire accident of Daegu subway in Korea, tunnel safety of double tracked rail tunnels is concerned with critical attention. Two alternative tunnel concepts are discussed in a safety perspective in a long railway tunnels.

- Double tracked single tunnel, i.e. two parallel tracks in the same tube structure.
- Single tracked twin tunnels, i.e. two single tubes with one track in each with intervening connections between the two tubes installed with fire protection doors or smoke traps.

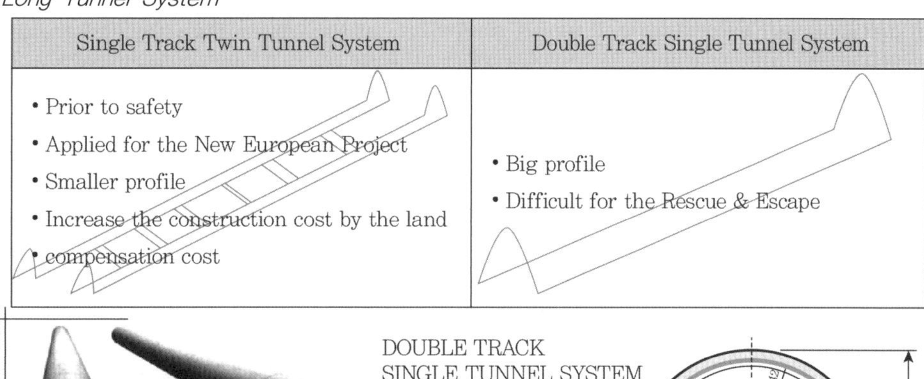
II. TUNNEL DESIGN

■ Long Tunnel System

Single Track Twin Tunnel System	Double Track Single Tunnel System
• Prior to safety • Applied for the New European Project • Smaller profile • Increase the construction cost by the land • compensation cost	• Big profile • Difficult for the Rescue & Escape

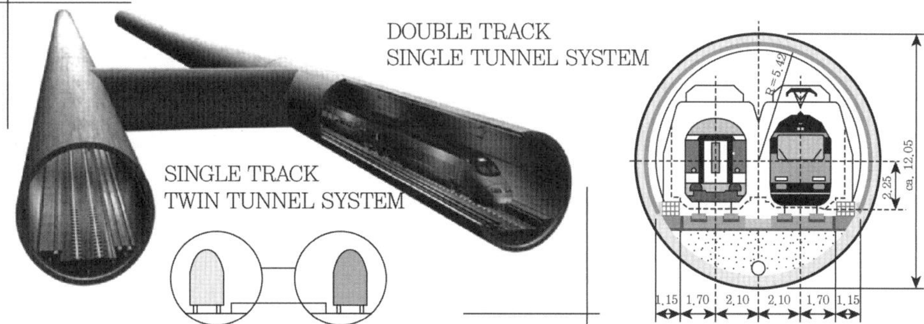

Figure 3 Tunnel concept design with twin tunnel and large single tunne

The critical risks and safety argument for various concepts are considered and examined for basic design stages. References investigation of existing long rail tunnels and subway fires, terrors are used to estimate to choose the optimum tunnel concepts for the long tunnel construction.

From the safety point of view it has in general been discussed that twin tunnel concepts are safer than the double tracked single tunnels. Therefore, twin tunnel concepts are accepted for this long railway tunnels.

The Optimal Rescue Distance of Twin Tunnels

In the case of accidents like a fire, or a spillage of toxic gases the second tube can be used as a "Save Heaven" for the passengers escaping from a train. The distance between two tunnels has to be optimized based on the tunnel safety during the excavation and its construction cost in general. This is not easy task as the impact on the safety level is difficult to quantify because that conditions are differ from one project to another. In the table 1 the cross passage distance of twin tunnel projects are summarized.

A simple table is showed which allows the designer to choose the optimal distance between twin tunnels depending on the risk levels of tunnel which in including the blasting and cutting effect during the next tunnel excavation with various rock conditions.

Most of the famous long tunnels have a distance 3.0D to 5.0D ranges, however, in Korea, designer tend to choose the distance of twin tunnels is from 2.0D to 2.5D. There is no special criterion to identify this kind of problems to consider the compensation for their real estate holders against their property damages along the railroad alignment.

Table 1 Summary of the distance between twin tunnels around the world

Tunnel Name	Nations	Total Length	Service	Tunnelling Method	Cross Section	Distance Between Twin Tunnels	Diameter	CTC (L/D)
New ChungAng Line	Korea	14km 11km	Railroad	NATM	–	16m	7.6m	L=2.0D
HoNam Express Railroad	Korea	–	Railroad	NATM	–	40m	9.4m	L=4.3D
Channel Tunnel	England	50km	Railroad	TBM	$45m^2$	30m	7.57m	L=3.96D
Storebalt Tunnel	Denmark	8km	Railroad	TBM	$44m^2$	25m	7.48m	L=3.34D
Seikan Tunnel	Japan	54km	Railroad	TBM+ NATM	$72m^2$	30m	9.57m	L=3.13D
Löetschberg Tunnel	Swiss	34km	Railroad	TBM+ NATM	$46m^2$	30m	7.65m	L=3.92D
Gotthard Tunnel	Swiss	57km	Railroad	TBM+ NATM	$47m^2$	30m	7,74m	L=3.88D
Ceneri Tunnel	Swiss	15km	Railroad	TBM	$41m^2$	40m	7.23m	L=5.54D

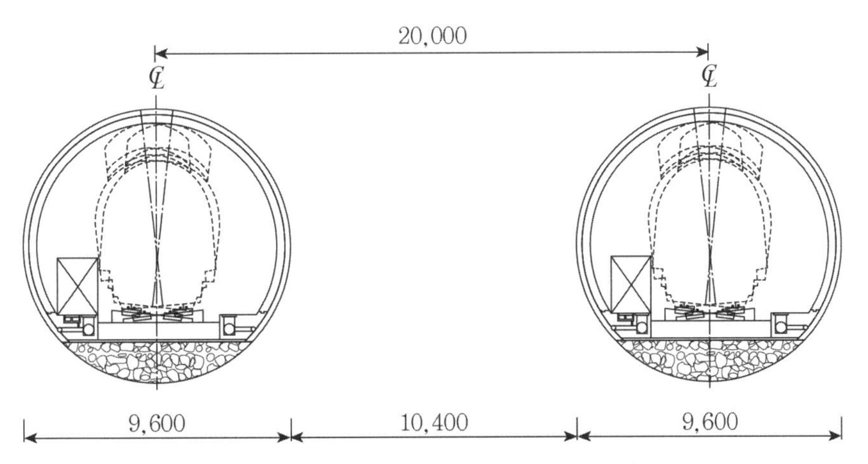

Figure 4 Optimal distance of twin tunnels

Optimal Distance of Cross Passages in Twin Tunnels

The cross-passages provide safe escape routes for passengers, access routes for rescue personnel, and house the electrical and mechanical equipment for operating the tunnel.

To allow the tunnel users to escape in a second, non affected tunnel tube, and to provide a smoke free access route for the emergency services, cross passages have to be provided at regular distances. When the number of cross tunnel increased, operation risk of tunnels are decreased, however, the construction cost for the cross passage will be linearly increased with the number of cross passages, therefore, the distance between two cross passages has to be optimized. Based on the references, optimal distance between cross passages measured between 350m and 400m, but this project for the mountainous conditions has proposed around 400m optimum distance to be satisfied with the new safety regulations of long railway tunnels by law, where the Guadarrama tunnel has a comparatively short of only 250m distance between two cross passages to increase the passengers safety at the emergency state.

Table 2 Existing and projected long railway tunnels

Tunnel Name	Length	Country	Year	Distance	Remarks
Kumjeong	21km	S. Korea	2009		Pilot TBM+NATM
Simplon	20km	CH	1906	500m	Cross passages are irregularly spaced
Channel Tunnel	50km	GB-F	1994	375m	3rd tube(emergency tunnel), long. ventilation
Great Belt	8km	DK	1997	250m	Longitudinal ventilation
Vereina	19km	CH	1999	–	Single bore tunnel narrow gauge
Firenzuola	14km	I	2006	–	Single bore tunnel
Gotthard Base Tunnel	57km	CH	2013	325m	2 rescue stations
Lötschberg Base Tunnel	35km	CH	2007	333m	1 rescue station
Mont d' Ambin	52km	F-I	2002	400m	1 service and emergency station
Guadarrama Tunnel	28.3km	ES	2007	250m	1 rescue station

Tunnel Construction Methods

The entire project has been divided into 2 sections which will also use the different tunneling methods. Intermediate tunnel construction adits will be driven into the mountains from 2 or 3 positions, resulting in a considerable reduction of the construction schedules will also lead to major cost savings. These access tunnels will later be engaged as exhaust way, services and escape corridors during the operation. Main tunnel heading can be adopted a mechanized TBM machine operation with combination of the conventional drill & blast method base on the geological conditions. There are couple of tunnelling could be combined with the feasible condition as follows.

Figure 5 High-Power TBM

Table 3 D1 Tunnel Construction Methods

Classification	Full face blasting	TBM(ϕ 9.6m)
Concept		
Construction Method	Full face blasting	ϕ 9.6m full face cutting
Merit	• Alternative reaction for the unexpected geological condition is available • Experienced method with Domestic construction contractors • Single construction process compare with TBM+NATM combined system • Possible to overcome the delayed construction schedules	• Fast advance rate, and good for the ventilation • Easy to solve the resident's claims including vibration, noise problems • Increase the tunnel safety and easy to pass through the sensitive buildings around the tunnel by boring works
Disadvantages	• Site ventilation required for the tunnel excavation, bad tunnel conditions by basting works • Require to construct move construction adits for the tunnel excavation, the ventilation, and the emergency accidents • Possible resident's claims against noise and vibration by the drill and blast works	• Require the experienced professional for the mechanization • Higher capital cost at the beginning stage of the construction period(improve by OPP procure system)
Advance Rate	100m/month	310m/month

- TBM Operation
- Drill & Blast
- TBM+Drill & Blast
- Pilot TBM+Drill & Blast

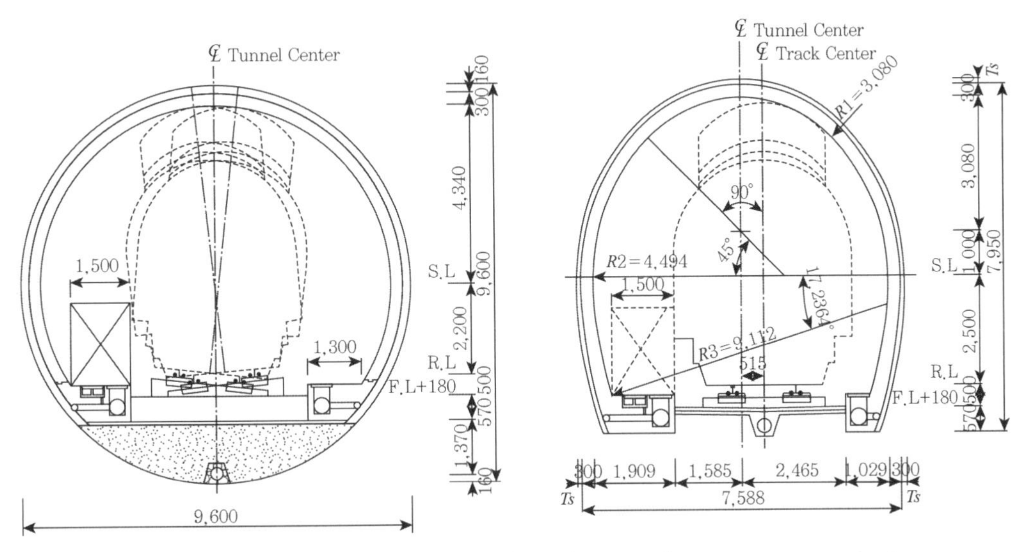

Figure 6 Tunnel Profiles differ from the tunnel construction methods

Role of Tunnel Ventilation

Tunnel ventilation is generally accepted to be one of the key factors for tunnel safety. In road tunnels different ventilation systems are used. In unidirectional traffic tunnels longitudinal ventilation is common practice. In the case of fire smoke is driven in the direction of travel with an airspeed high enough to prevent backlayering(the so called critical velocity). As the cars are normally jammed upstream of the fire, the tunnel users can escape through the smoke free part of the tunnel.(Figure 7)

In some modern double railway tunnels longitudinal ventilation systems are installed despite the fact that in railway tunnel passengers are normally on both side of the fire. During normal operation an airflow in the travel direction is induced by the piston effect of the trains. In the case that a trains stops in the tunnel due to a fire, this airflow prevents smoke spreading backwards, at least in the first minutes of an accident. The longitudinal ventilation is normally designed to maintain this airflow above the critical velocity, thus keeping the tunnel free of smoke in the upstream region of the fire. Assuming an uniform probability of the location of the fire on the train, on average one half of the train is in the smoke free part of the tunnel.

- the distance between to cross passages and the length of the train,
- the position of the train head relative to next cross passage,

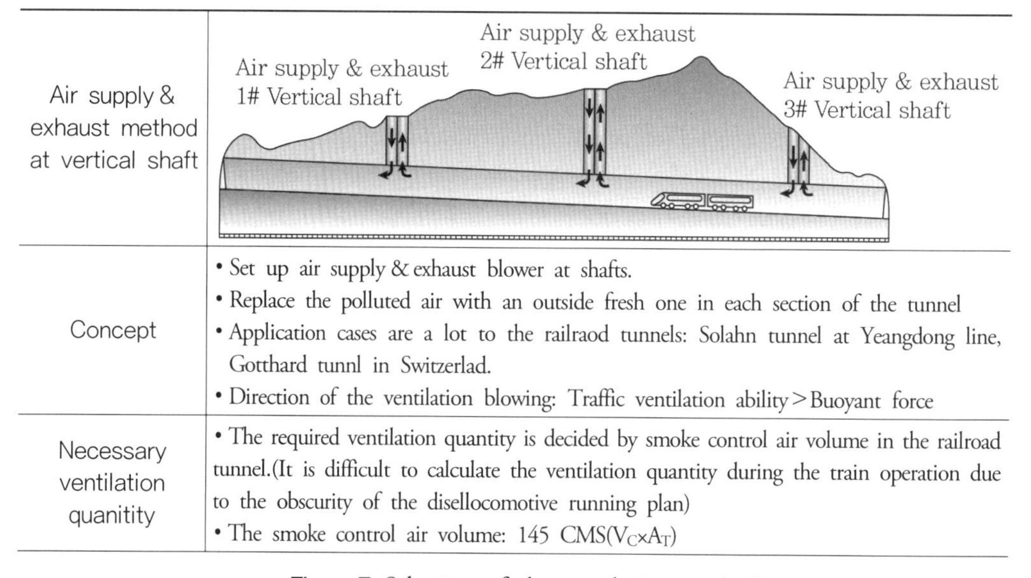

Air supply & exhaust method at vertical shaft	Air supply & exhaust 1# Vertical shaft Air supply & exhaust 2# Vertical shaft Air supply & exhaust 3# Vertical shaft
Concept	• Set up air supply & exhaust blower at shafts. • Replace the polluted air with an outside fresh one in each section of the tunnel • Application cases are a lot to the railraod tunnels: Solahn tunnel at Yeangdong line, Gotthard tunnl in Switzerlad. • Direction of the ventilation blowing: Traffic ventilation ability>Buoyant force
Necessary ventilation quanitity	• The required ventilation quantity is decided by smoke control air volume in the railroad tunnel.(It is difficult to calculate the ventilation quantity during the train operation due to the obscurity of the disellocomotive running plan) • The smoke control air volume: 145 CMS($V_C \times A_T$)

Figure 7 Selection of the ventilation methods

Rescue and Emergency System for Long Tunnel

It is published the technical report "measures to limit and reduce the risk of accidents in underground railway installations with particular reference or risk of fire and the transport of dangerous goods" by UIC in 2001. At the design stages, the evaluation and comparison of a large number of rules and standards on tunnel safety in different countries showed a broad range of solutions and requirements for safety measures. Safety in tunnels is the result of a combination of infrastructural, operational and rolling stock measures(Figure 8).

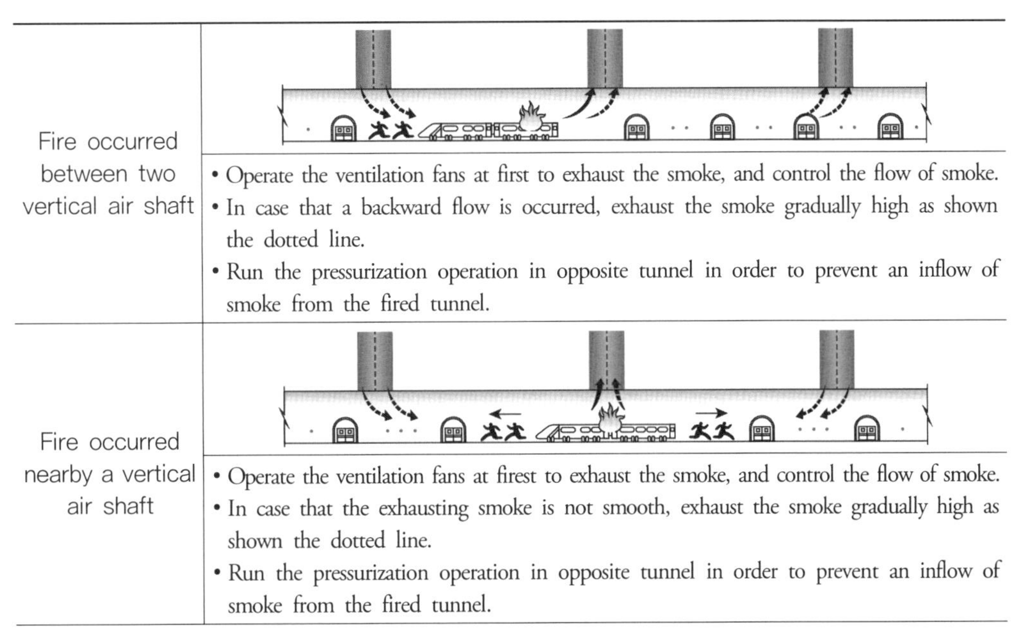

Fire occurred between two vertical air shaft	• Operate the ventilation fans at first to exhaust the smoke, and control the flow of smoke. • In case that a backward flow is occurred, exhaust the smoke gradually high as shown the dotted line. • Run the pressurization operation in opposite tunnel in order to prevent an inflow of smoke from the fired tunnel.
Fire occurred nearby a vertical air shaft	• Operate the ventilation fans at firest to exhaust the smoke, and control the flow of smoke. • In case that the exhausting smoke is not smooth, exhaust the smoke gradually high as shown the dotted line. • Run the pressurization operation in opposite tunnel in order to prevent an inflow of smoke from the fired tunnel.

Figure 8 Smoke control scenarion in main tunnels

Actually, the risk in a tunnel is not only influenced by its length but also by aspects such as the operational concepts. In order to consider all these risk influencing factors adequately, a tunnel specific analysis may be necessary. In tunnels, three main accident types could be classified: Collision, Derailment, and fire. Due to the enclosure of tunnel, these kinds of accidents have the potentials of catastrophic consequences. Therefore, it expected number of factors at the design stages in practice.

Plan of Fire and Safety Facilities

The fire in a tunnel which is a semi-closed space does seldom occurs but once fire breaks out it becomes a disaster with a big loss of human lives. Besides, a fire in a long tunnel makes it hard to rescue human lives and has a high possibility of serious damage to human lives. From this reason it is important to have a escape plan and also a facility of fire and safety should be installed which is sufficient to extinguish a fire at the early stage, thereby minimizing the damage of property and human lives, while providing fire fighters with a smooth operation of fire fighting and also protecting lives of fire fighters, preventing a fire from developing into disaster.

Conclusion

The long railway tunnel could be excavated by rapid mechanized High-power TBM to save the construction schedule and its related construction cost which is relatively competitive for this hard rock long tunnel projects. Tunnel profile is proposed circle shape to use for this giant machine in eastern Korea.

A simple decision table to define the optimal distance between two cross passages and the distance between twin tunnels are proposed for twin single tunnel concepts to increase the safety during operation.

A longitudinal ventilation system does significantly reduce the average cumulative escape distance in the smoke. Further work is necessary to define the fire risk levels inside the tunnels. In order to improve the operational safety, from the design stages, every kind of risk assessment should be prepared to protect the unexpected accidents. A risk based on cost benefit evaluation of these concepts, including assessment of mechanical ventilation systems should produce the basis for right selection of long tunnel design concepts

부록 2

터널의 사업관리(Risk Management)

The Project Manager's Risk Management Considerations for Large-scale Tunnel Projects

1. Introduction

As more and more major tunnelling projects are being tendered, contracted and constructed around the world, the need for in-depth risk management, covering a wide array of aspects from the earliest stages of design to the final stages of commissioning need to be taken into account. There are many accounts that follow the need for risk management in major tunnelling projects around the world, for example, the 2004 Singapore MRT, 2003 Shanghai Metro and the 2000 Daegu Metro disasters all show how important risk management is for all stages of the project.

International guidelines for risk management codes of practice are:

1. Joint Code of Practice for Risk Management of Tunneling Works, 2003.
2. Code of Practice for Risk Management of Tunnel Works, 2006.

Every major tunnelling project will have different levels of complexity as well as regional variations for the application of risk management practices. Thus, even these international guidelines are constantly reviewed through analysis of experiences of major tunnelling projects carried out with or without the code and its various impacts on the environment. Projects where the owner or contractor provides risk management through a proper risk management framework, risk registers and design checkers increases the chances of insurability of these tunnelling projects.

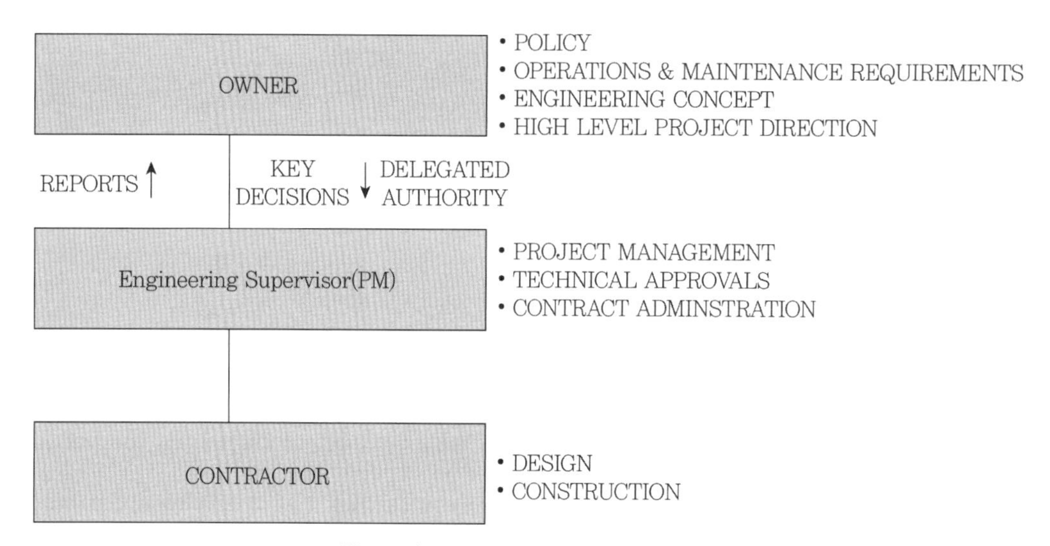

Figure 1 Project Organization Chart

2. The Code of Practice for Risk Management of Tunnel Works

The objectives of the Code of Practice for Risk Management of Tunnel works is to set minimum standards for risk assessment as well as setting on-going risk management procedures for tunnelling projects. It also sets out to define clear responsibilities to all parties involved in the tunnel project. These projects thereby aim to reduce the probability of losses happening, reduce the size of claims, reinstate insurer's confidence to continue taking on tunnel projects and apply these codes to tunnel projects around the world.

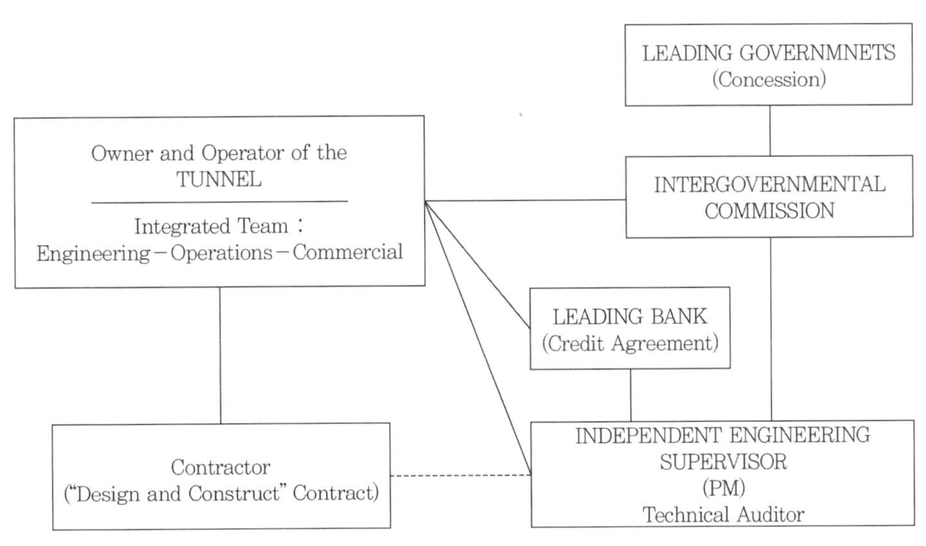

Figure 2 Diagram of the Tunnel Project Parties

3. Examples of Risk Management of Major Tunnelling Works

3.1 Crossrail

Crossrail is a new high frequency, high capacity railway for London and the South East, running from Reading and Heathrow in the west, through 42km of new tunnels under London to Shenfield and Abbey Wood in the east. The Crossrail, though was a large-scale technically complex project, showed that tunnel risk management could still be undertaken. The Crossrail project cost about GBP 15bm(USD 20 bn), and is a 42km railway using 8 large-scale TBMs, with 18km station tunnels and interchanges and 9 new stations beneath UK's bustling capital city. Because London had similar successful large-scale projects such as the Jubilee Line Extension and the Channel Tunnel Rail Link and because the geological model of London was well known, these mitigating factors served to engender a high chance of success for the project, hence increasing its insurability. Within the grounds of risk management, it is important for the client/project manager/owner to share information about risk management techniques and factors with the insurance company. For example, Crossrail had 28 different insurers backing the scheme, where each sub-insurer had to reassure the risk management approach of the lead insurer. Each insurer had to go through the tender documents and early designs to ensure level of cover required and technical competencies. As the project manager's main goal is to keep the project under the construction cost and within the time period, it is ultimately up to him or her to control what kind of insurance(Contractor's All Risk or third party liability), the level or field each insurer is going to cover, the lifetime of the insurance cover, technical ability and the understanding of the insurer of each of the unique aspects of the major tunnelling projects risks and so on.

4. Conclusion

The Tunnel Code of Practice for Risk Management has helped both insurers and project managers understand the risks that they are undertaking. The insurance and mitigation of risks in major and complex tunnel projects has always been a convoluting and difficult field for insurers to be involved in and requires investment in resources in technical and commercial areas to fully understand each area of the tunnelling project. Though risk management through these codes do not guarantee the complete elimination of these risks, it provides sufficient background for those starting to dig through the many layers of major tunnelling projects. Thus, the tunnel project manager should study and use the codes of risk management and apply these codes in all necessary areas, utilizing systematic risk management techniques while also cooperating with the insurers, and sharing information on lowering risks in each stage of the project. Every major tunnelling project will have its own unique sets of challenges; thus, it is ultimately up to the tunnel manager to apply his or her own scheme of risk management techniques, unique to each project.

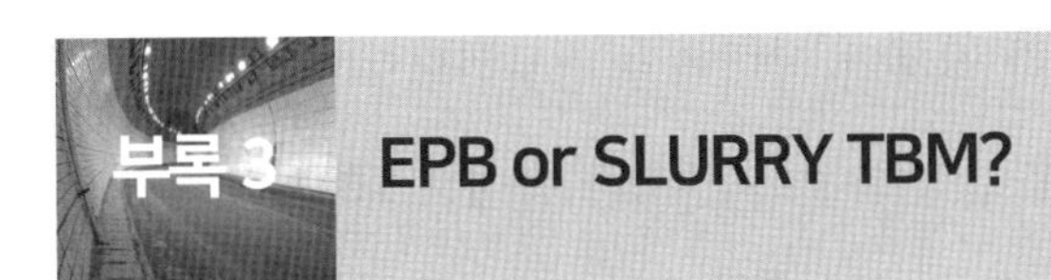

EPB or SLURRY TBM?

1. 서 론

근래에 TBM 공법의 주요 관점 중의 하나가 깊은 해저에서 TBM 적용이 가능한가? 가능하다면, 어떤 Type의 TBM 시스템 적용이 가능한지? 과연 EPB Type TBM 장비와 Slurry Type TBM 장비의 차이점은 무엇이고, 이 다른 두 가지 공법의 장비 선정의 기준은 무엇인가? 또한 심해저 하부 10bar 이상의 압력을 받는 고수압 구간에서 굴착과 차수가 가능한 장비 시스템은 무엇인지, 오늘날 TBM 제작 기술상 지층뿐 아니라, 열악한 토압과 수압 조건하에서도 안전한 터널굴착이 가능한 TBM 시스템은 무엇인지 정확한 판단이 필요한 시점이다. 이를 통해서 터널의 기계화 시공의 안전성을 높혀야 한다.

2. 개 요

대심도 해저터널공법으로 사용되는 TBM 공법으로 일반적으로 차수효과가 큰 Slurry Type TBM과 Convertible Type TBM이 사용되고 있다. 간혹 EPB TBM의 대심도 해저터널 적용사례 발표도 나오고 있어, 과연 어떠한 방법이 대심도 해저 터널굴착에 유리하고, 이러한 어려운 토압과 수압 조건에서 적용 가능한 TBM 공법에 대해서 많은 의문점이 발생하고 있다. 그러나 이러한 문제에 대해 정리되어 있지 않아 이를 정립하는 방법으로 당사에서 참여 중인 가스공사를 발주하여 현대건설에서 수주한 진해-거제 주배관 1공구 건설공사 해저 통과 구간 TBM 공법에 대한 사례연구를 실시하여, 현장에 적합하고, 안전한 TBM 공법이 무엇인지 선정해주는 데 그 초점을 맞추었다.

해저 90~100m 하부에서 터널을 굴착한 사례가 국내에는 전무하므로, 세계적인 심부해저터널 공사 자료를 조사하였다. 현재 현장에 주어진 조건 속에서 TBM 장비 제작사의 제작 가능성 검토의견 등에 관한 자료를 참고하였다.

문제 공구인 거제-진해 가스관로 1공구 중 거제구간은 Slurry Type TBM으로 설계되어 있으나, 진해구간은 EPB Type TBM으로 설계되어 있어 그 안전성에 대해 의구심을 갖게 하고 있다. 예상 터널 막장수압이 9bar의 고수압이 작용하는 것으로 되어 있다. 과연 이러한 자연 조건하에서 EPB Type TBM 적용이 가능한지? 또는 대안으로 Slurry Type TBM이나 Convertible Type TBM으로 변경해야 하는지에 대한 문제는 터널구간의 지반상태, 터널 내 작업공간, 막장면 압력조건, 터널의 사용목적 및 크기 등을 고려하여, 터널굴착 중 안전성과 경제성을 확보할 수 있어야 한다.

3. 조사방향

오늘날 전세계적으로 환경친화적인 Modern High-Power TBM의 개발로, 특히 도심지의 발파를 금하는 지역이 늘어나면서, 터널기계화 시공인 TBM 공법이 널리 사용되고 있다. 또한 해저터널공법으로 완전차수가 되고 터널 내 안전시공이 가능한 TBM 공법의 적용이 성공적으로 활용되고 있다.

문제의 거제-진해 현장은 국내에 사례가 없는 고수압 9bar의 수압하의 해저터널공사이나, 일반적으로 알려지기를 EPB Type TBM의 경우 9bar의 고수압에서 막장의 안정성확보가 불가능하다. 실제적으로 9bar의 수압을 1bar의 압력으로 감압시켜줄 적절한 특수 대구경Screw Converyor 설치가 불가능하고, 적은 터널 단면을 고려할 때 감압을 도와줄 또 하나의 Screw Conveyor의 설치도 불가능한 상태이다. 또한 이를 위해 감압실 부속시설의 설치가 필요하다. 냉정히 볼때, 9bar의 감압기능을 갖춘 대형 특수 Screw Conveyor의 설치가 소구경 지경 3m 정도의 Gas 배관 터널에서는 불가능하며, 또한 소구경 터널에서 이러한 굴착 조건을 만족하는 EPB Type TBM 장비를 제작사와 제작하기로 협의한 결과 불가능한 것으로 밝혀졌다.

4. 거제~진해 해저 가스 터널 설계 현황

4.1 사업개요 및 터널굴착계획

본 터널공사는 한국가스공사에서 부산 및 영남권에 안정적인 천연가스 공급을 위한 사업으로 "진해~거제" 주배관 제1공구 건설공사이다. 소재지는 경남 창원시 진해구 제덕동에서 거제시 작목면일원으로 주요 사업 계획도는 다음과 같다(표 1, 그림 1).

표 1 주요 굴착 공정

<table>
<tr><th colspan="3">공종</th><th>연장</th><th>내용</th><th>비고</th></tr>
<tr><td rowspan="3">토목</td><td>육상</td><td>주관로공</td><td>6.7km</td><td>• 개착: 6.5km
• 강관압입: 0.2km(D=1,200mm)</td><td rowspan="4">L=15.5km</td></tr>
<tr><td rowspan="2">해상</td><td>Pipe Jacking TBM</td><td>1.0km</td><td>• 1구간: 0.4km(D=1,500mm)
• 2구간: 0.6km(D=1,500mm)</td></tr>
<tr><td>Shield TBM</td><td>7.8km</td><td>• 진해구간(E.P.B Type 쉴드)
－수직구: 굴착심도 89.8m(D=15m)
－추진공: 추진연장 3.5km(D=2,800mm)
• 거제구간(Slurry Type 쉴드)
－수직구: 굴착심도 94.2m(D=15m)
－추진공: 추진연장 4.3km(D=2,800mm)</td></tr>
<tr><td colspan="3">기계 및 건축</td><td>－</td><td>• 주배관 매설: φ30″×15.5km
• 공급관리소: 제도B/V: 1개소</td></tr>
</table>

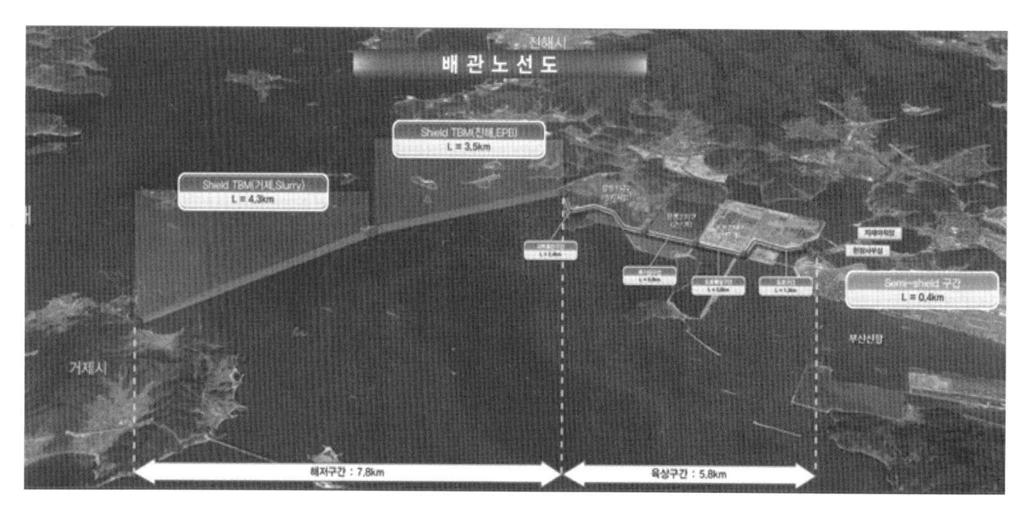

그림 1 주배관 노선도

5. 지반조건

기본설계 시 작성된 지반 정보는 거가대교 저도의 자료, 인근 송도 준설토 투기장의 조사자료, 시추자료 등을 토대로 터널의 종단 계획이 수립된 상태이다.

터널의 해저하부 통과 심도는 80~83.2m 구간으로 암반의 투수계수는 2.51×10^{-7} − 1×10^{-10}cm/sec로 거의 불투수층이며, 암반의 일축 압축강도는 51.4 − 132.2MPa로 보통암에서 경암정도의 분포를 보이고 있다.

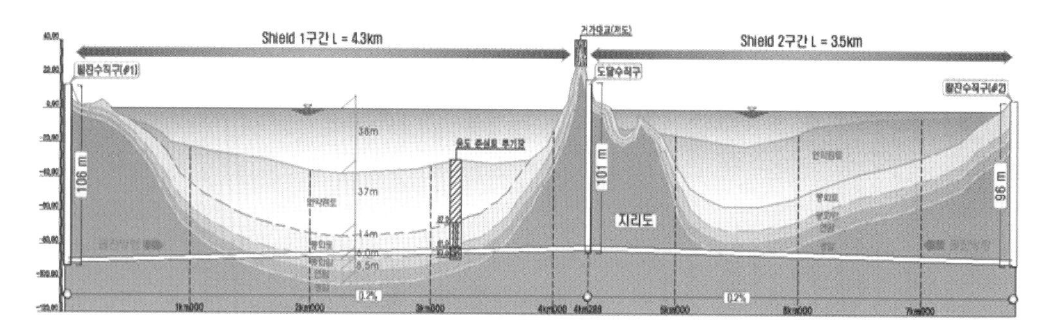

그림 2 터널의 계획종단(기본설계)

6. 해저터널의 굴착공법

해저터널 공법으로 발파공법, TBM 공법, 침매터널공법, 부유터널(floating tunnel) 공법 등이 사용이 되나, 일반적으로는 고수압과 차수효과가 큰 Slurry Type TBM이 가장 널리 사용되고 있다. 세계적으로 수압 15bar~16.3bar까지 Slurry Type TBM 장비가 심부 해저터널공사에 적용되어 성공적으로 굴착을 마친 사례가 있다.

EPB TBM은 기본적으로 4.5bar 이상의 추력을 주기도 어렵지만, 장비 자체의 Sealing System이 고수압에 견디기 어렵고, 고수압하에 차수도, 고수압의 감압에도 문제가 있다.

그렇게 하기에는 터널의 공간이 너무 협소하다. 발생될 버력 자체도 지층이 점토층 등 불투수층이 아니라서, 특수첨가물을 막장에 주입하여 버력을 불투수층으로 만들어 줘야 하나, 수압이 강해 이 재질 변화를 통한 차수도 불가능하다.

7. 지반조건에 따른 TBM 공법의 선정

일반적으로는 EPB TBM이 더 널리 사용되고 있으나, 지반공학적인 조건에서 보면 EPB TBM은 점착력이 좋은 점토나 실트 층에 주로 사용이 되고 지하수위가 낮거나, 수압이 낮은 곳에서 사용되며, 풍화토, 풍화암, 연암, 보통암까지 장비 동력에 따라 적용이 가능하다. 굴착작업을 개선하기 위해서 Bentonite, Foam 등 첨가제를 사용하기도 한다. 반면에 Slurry Type TBM은 사용하는 Slurry인 Bentonite와 버력을 분리해주는 Seperation Plant를 설치해야 하는 번거로움이 있으나, 지하수위가 높은 하저나 해저 터널의 경우 완벽학 차수가 되기 때문에 적용성이 높다. 모래 자갈층 같이 점착력이 부족한 층적층에서는 Bentonite를 막장 전방에 주입하여 점착력을 높여 터넝 막장 전방의 Sink Hole을 방지한다. 또한 버력표면이 거칠어 Slurry Pump를 이용 시 벤토나이트가 윤활 작용을 하여 Slurry Pipe를 보호하고, 적은 에너지로 버력처리가 가능하게 된다.

이때 주의사항은 현장에서 Slurry TBM의 경우 Mud Engineer가 있어 Bentonite의 점도,

비중 등을 버력의 거칠기에 따라 Daily 조정해주어야 한다. 무조건 Bentonite를 현장에서 아껴서 적게 쓰다 보면, 오히려 값비싼 Slurry Pipe가 고장나 시스템이 가동 중단이 되는 경우가 생겨 시공사에 엄청난 피해를 가져오는 경우가 많은데, 전체 TBM Operation Sytem에 대한 교육과 이해 부족이라 판단된다. EPB TBM의 경우 버력의 점토 성분이 줄어 버력의 투수성이 늘어날 경우는 막장 밖의 지하수가 바로 장비 내로 침투 하므로 이럴 경우 Foam 같은 첨가제를 투입하여, 버력을 불투수층으로 만듦과 동시에 부드럽게 Screw Conveyor를 통과하도록 해야 한다. Slurry TBM의 경우 Slurry Pipe가 막히는 Blockage 현상이 간혹 발생하는데 이 경우는 버력이 Clay 층 등으로 바뀌어 점착력이 큰 버력이 나오는 경우는 아무런 생각 없이 계속 Bentonite를 주입하며 두 물체가 엉겨붙어 Slurry Pipe를 막아버려 현장이 All-Stop하여 시공사에 피해를 주기도 한다. 이런 경우는 Bentonite 대신 청수를 주입해야 한다. 우리나라 현장에서는 시스템의 이해 없이 무조건 자재를 남기려 하는데 소탐 대실의 현장을 많이 보게 된다.

장비 선정, 장비 사양 설계 시 현장의 지반조건을 면밀히 조사하여 장비설계에 반영해야 하며, 현장 굴착 시도 늘 전문 TBM Engineer의 관리하에 변하는 지층, 토압 상태에 따른 적절한 장비 운영이 필요하며, 이는 Software 부분 Engineer의 몫이라 하겠다.

표 2 막장안정화를 위한 고심도 해저터널 굴착 장비 선정

주요 시방	Slurry Type TBM	EPB Type TBM
최대 적용 수압	16.8bar(Lake Mead Tunnel, 미국)	4.5bar(국내는 3bar)
장비 개요도	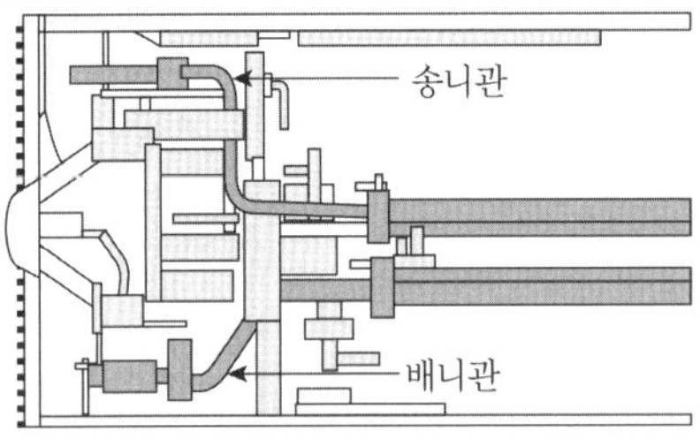 송니관 배니관	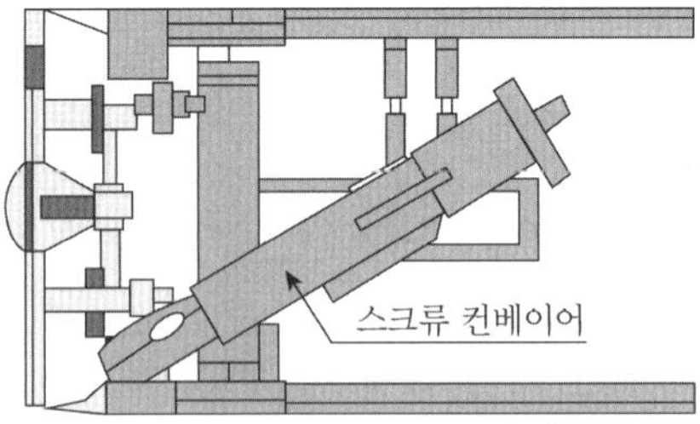 스크류 컨베이어

표 2 막장안정화를 위한 고심도 해저터널 굴착 장비 선정(계속)

주요시방	Slurry Type TBM	EPB Type TBM
현장 주의사항	• 버력처리 및 Slurry 주입 고압 Pump System 필요 • Clay층 Blockage 발생 • 고수압하에서 Cutter 교체 문제 • 고수압에 따른 작업교대 시간(4교대)의 줄임 • 고수압하에서 작업자의 감압 시스템 적용 잠수병 예방 필수	• Sealing 문제 • 감압문제 • 고소압하에서 Cutter 교체 문제 • 고수압에 따른 작업교대 시간(4교대)의 줄임 • 고수압하에서 작업자의 감압 시스템 적용 잠수병 예방 필수
주요시방	9bar 고수압에 따른 1)장비 Sealing System - Main Drive Sealing - Steering Cyliner Sealing - Probe Drill Device Sealing - Push Cylinder Sealing(Articulation) - Tail Skin Sealing 2) Cutter Sealing System 3) 고수압하 Cutter 교체 시스템 4) 고수압에 견딜 고압력 Slurry Pump System - Airlock: - Air Mode 4bar 이하 - Trimix mode 4-7bar - Saturation 7bar 이상	적정한 시방 미개발 중
적용 TBM Type	O	X

8. 결 론

유로터널에서 Chalk Marl Rock이 Compact하여 큰 수압이 걸리지도 않았지만, Open Mode Single Shield TBM은 고수압하에서 굴진 효율이 좋지 않았고, 단층대에서 물도 많이 들어와 Segment 설치에 어려움이 있었다. 과거 오류가 있는 발표내용과 달리 EURO Tunnel은 EPB TBM이 아니라 암반용 Single Shield TBM으로 분류하는 것이 적절하다. 만약 그 발표 논문 대로 11bar가 걸렸다면, EPB TBM은 해저에서 터져버렸을 것으로 자료를 재확인해야 할 사항이고, 11Bar를 어떻게 1980년대 장비가 장비 내에서 감압을

1Bar로 하고, 11Bar의 추력을 내어 EPB 기능이 가능한지 전혀 이해가 가지 않는다. 오늘날도 제작 불가능한 장비를 Euro Tunnel에 사용했다니? Disc Cutter의 Bearing 윤활류 Box도 고수압 대비 Sealing이 안 되어 Bearing 기능이 저하되어 특수 Sealing이 필요한데 이 기술은 오늘날도 개발 중이다.

일반적으로 4.5Bar 이상의 압력이 걸리는 곳에서 EPB TBM을 사용한 사례가 세계적으로 없다. 그것도 최근에 6Bar 정도에 EPB를 사용한 기록이 북미지역(2013)에 있으나, 차수가 안 되어 시공 시 엄청 고생한 기록이 있다. 제작사에서 위험해서 못 만든다는 9Bar 수압하의 EPB TBM 공법은 9Bar의 현장에 적용 시 굴착 불가능 및 차수에도 어려움이 예상된다. 이러한 EPB TBM은 근본적으로 차수가 잘 안 되고, 9bar의 감압도 어렵고, 9bar의 추력도 주기가 불가능하다. 수압 때문에 Cutter 교환도 불가능하고, Cutter의 Sealing도 불가능하여, Cutter의 Bearing 기능이 제기능을 낼 수가 없고, 9Bar의 압력이 걸린다면 TBM 장비 내 Operator는 잠수병에 걸릴 확률이 높다. 이런 경우 Air Lock에서 감압해야 하고 지상에 나와서도 1~2주는 감압실에서 생활해야 잠수병을 면할 수 있다. 이런 여건에서는 Slurry Type도 작업하기는 쉽지만은 않다. 국내 기술로 어떻게 9Bar 이상으로 Bentonite를 주입한단 말인가? 물론 미국 Las Vegas의 상수도 터널인 Lake Mead Tunnel에서 Herrenknecht Mix Shield TBM 직경 7.18m의 장비가 16.8Bar 수압에 이기도록 주입한 경우가 있지만, 너무 위험한 종단 설계라 판단된다.

해저터널공사(보령~태안 해저터널공사)

The Challenge of Boryung Subsea Tunnel Design Project

Abstract

The 1st subsea tunnel project in Korea, Boryung tunnel which is located in western Korea, South Chungcheong province between the famous beech Daecheon, Boryung city and Wonsan island as a part of the local road No.77 along the western coast.

Subsea tunnels are pass beneath the sea where the geology is hidden by water. Normally, they are more affected by geological uncertainties than other tunnel projects because of limited geological information by the large amount of sea water.

This paper summarize how these ambitional challenging project were planned to overcome the high risks below the seas. The contents of this paper are included into the field investigation methods, and mechanized tunnel design and excavation experiences around the world.

Extended Abstract

The 1st subsea tunnel project in Korea, Boryung tunnel which is located in western Korea, South Chungcheong province between the famous beach Daecheon, Boryung city and Wonsan Island as a part of the local road No.77 along the western coast. Large shielded TBM will be supplied more than 10m for the construction of the Boryung subsea tunnel which will form a connection for motor vehicles between Boryung city and Wonsan island over a distance of 7km twin tunnels.

These powerful High-power mobile tunneling machines will run beneath the Daecheon strait at depth of up to 80m and pressures of up 8 bar. Each tunnel stretches for a length of 6.9km, with inside space for double deck. The upper deck will accommodate 1 lane roadway, and lower deck will provide space for service and safety installations. As the Daecheon strait is one of the busiest shipping routes including ship parking lot, it is important to make sure that the construction works do not impair water borne traffic, and environment protection problems by artificial bridge construction with expected claims from the local fisher groups.

For these reason, the mechanized shield TBM tunnelling procedure was chosen over the submerged twin tube method, a bridge, or NATM conventional system for the busy and foggy area in Daecheon beech. With a diameter 10m, this is the largest TBM machine in Korea market. Delivering reinforced concrete lining segments to the two tunnels and transporting the excavated material make for a great activity in Deacheon side dumping area. Each tunnel ring consists of segments which are weighing up to 15ton that are transported from the mobile segment plants only 0.5km away using special vehicles. Subsea tunnels pass beneath the sea where the geology is hidden by water. Normally, they are more affected by geological uncertainties than other tunnel projects because of limited geological information by the large amount of sea water.

Abnormally, the main rock types below the Daecheon strait are divided into 2types. Sedimental rock type is composed of the schists, sandstones, and shale which were found in the Boryung side to the center of the strait, and the volcanic rock type is found at the Wonsan Island side to the center of the strait with granite, rock veins along the tunnel alignment. From the detail ground investigation, five fault zones are found along the road tunnel alignment. Lots of seepage flows are expected during the tunnel excavation because of many fracture zones, maybe the special requirement to settle the water contents from the mucking materials to keep the delivery regulation by the environmental laws. Highly weathered rock zones are developed at the starting point of the Boryung side, therefore, it is required to pre-reinforce this zone to allow the TBM machine easy to pass. Finally, it is estimated that this tunneling zones are composed of soft ground to design the suitable machine type as a dual type composite high-power TBM to accommodate the both soft and hard rock bodies.

This paper summarizes how these ambitional challenging projects were planned to overcome the high risks below the seas. The contents of this paper are included into the field investigation methods, mechanized tunnel design and excavation experiences around the world.

Large shielded TBM will be supplied more than 10m for the construction of the Boryung subsea tunnel which will form a connection for motor vehicles between Boryung city and Wonsan island over a distance of 7km twin tunnels.

Figure 1 (a) Job site location

Figure 1 (b) Status of Daecheon Strait

These powerful High-power mobile tunneling machines will run beneath the Daecheon strait at depth of up to 80m and pressures of up 8bar. Each tunnel stretches for a length of 6.9km, with inside space for double deck. The upper deck will accommodate 1 lane roadway, and lower deck will provide space for service and safety installations. As the Daecheon strait is one of the busiest shipping routes including ship parking lot, it is important to make sure that the construction works do not impair water borne traffic, and environment protection problems by artificial bridge construction with expected claims from the local fisher groups. For these reason, the mechanized shield TBM tunnelling procedure was chosen over the submerged twin tube method, a bridge, or NATM conventional system for the busy and foggy area in Daecheon beech.

With a diameter 10m, this is the largest TBM machine in Korea market. Delivering reinforced concrete lining segments to the two tunnels and transporting the excavated material make for a great activity in Deacheon side dumping area. Each tunnel ring consists segments which weighing up to 15 ton that are transported from the mobile segment plants only 0.5km away using special vehicles.

Geotechnical Investigation

Abnormally, the main rock types below the Daecheon strait are divided into 2types. Sedimental rock type is composed of the schists, sandstones, and shale which were found in the Boryung side to the center of the strait, and the volcanic rock type is found at the Wonsan Island side to the center of the strait with granite, rock veins along the tunnel alignment. From the detail ground investigation, Five fault zones are found along the road tunnel alignment. Lots of seepage flows are expected during the tunnel excavation because of many fracture zones, maybe the special requirement to settle the water contents from the mucking materials to keep the delivery regulation by the environmental laws. Highly weathered rock zones are developed at the starting point of the Boryung side, therefore, it is required to pre-reinforce this zone to allow the TBM machine easy to pass. Finally, it is estimated that this tunneling zones are composed of soft ground and hard rock ground to design the suitable machine type as a dual type composite high-power TBM to accommodate the both soft and hard rock bodies.

TBM Performance Prediction Model

The CSM model for TBM performance prediction was developed by the Earth Mechanics Institute(EMI) of Colorado School of Mines in Golden USA, over a time period extending over 35 years. The development efforts on the CSM model began with a theoretical analysis of cutter penetration into the rock without any adjacent cuts or free-faces. This first step was crucial in understanding stress fields and the resultant fractures that are created beneath the penetrating edge of a disc cutter. Initially, the analysis focused on V-profile disc cutters, but later modified to include the constant-cross section discs as they became the industry standard. In this analysis, various previous theories derived from wedge indentation into rock were used as a guide. This analysis helped confirm the occurrence of a highly stressed crushed zone and the radial tension cracks during cutter penetration into the rock. It is important to estimate the construction periods to calculate the construction costs through the TBM performance prediction model like CSM, and KICT model so on.

Tunnel Construction Methods

Selection of the construction method is the main key point of the tunnel design works, and many factors should be reviewed based on the construction ability, cost estimate, and safety conditions during the construction. Most of all, geological conditions of the job site were investigated within full scales, also designer should consider the environmental protection, local claims from the local residence, and compensations for fishery industry, Container ship's parking area, Big ship's navigating route, and the locations to detecting the old treasures below the seas in Taean area.

Originally bidding design were designed by Suspension bridge including artificial reclaimed island, subsea tunnels, however, this original design has a lots of problems against the local construction conditions, finally, the long subsea tunnel design was accepted for this project to overcome the may troubles layered on the Construction lot No.1 of Borung-Taean national roadway for the sightseeing tour course at the western coast of Chungcheong province.

Table 1 Boryung tunnel construction methods

Classification	Drill & Blast	TBM(ϕ 10.0m)
Concept		
Construction Method	Conventional Drill & Blast	ϕ10.0m full face cutting
Merits	• Alternative reaction for the unexpected geological condition is available • Experienced method with Domestic construction contractors • Single construction process compare with TBM+NATM combined system • Possible to overcome the delayed construction schedules	• Fast advance rate, and good for the ventilation • Easy to solve the resident's claims including vibration, noise problems • Increase the tunnel safety and easy to pass through the sensitive buildings around the tunnel by boring works
Disadvantages	• Site ventilation required for the tunnel excavation, bad tunnel conditions by basting works • Require to construct move construction adits for the tunnel excavation, the ventilation, and the emergency accidents • Possible resident's claims against noise and vibration by the drill and blast works	• Require the experienced professional for the mechanization • Higher capital cost at the beginning stage of the construction period(Solve by OPP procure system)
Advance Rate	100m/month	300m/month

TBM Machine Design

In order to design the specifications of the TBM for this project, many considerable factors should be studied well, because that the machine change is not possible during the tunnel excavation. Tunnel designer should design, and optimize the certain specific TBM for this specific subsea tunnel design works. First of all, geological conditions along the planned alignment must be considered fracture zones within faults, and different rocks, various conditions from the soft ground to the hard rock as a composite rock were found, and in order to overcome such a rocks, cutterhead designed to accommodate both soft and hard rocks, and also to increase the TBM performance for the excavation, dual mode which has to digest the two functions as open and close type depending on the geological conditions. In the TBM machine design, the specification of one 10.0m Single shielded TBM is equipped with combinations of strong hard rock discs and bite bits for the composite geological conditions at the job site.

Machine type was selected by Single Shielded TBM, because that the poor geological fracture zones are located along the alignment. With the Single Shield type, it is available to protect the seepage flow intake through the joints and fracture cracks of the surrounding rocks during the tunnel excavation. Machine should capable of working through hard rock Granite to soft Schist rocks between 50MPa and 200MPa Unaixial compressive strength. Shield machine also immediately able to erect a precast concrete segmental lining as a permanent stable structure to work with a continuous high speed conveyor muck hauling system. To catch up the given schedule, early rapid roadway inside the tunnels will be installed to use itself as a delivery route for the construction material supply to reduce the killing times. According to the basic planning, High-Power TBM was programmed to achieve an 300m/month/machine on a continuous 24hr/day, 7day/week, 365 days/year operation, which was more conservative TBM performance to consider the unexperienced site's manpower for this new machine. Average advance rate for TBM, including all stops with machine utilization was estimated 10m/day at the design stage.

The followings are particular distinguished features of TBM design,

- TBM has a flat cutterheads and is dressed with 19" Disc Cutter and combined softground bite bits

- TBM has a Single shield mode, thrusting off the segmental lining for the machine advance
- Maximum installed power for cutter head drive was 4000kW for 0-5rpm, 18,000kN thrust power, 12,000kNm torque at 1.8rpm
- Maximum load/cutter 250kN, or 25.5ton
- Machine has a vacuum segment erectors and grouting of the annulus was through the segment which are composed of six+one parts system.
- Ring drum type segment erector

Tunnel Lining Design

The primary function of the tunnel lining is to withstand rock and ground water pressure during the construction stage and during operation. When bored tunnel is being excavated, the lining also has to absorb the reactive pressures from jacking pressures of TBM and resisted the pressures of grout injected at the tail void of the machine. This backfill grouting injection is necessary to fill up the space of tail void which arises because the TBM has a larger diameter than the tunnel ring put in place. During the boring process, the lining is built up of segmented tunnel rings inside the tail of the TBM. The tunnel rings which were designed as interlocking hinged rings.

The choice of the dimensions of the segment is determined by a variety of interrelated factors.

The width is determined by factors including,

- Maximum possible length of the jacks
- The space available for transporting and placing the segments

• The maximum weight that can be lifted by the erector

The length of segment is determined by the number of segments that a complete ring is subdivided into. In the case of Boryung tunnel, a tunnel ring consists of a total 6 segments and a wedge shaped keystone, all of which are .40m thick with 1.5m width(6+1).

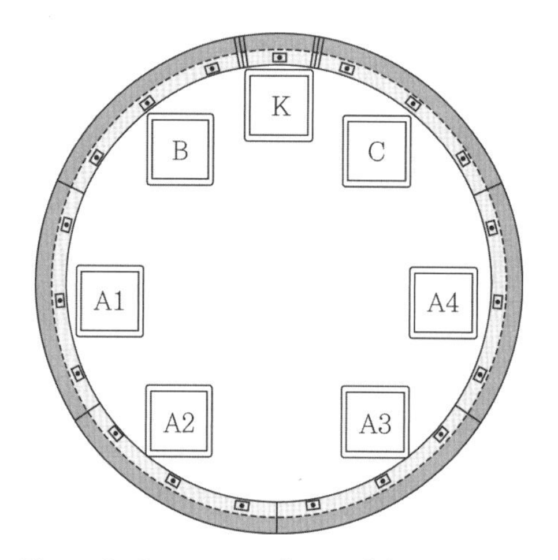

Figure 2 Geometry of tunnel lining segments

Tunnel Safety and Ventilation

Refer to the Safety and ventilation for the emergency cases, Various ideas were accepted As follows.

Rescue System

• Decrease the installation distance of Cross-Passage from 250m to 205m

- Predict the required time of diffusing smoke inside the tunnel around 4min 41seconds for the 250m cross-passage system, The necessary time of escape for this system minimum 5minutes and 1second. Within this 250m Cross-passage system, there is a possibility to occur the casualty caused by fire smoke
- When design of the reduced distance of cross-passage, required time of diffusing smoke is expected as 4min 28sec, therefore within this system, the necessary time of escape is required only 4min 18sec possible to increase the safety

To reduce the Cross-passage, it is possible to arrange the rescue system more complete to let the passengers escape before the fire smoke approach to the fired cars.

The fire simulation inside the tunnel applying to fire scale up to 50MW(considering the conflagration)

The countermeasure scenario for minimization of the passengers life damage as follows.

step 1. Fire occurrence

step 2. Initial step

step 3. Escape step

step 4. Rescue or extinguishment step

Ventilation

- Contaminated gas as maximum 3.98% in tunnel entrance is satisfied with the design standard 100ppm.

• Jet Fan ø800mm, total 106 units installation(except. vertical shaft)

Results

As an essential part of this roadway project, Boryung tunnel is one of the longest subsea tunnel in Korea. With its gigantic scale, stylish modern design, and creative techniques in tunnel construction, it will attract the world wide tunneling engineers. Designers have more significant and positive effort to solve the troubles along these twin TBM tunnel construction in a near future.

This Boryung tunnel has a symbolic issues which will be connected future long subsea tunnel project between Korea and China as a railway project to solve the overburdened logistic problems for both countries.

터널 오탁수의 환경친화적 처리방법

강알칼리성 터널 오탁수의 효과적인 중화 방안

1. 개 요

터널 오탁수는 재래식 발파(NATM) 공법 및 터널의 기계화 시공(TBM) 공법 모두 통상 pH 12 이상의 고농도 알칼리성 폐수가 발생하게 된다. NATM 터널 공법은 발파면의 낙토, 낙석 예방을 위해 쇼크리트 작업을 수행하는 데 리바운딩에 의해 바닥에 떨어진 쇼크리트 재료 중의 시멘트 성분에 의해 주로 강알칼리성 폐수가 발생한다. TBM 공법은 Backfill 그라우팅액의 누액 및 세척수의 배수로 인한 시멘트 성분의 바닥 유입으로 강알칼리성 폐수가 발생한다.

강알칼리성 폐수를 효과적으로 처리하기 위해서 화학적 중화, 응집, 침전, 필요하면 여과를 진행해야 하는데 가장 중요한 공정이 1차적으로 중화이다. 화학물질관리법의 발효 이전부터 중화제로는 황산을 가장 많이 사용하여 왔으나 그 농도는 70% 혹은 98%였다.

황산, 질산, 염산 3대 강산 중 질산(HNO_3)은 질소 이온에 의한 부영양화에 의한 2차 오염 문제가 야기되어 사용할 수가 없고, 염산(HCl)은 금속재의 부식 문제로 장치의 수명을 단축하게 되고 상온에서 기화성 가스인 염화수소에 의한 종사자의 호흡기 계통 등의 손상이 우려된다. 이러한 이유로 황산(H_2SO_4)을 중화제로서 채택하는데 무엇보다도 황산이 중화에 필요한 화학 당량 대비 가성비가 뛰어나고 부차적인 문제점이 비교적 적기 때문이다.

2015년 1월부터 실제 시행되고 있는 화학물질관리법에 의해 10% 이상의 황산은 유독물질 및 사고 대비물질로 지정되어 장외 영향 평가 및 위험물 관리자 선임 및 그에 부합되는 방호 시설의 설치 허가를 득한 후 설치해야 하는 등 까다로운 절차 및 추가 비용이 발생하게 되었다. 농도 발열 황산이 아닌 농도인 50% 이하로의 변경이 절실하나 이의 관철을 위해 협회 및 유관 단체의 청원이 필요하다.

지구에 존재하는 다량 원소 C(탄소), H(수소), O(산소), N(질소), S(황) 및 P(인)에 해당하는 황산화물에 대한 엄격한 규제는 매우 특이한 예이다. 물론 불산 등의 사고로 인하여 위험물질 및 사고 대비물질의 엄격한 관리가 필요한 것은 사실이나 합성물질 등에 의한 독극물질도 아니고 기화력이 크지도 않은 무기성 황산에 의한 사고는 적었고 피해 내용도 비교적 경미하였는데 화학물질관리법의 엄격한 규제는 재고되어야 할 시급한 사안이다.

화학물질관리법에 의한 준법 시공을 위한 여러 중화 방안이 거론되고 있으나 그 방안들을 비교 검토하여 현장별 적절한 방안을 채택하여 개발과 환경 보전이라는 상충된 두 명제를 충족하기 위한 최선책을 찾아보고자 한다.

생산 공장과는 달리 한시적으로 운영되는 터널 건설 현장의 오탁수 처리 시설에도 생산 공장과 동일하게 적용하는 것은 매우 불합리적이므로 이에 대한 재고는 반드시 필요하다.

터널 공사 기간 중에만 배출되는 터널 오탁수 처리시설에 장외 영향 평가, 위험물 관리자, 방호시설 모두를 준비하는 것은 외국의 예에서는 볼 수 없는 독특한 사례이다.

국가 경쟁력 재고 및 규제 완화라는 국가적 명제와도 괴리가 있는 법 규정이므로 보다 현실적인 완화 조치로의 법 개정이 절실한 실정이다.

2. 중화 방안

2.1 각종 중화 방안 및 특징

1) 농도 70%의 휘황산 혹은 농도 98% 농황산을 사용하여 중화

화학물질관리법 시행 이전 사용하던 보편적 중화방법이었으나 10% 이상의 황산이 유독물질 및 사고 대비물질로 지정되어 장외 영향 평가에 의한 사용 허가, 위험물질 관리자 선임 및 방호 시설을 설치해야 하므로 이로 인한 비용 발생 및 소요 기간 과다로 인한 착공 지연 문제가 발생할 수도 있다. 그러나 약품 비용이 저렴하고 중화 효과는 가장 안정적인 장점이 있다.

지구상에 배출되는 황산은 황산 제품 생산량을 훨씬 초과하고 있고, 황박테리아 등에 의한 메커니즘이 존재하는 생태계에 황산 순환 사이클이 존재하고 있다. 이러한 황산의 상품 농도(70% 혹은 98%) 이하의 저농도 물질도 일률적으로 규제하는 것은 재고되어야 할 사안이다.

현행 화학물질관리법상의 규제 조건을 준수하기 위해서는 공사 기간이 길고 터널 오탁수 발생량이 과다한 장대터널 현장에 적용이 가능하나, 장외 영향 평가 기간을 단축할 수 있도록 철저히 준비하고 방호 시설의 표준화로 설치 비용을 줄여 터널 오탁수 처리시설에 적합한 최적화를 위한 노력이 절실한 실정이다.

2) 10% 미만 농도의 황산 사용하여 중화

10% 미만 황산을 사용할 수 있으나 사용자가 임의로 현장에서 희석 사용을 금지하고 있으므로 제조업체의 정식 출하된 제품을 사용해야 하므로 98% 황산 농도 대비 약 10배의 운반비 증가로 인한 약품비 부담이 증가한다. 약품 자체 원가보다 운반비가 훨씬 많은 경제적 어려움이 있으며 또한 보관용 약품 탱크 및 투입용 약품 펌프의 용량이 커져야 한다. 화학물질관리법 이전의 황산 제품 중 10% 미만의 제품은 없었으나 오직 화학물질관리법의 규제 조건을 준수하기 위하여 10% 미만의 희석 황산 제품이 시장에

출현되는 외국에서는 볼 수 없는 이상 현상이 나타나고 있다.

그나마 본 10% 미만 황산은 공사 기간이 짧은 단소터널에 적용 가능하다. 공사 기간이 긴 장대터널의 경우 약품비 증가로 10% 미만 황산을 적용하여 사용하는 것은 경제적으로 어려운 현실이다.

3) 탄산가스(CO_2) 사용하여 중화

기체 상태인 탄산가스(CO_2)를 폐수 중에 용해시켜 탄산 용액화하여 중화시키는 이 방법은 탄산의 용해율이 헨리 상수 K(Henrry's Constant)에 의해 순수 대비 약 3.1% 정도인데 이중 중화할 수 있는 탄산(H_2CO_3)은 이 중 10－2.8(＝0.0016)에 지나지 않으며, 평형상수 K1에 의해 용해 탄산은 pH 3.9인 약산인데 여러 불순물이 존재하는 pH 12 이상의 강알칼리성 폐수를 중화하기는 매우 어렵다.

실제로 탄산가스(CO_2)를 이용한 중화 장치를 Package 모델로 오래 전에 개발한 일본의 "T"사도 지속적으로 유입되는 강알칼리성 폐수에 적용하는 것은 불가능하다고 하며 중, 약알칼리성 폐수에만 적용 가능하다고 한다.

실제 "T"사는 강알칼리 중화용으로 적용이 불가하여 성능 보증 자체가 불가하다고 한다. 또한 "T"사는 탄산가스(CO_2) 중화도 압력 탱크 내의 폐쇄 회로 형태로 적용하였는데 상온 상압의 반응조 형태로 중화 반응 시 기화량이 너무 많아 현장 적용은 어렵다고 하였다.

즉 탄산에 의한 강알칼리 폐수의 중화 자체가 현장 적용은 불가하다고 확인할 수 있었다.

1,000m^3 폐수를 pH 12에서 중화하는 데 소요되는 탄산가스량은 이론적으로 순수를 기준으로 112,000kg/일로 계산되고 폐수에 대해서는 112,000kg/일보다 더 많은 양이 요구되어 현장 채택이 불가능하다(2019, 박정길, 폐수중화 처리 보고서).

실제 현장에 설치된 탄산 중화 장치에는 비상용으로 황산 투입을 병행하게 되어 있으나 이는 탄산가스(CO_2) 대신에 실제로는 황산을 대체 사용할 수도 있다고 의심된다.

약산이 아닌 강산인 황산으로 중화할 경우에도 쇼크리트 제조 시설의 세척 폐수의 유입 비율이 과다하거나, 쇼크리트 리바운드율이 높은 현장이거나, 지반 보강을 위한 강관다단 공법 시공으로 마이크로 시멘트 유입량이 과다한 현장인 경우 실제로 오탁처리 시설 현장 운영 중 목표 PH에 도달하지 않아 어려움을 여러번 겪기도 하는데, 약산인 탄산으로 한결같은 중화가 이루어진다는 사실을 믿을 수가 없다. 탄산가스(CO_2)로 중화가 성공적으로 이루어지는 현장을 확인할 수가 없다. 당사자를 포함하여 제3자가 공동 입회하여 24시간 연속 운전을 해보았으면 하는 바람이다.

대표적인 탄산음료인 콜라나 맥주도 소량의 탄산가스 주입을 위해 압력 상태로 병입 혹은 캔입되어 있으나 뚜껑을 개방하면 즉시 탄산가스의 배출로 탄산음료 고유의 맛을 상실하게 되므로 개방된 상태의 탄산음료는 음료로서의 맛과 가치를 잃어버리게 되어 김빠진 맥주가 된다. 상온, 상압(Amb, Atmo)의 중화조에서 중화에 필요한 1/100 당량 농도를 주입하는 것은 이론적으로 불가하다는 사실이다. 특허 출원 자료 중 인용한 화학 방정식 자료 중 탄산가스로 이루어지는 중화시설의 화학 방정식은 탄산가스가 100% 전리되는 조건으로 계산하였다. 이는 가장 기본적인 일반 화학의 헨리상수 K 및 평행상수 K1에 대한 고려가 무시된 내용으로서 절대로 100% 전리되어 수중에 용해될 수 없는 평범한 시설을 묵과하고 있다. 즉 일반 화학적 이론 조건을 무시한 계산이다.

다시 한번 더 강조하면 pH 12의 강알칼리성 폐수를 순탄산으로 중화조에서 중화하는 현장은 실제적으로 존재할 수 없다는 결론이다.

탄산에 의한 강알칼리 폐수를 상온 상압의 반응조에서 중화하는 장치로 제시하는 탄산가스의 기화율을 반드시 고려하여 검토되어야 한다.

표 1 각 중화 방안별 약품 소요량 및 원가 분석

구분	98% 황산 사용			9.8% 황산 사용			탄산사용(CO_2 가스)		
폐수량 (m^3/일)	500	1000	1500	500	1000	1500	500	1000	1500
약품소요량 (kg/일)	24.5	49	73.5	245	490	735	55,000	110,000	165,000
약품비 (원/kg)	210	210	210	190	190	190	350	350	350
월소요 비용 ① (원/월)	154,350	308,700	463,050	1,396,500	2,793,000	4,189,500	577,500,000	1,155,000,000	1,732,500,000
취급시설 ② 설비공사	20,000,000원			해당 없음			해당 없음		
장외 영향 평가 ③	15,000,000원			해당 없음			해당 없음		
추가 비용 ④ (1년)	3,685만 원	3,870만 원	4,055만 원	1,675만 원	3,351만 원	5,027만 원	69억 3천만 원	138억 6천만 원	207억 9천만 원
추가 비용 ⑤ (2년)	3,870만 원	4,240만 원	4,611만 원	3,351만 원	6,703만 원	1,005만 원	138억 6천만 원	277억 2천만 원	415억 8천만 원
소요기간	허가 및 설치기간 약 3개월			허가 및 설치기간 약 1개월			허가 및 설치기간 약 1개월		
추천현장	장대터널 폐수 1,500m^3/일 발생현장			단소터널 1,000m^3/일 이하 발생 현장			터널 현장 적용 불가 (성공사례 현장 답사 불가)		

※ 산출근거 제시
1. ④=①×12개월+②+③
2. ⑤=①×24개월+②+③

※ 참고사항
1) 약품이송 거리 150km 이내로 기준함
2) 소용 비용에서 1개월은 30일로 가정
3) 유해물관리자 선임 비용 350만 원/월은 공통 투입되는 비용이므로 비교에서 제외함

3. 결 론

3.1 현행 화학물질관리법 상의 중화 방식의 최적화 방안

방안 1) 70% 휘황산이나 98% 농황산으로 중화

굴착 기간이 긴 장대터널이나 지반 여건 등으로 현장 굴착 기간이 적어도 2년 이상 되는 현장의 경우에 적용하되, 장외 영향 평가 기간 및 방호시설 기간이 적어도 3개월

이상 소요되는 여건을 고려하여 충분한 공기를 확보하는 것이 중요하다. 방호시설은 표준 규격화로 설계하여 원가 절감 및 공기 단축을 시도해야 할 것으로 사료된다. 장외 영향 평가 용역비 및 방호 시설비의 추가 부담이 초기에 발생하나 상대적으로 약품비 부담이 없어 일정 공사 기간 약 2년 이상인 경우 추가 시설 및 용역 부담분이 상쇄되어 경제성이 높다.

방안 2) 10% 이하의 희석 황산으로 중화

굴착 기간이 짧은 단소터널이나 방호시설 설치가 불편한 투아치 터널 등의 도심 터널에 적용 가능하다. 굴착 기간은 2년 이내의 짧은 공기에 적용하는 것이 경제적이다. 10배 희석한 황산 9.8% 용액은 운반비가 10배이므로 약품비 부담이 클 수밖에 없다. 그래서 공사 기간이 2년 이상인 장대터널의 경우에는 적용하기 어려운 실정이다. 약품 농도가 낮으므로 중화제인 황산의 투입을 목표치까지 하기 위해서는 황산 약품 탱크 및 황산 약품 펌프의 용량을 증가해야만 하나, 열 배까지의 증가는 황산 펌프는 가능하나 황산 약품 탱크의 증가는 현실적으로 한계가 있으므로 황산 용액을 현장에 약품 차량으로 자주 여러 번 공급할 수밖에 없다.

그림 1 황산 10% 미만 사용 현장 설치 전경

방안 3) 탄산가스로 중화

탄산가스가 기화하여 수중에 용해되는 비율은 상온 상압에서 3.1%(=10−1.5)이고 이중 탄산(H_2CO_3)으로 존재하는 비율은 0.16%에 불과한데 이를 무시한 일부 자료에 인용된 계산서 중 탄산(H_2CO_3)은 강산처럼 완전히 해리되어 강산처럼 계산하였으니 실제로 반응되는 양과는 상당한 차이가 있다. 실제로 황산과 비교했을 때 224배의 차이가 있다(2019, 박정길, 폐수중화 처리 보고서).

즉 탄산가스로 강알칼리 폐수를 중화한다는 것은 이론과 실제를 고려할 때 어려움이 매우 많다. 실제로 탄산가스 중화장치를 오래전에 개발하여 국내외에 공급하고 있는 일본 'T'사도 강알칼리성 폐수 중화 장치로서 공급할 수 없고 성능 보증 자체가 불가하다는 내용이다. 그러므로 이런 내용이 고려되지 않은 장치의 채택은 신중해야 한다.

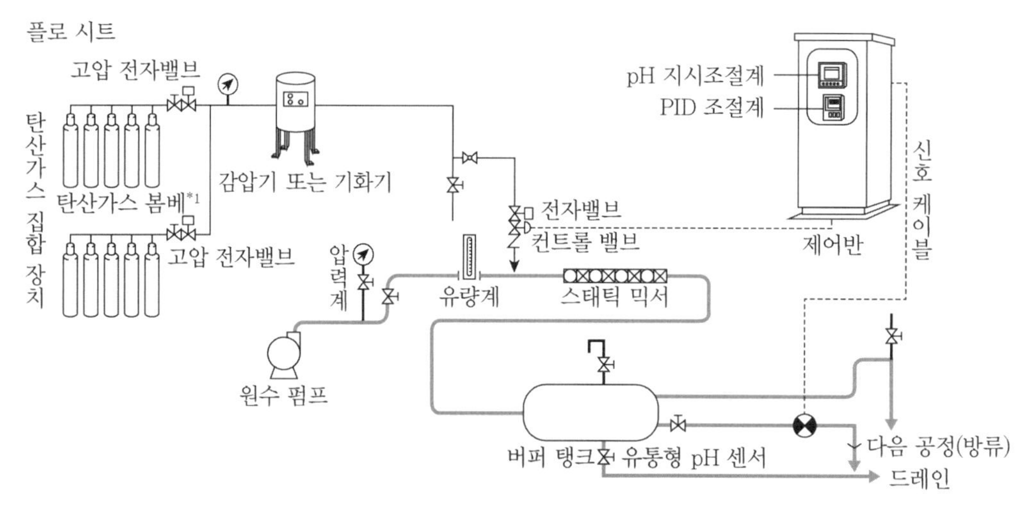

그림 2 일본 'T' 사 공정도: 상온 상압 개방형 반응조가 아닌 압력 탱크 유입 방식

표 2 터널 오탁수 중화 방안 최적화 비교표

구분		방안 1	방안 2	방안 3	비고
중화방법		70% 이상 고 농도 황산으로 중화	10% 이하 희석 황산으로 중화	탄산가스로 중화	
적용조건	장기사용 (장대터널)	적용(경제성)		적용 불가	경제성 검토
	채택	○	△	×	
	단기사용 (단소터널)		적용(경제성) *약품비 과다로 장기간 사용 불가	적용 불가	경제성 검토
	채택	△	○	×	
특기사항		장외 영향 평가+ 방호시설	추가시설 없으나 장기간 운영 시 약품비 과다	이론적 배경으로도 불가능한 방안임	

3.2 향후 대책(대안 제시)

현재의 화학물질관리법상의 위험물질 및 사고 대비물질 중 황산 10% 이상에 적용된 내용은 서론에서 제시하였듯이 분명 개선되어야 할 사항이다.

기화성에 의한 독극 물질이 발생하지 않는 황산이 단순히 강산이라는 이유만으로 위험물질 및 사고 대비물질로 분류되어 10% 농도까지도 이의 범주에 속하는 것은 제고되어야 한다. 화학물질관리법 자체를 반대하는 것도 아니며 그 취지에는 지극히 찬성하고 있지만, 관리주의 물질인 것은 인정할 수 있지만 10% 황산에 대해서도 위험물질 및 사고 대비물질로 분류하여 사용 기간이 공사 기간에만 한시적인 터널 건설 현장까지도 방호시설과 장외 영향 평가까지 추가 부담한다는 것은 너무 강한 규제라는 사실이다.

발열성 황산 70% 미만 농도로의 개정이 좋겠고 적어도 소방 법규상의 발열성 황산 농도인 50% 이내로 변경 개정이 되었으면 하는 바람이다.

중국 TBM 산업현황

중국 쉴드 장비 및 TBM 제작기술 현황

1. 서 론

최근 10여 년간, 중국 TBM 산업은 빠른 속도로 발전하고 있다. 더불어 중국은 세계에서 가장 주목할 만한 TBM 내수시장을 갖고 있다고 평가되고 있다. 중국은 지난 60년간 TBM 개발로 설계, 제작, 운영 및 시공을 포함해 TBM의 모든 범위 내에 TBM 기술을 터득하였다. 현재 또한 지속적으로 발전하고 있다. 중국 TBM 기술의 성장은 중국 정부의 강력한 지원 아래 TBM 산업과 학계의 지속적인 연구개발로 이루어졌다. 한국에서 독립적인 기술개발로 세계 TBM 시장에 주도적인 역할을 맡는데 중국 TBM 기술개발 전략은 좋은 기준값을 준다. 본 부록 6은 중국의 TBM 제작기술을 간략히 다루며, 또한 중국 TBM 제작사의 주요 진전과 업적을 요약하고 있다. 중국 TBM 기술과 관련된 주요 연구 프로젝트를 소개하고 중국 TBM 기술개발의 새로운 트렌드 또한 소개하며, 마지막으로 한국 TBM 기술개발과 미래 연구개발 주제를 중국사례의 영향을 통해 논하고자 한다(Nan Zhang, Hoyoung Jeong and Sukwon Jeon, 2018).

2. 서 두

중국 경기 호황과 함께 이루어진 급속한 도시화는 도시 교통체계 개발 수요를 뒷받쳐주었다(Hong, 2015; Hong, 2017; Wang, 2017). 1960년에 처음 북경에 지하철이 만들어진 이후 2017년 말 중국 내 총 32개 도시에 4,750km에 달하는 도시철도가 운영되고 있었다(자기부상열차 및 트램 포함). 현재 53개 도시는 9,000km에 달하는 도시철도 시공

계획을 세웠다. 여기서 6,000km에 달하는 철도는 2020년까지 운영할 것으로 예상하고 있다. 더구나 도시의 지속 가능한 발전을 확보하기 위해 중국 정부는 지하공동구 공사를 적극적으로 지원하고 있다. 중국 내 총 69개 도시 내에 총 연장 1,000km에 달하는 지하공동구를 건설하고 있고 총 예상 공사비는 880억 RBM이다(Yang and Peng, 2016).

TBM은 보통 쉴드 TBM과 Open(혹은 Gripper) TBM으로 분류된다. 쉴드 TBM은 주로 연약지반과 복합구조에 사용되는데 이는 대부분 지하철 및 하저터널에 적용된다. Open (혹은 Gripper) TBM은 주로 경암구조에 있는 산악터널 및 가배수로 터널에 사용된다. 본 부록 6은 주로 중국 Shield TBM 제작기술에 대해 주로 논할 것이다.

대규모 교통건설 시장에 경우, TBM 제작에 대한 수요가 높아 중국 TBM산업은 빠른 속도로 성장하고 있다. 중국건설기계협회(CCMA) 통계자료에 의하면, 2016년의 총 TBM 판매량(TBM 단위 수)은 매해 46% 증가했다(그림 1). 중국은 2017년에 세계 가장 큰 제작사와 가장 큰 쉴드 TBM 시장을 갖고 있었다(CCMA, 2018). 중국 TBM 시장은 2020년에 약 700억(RMB)으로 성장할 것으로 예상된다(Hong et al., 2013).

최근에 중국 TBM은 대중화되고 중국 내 시장을 급속히 점령하였으며 글로벌 시장 또한 서서히 진입하고 있다. 중국의 TBM 산업은 'Assembled in China'에서 'Made in China'로 성공적으로 변화했다(Chen et al., 2016). 중국 TBM 기술의 놀라운 성장은 독립적인 혁신에서 기반을 둔다. 중국에 여러 경쟁력 있는 중국 TBM 제작사가 등장했는데 이 중 가장 규모가 큰 TBM 제작사는 다음과 같다. China Railway Engineering Equipment Group(CREG), China Railway Construction Heavy Industry(CRCHI), Shanghai Tunnel Engineering Co.(STEC), Liaoning Censcience Industry(LNSS), Northern Heavy Industries Group(NHI), and China Communications Construction Company TianHe Mechanical Equipment Manufacturing Co.(CCCCTH). 위 제작사는 중국시장의 80% 넘는 점유율을 보유하고 있다. 2016년에 주오 TBM 제작사 매출 현황은 그림 2에 나타냈다.

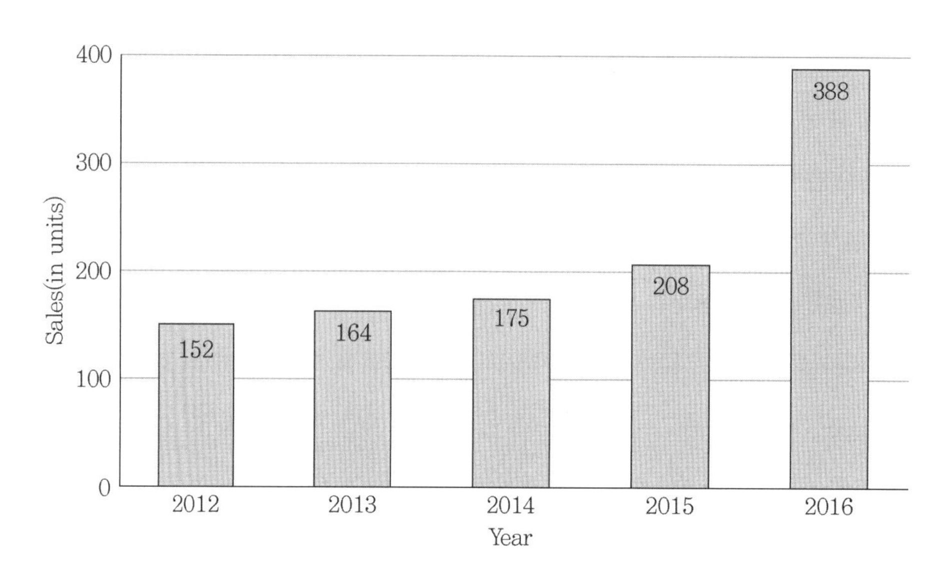

출처: CCMA 홈페이지

그림 1 2012년부터 2016까지 중국 내 TBM 판매량(단위당)

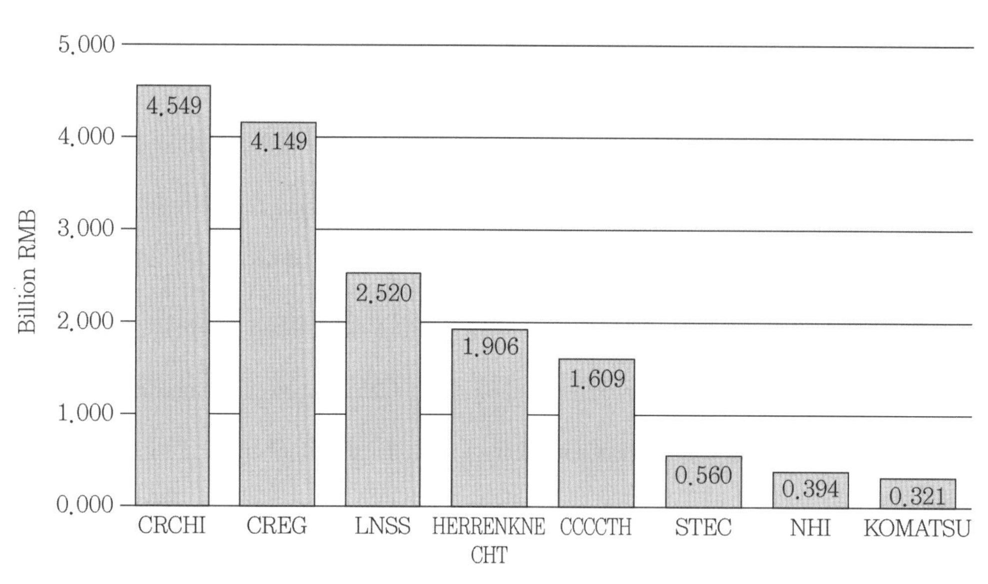

그림 2 2016년 주요 TBM 제작사 총 매출(단위: 10억 RMB)

3. 중국 TBM 기술의 역사

중국 TBM 제작 기술의 발전은 3단계로 이루어졌다(Chen and Zhou, 2017), 이는 '초기 단계(1952~2002)', '기술혁신단계(2003~2008)' 그리고 '급속개발단계(2009~현재)'로 나누어진다.

초기 단계(1952~2002)에 TBM 기술 발전은 북경, 상해, 광저우를 포함한 대도시 지하철 건설사업에 집중되었다. 이 시기에 STEC가 중국 TBM 기술에 중요한 핵심역할을 맡았다. 이 단계에서 hand shield TBM, blade shield TBM, Earth Pressure Balance(EPB) shield TBM가 개발되었다.

'기술혁신단계(2003~2008)'에서는 '863 계획(국가고기술연구발전계획)'의 지원으로 몇몇의 주요 연구 프로젝트가 중국 과학기술부의 기금으로 운영되었다(표 1). 그뿐 아니라 해외 선진기술의 도입으로 중국 자체적으로 지적재산권을 가진 TBM을 개발할 수 있었다. 이를 통해 중국은 해외 TBM 개발 수준의 격차를 줄일 수 있었다. 중국 TBM 제작사는 자체적인 기술개발로 여러 종류의 TBM을 설계할 수 있었다.

중국 국내 거대한 쉴드 TBM 시장 기반으로 2009년부터 중국은 '급속개발단계'를 진입하였다. TBM 제작 및 터널기술은 '972계획(국가중점기초연구개발계획)'으로 많은 연구 프로젝트가 지원되었다.

몇 십년간의 노력과 개발로 인하여 쉴드 TBM 제작 및 기계화굴착의 핵심적인 기술에 많은 중대한 발견과 업적을 이루었다. 중국에서 제작한 주요 쉴드 TBM은 표 3과 그림 3에 나타냈다.

표 1 '863 계획' 으로부터 지원받은 TBM 관련 연구주제(출처: 중국 과학기술부 홈페이지)

Research Title	Leading Research Unit	Research period
Design and manufacture of full-face TBM	STEC	2002~2005
Key technology of cutterhead and hydraulic drive system of shield TBM	China Railway Tunnel Group	2003.1.~2004.12.
Key technology of cutting and measurement- control system of shield TBM in mixed ground	China Railway Tunnel Group	2005.7.~2006.9.
Design of large diameter slurry shield TBM	China Railway Tunnel Group	2005.7.~2006.12.
Design and manufacture of main bearing of EPB shield TBM	LYC Bearing	2007.8.~2010.8.
Design and manufacture of high power reducer of EPB shield TBM	CITIC Heavy Industry	2007.10.~2010.8.
Design and manufacture of heavy-duty hydraulic pump in EPB shield TBM	LiYuan Hydraulic	2007.10.~2010.8.
Comprehensive experimental platform of shield TBM	NHI	2007.10.~2010.8.
Development of the prototype of mixed shield TBM	China Railway Tunnel Group	2007.10.~2009.9.
Development of the prototype of large diameter slurry shield TBM	STEC	2007.10.~2010.8.
Research and application of key technology of large diameter hard rock TBM	CRCHI	2012~2017
Study and development on full-face tunnel boring general technology	Zhejiang University	2012~2017

표 2 '973 계획' 으로부터 지원받은 쉴드 TBM 관련 연구 주제(중국 과학기술부 홈페이지)

Research Title	Leading Research Unit	Research period
Basic scientific challenges in the design and manufacturing of large full-face TBM	Zhejiang University	2007.7.~2011.8.
Basic research on the digital design of cutterhead and cutters based on high performance rock cutting	CREG	2010~2012
Basic research on intelligent control and support software for the whole process of TBM safe and efficient tunnelling	CREG	2010~2016
Study on the measurement and control method of electro-hydraulic system and system integration	CREG	2012~2013
Key fundamental issues of Hard Rock Tunneling Equipment	Zhejiang University	2013~2017
Interaction Mechanism and Safety Control between TBM and the Deep Mixed Ground	Wuhan University	2014~2018
Basic research on the safety of shield tunneling in the Yangtze river with high water pressure	Beijing Jiaotong University	2015~2019

표 3 중국 제작사에서 제작하여 주요 쉴드 TBM 목록

Manufacturer	Year	Type	Project	Remark
CREG	2015	EPB	Tianjin Metro Line #11	Largest rectangular shield TBM with cross-section(10.42m×7.55m)
CREG	2016	EPB	Baicheng Tunnel, MHT J-3 Section	First horseshoe shaped shield TBM in the world
CREG	2017	Slurry	Shantou Bay Tunnel Project.	Largest slurry shield TBM in China(ϕ15.03m)
CRCHI	2013	Dual mode	Shenhua Xinjie Coalmine Inclined Shaft Project	For long distance and high slope angle of inclined shafts in coal mine, first in the world
CRCHI	2016	Slurry	Yuji Intercity Railway Project	First large diameter slurry shield TBM in China(ϕ12.77m)
CRCHI	2016	EPB	Taiyuan Railway Hub Southwest Loop Project	Largest EPB shield TBM in China (ϕ12.14m)
CCCCTH	2010	EPB	Shanghai Metro Line #12, Section 26	For Deep buried high water pressure tunnel under Yangtze River
STEC	2015	EPB	Ningbo Metro Line #3	Largest quasi-rectangular shield TBM in the world
NHI	2011	Slurry	Esfahan Cable Tunnel in Iran	First micro slurry shield TBM (ϕ3.14m)
LNSS	2015	EPB	Chengdu Metro Line #4, Section #6	Highest tunneling efficiency of 555 m/month in cobble-boulder ground in Chengdu

Dual-mode shield TBM by CRCHI (ϕ7.62m) (Chen and Zhou, 2017)

Horseshoe shaped shield TBM by CREG (11.9m×10.95m) (Li, 2017)

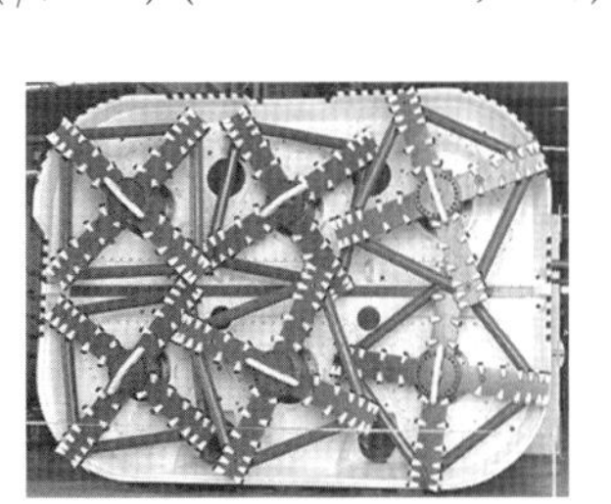

Rectangular pipe-jacking machine by CREG (10.12m×7.27m) (Li, 2017)

Quasi-rectangular shield TBM by STEC (11.83m×7.27m) (Chen and Zhou, 2017)

그림 3 중국 제작사에서 제작한 주요 TBM

4. 중국 TBM 기술의 연구 트렌드

최근 몇 년간 중국 내 TBM 기술에 대한 연구는 큰 인기를 끌고 있다. 지난 20년간 발표한 TBM 관련된 기술은 그림 4(a)에 나타냈다. 중국학술정보원(CNKI) 통계자료에 의하면 중국 내 가장 적극적인 연구기관은 Tongji University, China Railway Tunnel Group과 Southwest Jiaotong University이다(그림. 4(b)). 그림 4(c)에 TBM과 관련된 학술지가 나타냈다. 이 중 "Tunnel Construction"이 중국에서 가장 잘 알려진 학술지다. TBM 관련 연구주제는 그림 4(d)에 나타냈다. 이 중 지표침하, 커터, 그라우팅 기술이 주된 연구주제다. 비록 발간된 학술지들은 다 중국어로 작성되어 국내 학계 및 산업에서 접근하기 힘들겠지만 그래도 TBM 분야에 미래연구를 위해 참고할 만한 가치가 있다.

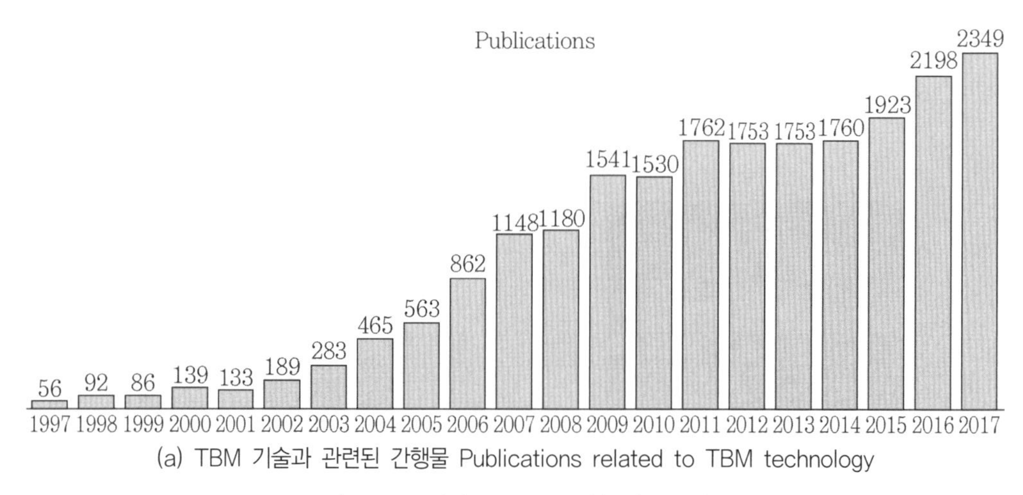

(a) TBM 기술과 관련된 간행물 Publications related to TBM technology

그림 4 근 20년간 중국 TBM 기술 연구 트렌드

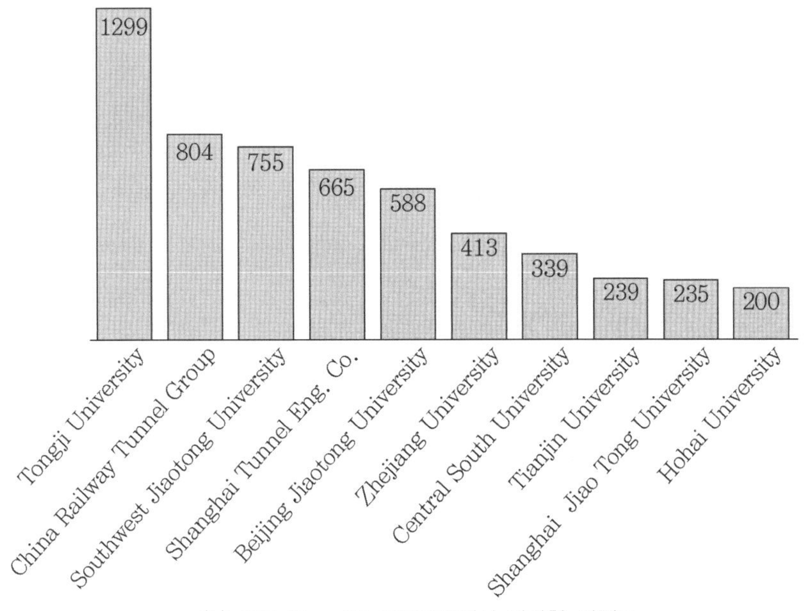

(b) 중국 Top 10 연구기관에서 발간한 간행물

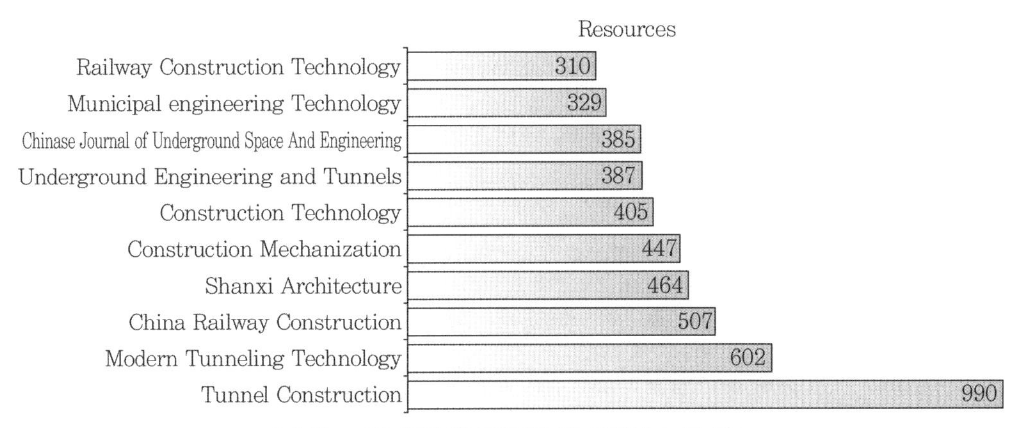

(c) Top 10 중국 학술지들이 각 발행한 논문 개수

그림 4 근 20년간 중국 TBM 기술 연구 트렌드(계속)

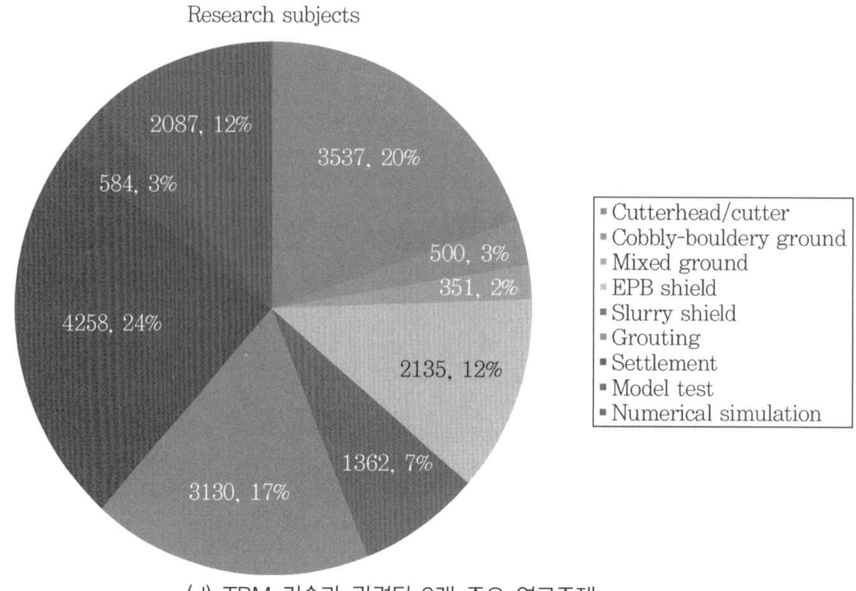

(d) TBM 기술과 관련된 9개 주요 연구주제

그림 4 근 20년간 중국 TBM 기술 연구 트렌드(계속)

광범위하고 잦은 TBM의 적용으로 TBM 터널기술들이 크게 발달되었다(Wang, 2014). 본 저서에서는 TBM 굴착 기술에 대한 내용은 다루지 않을 것이다. 다만 복합지반(Liao, 2012; Wang, et al., 2016), 자갈-전석형태 지반(Yang, et al., 2011; Le et al., 2012; Sun et al., 2017), 초장대 대구경 TBM(Deng, 2016, Wang, 2017), 높은 geo-stress 부지역(Fang et al., 2013; Song et al., 2017), 고수지압 하저터널(Xiao, 2018; Zhu et al., 2018)과 같은 복잡한 지질구조에서 핵심적인 TBM 굴착 기술들이 적용된 사례를 찾을 수 있다.

5. 중국의 국가중점실험실(State Key Laboratories)

중국은 복합적인 지질학적 조건에서 기술적인 어려움을 극복하고 더 효율적인 TBM 굴착을 확보하기 위해 TBM 제작 및 굴착 기술에 투자를 증가했다. 정부 지원 TBM 기술관련 연구를 하기 위한 특정화되고 전문적인 연구기관이 설립되었다.

TBM 기술개발을 위해 두 개의 핵심 실험실이 설립되었다. NHI 소유의 '국가중점실험실(SKL)'은 2004년에 설립되었다. 본 연구실은 TBM 다기능 시험 시스템을 포함한 여러 선진 시험시설들을 갖추고 있다.

(a) Multifunction test rig

(b) Multifunction testing TBM(ϕ3.2m)

그림 5 NHI 국가중점실험실에 있는 TBM Multifunction test system

CREG에서 운영하는 '쉴드 TBM 및 굴착 기술의 SKL'은 2010년에 설립되었다. 그 후 이 실험실은 2012년 국가과학기술진보상을 포함한 총 35개의 과학 및 기술적 상을 수상하였다. 이는 2012년에 국가과학기술상 대상 수상을 포함한다. 그림 6에서는 실험시설을 볼 수 있다. 현재 3개의 주요 연구주제가 지정되었다.

- 커터헤드 및 절삭공구 기술: 다양한 지질학 조건을 수용하기 위한 커터헤드 및 절삭공구 설계; 커터의 지질적 적응에 대한 핵심 기술 연구, 커터헤드와 커터의 고효율 암파쇄 이론 설립; 절삭공구 설계 및 제작을 위한 산업표준 개발 설립
- 쉴드 TBM 굴착의 통제기술: 터널 프로젝트를 위해 기술 조언과 기술 서비스를 제공할 수 있는 쉴드 TBM 정보관리 시스템 설립
- 시스템 통합 기술: 기계통합 및 통제기술 개발; 원격자동진단 시스템 및 지능적 의사결정 시스템 개발

6. 중국 TBM 기술의 특이업적 및 향후계획

(a) Experimental platform of engineering structure

(b) Rotary cutting platform

(c) Disc cutter testing platform

(d) Comprehensive experimental platform

(e) Intelligent big data platform for TBM tunneling site

그림 6 CREG 국가중점실험실 실험 플랫폼

중국 TBM 산업과 학계의 꾸준한 노력으로 인해, 다음과 같은 다수의 특이 선진기술을 개발하였다. (1) 신규굴진기술(영구자석 동기화 굴진기술 및 전기유체식 굴진기술), (2) 커터헤드 및 커터보수기술(예: 기압 및 로봇보조 탐지 및 보수기술 아래 커터공구 교체), (3) 급속버력제거기술(예: 대형 전석 고효율 파쇄기술), (4) 비원형 구간의 적응기술(Zhao and Chen, 2013; Chen et al., 2016; Wu et al., 2016; Chen and Zhou, 2017; Li, 2017).

미래의 주요 개발 트렌드는 다음과 같다.

- 중국 TBM 제작사는 조립형 쉴드 TBM을 위한 소형 TBM을 개발하고 있다(여러 소형 TBM으로 완전체 조립). CREG은 지하 주차장 공사에 이러한 시제품을 이미 적용하였다.
- 효율적인 굴착의 넓은 수요를 충족하기 위하여 깊이가 깊고 높은 지면-응력을 갖고 고수압 환경의 대구경 터널에 적용할 수 있는 TBM을 개발하고 있다.

복합적인 지질조건에 TBM 적용성, TBM의 강한 내구성, 신뢰할 수 있는 커터 수명의 수요는 미래에 더욱더 상승할 것이다. 중국 TBM 기술의 장기간 목적은 보다 더 효율적이고 자동적인 TBM 설계, 모듈 제작, 원격 및 지능적 모니터링, 통제 및 관리다.

7. 결 론

현재 중국은 세계에서 가장 터널사업이 많은 국가이다. 다양한 터널 프로젝트에 기반을 두고 중국의 TBM 제작산업은 급증하였다. 선진국들과 기술적 격차를 줄였지만, 중국 TBM 산업은 아직 TBM의 신뢰도, 독립적 기술혁신 그리고 보다 더 지능적인 설계와 제작방법의 개발의 과제가 있다.

중국의 TBM 기술개발의 역사로 어느 정도의 좋은 영향과 배움을 얻을 수 있다. TBM 산업은 기술집약적이고 자본집약적이다. 기술을 적용하려면 초기에 대규모자본 투자와 많은 엔지니어링 프로젝트가 필요하다. 일대일로 (BRI) 정책과 강력한 정부 지원으로 중국 TBM 산업을 사립산업으로 만들었다. 제작사들은 연구기관과 대학과 많은 프로젝트에 협력을 하고 있다. 참고로 이러한 기술발전들은 다양한 터널 프로젝트, 현장에서 피드백과 기술개선이 없었다면 불가능했을 것이다.

한국의 TBM 산업의 규모는 작다. 이는 한정적인 국가터널사업과 TBM보다 비용 효율적인 발파 굴착방법을 더 선호기 때문이다. 하지만 대한민국 정부는 TBM 설계, 하저 및 공동구 터널의 핵심기술 개발을 위한 R & D 프로젝트를 지원하고 있다. 만약 한국 정부나 중공업 등 장비제작사가 TBM에 관심이 있다면, 중국의 TBM 기술발전 역사가 아주 좋은 참고 사례가 될 것이다.

Buy TBM, Choose TBM!

TBM 구매 및 선택 고려사항

1. 터널굴착 장비 선택 고려사항: 체크리스트

시행 중인 프로젝트에 맞는 TBM을 선택하는 것은 아주 중요한 사항이다. 프로젝트의 주요 과제나 지질사항에 맞는 맞춤형 장비가 프로젝트의 성공 혹은 공기연장에 큰 영향을 준다. 본 체크리스트는 TBM을 선택할 때 어떠한 사항을 고려해야 할지 알려줄 것이다.

프로젝트명:

예상 지질조건:

1. 귀사 프로젝트에 복합적인 지질구조를 예상하십니까? 대부분 프로젝트는 예상치 못한 지질조건을 경험한다는 것을 고려하십시오.

☐ 단층대	☐ High cover	☐ Low cover	☐ Mixed Face
☐ 지하수 유입	☐ Squeezing round	☐ 고강도 암질	☐ 지면 붕괴

2. Consider ground investigation tools for your TBM operation:
   TBM 운영을 위한 지반조사 도구들을 고려해주십시오.

☐ Probe Drill	☐ BEAM, TSP or 기타 예측 소프트웨어	☐ Collapse Detection Cylinder	☐ 커터헤드 검사용 카메라

3. 경험과 관련 지식이 많은 터널굴착/지원팀을 고려해보십시오. Brand TBM Maker 제작사 현장 서비스 인력은 전 세계 900개 넘는 프로젝트 경험이 있습니다.

☐ 프로젝트 전체 기간 동안 Brand TBM 전체 운영 지원 및 훈련인력 지원　☐ 굴착 중 TBM Maker　☐ TBM 굴착 착수 중 TBM Maker　☐ 지원 요청 안 함

4. 터널굴착 중 지원장비에 대해 고려하십시오. 예를 들어 세계기록을 보유한 75%의 프로젝트는 버력 제거작업 시 버력차보다 연속 컨베이어를 사용합니다. Brand 등 장비제작사는 완전장비를 공급할 수 있습니다.

☐ 연속 컨베이어벨트　☐ 커터　☐ 부품 - 완전공급　☐ 부품 - 필요부품만 공급

☐ 철도 차량　☐ 세그먼트 거푸집　☐ 세그먼트 플랜트　☐ 보조 터널 장비(예: 환기, 전력선, 레일 등)

5. 재제작 TBM을 고려하십니까? Brand TBM 등 현대 TBM 제작사들은 최소 10,000시간 운영수명 기준으로 제작되고 있습니다. 귀사 프로젝트에 재보수 장비는 시간과 비용을 상당히 절약할 수 있습니다.

☐ 재제작된 Open-Type Main Beam (경암)　☐ 재제작된 Double Shield TBM (파쇄대)　☐ 재제작된 Single Shield TBM (침수되고 심한 균열을 가진 암반층)　☐ 재제작 EPB TBM (연약~복합지반)

☐ 재제작 Slurry TBM (고수압을 연약~복합지반)　☐ 재제작 Crossover TBM (변이성 지반을 위한 하이브리드-형 장비)

6. 맞춤형 TBM을 고려하십니까? 맞춤형 장비는 초기 비용이 크지만 공기 축소와 높은 굴진율로 인해 비용이 충당됩니다.

☐ 네, 맞춤형 TBM 제작을 원합니다. ☐ 아니요, 표준화된 TBM을 원합니다.

7. 효과적으로 설계된 TBM 조립계획은 귀사 프로젝트 일정에 맞추어 진행되도록 도와드립니다. 현장 첫 번째 조립(Onsite First Time Assembly)을 고려해보십시오. 이는 Brand TBM 업체들이 개발한 방식이며 현장에 조립하면 비용과 시간을 삭감합니다.

☐ 네, 맞춤형 OFTA를 원합니다. ☐ 아니요, 공장조립된 TBM을 원합니다.

8. TBM을 소유할 것을 계획하십니까? 장비의 전체수명을 고려하십시오. 장비들은 지속가능하도록 제작되었고, 몇십 년의 서비스와 50km가 넘는 터널굴착이 가능합니다. 장비가 터널 2~3개에 더 사용된다면 장비의 선지불 비용이 충분히 보상됩니다.

☐ TBM 소유할 계획 ☐ TBM lease-to-own 프로그램을 할 계획 ☐ TBM 임대할 계획 ☐ 프로젝트 준공 후 Brand 등 제작사에 환매할 계획

추가적인 프로젝트 요청사항:

____

____

____

2. TBM 구매 시 고려사항

1. 지질조건

지질조건이 어느 정도 조사되었습니까? 정확한 지질조사가 딱 맞는 TBM을 선택하는 데 도움이 될 수 있습니다.

2. 미확인 지질조건

지질조건이 잘 확인되지 않았다면 단면층, 압출지반 및 지하수 유입과 같은 조건이 일어날 확률이 어떻게 되는지 확인됩니까?

3. 맞춤형 설계

지질조건과 미확인된 조건을 고려하는 맞춤형 TBM은 높은 굴진율과 낮은 정지시간을 가질 확률이 높습니다.

4. 지반조사

복합지반일 시 천공탐사 및 예측 소프트웨어와 같은 지반조사도구가 설계된 TBM을 고려하십시오.

5. 경험과 관련 지식이 많은 인력

프로젝트가 더 복잡할수록, 인력훈련 혹은 TBM 완전 운영에 대한 지원인력이 필요할 수도 있습니다.

6. 지원장비

지원장비는 프로젝트가 성공하는 데 예측변수가 됩니다. 딱 맞는 버력처리 시스템, TBM 절삭도구 혹은 현장에 갖고 있는 TBM 부품까지 모드 프로젝트 효율에 영향을 줍니다.

7. 재제작 vs. 신장비

Brand TBM은 10,000시간의 장비수명을 갖도록 제작되었습니다. 재제작된 장비는 비용을 절감할 수 있고 터널굴착을 더 빨리 진행할 수 있습니다.

8. TBM 조립계획

프로젝트 일정에 맞추기 위해선 최적의 조립계획이 핵심적입니다. 현장 첫 번째 조립(Onsite First Time Assembly)로 현장에서 TBM을 조립하여 비용과 시간을 삭감할 수 있습니다.

9. TBM 소유권의 총비용

TBM 소유권을 고려하신다면, 시간 대비 TBM 총비용을 고려하십시오. 여러 터널에 사용할 수 있는 튼튼한 디자인은 초기 비용이 크지만 전체적으로 비용을 절감할 수 있습니다.

하저터널공사(한강 강변북로 공사)

강변북로 한강 하저터널의 대구경 쉴드 TBM 설계

1. 서 론

해저 및 하저 터널구간에 대한 TBM 공법 적용은 꽤 깊은 역사를 가지고 있다. 약 200년 전, 나폴레옹 시대에 Euro터널의 건설 계획부터 현대에 이르기까지 수많은 해저 및 하저터널들이 건설되었고 계획 중이다. 해저 및 하저터널의 건설 역사와 비례해 TBM 공법의 기술적인 발전도 동반성장을 하고 있다.

우리나라 교통터널(Traffic Tunnel)에서 하저구간을 TBM 공법으로 적용한 사례는 부산지하철 230공구 건설공사 중 수영강 하부 통과구간 공사를 시작으로 최근에 분당선 한강하저 터널공사에 이르기까지 대체로 연약지반용 쉴드 TBM으로 공사를 수행하였다. 하지만 하저구간의 지반조건이 대체적으로 연약지층으로 분포되어 있을 것이라는 예상과 달리 연약지층 내 호박돌(Boulder)의 출현과 예기치 못한 암반의 출현, 또는 점토의 면판 협착으로 인한 굴진율 저하 문제 등으로 결국 해당 장비의 선정 오류, 디스크커터의 설계 오류, 장비 조달 방안(Procurement Process)의 부족 등 많은 문제점을 남겼다.

우리나라 교통터널(Traffic Tunnel) 사상 최대 단면인 직경 12.9m의 대단면(기존 교통터널의 최대 직경 8.1m) 도로터널 설계를 통해 한강하저 복합지반에 맞는 적합한 장비를 선정하고 굴진율 및 경제성 향상을 위해 적용했던 설계에 대해 논하고자 한다.

2. 국내외 해저 및 하저터널 사례

설계에 앞서 국내외 해저 및 하저터널의 설계 및 시공사례를 조사하였다. 고수압 조건의 해·하저 터널의 설계 및 시공사례를 통해서 지질변화에 대응하는 장비 선정, 고심도 구간의 통과 방안, 고수압 조건하의 세그먼트 라이닝 설계, 10m/day 이상의 굴진율 확보, 친환경적인 공법 적용 등을 비교 검토하였다.

서론에서도 언급했듯이 해저 및 하저터널의 시공사례는 어렵지 않게 조사되었다. 대륙과 대륙을 연결하는 초장대 해협터널부터 육지과 섬, 강의 하부를 관통하거나 병행으로 진행하는 많은 해·하저 터널이 확인되었다. 지구에서 물(바다, 강, 호수 등)이 차지하는 비율이 약 70.8%임을 감안한다면 어쩌면 당연한 결과라고 생각된다. 근래에 해저 및 하저터널 굴착공법은 Close Type Shield TBM을 적용한 기계화 시공이 대세를 이루고 있으며, 앞으로는 더 많은 비율을 차지하게 될 것으로 예측된다.

그림 1은 국내외 해저 및 하저터널의 건설동향을 나타낸 것이며, 표 1은 TBM 공법이 적용된 국내 해·하저터널의 시공사례이고, 표 2는 TBM 공법이 적용된 해외 해·하저터널의 시공사례이다.

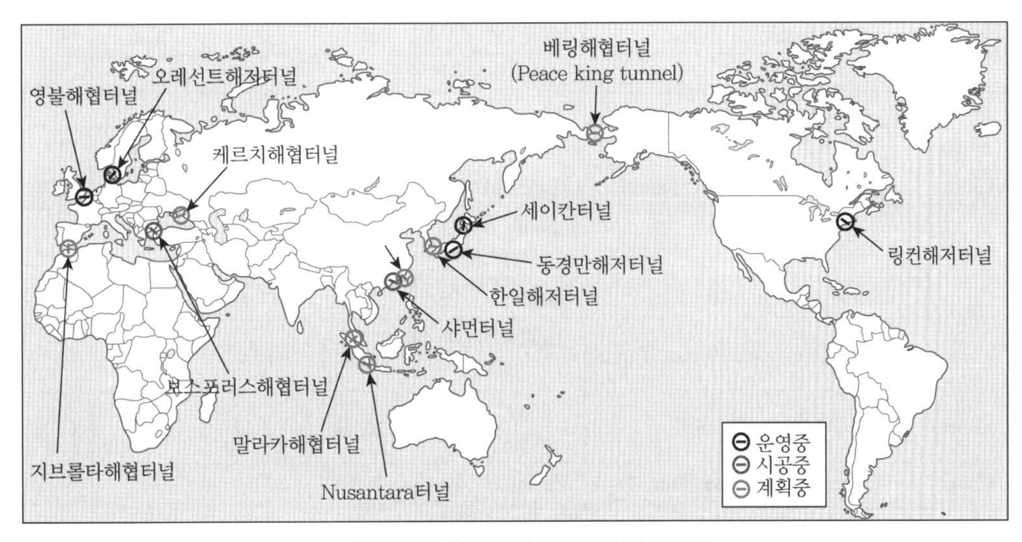

그림 1 전세계 해저 및 하저터널 건설동향

표 1 TBM 공법이 적용된 국내 해·하저 터널 사례

위치	구분	Type	연장(km)	직경(m)	용도	비고
부산	영도구 남항동-중구 광복동	EPB TBM	1.16	3.3	전력구	하저
서울	한강하류 1차사업 도수시설공사	Slurry TBM	1.20	1.8	도수	하저
부산	녹산하수처리장 방류관거 건설공사	Slurry TBM	1.58	3.0	방류 관거	해저
부산	신양산－동부산	Double Shield TBM	3.90	5.0	전력구	해저
서울	분당선 3공구	EPB TBM	1.27	7.8	지하철	하저
부산	부산지하철 230공구	Slurry TBM	2.32	7.1	지하철	하저
군산	군장 에너지 Steam Pipe 공사	EPB TBM	3.00	3.0	Steam 관	하저
영종도	영종-교하 가스공사	Slurry TBM	4.00	3.0	가스관	해저

표 2 TBM 공법에 적용된 해외 해·하저 터널 사례

국가	사업명	Type	연장(km)	직경(m)	용도	비고
Japan	Tokyo Aqualine	Slurry Shield TBM	9.5	13.9	도로	해저
UK-France	Euro Tunnel	EPB Shield TBM Single Shield TBM	38.0	8.2	철도	해저
Holland	Westerschelde Tunnel	Mixshield TBM	6.65	11.3	도로	해저
Turkey	이스탄불 해협터널	Slurry Shield TBM	12.5	3.34	도로	해저
Germany	Rohre ElbTunnel	Mixshield TBM	2.6	14.2	도로	하저
China	Shanghai Yangtz River Tunnel	MixShield TBM	7.47	15.43	도로	하저
China	Fuxing Donglu Tunnel	Slurry Shield TBM	2.8	11.22	도로	하저
China	Nanjing Yangtz river Tunnel	MixShield TBM	2.99	14.93	도로	하저
Australia	Brisbane North-South Bypass Tunnel	Double Shield TBM	4.3	12.0	도로	하저
China	Shiziyang Tunnel	Slurry Shield TBM	10.80	11.12	도로	하저
China	Yangtze River Water Tunnel	MixShield TBM	7.18	7.08	수로	하저
China	Yellow River Crossing	MixShield TBM	4.25	9.00	수로	하저
China	Wuhan Yangtze River Tunnel	Slurry Shield TBM	3.60	11.38	도로	하저

표 1에서 보여주는 것과 같이 국내 해·하저터널에서의 TBM 적용사례는 주로 직경이 작은 Utility TBM을 중심으로 적용되었다. 그에 비해 외국의 경우는 직경 10m 이상의 대단면 교통터널(traffic tunnel)에서 적용사례가 훨씬 많은 것을 알 수 있다. 우리나라 교통터널에서 대단면 시공사례가 저조한 이유는 여러 요인이 있겠지만, 그나마 7m 이상의 단면을 하저구간에 적용한 부산 수영강 하부 통과구간과 분당선 하저터널구간에서의 사례를 따져보면 다음과 같다.

- 지질적 트러블 요인에 따른 TBM 본체의 고장과 보수가 DownTime 발생율을 증가시켜 순 굴진속도와 굴진율의 급격한 저하로 인한 경제적 손실
- 복합지반에서 커터의 편마모 발생 및 파손으로 커터헤드 추력과 회전력에 영향을 주게 되어 굴착상의 어려움 발생
- NATM 터널에 비해 과다한 공사비 산정 및 집행에 따른 시공사의 부담
- 새로운 공법에 대한 기술적인 확신 부족 및 신공법 경험 부족 등 여러 가지 복합적인 작용으로 대단면 교통터널에서 TBM의 적용이 어려움

3. 과업구간의 일반 현황

3.1 공사개요

본 설계의 대상지역은 강북 서울의 서쪽 지역으로 마포구 망원동에서 용산구 원효로 일원이다. 기존 강변북로의 상시 정체구간에 대해 차로수 확장과 구조 개선을 통한 병목현상 해소 및 이용객의 교통 편익 제공에 과업의 목적이 있다. 평면선형상의 특이성으로는 과업의 목적의도에 부합하게 기존 강변북로와 평행하게 계획됐다는 특징이 있다. 즉 다수의 하저터널 사례처럼 강을 통과하거나 가로지르는 선형이 아니라 강을 따라 선형이 진행되는 드문 사례이다.

설계 노선 내에는 시점부에 양화나루, 잠두봉 유적지를 비롯한 양화신 외국인 선교사 묘원 등의 문화재와 종점부에는 고층아파트들로 이루어진 주거단지가 대부분으로, 발파공법 적용 시 민원발생의 소지가 다분히 내포되어 있었다. 나머지 노선의 대부분도 한강 하저를 따라 진행되고 있어 환경성, 시공성, 경제성 및 하저구간 내의 안정성 문제 등을 중점적으로 검토하게 되었다.

과업구간의 개요를 간략하게 살펴보면 다음과 같다.

- 과업구간: 서울특별시 마포구 망원동~서울특별시 용산구 원효로
- 과업구간 전체 연장: 4.970km(구리방향)
- 하저터널구간 연장: 4.430km(구리방향)
- 차로수: 편도 2차로
- 설계속도: 80km/hr
- 환기방식: 횡류식
- 피난시설: 차량용 및 대인용 피난연결통로 계획

그림 2 평면현황

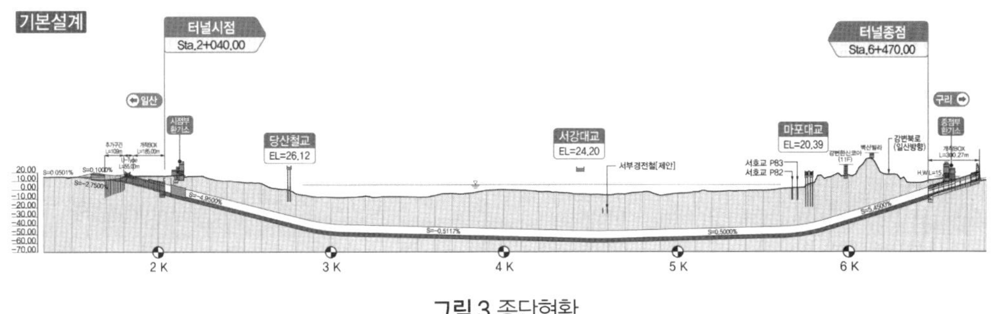

그림 3 종단현황

3.2 지반 현황과 TBM 굴진율 평가시험

3.2.1 과업구간 지반현황

대상지역은 한강 이북지역으로 용마산, 남산, 인왕산과 북한산이 주요 산세를 이루며, 수계는 중랑천, 불광천과 탄천 등이 한강으로 유입된다. 이들 중 과업지역을 통과하여 한강으로 유입되는 하천은 탄천, 반포천에 해당된다. 과업구간의 암종은 경기편마암 복합체에 해당하며, 변성암류인 흑운모호상편마암이 기반암으로 형성되어 있고, 수차례 변성작용과 단층운동 및 구조운동을 받아 지반이 교란되어 일부구간은 암질이 불량할 것으로 예상되었다. 선구조 분석 및 현장 정밀지표조사, 지하철 5호선 시공자료를 종합한 결과 10개소의 단층대를 파악하였고 이 중 한강구조선(F10)은 노선과 간섭되지 않으며, 단층 9개소가 노선과 교차하여 위험 예상구간 선정 시 반영하였다(그림 4, 5 참조).

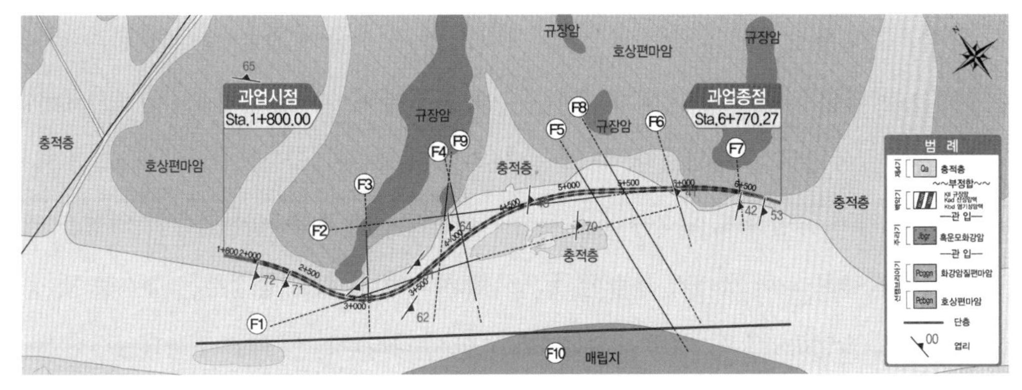

그림 4 지질 평면도

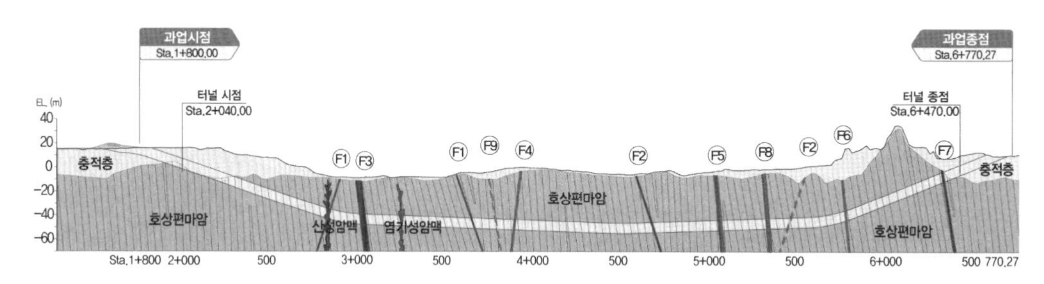

그림 5 균질절리 영역 분류에 따른 지질구조

시추조사를 비롯한 기본적인 조사, 탐사, 시험 외에도 도심지의 특성을 반영한 상시 진동 탄성파 탐사를 수행하여 콘크리트 상부 등 포장면 위에서도 탐사가 가능하고 상부층의 속도가 더 높은 지층구조에 대한 지반해석 신뢰도를 높였다. 또한 한강 하저구간임을 감안하여 하상 전기비저항 탐사를 적용하여, 하상구간에 대한 지층 및 지질이상대 분포현황을 파악하여 최적의 지반정보를 획득하도록 하였다.

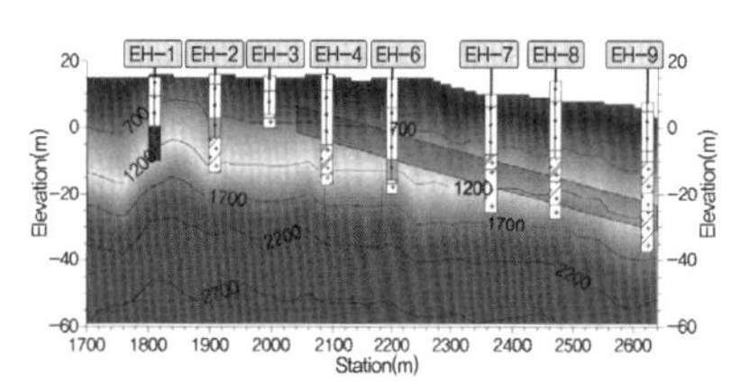

그림 6 상시 진동탄성파 탐사

그림 7 하상 전기비저항탐사

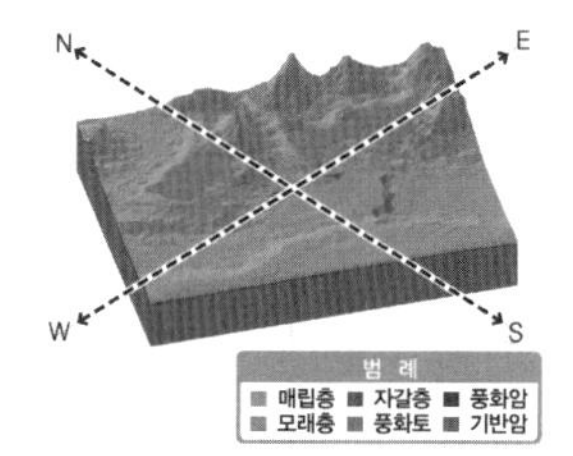

그림 8 3차원 지반 모델링

과업구간에 대한 시추조사와 탐사 및 시험을 통해 지층 현황을 분석한 결과 터널 시점부는 매립층 및 충적층이 약 22.0m 두께로 분포하며, 기반암은 GL-17.7~31.6m에서 출현하는 것으로 조사되었다. 터널 중간부는 충적층이 얇고, 기반암이 GL-1.3~16.7m 심도에서 출현하며, 일부구간은 지질구조가 밀집된 연속적인 단층의 영향을 받은 깊은 풍화대로 암반 상태가 불량한 것으로 조사되었다. 터널 종점부는 충적층 및 풍화대가 깊게 발달하였으며, 기반암은 GL-20.2m에서 나타나는 것으로 조사되었다. 그림 9는 과업구간에 대한 지층 종단면도이다.

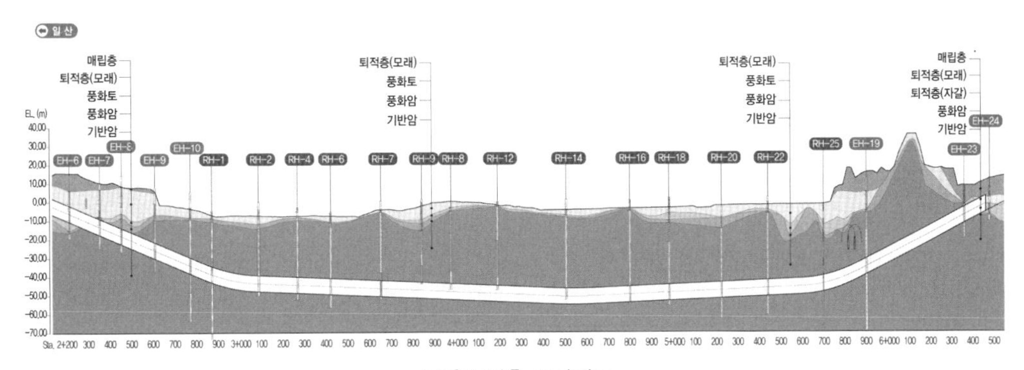

그림 9 지층 종단면도

3.2.2 TBM 굴진율 평가시험

과업구간에 쉴드 TBM 장비 투입 시 막장안정, 장비의 침하, 굴착속도, 가동률, Cutter의 교체 주기 등을 파악하기 위한 실내시험을 실시하였다. 합경도와 관입률 산정에 필요한 시험과 DRI(Drilling Rate Index)와 CLI(Cutter Life Index) 산정에 필요한 시험 등을 통해 TBM 굴진성능을 평가하였다. 슈미트해머에 의한 반발경도와 Taper 마모시험을 통한 마모경도를 측정하여 산출한 결과, 합경도는 연암 74.13~75.56, 경암 120.27~121.38로 나타났고, 마모경도 6.52~9.38로 산출되었다(그림 10 참조). DRI와 CLI를 산정하기 위해 필요한 취성도시험(S_{20}), Siever's Test(SJ), NTNU 마모시험(AVS) 결과, S_{20}은 34.1~54.1, SJ는 3.9~20.8, AVS는 1.0~2.0의 값을 가지는 것으로 나타났다(그림 11, 12 참조). TBM 굴진율 평가는 Tarkoy, 1986, 2009의 그래프를 통해 합경도를 이용하여 굴착속도와 관입깊이의 관계를 분석하였다(그림 13 참조).

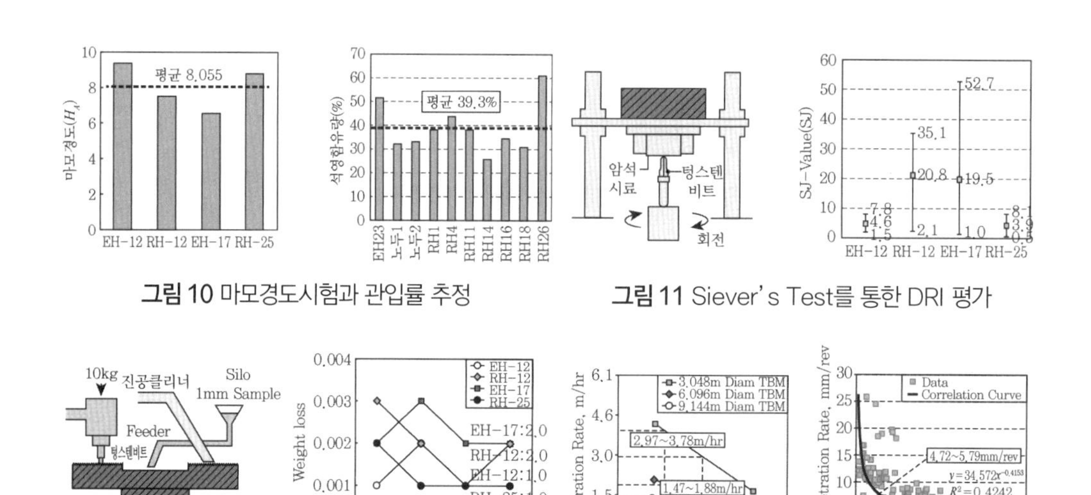

그림 10 마모경도시험과 관입률 추정

그림 11 Siever's Test를 통한 DRI 평가

그림 12 NTNU 마모시험을 통한 CLI 평가

그림 13 굴착속도 및 관입깊이 평가

4. 하저터널 주요설계

4.1 터널굴착공법 검토

본 과업의 한강하저구간 터널굴착공법은 재래식 공법(Conventional Tunnel)인 Drill & Blast 공법과 쉴드 TBM 공법 그리고 부산~거제 연결도로에 적용되었던 침매공법으로 구분하여 검토하였다. 과업구간의 터널공법 선정 시 가장 중점을 두었던 사항은 과업구간의 특수성(하저터널)과 지반조건 그리고 고수압 및 돌발용수에 안전대응이 가능한 공법의 선정이었다. 그리고 과업구간이 서울의 젖줄인 한강을 따라 노선이 계획되어 있고, 주변에 아파트 대단지가 밀집되어 위치하는 것에 대한 저진동, 저소음 및 지표침하방지가 가능한 환경친화적인 공법 선택이 주안점으로 검토되었다.

검토한 주요 공법의 특징은 표 3과 같다.

표 3 과업구간 터널굴착공법 검토

구분	쉴드 TBM 공법	NATM 공법	침매공법
개요도		천공작업	
공법 개요	폐쇄 차수형 쉴드 TBM에 의한 기계굴착과 동시에 세그먼트에 의한 구조물 형성	발파 및 브레이커에 의한 굴착 후 숏크리트 및 록볼트 설치	하상에 트랜치를 굴착해놓고, 구조체를 운반 후 트랜치에 설치 연결
지보공	고강도 프리캐스트 세그먼트	현장 타설 콘크리트 라이닝	프리캐스트 콘크리트 또는 강재구조물
시공성	기계화 굴착으로 굴진속도가 타 공법에 비해 빠르며 여굴량 거의 없음	• 지반 불량구간 낙반에 대한 대책 미비 • 장대터널일 경우 공기단축을 위한 공사용 수직구 필요	• 설치위치의 정확성 요구 • 지형이 완만한 구간에서 시공 가능 • 수중작업으로 시공성 불리
안전성	굴착과 동시에 세그먼트 설치로 안정성 및 차수성 확보	• 하저공사 시 차수문제 취약 • 현장 타설 등 라이닝 작업 지연으로 공사 중 터널의 안정성 확보 어려움	유속이 증가할 경우 구조체의 전복 및 충돌 발생
환경성	• 친환경, 소음·진동 영향 미미함 • 굴진율 개선으로 공기단축 가능	• 발파 시 소음·진동 영향으로 민원 문제 발생 • 도심지 굴착 시 민원문제 발생	• 준설공사 동반으로 인한 공사 중 부유물 발생 • 해상작업, 기후 등 작업일수 부족
선정	●		

한강 하저터널은 단층파쇄대가 많이 분포하고 무한한 수원에 의한 터널 침수 가능성이 높으므로 굴진면압－쉴드－세그먼트 시스템으로 시공 Hazard를 Zero화할 수 있는 Dual Mode의 쉴드 TBM 공법이 선정되었다. 또한 과업구간 연장이 4.8km 이상의 장대터널로 쉴드 TBM 공법적용 시 경제성 및 공기 절감 효과 측면에서도 우수한 것으로 평가되었다(2011, Maurice Jones).

4.2 쉴드 TBM 장비 선정

쉴드 TBM 장비 선정 시 고려해야 할 사항은 크게 굴진면 지지방식, 추진반력을 얻는 방식, 굴진면 개방 여부 등과 그 외 후방설비의 Plant적인 부분으로 구분된다. 과업구간이 한강하저에 계획되어 있고, 지반조사 결과 다수의 단층파쇄대를 포함한 복합지반임을 감안하여 고수압 대응성, 커터 마모의 효율성, 10m/day 이상의 일정한 굴진율 유지 등을 고려하여 장비를 선정하였다.

표 4는 장비 선정을 위한 검토 내용이다.

표 4 쉴드 TBM 장비 검토

구분	EPB Type	Slurry Type
막장면 지지 방식	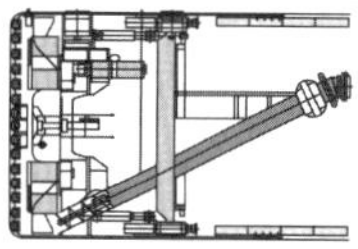	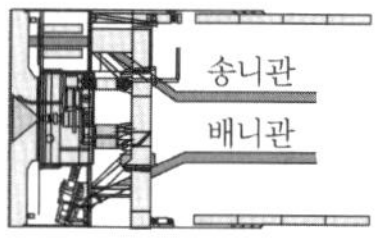 송니관 배니관
	• 굴착토사에 의한 막장안정 및 지반이완 억제 • 토사에 의한 막장안정으로 한강 오염 가능성 없음	• 슬러리에 의한 막장안정 및 지반이완 억제 • 벤토나이트에 의한 한강 오염 및 플랜트 공간 필요
커터 헤드 장비 동력	High Power TBM	Standard TBM
굴진면 개방 여부	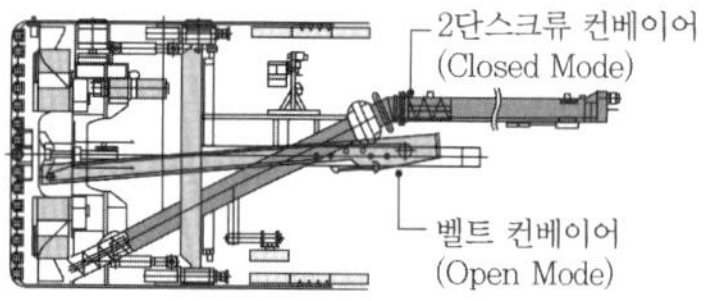 2단스크류 컨베이어 (Closed Mode) 벨트 컨베이어 (Open Mode)	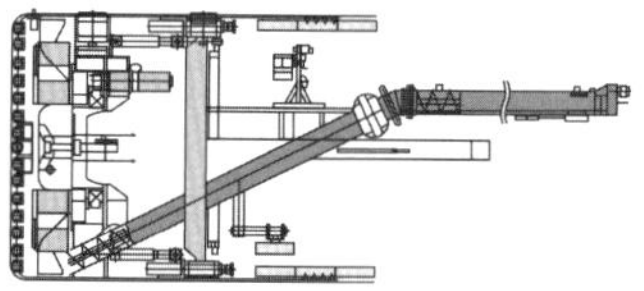
	밀폐형 기능과 개방형 기능(벨트콘베이어에 의한 토사반출, 막장개방에 의한 고속굴진)을 동시에 갖춘 EPB Type 장비	막장 폐쇄 EPB Type으로 스크류콘베이어에 의한 토사반출-굴진면 밀폐에 의한 막장안정 유지, 막장압 유지에 의해 굴진속도 저하
추진 반력	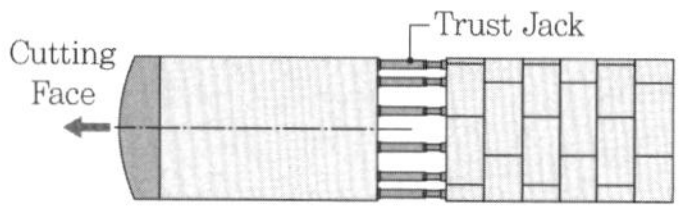 Cutting Face Trust Jack	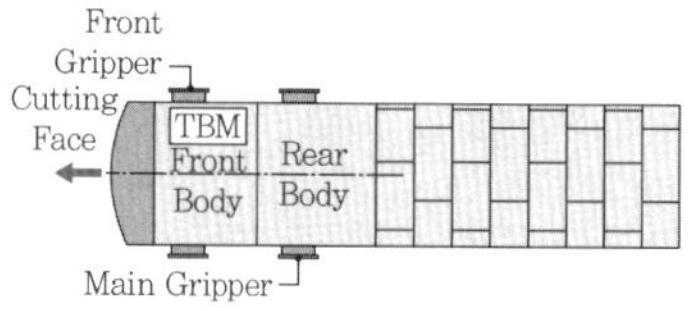 Front Gripper Cutting Face TBM Front Body Rear Body Main Gripper
	• 세그먼트에 Thrust Jack을 지지하여 굴진 • 토사-암반이 교호하는 복합지반에 유리	• Gripper를 암반에 지지하여 굴진 • 지반이 불량한 경우 추진반력 실패로 굴진 어려움
	Single Shield Mode(하저용)	Double Shield Mode(산악터널용)
장비 선정	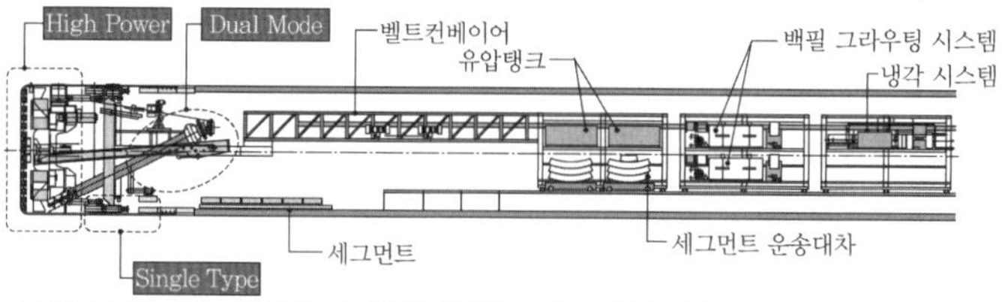 High Power Dual Mode 벨트컨베이어 유압탱크 백필 그라우팅 시스템 냉각 시스템 세그먼트 세그먼트 운송대차 Single Type	

4.3 표준단면 검토

4.3.1 해외 대구경 TBM 시공 사례 조사

본 과업의 TBM 단면은 ϕ12.9m의 우리나라 최초의 대구경 교통터널 단면으로,

- 지반조건을 고려한 대구경 TBM 장비 Type 선정
- 메인모터 및 베어링의 출력 및 용량 산정
- 대단면 면판에 대한 디스크커터의 개수 및 배치 산정
- 원형 단면의 특성상 발생하는 하부 무효공간에 대한 효율적인 구조 검토
- 대구경 장대터널에서 환기 및 배연 성능이 우수한 환기방식 검토

등을 비교·분석하기 위해서 해외 대구경 교통터널의 제작 및 시공사례를 조사해보았다.

세계적으로 1990년대 중반부터 ϕ14.0m 이상의 대단면 교통터널의 수요가 조금씩 늘어나기 시작해서 2000년대에 들어와서는 급속히 증가하는 추세를 보인 것으로 파악되었다. ϕ13.0m 이하 대구경 단면에 대한 제작 사례 조사는 기조사된 자료가 있으므로(오병삼, 강문구, 최기훈(2009), "서울지하철 909공구의 Slurry Shield TBM 설계 및 시공사례", 제10차 터널기계화시공기술 국제심포지엄 논문집) 본고에서는 ϕ14.0m 이상의 대구경 단면에 대한 적용사례를 위주로 조사하였다(표 5 참조).

표 5 해외 대구경 TBM 단면 시공 사례(ϕ 14.0m 이상)

Year	Country	Project	Manufacturer	TBMs	Type	Dia(m)
1994	Japan	Trans Tokyo Bay	Hitachi	1	Slurry	14.14
1994	Japan	Trans Tokyo Bay	IHI	1	Slurry	14.14
1994	Japan	Trans Tokyo Bay	Kawasaki	3	Slurry	14.14
1994	Japan	Trans Tokyo Bay	MHI	3	Slurry	14.14
1997	Germany	4th Elbe river	Herrenknecht	1	Mix	14.20
2000	Netherlands	Groenehart	NFM	1	Slurry	14.87
2003	Russia	Lefortovo	Herrenknecht	1	Mix	14.20

표 5 해외 대구경 TBM 단면 시공 사례(ϕ 14.0m 이상)(계속)

Year	Country	Project	Manufacturer	TBMs	Type	Dia(m)
2006	China	Shanghai Maglev	IHI	1	Slurry	14.88
2007	Russia	Silberwald	Herrenknecht	1	Mix	14.20
2007	China	Shang Zhong Rd	NFM	1	Slurry	14.87
2008	Spain	Calle 30	Herrenknecht	1	EPB	15.20
2008	Spain	Calle M 30	MHI	1	EPB	15.20
2008	China	Chongming	Herrenknecht	2	Mix	15.43
2008	China	Bund Tunnel	MHI	1	EPB	14.20
2009	China	Bund Tunnel	NFM	1	Slurry	14.87
2009	China	Nanjing	Herrenknecht	2	Mix	14.93
2009	China	Jun Gong Road	NFM	1	Slurry	14.87
2010	China	Hangzhou	Herrenknecht	1	Mix	15.43
2010	China	West ChangJiang	Herrenknecht	1	Mix	15.43
2010	China	Hongmei Rd	Herrenknecht	1	Mix	14.93
2010	China	Yingbin Rd	MHI	1	EPB	14.20
2010	Spain	Sevilla SE-40	NFM	2	EPB	14.00
2011	Italy	Galleria Sparvo	Herrenknecht	1	EPB	15.55
2011	Canada	The Niagara	Robbins	1	Open	14.40
2013	USA	Seattle Alaskan Way	Hitachi Zosen	2	EPB	17.48

표 5에서 나타난 바와 같이 일본의 Hitachi나 Kawasaki 같은 업체들은 지질학적 특성상 연약지반용 쉴드 TBM을 중심으로 발달했고, 독일의 Herrenknecht사 같은 경우는 Global하게 현장이 분포되어 있어 암반용과 연약지반용 TBM 구분 없이 두루 사용하고 있음을 알 수 있었다. 특이점으로는 중국의 TBM 시장의 급속한 발달인데, 2000년대 중반부터 대구경 터널 현장에 TBM 장비 투입이 매우 적극적인 것을 알 수 있었다. 현재 중국의 북방중공업은 프랑스의 NFM사를 합병하여 직경 13.0m 이상의 TBM을 15대 동시에 조립할 수 있는 공장설비를 심양에 보유하고 있다.

세계 최대 직경 ϕ15.0~16.0m에 한동안 머물었던 터널 단면은 TBM 제작기술의 발달로 인해 2차로 복층 도로터널로 시공 중인 미국 Seattle Alaskan way 프로젝트는 ϕ17.48m로 17m를 넘어서더니, 현재 러시아에서 계획 중인 3차로 복층도로터널인 St. Petersburg

Orlovski터널은 ϕ19.25m로 거의 20m에 육박하는 거대한 단면이다. 일반적으로 건물의 4~5층 높이가 15m 정도임을 감안하면, 실로 대단한 규모이다(지왕률, 2010, KTA).

그림 14 미국 Seattle Alaskan way(ϕ17.48m)

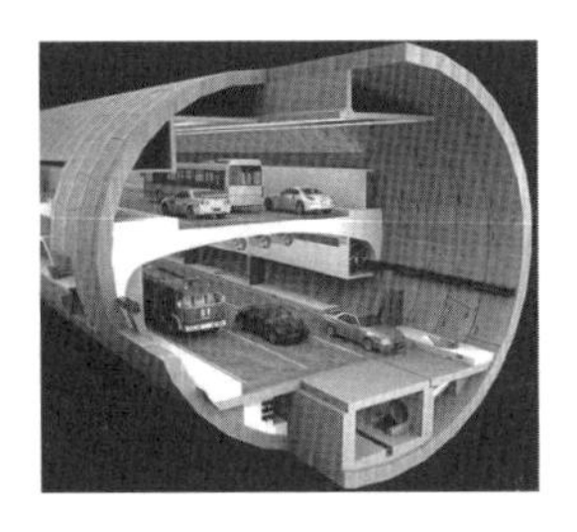

그림 15 러시아 St. Petersburg Orlovski터널(ϕ19.25m)

4.3.2 구조물 시설한계 검토

본 과업구간의 표준단면은 도시고속도로의 터널 내 설계속도 80km/h 기준으로 차로수를 검토하여 차로폭을 3.5m로 산정하였고, 최종 교통목표 2036년을 기준으로 소요대수를 분석한 결과 편도 2차로 적용이 적합한 것으로 검토되었다. 비상주차대의 설치 여부는 VE/LCC 분석결과 측방여유폭 2.0m를 확보하고 비상주차대는 미설치하는 것으로 검토되었다. 그 외 검사원 통로의 설치규모는 검사원의 편의성과 안전을 고려하여 방호벽형 공동구 측벽을 적용한 750×2,000mm로 산정하였고, 검사원 통로의 높이는 1.0m 이상으로 확보하였다. 터널 내 구조물의 시설한계는 표 6, 그림 16, 17과 같다.

표 6 적용된 구조물 시설한계

① 도로폭		2@3.5m=7.0m
측방 여유폭	② 좌측	2.0m
	③ 우측	1.0m
④ 시설한계높이		4.8m
⑤ 검사원 통로		편측
⑥ 시설한계여유폭		300m

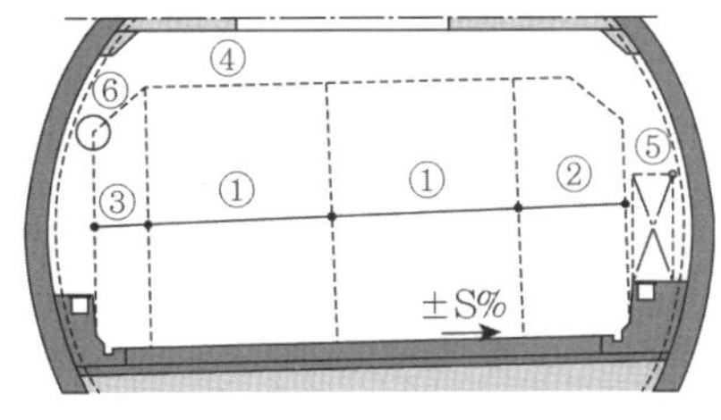

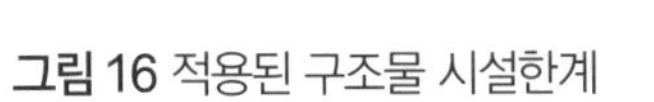

그림 16 적용된 구조물 시설한계

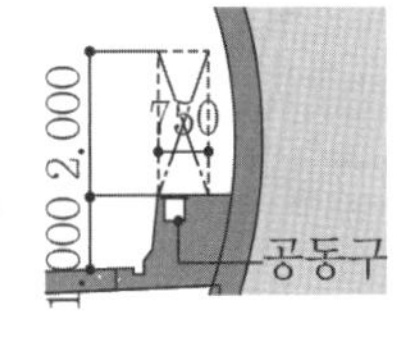

그림 17 검사원 통로

4.3.3 원형 단면에 대한 하부 공간 효율성 검토

일반적으로 터널 단면계획 시 가장 안정적인 터널의 형상은 원형이다. TBM 공법은 면판의 구조 특성상 단면형상이 대부분은 원형일 수밖에 없고, 그런 이유로 NATM 공법의 난형이나 마제형 단면보다 구조역학적으로 가장 이상적이다. 하지만 원형 단면의 특성상 발생하는 하부 공간에 대한 효율적인 공간 활용도 및 시공성 향상 방안에 대한 검토는 필수적이다.

대구경 교통터널에서 터널의 연장이 장대화될수록 이슈화되는 것이 환기와 방재에 관한 문제이다. 이러한 이유로 하부 공간에 환기와 방재에 대한 효율성을 극대화시킬 수 있는 계획이 동시에 이루어질 수 있도록 해야 한다.

본 과업과 단면규모가 유사한 대구경 도로터널의 하부 공간의 활용 검토는 해외의 다양한 시공사례를 중심으로 검토하였다. 과업구간의 하부 공간에 대한 활용방안 검토결과 터널 내 정체 시 환기 및 배연이 원활한 횡류식 환기방식을 적용하였고, 터널 하부에서 신선공기를 급기 후, 상부에서 배기하는 방식을 채택하였다(그림 18 참조). 방재시설에 대한 단면계획은 그림 18과 같고 그 외 차량용 피난연결통로를 750m 간격으로 6개소를 계획하였고 대인용 피난연결통로를 200~250m 간격으로 14개소를 계획하였다.

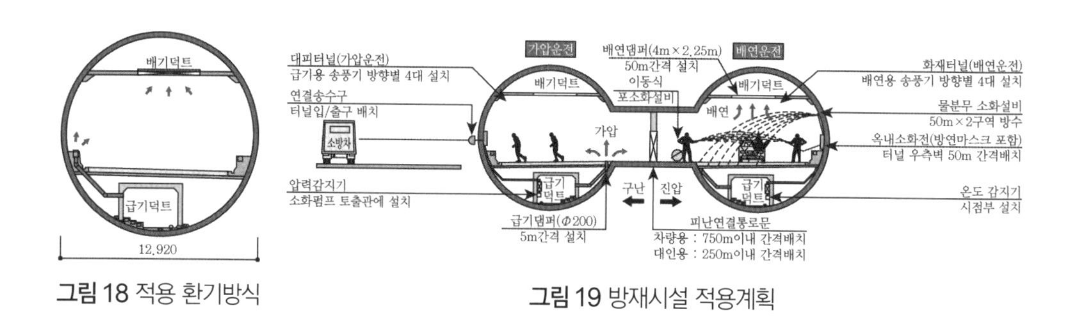

그림 18 적용 환기방식

그림 19 방재시설 적용계획

5. 하저터널 쉴드 TBM 주요 개선사항

5.1 하저구간 복합지반을 고려한 커터헤드 설계

TBM 장비의 세부 디자인 중에 가장 핵심적인 부분 중의 하나는 실제로 지반을 굴착하게 되는 다수의 디스크커터를 장착한 TBM 전면의 커터헤드라고 불리는 회전식 면판이다. 커터헤드의 최적설계는 복합지반 굴착에 따른 막장의 안정을 유지하는 것은 물론, 디스크커터의 편마모 및 파손을 최소화시켜 굴진율 향상과 공사비 절감효과를 가져올 수 있어야 한다. 커터헤드 설계 시 고려해야 할 항목들은 다음과 같다.

- 커터헤드의 지지방법
- 커터헤드의 구조
- 커터헤드의 추력
- 커터헤드의 토크
- 커터헤드의 동력
- 굴착도구(디스크커터, 커터비트 등)

지반조건이 경암 또는 극경암인 경우에는 큰 추력을 가할 수 있고 절삭효과를 높일 수 있는 돔(Dome) 형식의 커터헤드 단면형상을 적용하고 암반조건이 불리해질수록 굴진면의 자립을 위해 보다 편평한 심발형(deep flat face)이나 평판형(shallow flat face)이 적용된다.[12] 과업구간의 지반조건은 편마암을 바탕으로 다수의 단층이 존재하고, 시·종점부는 충적층 및 풍화대의 심도가 깊게 조사된 바, 암반구간과 토사구간에 굴착이 가능한 복합지반형 커터헤드를 선정하였다. 커터헤드의 외주면은 곡면으로 처리한 반원형 커터헤드로 설계했고, 중앙부는 평면형 처리로 토사구간에서 막장압을 안정화시킬 수 있도록 설계하였다.

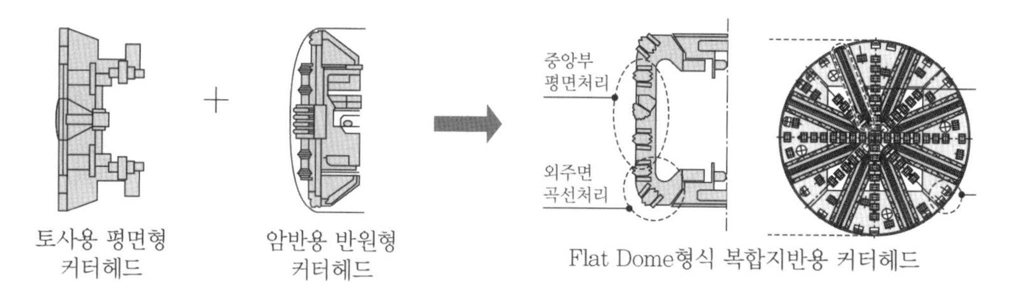

그림 20 커터헤드 형상 개선

그 외 커터헤드의 메인드라이브를 출력을 4,000kw까지 향상시킨 High Power TBM으로 설계하여 200MPa의 극경암도 굴착이 가능하도록 하였다.

커터헤드의 내구성 향상을 위한 방법으로는 지반조건에 맞는 커터 종류를 선정하여 적절한 배치를 하였고, 디스크커터의 형상을 개선하였다. 다양한 지층변화에 대응이 가능하도록 토사용 바이트비트와 암반용 디스크커터를 적용하여 배치하고, 기존 디스크커터의 형상을 직선형에서 라운드형으로 개선함으로써 복합지반 굴착에 따른 커터의 편마모 및 손상에 대한 문제를 최소화하였다.

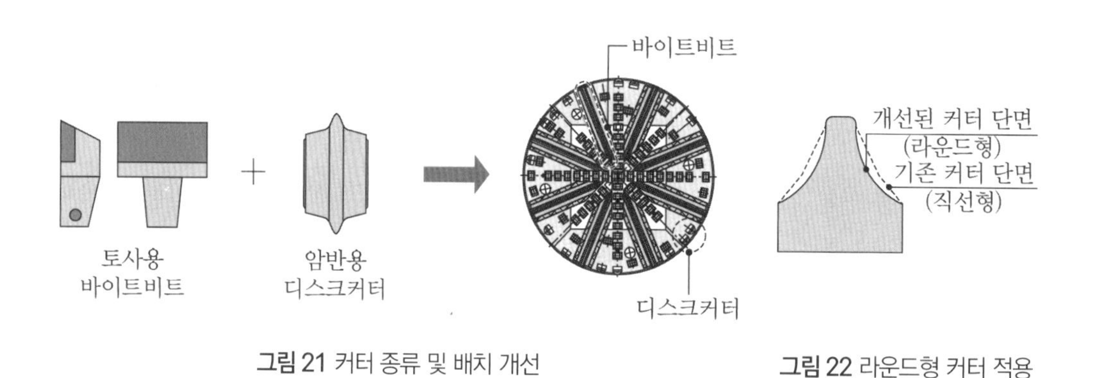

그림 21 커터 종류 및 배치 개선

그림 22 라운드형 커터 적용

5.2 굴진율 산정

TBM 설계에서 굴진율 산정은 커터헤드의 설계와 더불어 매우 중요한 핵심설계이다. 차후 실제 현장에서 설계 당시 산정된 굴진율 Performance를 보여주지 못한다면 전체 공기에 지대한 영향을 미치게 된다. TBM 굴진율의 합리적인 평가는 유사지반에서의 굴진율 사례검토를 시작으로 굴진율 평가를 위한 시험, 굴진성능 예측모델의 선정, 굴진율 평가, 평가된 굴진율에 대한 전문가의 자문까지 매우 기술적이고 경험적인 과정이 필요하다.

본 과업에서는 우리나라 대구경 하저터널에 대한 평균 굴진율에 대한 Data가 전무한 관계로 국내외 TBM 시공사례 조사를 바탕으로 굴진율과 가동률을 검토하였다.

표 7 해저 및 하저 TBM 터널 평균굴진율 조사

국가	터널명	TYPE	총연장(km)	터널 직경(m)	평균굴진율
영국	Channel Tunnel	Single Shield TBM	50	7.57	12m/day
터키	보스포러스 터널	Mixed Shield TBM	1.4	13.0	10m/day
호주	Gold Coast Desalinatin Project	Slurry Shield TBM	3.0	3.3	13m/day
한국	영도구 남항동-중구 광복동	EPB Shield TBM	1.2	3.3	10m/day
한국	신양산-동부산	Double Shield TBM	3.9	5.0	10m/day
중국	XangXing	Mixed Shield TBM	7.5	15.43	13m/day

표 8 육상 TBM 터널 평균굴진율 조사

국가	터널명	TYPE	총연장(km)	터널 직경(m)	평균굴진율
스위스	Gottard Base Tunnel	Hardrock Shield TBM	57.1	9.34	14m/day
스위스	Lötschberg Tunnel	Hardrock Shield TBM	34.6	9.4	15m/day
스페인	Guadarrama Tunnel	Hardrock Shield TBM	28.4	9.6	17m/day
대만	Taoyuan 공항철도	EPB Shield TBM	10.9	6.2	10m/day
한국	배후령 터널	Open TBM	5.1	5.0	18.4m/day
스위스	Weinberg Tunnel	Mixed Shield TBM	3.9	11.24	12.2m/day

표 9 High Speed 터널의 굴진율 조사

굴진율 \ 직경		10~11m	11~12m	Average TBM performance rate(m/day) TBM diameter(m) ◇ Subriver & Subsea Tunnel Speeds ▲ High Speed Tunnel Best Records 0, 20, 40, 60, 80, 100, 120, 140, 160, 180, 200 0, 2, 4, 6, 8, 10, 12, 14, 16, 18
최대	일굴진	48m Robbins (시카고, 미국)	30m Herrenknecht (Murgenthal, 스위스)	
	주굴진	185m Robbins (시카고, 미국)	100m Robbins (Bozberg, 스위스)	
	월굴진	685m Robbins (시카고, 미국)	385m Robbins (Bozberg, 스위스)	
평균	월굴진	None Report	None Report	

표 8, 9, 10의 자료를 바탕으로 일굴진율에 대한 검토결과는 해저 및 하저터널은 10~13m/day, 육상 TBM 터널은 10~18.4m/day, High Speed 굴착방식은 30~48m/day로 나타났다.

굴진율 예측모델에 대한 검토는 세계적으로 널리 알려진 NTNU모델과 CSM모델을 그리고 KICT모델에 대한 적용성을 분석 후 KICT모델을 적용하였다. 3가지 모델의 특징은 표 11과 같다.

표 10 굴진율 예측모델의 특징

구분	KICT모델	NTNU모델	CSM모델
예측 모델의 특징	• 경험적 모델/LCM 시험 병행 • TBM 사양의 상세설계 가능 • 굴진율/커터 수명 예측 가능 • 모델 활용과정 공개 • 안전율에 따른 TBM 주요 사양 평가	• 경험적 모델 • TBM 사양의 개략적 추정 가능 • 굴진율/커터 수명 예측 가능 • 모델 활용과정 공개 • TBM 사양의 상세설계 불가능	• 경험적 모델/LCM 시험 병행 • TBM 사양의 상세설계 가능 • 굴진율/커터 수명 예측 가능 • 핵심 설계과정 비공개(커터 압입깊이, RPM 등) • 커터 작용력 추정식만 공개
적용	•		

표 11 굴진성능 검토 결과

구분	시추공	KICT	NTNU	F&G	Graham	Hughes
순 굴진율 (m/hr)	EH-12	1.37	1.40	2.91	2.60	3.39
	EH-17	1.37	1.40	2.80	2.01	2.49
	RH-12	1.37	1.40	2.22	1.73	2.07
	RH-25	1.37	1.40	2.21	1.37	1.56
작업시간(hr/주)		168	168	168	168	168
가동률(%)		30	30	30	30	30
월평균굴진율 (m/월)		276	282	511	388	479

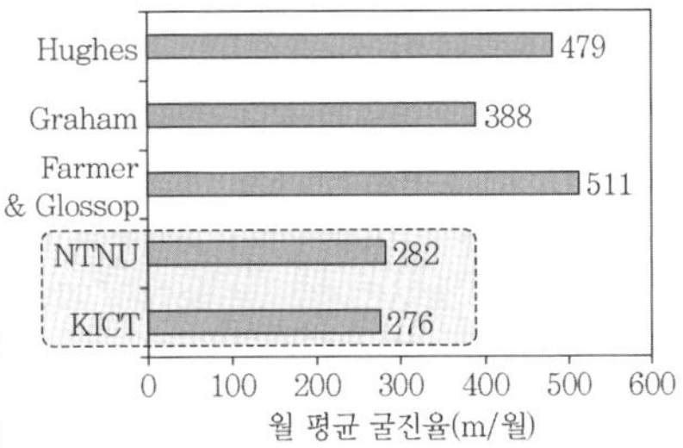

굴진성능에 대한 검토결과 많은 실적으로 신뢰성이 높은 NTNU모델이 월굴진율 282m/월을 나타냈고, 국내 지반에 적합하게 개발된 KICT모델이 유사한 굴진속도인 279m/월로 분석되었다.

결론적으로 국내외 시공사례 조사 및 굴진율 평가시험을 통한 예측모델 검토 결과 250m/월을 적용하는 것이 타당하였으나, 지반의 불확실성과 대구경에 대한 국내 사례가 전무한 점 등을 고려해 200m/월로 하향 적용하였다. 산정된 월굴진율 200m/월은 해외자문을 통해 적정성을 검증하였다.

5.3 고수압을 고려한 세그먼트 설계

일반적으로 하저구간에서 세그먼트는 지반하중과 고수압을 지지하며, 완벽한 방수기능 발현으로 공사 중 안정성을 확보해야 하며, 운영 중에는 터널 라이닝의 역할과 내장재로서의 역할을 담당한다. 그 외에도 세그먼트의 제원, 즉 형상, 재질, 두께, 폭 등은 이렉터의 성능과 방식에 관계되며, 세그먼트의 조립방식과 분할수 계획은 쉴드 추력에 따른 굴진율에 영향을 미친다.

본 과업의 세그먼트 두께는 국내외 적용사례 및 고강도 세그먼트(50MPa)를 적용하여 세그먼트 두께는 400mm로 적용하였다. 세그먼트 폭은 공기단축이 가능하고, 터널 내 원활한 운반 및 조립을 고려하여 최적폭 2.0m로 설계하였다. 세그먼트의 분할수는 유사단면에서 10분할(9+1), 9분할(8+1), 8분할(7+1) 등이 많이 적용되었으나, 세그먼트 조립시간 및 방수성능 비교를 통해 7분할(6+1)로 계획하였다. 7분할 계획시 1pcs당 중량 증가에 따른 세그먼트 제작장에서 현장까지의 운반방법에 대한 검토결과 문제가 없었고, 세그먼트 분할수 축소에 따른 작업의 시공성 및 조립시간이 단축되는 것으로 평가 되었다.

표 12 세그먼트 제원 검토

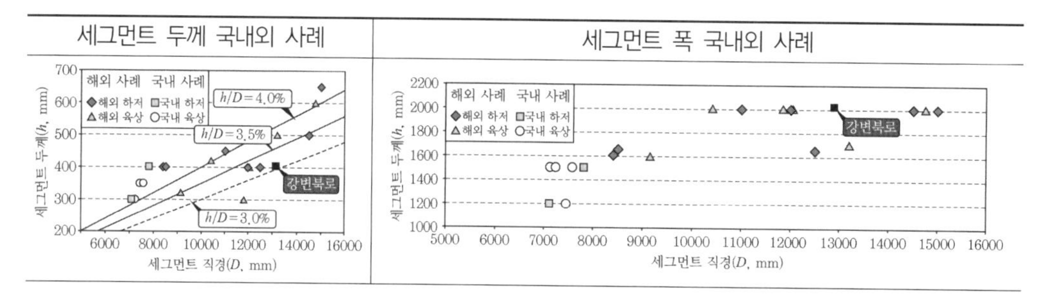

표 13 세그먼트 분할수 및 조립방식 적용

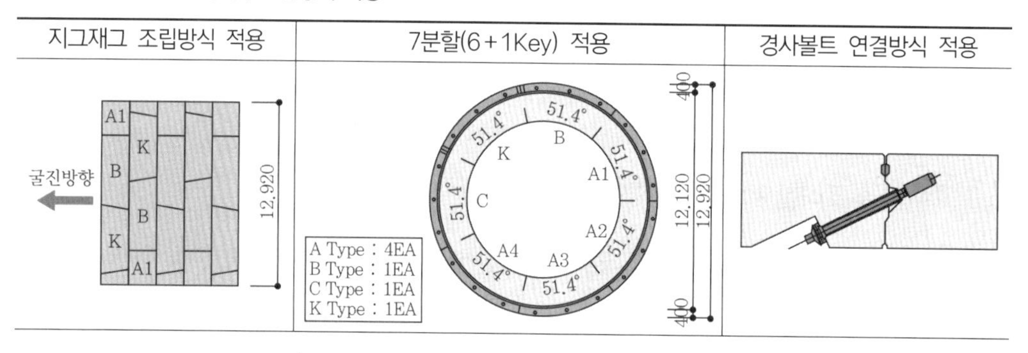

6. 결 론

본고에서는 우리나라 최초의 대구경 하저터널 설계 시 적용하였던 주요 고려사항에 대하여 소개하였다. 국내에서 적용된 대단면 쉴드는 분당선 3공구에 적용했던 8.1m의 지하철로 본 과업의 13m의 도로터널 단면과는 용도가 달랐다. 결국 해외 다수 프로젝트를 설계 및 시공의 자료조사를 바탕으로 과업구간의 지반조건에 적합한 쉴드 TBM 터널을 설계하였다. 본고에서 고민했던 주요사항을 정리하면 다음과 같다.

- 전 세계적으로 대구경 교통에서 쉴드 TBM 공법 적용은 일반적이며, 특히 차수가 필요한 해·하저구간에서의 기계화 시공기술을 이용한 TBM 공법 적용은 더 많은 비율을 차지하고 있다.
- TBM 단면의 대형화는 메인 모터와 메인 베어링의 발달 등 TBM 기술의 급속한 발전에 따라 계속적으로 이루어지고 있으며, 현재는 직경 19m 이상의 TBM 단면 시공이 가능한 수준이다.
- TBM 단면의 하부 공간에 대한 환기 및 방재를 겸한 효율성 검토는 필수적이며, TBM 단면의 원형 특성을 이용한 다양한 연구가 필요하다(2차로 복층터널, 3차로 복층터널 등등).
- 커터헤드 설계는 과업구간의 지반특성인 토사지반과 암반지반을 동시에 굴착할 수 있도록 복합지반용 커터헤드로 형상을 개선하였고, 토사용 바이트 비트와 암반용 디스크커터를 지층 변화에 대응하도록 배치하였다. 그리고 커터의 디자인을 라운드형으로 개선함으로써 커터의 내마모성과 커터효율이 향상되도록 하였다.
- 국내 대구경 쉴드 TBM에 대한 굴진율 Data 부족으로 국내외 해저 및 하저, 육상터널에 대한 굴진율 사례를 조사했으며, 굴진율 시험 결과를 가지고 KICT모델로 굴진율을 예측한 결과, 279m/월로 분석되었다. 많은 실적으로 신뢰성이 높은 NTNU 모델의 282m/월과 유사한 굴진 속도값을 나타냈으나, 아직까지 국내 대구경 시공 사례가 전무하다는 점과 지반의 불확실성 등을 감안해 200m/월로 산정하였다.
- 세그먼트는 두께 40mm, 폭 2.0m를 적용하였고, 분할수를 7분할(6+1key)로 적용하여, 제원 및 분할수 개선에 따른 세그먼트 조립시간 및 시공성을 향상시켰다.

참고문헌

Paper List by Dr. Jee

1) Jee, W., Analysis study of the stability of roadway of the closed gold mines in Korea, KIER report, Vol. 1, 1981. 11.
지왕률, 金銀鑛開發 生産性考察, 동자연, 조사연구보고, 금은광 부가가치연구 및 지표침하연구, 1981. 11.

2) Jee, W., Introduction of rock bolts as a supporting method, KIER Miscellaneous report No. 9, 1982.
지왕률, 록볼팅 技術硏究, 동자연, 연구보고 9호, 지하터널지보연구, 1982.

3) Jee, W., Longwall excavation system with Ram Plough, KIER Tunnelling Technology, 1983.
지왕률, 램플라우에 依한 長壁式採炭硏究. 동자연, 석탄자원, 지하터널 기계화굴착연구, 1983. 3. 17.

4) Jee, W., Longwall mining system with Ram Plough in Sam Chuck Coal Field, KIER Tunnelling Technology, 1984.
지왕률, 薄層炭 機械化硏究, 동자연, 석탄자원, 지하탄광 터널 기계화굴착연구, 1984. 3. 17.

5) Jee, W., Mechanization of thin seam coal mining, KIER Tunnelling Technology, 1985.
지왕률, 長壁式採炭機械化硏究, 동자연, 연구보고, 지하탄광 터널 기계화굴착연구, 1985. 7.

6) Jee, W., In Situ Measurement of Roof Pressure in Top Slicing Working face, KIER, Tunnelling Technology, 1985.
지왕률, 톱슬라이싱 採炭幕場의 地壓測定硏究, 동자연, 연구보고, 지하 석탄광 암반응력해석, 1985. 11.

7) Jee, W., Scale Model study on the Rock Movements and Failure on a Top Slicing

Working Face, Master Engineering Thesis, Graduate School of Hanyang University, Seoul, Korea, 1986.
지왕률, 水平分層 採炭幕場과 周邊岩層의 破壞樣相과 變形에 對한 模型實驗研究, 漢陽大 工學碩士 論文, 지하 석탄광 암반구조연구, 1986. 2.

8) Jee, W., Reinforcement Efficiency of rock bolt technology, KIER Tunnelling Technology, 1986.
록볼트의 技術特性에 對한 研究, 동자연, 연구보고, NATM 터널시공, 1986. 2. 6.

9) Scale Model study on the Rock Movements and Failure on a Top Slicing Working Face, 水平分層 採炭幕場과 周邊岩層의 擧動에 對한 模型實驗研究, 대한자원공학회지, 23권 4호, 1986.

10) Jee, W., Inseam Roadheader in Korea, KIER Tunnelling Technology, 1987.
지왕률, 연층굴착기의 국내 터널 적응성 연구, 동자연, 연구보고, 기계화시공, 1987. 2. 7.

11) Comparative study of grouted rock bolts Fields tests, Journal of the Korean Institute of Mineral & Mining Engineers, Vol. 24, No. 6, 1987. 12.
지왕률, 接着式 록볼트의 現場比較試驗, 대한자원공학회지, 24권 6호, NATM 터널시공, 1987.

12) Jee, W., A study on the efficiency of rock bolt anchorage through model tests, Journal of the Korean Institute of Mineral and Mining Engineers, Vol. 25, No. 5, 1988. 10.
지왕률, 록볼트의 技術特性에 對한 實驗的研究, 대한자원공학회지, 25권 5호, NATM 터널시공, 1988.

13) Jee, W., Scale model study on the rock movements and failure at the Top-Slicing working face, International Symposium on Coal Mining and Safety, Seoul, Korea, 1987. 4. 22-24.

14) Jee, W., An Assessment of the Cutting Ability and Dust Generation of a Diamond Pick, UNSW, 1989.
지왕률, 인공 다이아몬드 픽의 切削力 및 粉塵發生研究, UNSW: 호주 國策用役報

告書－뉴사우스웨일즈대학(영문), 岩石切削硏究: 굴착공학, 1989.

15) Jee, W., An Assessment of the Cutting Ability and Dust Generation of a Diamond Pick, Final Report, UNSW, 1990.
지왕률, 인공 다이아몬드 픽의 절삭력 및 분진발생연구, UNSW: 濠洲國策用役報告書－뉴사우스웨일즈대학(영문) 岩石切削硏究: 굴착공학, 1990.

16) Jee, W., An Assessment of the Cutting Ability and Dust Generation of Polycrystalline Diamond Compact Insert Picks: Ph. D Thesis, UNSW Sydney Australia, 1992.
지왕률, 地下空間 굴착시 사용되는 인공 다이아몬드픽의 切削性能 및 粉塵發生에 대한 硏究: Ph.D Thesis(UNSW) - 공학박사 학위 논문(영문), 岩石切削硏究, 1991.

17) Jee, W., An Experimental Assessment of the Cutting Ability of a Diamond Pick, Korea Institute of Mineral and Mining Engineering, Vol. 29, 1993.
지왕률, 인공 다이아몬드 픽의 切削力에 대한 硏究, Vol. 29, 한국자원공학회: (영문) 岩石切削硏究: 굴착공학, 1993. 2.

18) Jee, W., Consulting Report of the Design of the Seoul Subway line 6, Construction lot 5, 1993. 10.
지왕률, 서울 地下鐵 6호선 6-8, 9공구 實施設計 報告書, 地下鐵 터널 構造物 設計, 서울시 지하철 건설본부, 1993. 12.

19) Jee, W., Consulting Report of the Changwon Roadway Tunnel, 창원 터널 數値解析 報告書, 道路 터널 構造設計報告書, 경상남도, 1993. 12.

20) Jee, W., Consulting Report of the Geotechnical survey of the Taegu subway line 2, 1994. 10.
지왕률, 大邱 地下鐵 2호선 地盤調査 報告書(기본설계), 地下鐵 設計用 地盤調査, 대구지하철 건설본부, 1994. 10.

21) Jee, W., Consulting Report of the Design of the Seoul Subway line 6, 6th construction site, 1994. 1.
지왕률, 서울 地下鐵 6호선 6-6공구 基本設計 報告書, 地下鐵 터널 設計(턴키구간), 서울시 지하철 건설본부, 1993. 11.

22) Jee, W., Consulting Report of the Design of the Seoul Pusan Highspeed Railway, 10th construction site of Taegu area, 1994. 8.

지왕률, 京釜 高速電鐵 제 10공구 실시설계보고서(터널분야), 고속철도공단, 1994.8.

23) Jee, W., Consulting Report of the Design of the Telecom Tunnel in Yaksoo Area, 1994. 6.

지왕률, 藥水洞로터리-동대문 電話局 간 地下鐵 竝行 通信構 수치해석 보고서, 한국통신, 1994. 6.

24) Jee, W., Optimum Support Pattern Design of the Taegu Subway Tunnel, Tunnel & Geospace, Journal of Korean Society for Rock Mechanics, Vol. 4, No. 3, 1994.

지왕률, 大邱 地下鐵 터널의 적정지보패턴 選定에 관한 연구, 터널과 地下空間, 韓國岩盤工學會 제4권 제2호, 1994.

25) Jee, W., Consulting Report of the Design of the 3rd Phase Seoul Subway Line 9 to 12, 1995. 6.

지왕률, 서울 地下鐵 9호선 기본 設計報告書, 地下鐵 터널 設計(턴키구간), 서울시 지하철 건설본부, 1995.

26) Jee, W., Consulting Report of the Design of Slope Stability on the National Road 31 along Pohang Area, 1997.

지왕률, 포항지역 31번국도주변 도로 및 사면 안정설계 보고서, 건교부포항국토 유지건설 사무소, 1997. 5. 31.

27) Jee, W., Underground Space Development Plan in Naksan Area, June. Vol. 5, Underground Space Development & Utilization Journal, 1996.

지왕률, 낙산지하공간 개발계획, 지하공간, 한국지하공간협회 제3호, 1996.

28) Jee, W., Consulting Report of the Design of the Bakun River Diversion Tunnel in Sarawak Malaysia, Chief Designer of this project Detail Drawing, Structural Analyses, Rock Mechanical Analyses of Tunnels, 1996. 7.

지왕률, 말레이지아 바쿤수력 발전소 가배수로 터널설계 암반구조계산보고서, 영문, 1996. 7.

29) Jee, W., Light Railway System, Dong-Ah Technology 97-1, Vol. 15, 1997. 2.

30) Jee, W., Construction Plan of Russian LNG Gas Pipe Lines, Dong-Ah Technology 97-2, Vol. 16, 1997. 7.
지왕률, 러시아 천연가스 Pipeline 공급망 건설, Dong-Ah Technology, 1997. 7.

31) Jee, W., Design of Bakun River Diversion Tunnelling Project, Civil Engineering Journal Vol. 05, No. 04, 44, 1997. 4.
지왕률, 말레이지아 바쿤댐의 가배수로 터널설계, 토목기술 제5권 4호, 5호, 1997. 4.

32) Jee, W., The Optimal Control Methods to Reduce the Environmental Hazards Surround the Young Nam Uni. Rotary of City Taegu Constructing Subway Line No. 1, Tunnel & Geospace, Vol. 4, No. 3, 1997.
지왕률, 대구지하철 구간내 선형변동에 따른 소음 및 진동저감 방안연구, 1997.

33) Jee, W., Rock Mechanical Engineering to the Design of Underground Tunnelling works at Bakun River Diversion Projects in Sarawak, Malaysia. Hydropower'97 Norway Trondheim, 1997. 7.

34) Jee, W., Design of the Reinforced Concrete Lining in Bakun Diversion Tunnels, 1st Asian Rock Mechanics Symposium, Seoul, Korea, 1997. 10. 13-15.

35) Jee, W., River Diversion Tunnelling Works of Bakun Hydroelectric Project in Sarawak, Malaysia. 1st Asian Rock Mechanics Symposium, Seoul, Korea, 1997. 10. 13-15.

36) Jee, W., Usage of Polypropylene fiber concrete, Dong-Ah Technology 98-1, Vol. 17, 1997. 1.

37) Jee, W., Design of the Sedimentary Rock Slopes in River Diversion Works, Journal of the Korean Geotechnical Society, Vol. 14, No. 6, 1998. 6.
지왕률, 가배수로 터널공사의 퇴적암사면 안정화설계(Design of the Sedimentary Rock Slopes in River Diversion Works, 영문), 한국지반공학회지, 제14권, 6호, (Journal of the Korean Geotechnical Society Vol. 14, No. 6), 1998.

38) Construction Design of Taegu-Pohang Express Roadway, Lot 7, 1998. 4.
지왕률, 대구포항간 고속도로 7공구 실시설계 보고서, 도로공사, 1998. 4.

39) Jee, W., Construction Design of Taejon-Tongyoung Express Roadway, Lot 22, 1998. 7. 8.
지왕률, 대전통영간 고속도로 22공구 실시 설계 터널 설계 보고서, 도로공사, 1998. 7. 8.

40) Jee, W., Design of Refurbishment of Namsan Roadway Tunnel No. 2 in Seoul, 1998. 9.
지왕률, 남산 2호터널 보수 공사, 서울시, 1998. 9.

41) Jee, W., Design of the Reinforced Concrete Lining in Bakun Diversion Tunnel, Tunnel & Geospace, Vol. 8, No. 4, 1998.
지왕률, 말레이지아 바쿤 가배수로 터널의 철근콘크리트 라이닝설계(Design of the Reinforced Concrete Lining in Bakun Diversion Tunnels), 터널과 지하공간, 한국암반공학회(Tunnel & Geospace, Vol. 8, No. 4), 1998.

42) Jee, W., Rock Support Design of Bakun Tunnelling Project in Sarawak, Malaysia, Tunnel & Geospace, Vol. 9, No. 1, 1999.
지왕률, 바쿤 배수로 터널의 최적지보설계(Rock Support Design of Bakun Tunnelling Project in Sarawak, Malaysia), 터널과 지하공간, 한국암반공학회(Tunnel & Geospace, Vol. 9, No. 1), 1999.

43) Jee, W., Rehabilitation of Chimney Cavity of River Diversion Tunnel, ITA World Tunnel Congress, Oslo Norway, 1999. 5.

44) Jee, W., Design of the River Diversion Tunnels in Malaysia. Dong-Ah Technology 99-2, Vol. 18, 1999. 2.
지왕률, 말레이시아 바쿤댐의 가배수로 터널설계, Dong-Ah Technology, Vol. 18, 1999. 2.

45) Jee, W., HØgsfjord Submerged Floating Tunnel in Norway, Tunnel & Geospace, Journal of Korean Society for Rock Mechanics, Vol. 9, 1999, pp. 171-174.
지왕률, 노르웨이 HØgsfjord 수중부양터널(Submerged Floating Tunnel)계획, 터널과

지하공간, 한국암반공학회, Vol. 9, 1999, pp. 171-174.

46) Jee, W., Design of Common Utility Tunnel between Shihung and Doksan by Shielded TBM, The 1st Proceedings of Symposium on the Mechanized Tunnelling Techniques, Korean Tunnelling Association, 2000. 11., pp. 123-132.
지왕률, 시흥－독산간 전력구 공사에서의 쉴드 TBM 공법적용, 제1차 터널 기계화시공 기술심포지움, 대한터널협회, 2000. 11., pp. 123-132.

47) Jee, W., Design of Underground Cavern Station of Seoul Subway Line No. 6 in Noksapyoung, International Symposium on Urban Railways, Office of Subway construction, Seoul Metropolitan Government, 2000. 11., pp. 127-133.
지왕률, 서울지하철 6호선 녹사평 정거장의 대단면 터널설계(Design of Underground Cavern Station of Seoul Subway Line No. 6 in Noksapyoung), 도시철도국제심포지움 논문집, 서울지하철건설본부, 2000. 11., pp. 127-133

48) Jee, W., New Incheon International Airport Express Project, Tunnel & Geospace, Journal of Korean Society for Rock Mechanics, Vol. 10, 2000, pp. 493-496.
지왕률, 인천국제공항철도 Project(New Incheon International Airport Express Project), 터널과 지하공간, 한국암반공학회, Vol. 10, 2000, pp. 493-496.

49) Jee, W., Unlined Tunnel technology of Northern Europe, Tunnelling Technology, Journal of Korean Tunnelling Association. Vol. 3, No. 1(Series No. 3), 2001, pp. 55-59.
지왕률, 북유럽의 Unlined Tunnel(Unlined Tunnel technology of Northern Europe), 터널기술 Vol. 3, No. 1(계간 3호), 2001, pp. 55-59.

50) Jee, W., Safety design of the long railway tunnels in mountainous Eastern Korea, Fourth International Conference of Safety in Road and Rail Tunnels, Madrid, Spain, 2001. 4. 2-6., pp. 415-422,

51) Jee, W., Design of Long Railway Tunnels by Staking System, ITA World Tunnel Congress, Milan Italy, 2001. 6. 9-13.

52) Jee, W., Recent Design Trends of Railway Tunnels, Tunnelling Technology, Korean

Tunnelling Association, Vol. 3, No. 2, Series 4, 2001. 6., pp. 45-53.
지왕률, 최근 철도터널 시설계획의 경향과 추세(Recent Design Trend of Railway Tunnels), 대한터널협회지, 터널기술, Vol. 3, No. 2(Series 4), 2001. 6, pp. 45-53.

53) 지왕률, 실드TBM의 암반굴삭원리, 터널과 지하공간, 제11권 제3호(통권 36호), 한국암반공학회지, 2001. 11., pp. 191-199.

54) Jee, W., Design of the Slurry type Shielded TBM to excavate the Alluvial Strata in Downtown Area, International Symposium, Seoul, Korea, 2001. 10. 18-19.
지왕률, 도심지 충적층 구간에서의 Slurry Shield의 적용, International Symposium Application of Geosystem Engineering for Optimal Design of Underground Development and Environment in 21st Century, Seoul National University, Seoul, Korea, 2001. 10. 18-19.

55) Jee, W., Application of Modern Swellex Bolt for the Design of Long, and Large Profile Traffic Tunnels, Autum Rock Mechanical Symposium of Korean Society for Rock Mechanics, Tongyoung, Korea, 2001. 10. 26-27, pp. 25-35.
지왕률, 대단면 장대터널에서의 Swellex Bolt의 설계적용, 2001 한국암반공학회 추계학술 발표회, 경남 통영, 2001. 10. 26.

56) Jee, W., Design of Cable Tunnel in Urban Area by Micro-Shielded TBM, ITA World Tunnel Congress, Sydney, Australia, 2002. 3. 2-8.

57) Jee, W., Portal Design of Kwanak Tunnel in Seoul, Spring Rock Mechanical Symposium of Korean Society for Rock Mechanics, Seoul Korea, 2002. 3. 28.

58) Jee, W., Northside Storage Tunnel in Sydney, Springtime Symposium for Korean Tunnelling Association, Seoul Korea, 2002. 5. 17.

59) Jee, W., Unforeseen Geomechanical Risk of Slope Stability, ISRM India Symposium, New Delhi, India, 2002. 11. 24-27.

60) 지왕률, Snow Tunnelling Project at the South Pole, 남극 극지점 기지에서의 얼음터널 프로젝트, 터널과 지하공간 13권 1호, 2003. 2, pp. 1-5.

61) Jee, W., Design of Kwanak Roadway Tunnel of Southern Beltway in Seoul, 29th ITA World Tunnel Congress in Amsterdam, 2003. 4.

62) Jee, W., Slurry Type Shielded TBM for the alluvial strata excavation in downtown area, North American Tunnelling, USA, 2004, pp. 73-78.

63) Jee, W., TBM Cutter Materials and Abrasivity of Rock Cutting. The 6th KTA Symposium on Mechanized Tunnelling Techniques, Korea Tunnelling Association, 2005. 11. 9.
지왕률, TBM 커터재질과 암반에 대한 마모성, 제6차 터널기계화 시공기술 심포지움, 한국터널공학회, 2005. 11. 9.

64) Jee, W., Tunnel Profile Design of the High Speed Railway, 1st foundation seminar of the KRCEA(Korean Railway Construction Engineering Association), 2005. 11. 25.
지왕률, 고속주행 가능한 터널단면 검토연구, 제 1차 철도건설공학협회 창립세미나, 한국철도 건설공학협회, 2005. 11. 25.

65) Jee, W., TREX Project in Denver, Colorado, USA, Korean society for Rock Mechanics, Vol. 15, No. 6, 2005. 12., pp. 462-465.
지왕률, 덴버의 TREX 교통시스템에 관한 고찰, 한국암반공학회지, 제15권 제6호, 2005. 12., pp. 462-465.

66) Jee, W., Boulder Detection Methods and its compensation for obstruction in soft ground tunnels by Shielded TBM, Journal of the Korean Society for Railway, Vol. 9, No. 1, 2006. 5., pp. 1-8.
지왕률, 연약지반 쉴드터널 굴착시 전석장애물 탐지방법 및 보상문제(Boulder Detection Methods and its compensation for obstruction in soft ground tunnels by Shielded TBM), 한국철도학회 논문집, 제9권, 제1호, 2006. 3., pp. 1-8.

67) Jee, W., Modern TBM Tunnelling Method, KRCEA, Spring Conference, 2006, pp. 113-122.
지왕률, 환경을 고려한 장대터널의 차세대 굴착공법(Modern TBM Tunnelling Method), 한국철도건설공학협회 2006 봄학술대회, KRCEA, Spring Conference, 2006,

pp. 113-122.

68) Jee, W., Case study of using laser scanner for quality construction of railroad Tunnel, KRCEA, Spring Conference 2006, pp. 189-201.
지왕률, 차세대 철도건설을 위한 3차원 터널 레이저 스케닝 적용 사례(Case study of using laser scanner for quality construction of railroad Tunnel), 한국철도건설공학협회 2006 봄학술대회, KRCEA, Spring Conference 2006, pp. 189-201.

69) Jee, W., High Speed Tunnelling Method by the Mordern High-Power TBM, The 7th KTA Symposium on Mechanized Tunnelling Techniques, Korea Tunnelling Association, 2006. 10. 20.
지왕률, 차세대 고속굴착 HP TBM 의 설계 및 시공적용 High Speed Tunnelling Method by the Modern High-Power TBM, 제7차 터널기계화 시공기술 심포지엄, 한국터널공학회, 2006. 10. 20.

70) Jee, W., Feasible Boulder Treatment Methods for Softground Shielded TBM, ITA World Tunnel Congress, Czecho Praha, 2007. 5. 5-10.

71) Jee, W., and J. K. Doo, For the economic tunnel blasting method and its design skills, KTA Spring Conference, 2007. 4. 20-21.
한국터널공학회 춘계 학술총회, "터널 발파공법의 원리와 설계 기술에 관한 연구(For the economic tunnel blasting method and its design skills), KTA 2007. 4. 20-21.

72) Jee, W., OPP the Optimal Way Procure the TBM?, 2007, The 8th KTA Symposium on Mechanized Tunnelling Techniques, Korea Tunnelling Association, 2007. 10. 5-6., pp. 21-33.
지왕률, TBM 발주 방법 OPP로 가는 추세?, 한국터널공학회, 2007 8차 터널기계화 시공기술심포지엄, 2007. 10. 5-6, pp. 21-33.

73) W. Jee and J. K. Doo, Long Borehole Blasting Technology for the longer rounding length and the optimal profile excavation, The 8th KTA Symposium on Mechanized Tunnelling Techniques, Korea Tunnelling Association, 2007. 10. 5-6, pp. 93-102.

지왕률, 터널의 장공 발파와 여굴 방지 기술, 한국터널공학회, 2007 8차 터널기계화 시공기술 심포지엄, 2007. 10. 5-6, pp. 93-102.

74) Jee, W., Soft Sedimentary Rock Slopes Design of Diversion tunnel, Korea Society for Rock Mechanics, Special Symposium, 2007. 10. 11-12, pp. 63-79.
지왕률, Soft Sedimentary Rock Slopes Design of Diversion Tunnel, 2007 한국암반공학회 특별 심포지엄, 2007. 10. 11-12, pp. 63-79.

75) Jee, W., Tunnel Design Criteria, 2007, Author of Chapter 13, TBM Tunnel Design, Department of Construction and Transportation, Korean Government.
지왕률, 터널설계기준 2007, 13장 TBM 설계 저자, 건설교통부, 2007.

76) Jee, W., Specification of tunnel construction, Chapter 11, TBM Construction, Department of Construction and Transportation, Korean Government, 2008.
지왕률, 터널표준 시방서 2008, 11장 TBM 시방 저자, 건설교통부, 2008.

77) Jee, W., The Workshop on the Mechanized Tunnelling, Design Part, Chapter 3, TBM Tunnel excavation, Korea Tunnelling Association, 2008.
지왕률, 터널기계화시공, 설계편, 3장 터널굴착이론 저자, 터널공학회, 2008.

78) Jee, W., Long tunnel designed by High Power TBM, China Tunnel Summit 2008, Shanghai, China, 2008. 3. 20-21.

79) Jee, W., Status of arts and perspectives of TBMs in Korea and overseas, KTA 2008 Symposium, Seoul, Korea, 2008. 11. 7.
지왕률, 국내외 주요 TBM 터널의 현황과 전망, 2008 터널시공 기술 국제 심포지움, 서울, 2009. 11. 7.

80) Jee, W., TBM rock cutting performance rate of Sub-river tunnel in Seoul, Budapest, Hungary, ITA, 2009. 5. 23-28.

81) Jee, W., Subsea Tunnel Design Project by Large Scaled TBM, 2009 Korea-Japan Joint Symposium on Rock Engineering, Suwon University, Korea, 2009. 10. 22-23.

82) Jee, W., Introduction of the Modern High-Power TBM, 10th KTA International

Symposium on Mechanized Tunnelling Technology, Seoul, Korea, 2009. 11. 5.

83) 지왕률, 터널 기계화 시공에서의 TBM 엔지니어링의 이해와 고찰, 11th KTA International Symposium on Mechanized Tunnelling Technology, Seoul, Korea, 2010. 11. 4.

84) Jee, W., The Challenge of Boryung Subsea Tunnel Design Project, ITA Helsinki, Finland, 2011.

85) Jee, W., Modern TBM Procurement System, 한국 터널지하공간학회, Vol. 13, No. 3. 2011. 6.

86) 지왕률, 한국 터널기계화 시공기술의 현황 및 전망, 한국터널지하공간학회, Vol. 13/No. 4 Present Status of the Mechanized Tunnelling Technology of Korean Tunnelling Industry, 2011. 8.

87) 지왕률, 터널내 탄성파 반사법 탐사(TSP) 와 TBM 굴진 자료의 상관성 검토 연구 고찰, 한국암반공학회 창립 30주년 기념 심포지엄, 알펜시아, 평창 리조트, 2011. 9. 29.

88) 지왕률, 한강 하저터널의 대구경쉴드 TBM 설계, 제12차 KTA International Symposium on Mechanized Tunnelling Technology, Seoul, Korea, 2011. 11. 11.

89) 지왕률, 한반도 기후 변화에 따른 수해 및 빗물 저류터널(Flood Drainage Tunnel) 건설의 세계 동향 검토 연구, 한국터널지하공간학회, 자연, 터널 그리고 지하공간, Vol. 14, No. 2, 2012. 4.

90) 지왕률, 한국 철도 터널 기계화 시공 활성화를 위한 고찰(The Challenging resolution of the Mechanized Tunnelling in Korea Railway Projects), 철도저널 Vol. 15/No. 2 ISSN 2005-7394, 2012. 4, pp. 25-33.

91) 지왕률, 오늘날의 고성능 TBM과 선진 장비조달 방안, Modern High-Power TBM with Advanced Procurement System, Tunnel & Underground Space, ISSN 1225-1275 암반공학회저널, 2013. 6, pp. 161-168.

92) 지왕률, TBM 장비와 PC Segment의 선진 조달방안에 대한 기술연구 Technical Research on the Modern Procurement Services of the TBMs and PC Segments, 터널학회지, Vol. 15, No. 3, 2013. 6, pp. 33-41.

93) 지왕률, 해저터널 시공사례를 통한 국산화 쉴드 TBM 장비 성능 고찰, Case Study on the Home-made Korean Shield TBM Cutting Ability Through Subsea Tunnel Project, KTA 2013 Symposium, Seoul, Korea, 2013. 11. 1.

94) 지왕률, PB or Slurry Type TBM?(해저 터널 TBM 공법의 선정에 대한 논고) 터널학회지 November, 2014, Vol. 15, No. 3, KTA 2014 Symposium, Seoul, Korea, 2014. 11. 1, pp. 33-41.

95) 지왕률, Technical Suggestion to increase the Utilization of the Used TBM in Korea, 중고 TBM 재활용 확대를 위한 제언, 암반공학회 Webzine, 2016. 12.

96) Jee, W., Introduction of Modern High-Power TBM, Procurement, and its Rebuilds, KSRM, 2017.

97) 지왕률, Technical Review of the ITA Guidelines of Rebuilds of Machinery for Mechanized Tunnel Excavation by TBM(TBM장비의 ITA 재활용 가이드라인 해설), KTA Journal, 2017.12.

98) Jee, W., The Project Manager's Risk Management for Large Scale Tunnel Projects. KSRM Spring Conference, Seoul National University, Seoul, Korea, 2018. 3. 29.

99) Jee, W., Commentary on Soft Ground TBM Tunnel Face Support Calculation Methods (연약지반 TBM 터널 막장지보 계산방법 해설), KSRM Journal, Vol. 28, No. 2, 2018. 6.

100) 지왕률, Suggest the effective method to neutralize the Alkali waste water at Tunnel, 알칼리성 터널오탁수의 효과적인 중화 방안, 철도학회지, 21권 제6호, 2018. 12.

Paper List by Other Authors

1) 박정길, 이산화탄소를 이용한 알칼리성 폐수 중화 처리 검토서, 2019.

2) 원종관, 이하영, 지정만, 벽종안, 김정환, 심형식, 지질학원론 두서출판 우성, 1989.

3) 지왕률 편집, 터널기계화시공 설계편, 터널공학회, 도서출판 씨아이알, 2008.

4) B. Maidl, M Herrenknecht, Mechanised Shiekd Tunnelling, Ernst & Shon, 1994.

5) Baily, S. G. and Parrrot, M. C. Wear Process exhibited by WC – Co. Rotary Cutters in mining, Wear, Vol. 29, 1974, p. 117.

6) Bonnett, C. F., Urban Railways and the Civil Engineer, An Institution of Civil Engineers Conf. London, 1987.

7) Dorstewitz, G and Handricks. H, Proposed Machine for Creating Tunnelsin Hard and Abrasive Rocks, Glückauf, 1968. 4.

8) Doug Harding, Buy TBM, Choose TBM, 2018, https://www.therobbinscompany.com/9-things-choosing-a-tbm/

9) Evans, I., Relative Efficiency of Picks Discs for Cutting Tools Proc. 3rd USRM, Congress, Vol. 11-B, Denver, 1974.

10) Hewitt, K. S., Aspects of the Design and Application of Cutting Systems for Rock Excavation, Ph. D Thesis, University of Newcastle upon Tyhe, 1975. 12.

11) Howarth, D. F., Fundamental Studies of Some Special Aspects of Rock Cutting System Design, Ph. D. Thesis, The University of New South Wales, 1980.

12) Howarth, D. F., The Performance of Disc Cutters in Simulated Jointed Rock, The Third Australia-New Zealand Geomech. Conf., Wellington, 1980.

13) Ladner, E., Isostatically Hot Pressed Cemented Carbide and its Utilization in Mining Tools, Mining Magazine, June, 1974.

14) Macfeat-Smith, I. and Fowell, R. J., Correlation of Rock Properties and the Cutting Performance of Tunnelling Machines, Conference on Rock Engineering, British Geotechnical Society, 1977.

15) Maurice Jones, Choices of Excavation, Tunnels & Tunnelling, 2011.

16) Nam Zahang, Hoyoung Jang, and Sokwon Jeon. Development of Shield Machine/TBM Manufacturing Technology in China, 한국자원공학회지 J. Korean Soc. Miner. Energy Resource Eng. Vol. 55, No. 4, 2018, pp. 314-322.

17) Osburn, Wear of Rock Cutting Tools, Power Metallurgy, 1969, Vol. 12, No. 24, p. 491.

18) Oskar, Jacobi, Praxis der Gebirgbeherrschung, Essen, 1981.

19) Phillips. H. Y., Bilgin, N. & Rad, P. F., The Influence of Tyre Tip Geometry on the Design of Disc Cutter Arrays, Third Australian Tunnelling Conf., Sydney, 1978.

20) Pomeroy, C. D, The Breakage of Coal by Wedge Action, Colliery Gurdian, 1963. 11.

21) Rad, P. F. Bluntbess and Wear of Rolling Disc Cutters, Int. J. Rock Mech. and Min, Science Vol. 12, 1975.

22) Roxborough, F. F. and Philips, H. R. Rock Excavation by Disc Cutter IJRM and Min. Sci., Vol. 12, 1975.

23) Roxborough, F. F. and Ripin, A., The Mechanical Cutting Characteristics of the Lower Chalk, The University of Newcastle upon Tyne, 1972.

24) Roxborough, F. F., The Analysis of the Excavation Potential of the Tunnel Boring Machine at west cliff drift UNSW, 1976.

25) Roxboroughm F. F. and Phillips, H. R., The Mechanical Properties and Cutting Chaeacteristics of the Bunter Sandstone, The University of Newcastle upon Tyne, 1975.

26) Ryall, J. Y., The Selection and Application of Rotary Rock Cutting Tools, University of New castle upon Tyne, 1977.

27) Schwarzkopf and Kieffer, R., Cemented Carbides, McMillan, 1960.

28) Smits, A. R. The Excavation of Hard Rock by Disc and Roller Cutter, Ph. D thesis UNSW, 1980.

29) Teale, R. The Mechanical Excavation of rock Experiments with Roller Cutters, Int. J. Rock Mech. & Min. Sci., Vol. 1, 1963.

저자 소개

지왕률 박사(Dr. Warren Jee)

주요 경력

터널 설계, 시공, 감리, 연구 및 강의 경력 40년
한국인 TBM 박사 1호(1992)
미국 CSM 공대 교수 역임(2002~2006)
건기원 유치 연구위원(2007~2008)
터널공학회 기계화시공위원장(2008~2012)
철도시설공단 자문위원
중앙건설심위위원
태조엔지니어링 TBM 사업부 사장
GTS-Korea 터널 및 지하공간 건설사업 총괄, 회장(현재)

주요 학력

한양대학교 자원환경공학과 B. E(1980)
독일 아헨공대(RWTH Archen) G Diploma(1984) 암반공학
호주 UNSW 공대 공학박사 Ph. D(1992): 터널굴착공학

터널설계

초판인쇄 2020년 9월 28일
초판발행 2020년 10월 5일

저　　자 지왕률
펴 낸 이 김성배
펴 낸 곳 도서출판 씨아이알

책임편집 박영지, 김동희
디 자 인 안예슬, 윤미경
제작책임 김문갑

등록번호 제2-3285호
등 록 일 2001년 3월 19일
주　　소 (04626) 서울특별시 중구 필동로8길 43(예장동 1-151)
전화번호 02-2275-8603(대표)
팩스번호 02-2265-9394
홈페이지 www.circom.co.kr

I S B N 979-11-5610-885-6 (93530)
정　　가 34,000원